高/光/谱/遥/感/科/学/丛/书

丛书主编　童庆禧　薛永祺

执行主编　张　兵　张立福

高光谱遥感目标检测

Hyperspectral Target Detection: Algorithm Design and Analysis

张建禕　王玉磊　薛　白　王　琳　于纯妍　宋梅萍　著

图书在版编目(CIP)数据

高光谱遥感目标检测/张建禕等著. — 武汉:湖北科学技术出版社,2021.6
(高光谱遥感科学丛书 / 童庆禧,薛永祺主编)
ISBN 978-7-5706-1198-0

Ⅰ.①高… Ⅱ.①张… Ⅲ.①遥感图象-图像处理-目标检测-研究 Ⅳ.①TP751

中国版本图书馆 CIP 数据核字(2021)第 001810 号

高光谱遥感目标检测

GAOGUANGPU YAOGAN MUBIAO JIANCE

策划编辑:严 冰 杨瑰玉
责任编辑:张波军 严 冰
封面设计:喻 杨
出版发行:湖北科学技术出版社
电 话:027-87679468
地 址:武汉市雄楚大街 268 号(湖北出版文化城 B 座 13—14 层)
邮 编:430070
网 址:http://www.hbstp.com.cn
排版设计:武汉三月禾文化传播有限公司
印 刷:湖北金港彩印有限公司
开 本:787×1092 1/16
印 张:18.75
字 数:380 千字
版 次:2021 年 6 月第 1 版
印 次:2021 年 6 月第 1 次印刷
定 价:218.00 元

高光谱遥感科学丛书

PREFACE

总序

锲而不舍 执着追求

人们观察缤纷世界主要依靠电磁波对眼睛的刺激,这就产生了两个主要的要素:一是物体的尺度和形状,二是物体的颜色。物体的尺度和形状反映了物体在空间上的展布,物体的颜色则反映了它们与电磁波相互作用所表现出来的基本光谱特性。这两个主要的要素是人们研究周围一切事物,包括宏观和微观事物的基本依据,也是遥感的出发点。当然,这里指的是可见光范畴内,对遥感而言,还包括由物体发出或与之相互作用所形成的,而我们眼睛看不见的紫外线、红外线、太赫兹波和微波,甚至无线电波等特征辐射信息。

高光谱遥感技术诞生、成长,并迅速发展成为一个极具生命力和前景的科学技术门类,是遥感科技发展的一个缩影。遥感,作为一门新兴的交叉科学技术的代名词,最早出现于 20 世纪 60 年代初期。早期的航空或卫星对地观测时,地物的影像和光谱是分开进行的,技术的进步,特别是探测器技术、成像技术和记录、存储、处理技术的发展,为影像和光谱的一体化获取提供了可能。初期的彩色摄影以及多光谱和高光谱技术的出现就体现了这一发展中的不同阶段。遥感光谱分辨率的提高亦有助于对地物属性的精确识别和分类,大大提升了人们对客观世界的认知水平。

囿于经济和技术发展水平,我国的遥感技术整体上处于后发地位,我国的第一颗传输型遥感卫星直到 20 世纪 90 年代最后一年才得以发射升空。得益于我国遥感界频繁深入的对外交往,特别是 20 世纪 80 年代初期国家遥感中心成立之际的"请进来、派出去"方针,让我们准确地把握住了国际遥感技术的发展,尤其是高光谱遥感技术的兴起和发展态势,也抓住了我国高光谱遥感技术的发展时机。高光谱遥感技术是我国在遥感技术领域能与国际发展前沿同步且为数不多的遥感技术领域之一。

我国高光谱遥感技术发展的一个重要推动力是当年国家独特的需求。20 世纪 80 年代中期,中国正大步走在改革开放的道路上,为了解决国家发展所急需的资金,特别是外汇问题，国家发起了黄金找矿的攻关热潮，这一重大任务当然责无旁贷地落到了地质部门身上，地矿、冶金、核工业等部门以及武警黄金部队的科技人员群情激奋、捷报频传。作为国家科学研究主力军的中国科学院也同样以自己雄厚的科研力量和高技术队伍积极投身于这一伟大的事业，依据黄金成矿过程中蚀变矿化现象的光谱吸收特性研制成像光谱仪的建议被提上日程。在中国科学院的组织和支持下，一个包括技术和应用专家在内的科研攻关团队组建起来，当时参加的有上海技术物理研究所的匡定波、薛永祺，安徽光学精密机械研究所的章立民，长春光学精密机械与物理研究所的叶宗怀等人，我有幸与这一批优秀的专家共谋高光谱遥感技术的发展之路。从我国当年科技水平和黄金找矿的急需出发，以国内自主研制成熟的硫化铅器件为基础研发了针对黄金成矿蚀变带和矿化带矿物光谱吸收的短波红外多波段扫描成像仪。这一仪器虽然空间分辨率和信噪比都不算高，如飞行在 3 000 m 高度时地面分辨率仅有 6 m，但其光谱波段选择适当，完全有效地针对了蚀变矿物在 2.0～2.5 μm 波段的吸收带，具有较高的光谱分辨率，故定名为红外细分光谱扫描仪(FIMS)。这是我国高光谱成像技术发展的最初成果，也是我国高光谱遥感技术发展及其实用性迈出的第一步，在短短 3 年的攻关时间内共研制了两种型号。此外，中国科学院引进、设计、改装的“奖状”形遥感飞机的投入使用更使这一技术如虎添翼。两年多的遥感实践，识别出多处黄金成矿蚀变带和矿化带，圈定了一些找矿靶区，验证并获得了一定的“科研预测储量”。初期高光谱仪器的研制以及在黄金找矿实践中的成功应用和技术突破，使我国的高光谱遥感及应用技术发展有了一个较高的起点。

我国高光谱遥感技术的发展是国家和中国科学院大力支持的结果。以王大珩院士为代表的老一辈科学家对这一技术的发展给予了充分的肯定、支持、指导和鼓励。国家科技攻关计划的实施为我国高光谱遥感技术的发展注入了巨大的活力，提供了经费支持。在国家“七五”科技攻关计划支持下，上海技术物理研究所的薛永祺院士和王建宇院士团队研制完成了具有国际先进水平的 72 波段模块化机载成像光谱仪(MAIS)。在国家 863 计划支持下，推帚式高光谱成像仪(PHI)和实用型模块化成像光谱仪(OMIS)等先进高光谱设备相继研制成功。依托这些先进的仪器设备和一批执着于高光谱遥感应用的研究人员，特别是当年中国科学院遥感与数字地球研究所和上海技术物理研究所科研人员的紧密合作，我国的高光谱遥感技术走在了国际前沿之列，在地质和油气资源探查，生态环境研究，农业、海洋以及城市遥感等方面均取得了一系列重要成果，如江西鄱阳湖湿地植被和常州水稻品种的精细分类、日本各种蔬菜的鉴别和提取、新疆柯坪县和吐鲁番地区的地层区分、澳大利亚城市能源的消耗分析以及 2008 年北京奥运会举办前对“熊猫环岛”购物中心屋顶材质的区分等成果都已成为我国高光谱遥感应用的经典之作，在国内和国际上产生了很大的影响。在与美国、澳大利亚、日本、马来西亚等国的合作中，我国的高光谱遥感技术一直处于主导地位并享有很高的国际声誉，如澳大利亚国家电视台曾两度报道我国遥感科技人员及遥感飞机与澳大利亚的合作情况，当时的工作地区——北领地首府达尔文市的地方报纸甚至用“中国高技术赢得了达尔文"这样的说法报道了中澳合作的研究成果；马来西亚科技部部长还亲自率团来华商谈技术引进及合作；在与日本的长期合作中，也不断获得日本大量的研究费用和设备支持。

进入21世纪以来，中国高光谱遥感的发展更是迅猛，"环境卫星"上的可见近红外成像光谱仪，"神舟""天宫"以及探月工程的高光谱遥感载荷，"高分五号"(GF-5)卫星可见短波红外高光谱相机等的各项高光谱设备的研制与发展，将中国高光谱遥感技术推到一个个新的阶段。经过几代人的不懈努力，中国高光谱遥感技术从起步到蓬勃发展、从探索研究到创新发展并深入应用，始终和国际前沿保持同步。目前我国拥有全球最多的高光谱遥感卫星及航天飞行器、最普遍的地面高光谱遥感设备以及最为广泛的高光谱遥感应用队伍。我国高光谱遥感技术应用领域已涵盖地球科学的各个方面，成为地质制图、植被调查、海洋遥感、农业遥感、大气监测等领域的有效研究手段。我国高光谱遥感科技人员还致力于将高光谱遥感技术延伸到人们日常生活的应用方面，如水质监测、农作物和食品中有害残留物的检测以及某些文物的研究和鉴别等。当今的中国俨然已处于全球高光谱遥感技术发展与应用研究的中心地位。

然而，纵观中国乃至世界的高光谱遥感技术及其应用水平，与传统光学遥感(包括摄影测量和多光谱)相比，甚至与20世纪同步发展的成像雷达遥感相比，我国的高光谱遥感技术成熟度，特别是应用范围的广度和应用层次的深度方面还都存在明显不足。其原因主要表现在以下三个方面。

一是"技术瓶颈"之限。相信"眼见为实"是人们与生俱来的认知方式，当前民用光学遥感卫星的分辨率已突破0.5 m，从遥感图像中，人们可以清晰地看到物体的形状和尺度，譬如人们很容易分辨出一辆小汽车。就传统而言，人们根据先验知识就能判断许多物体的类别和属性。高光谱成像则受限于探测器的技术瓶颈，当前民用卫星载荷的空间分辨率仍难突破10 m，在此分辨率以内，物质混杂，难以直接提取物体的纯光谱特性，这往往有悖于人们的传统认知习惯。随着技术的进步，借助于芯片技术和光刻技术的发展，这一技术瓶颈总会有突破之日，那时有望实现空间维和光谱维的统一性和同一性。

二是"无源之水"之困。从高光谱遥感技术诞生以来，主要的数据获取方式是依靠有人航空飞机平台，世界上第一颗实用的高光谱遥感器是2000年美国发射的"新千年第一星"EO-1 Hyperion高光谱遥感卫星上的高光谱遥感载荷，目前在轨的高光谱遥感卫星鉴于其地面覆盖范围的限制尚难形成数据的全球性和高频度获取能力。航空，包括无人机遥感覆盖范围小，只适合小规模的应用场合；航天，在轨卫星少且空间分辨率低、重访周期长。航空航天这种高成本、低频度获取数据的能力是高光谱遥感应用需求的重要限制条件和普及应用的瓶颈所在，即"无源之水"，这是高光谱遥感技术和应用发展的最大困境之一。

三是"曲高和寡"之忧。高光谱遥感在应用模型方面，过于依靠地面反射率数据。然而从航天或航空高光谱遥感数据到地面反射率数据，需要经历从原始数据到表观反射率，再到地面真实反射率转换的复杂过程，涉及遥感器定标、大气校正等，特别是大气校正有时候还需要同步观测数据，这种处理的复杂性使高光谱遥感显得“曲高和寡”。其空间分辨率低，使得它不可能像高空间分辨率遥感一样，让大众以“看图识字”的方式来解读所获取的影像数据。因此，很多应用部门虽有需求，但高光谱遥感技术的复杂性令其望而却步，这极大地阻碍了高光谱遥感的应用拓展。

“高光谱遥感科学丛书”（共 6 册）瞄准国际前沿和技术难点，围绕高光谱遥感领域的关键技术瓶颈，分别从信息获取、信息处理、目标检测、混合光谱分解、岩矿高光谱遥感、植被高光谱遥感六个方面系统地介绍和阐述了高光谱遥感技术的最新研究成果及其应用前沿。本丛书代表我国目前在高光谱遥感科学领域的最高水平，是全面系统反映我国高光谱遥感科学研究成果和发展动向的专业性论著。本丛书的出版必将对我国高光谱遥感科学的研究发展及推广应用以至对整个遥感科技的发展产生影响，有望成为我国遥感研究领域的经典著作。

十分可喜的是，本丛书的作者们都是多年从事高光谱遥感技术研发及应用的专家和科研人员，他们是我国高光谱遥感发展的亲历者、伴随者和见证者，也正是由于他们锲而不舍、追求卓越的不懈努力，我国高光谱遥感技术才能一直处于国际前沿水平。非宁静无以致远，在本丛书的编写和出版过程中，参与的专家和作者们心无旁骛的自我沉静、自我总结、自我提炼以及自我提升的态度，将会是他们今后长期的精神财富。这一批年轻的专家和作者一定会在历练中得到新的成长，为我国乃至世界高光谱遥感科学的发展做出更大的贡献。我相信他们，更祝贺他们！

2020 年 8 月 30 日

INTRODUCTION

前言

20世纪80年代初期，成像光谱技术的问世将反映地物存在格局的空间影像和由物质本质决定的光谱信息有效地结合起来，空间影像的每一个像元赋予具有物质本身属性特征的光谱信息，形成了一种新兴的遥感技术——高光谱遥感技术。高光谱遥感的突出优势是具有较高的光谱分辨率，可以在电磁波谱的可见光、近红外、中红外和短波红外等波段范围内，获取许多非常窄且光谱连续的影像数据，可以收集到成百上千个非常窄的光谱波段信息。其所携带的丰富的光谱信息能够起到区别地物细微差异的作用，使得本来在宽波段遥感中不可被探测的物质在高光谱遥感中能够被探测，解决了许多在传统全色和多光谱图像中无法解决的问题。它的出现和发展，使人们通过遥感技术观测和认识事物的能力有了一次质的飞跃，因而受到国内外学者的广泛关注并得到广泛应用。其应用范围已经涵盖军事情报监控、土地资源调查、生态环境监测、城市规划分析、农业监测与作物估产、灾害预警与灾情评估等多个领域。高光谱遥感是一门新兴的交叉学科，它以传感器、航空航天、计算机等技术为基础，涉及电磁波理论、物理光学、电子工程、信息理论、光谱学与几何光学、地质学、地理与地球科学、环境科学等多门学科。卫星、航空和地面遥感等多种传感器，能够接收不同物质的反射信号，不同的地物表面对不同波长电磁波的吸收和反射特性不同，形成地物的反射率随波长变化的特征波谱，称为地物光谱。光谱对于地物分类和目标识别具有“指纹效应”，是联系遥感理论和遥感应用的桥梁。

随着成像技术的发展，高光谱数据的波段数目越来越多，较高的光谱分辨率能够识别许多传统视觉无法识别的物质。这类的物质通常都是亚像元级的，由于缺少空间信息，传统基于空间维的图像处理算法对此类目标的识别效果较差。此时，目标的有效识别必须依赖目标像元的光谱特性。

全书分为四大部分，分别讲述高光谱目标检测基础知识、主动目标检测、被动目标检测和实时目标检测。在实际应用中，主动目标检测主要用于侦察，通常需要已知先验信息或者需要从数据中获取后验信息，然后进行目标检测，因此主要包括先验目标检测、部分先验目标检测和后验目标检测三类；被动目标检测主要用于监测或监控，是指不使用任何先验或后验信息的目标检测方式，换句话说，目标检测的过程中不需要任何目标信息；实时目标检测则是在实际中，根据不同应用领域对算法实时性的需求，针对以上主动目标检测和被目标检测算法的结构所提出的实时算子。

本书成稿及修订要感谢多所学校及相关领导的支持，尤其感谢大连海事大学校长孙玉清教授对其教育部长江学者讲座教授聘期内的大力支持、台湾云林科技大学对其丰泰文教讲座教授聘期内的支持、西安电子科技大学对其“111 引智基地”海外学术大师的相关支持和台湾静宜大学对其在兼任讲座教授聘期内的支持。在本书的撰写过程中，张建禕、王玉磊、薛白对本书进行了策划、章节设定和主要内容编写，参与编写的还包括王琳、于纯妍和宋梅萍等人，在此特别感谢博士生曹洪举、尚晓笛、李芳等团队成员在第一次校稿中所作的贡献。本书的出版也得到了国家自然科学基金项目(61801075、61971082)的资助。另外，本书的撰写参阅了有关书籍和文献，在此向这些作者致以诚挚的谢意。最后，感谢张立福研究员邀请本书的作者撰写“高光谱遥感科学丛书”中关于目标检测方面的内容。

由于作者的理解水平和能力有限，以及涉及的仿真条件差异大等诸多实际问题，书中难免出现错误与不妥之处，敬请广大读者不吝赐教，以便再版时进一步完善。

张建禕

2021 年 3 月

目　　录

第1章 绪 论

目标检测是高光谱图像处理领域的研究热点，从不同的角度，高光谱图像目标检测又可有多种分类方法。目前传统的目标检测分类主要包括：根据待测目标已知信息的多少，高光谱目标检测可以分为监督式目标检测与非监督式目标检测两类；根据待检测目标的尺寸大小，高光谱目标检测又可分为亚像元目标检测（待测目标小于像元）和纯像元目标检测（待测目标大于像元）等。

区别于上述对目标检测的分类方法，本书从一种全新的角度来看待高光谱目标检测问题，根据高光谱目标检测的应用背景，将其分为主动目标检测与被动目标检测两种。主动目标检测需要提前知道一定量的待测目标信息。在军事应用中的侦察（reconnaissance）就是一种主动目标检测。例如美国军方利用U-2侦察机、无人机进行空袭、搜救、搜索，或是利用激光雷达（light detection and ranging，LiDAR）对可疑目标进行侦察。被动目标检测则是在完全不知环境特征，也不知待测目标特征的情况下，对目标进行搜寻。在军事应用中的监察（surveillance）就是一种被动目标检测。例如，美国军方利用机载报警与控制系统（airborne warning and control system，AWACS）在潜在威胁区域针对不寻常活动或是非常规目标进行监视。再比如农业上利用前视红外（forward looking infrared，FLIR）传感器对异常现象进行监视等。

1.1 概 述

目标检测是高光谱图像的主要优势应用之一，其优势在亚像元检测中尤为突出。亚像元检测时，由于往往不能提前获得全部的目标信息，检测难度非常大，但高光谱具有极丰富的光谱信息，这一优势将有效弥补亚像元检测信息不足这一缺陷。在本章中，我们根据目标检测所需的先验信息的量，将目标检测分为两种进行对比讨论。

第一种为主动式高光谱目标检测，通常需要感兴趣目标的先验知识，这种检测手段经常被应用于侦察中。在侦察中,待侦察的目标物的先验知识是需要提前确定的。例如,第 4 章介绍的正交子空间投影(orthogonal subspace projection,OSP)算法,就是一种需要目标先验知识完全已知的检测算法;约束能量最小化算法(constrained energy minimization,CEM)由 Harsanyi 和 Chang 于 1993 年提出,该算法是一种需要部分先验知识的检测算法,仅需提前确定待测目标物的特性,而不需要确定背景的特性;自动目标生成算法(automatic target generation process,ATGP)由 Ren 和 Chang 于 2003 年提出,该算法是一种不需任何先验目标知识的检测手段。另外,端元提取也是一种在目标检测中值得关注的技术手段,其假设前提是纯像元存在于数据中。这种假设满足时,端元提取算法其实是以主动模式进行端元提取。

另一种为被动式高光谱目标检测,是一种不需要任何先验知识的检测手段,通常应用于没有特定目标场合的监控。例如,异常检测是在没有先验知识或是人眼判别知识的情况下,对非期望出现的目标进行检测。端元寻找也是一种被动目标检测手段。不同于端元提取,端元寻找不需要提前假设端元存在于数据中,而是利用像元提取的准则,在高光谱图像中寻找类似端元的目标。换句话说,端元寻找是一种在不假设数据中存在纯端元的情况下,以被动模式进行的端元提取算法。本书将以这两种目标检测为主线,对多种高光谱目标检测算法展开详细讨论。

1.2 主动目标检测

主动目标检测是对一种已知特性的目标进行检测。这种目标的特性可以由先验知识或者一些非监督算法获得。当目标的已知信息是通过先验知识,或者是通过人为观察而获得的,这种主动目标检测又可以称为主动式先验高光谱目标检测。当目标的已知信息并不是由先验知识获得,而是通过某种非监督算法获得的后验信息,并利用这种后验信息作为高光谱目标检测的期望目标知识,此时的主动目标检测又可以称为主动式后验高光谱目标检测。

1.2.1 主动式先验高光谱目标检测

主动状态下的目标检测通常假设待测数据中含有我们感兴趣的目标,其目的是通过目标检测算法寻找到这些目标。因而主动目标检测不适用于待测数据中无感兴趣目标的情况。

1.目标先验知识是完全已知的

当先验知识完全已知,可以通过基于信噪比的正交子空间投影(OSP)实现对目标的检测。该方法原理简单、结构简洁,由 Harsanyi 和 Chang 于 1994 年提出,在本书第 4 章 4.4 节也会做详细的论述。这种方法已知完全的目标先验知识,p 类目标光谱特性:$\boldsymbol{m}_1,\boldsymbol{m}_2,\cdots,$

$\boldsymbol{m}_p$。该方法假设上述目标特性中有一种为期望目标特性，例如：假设特性 $\boldsymbol{m}_p$ 为期望目标特性，则其他特性被认为是非期望目标特性。OSP 算法首先利用 OSP 算子，通过正交投影原理消除干扰和非期望目标特性，其定义为 $\boldsymbol{P}_U^{\perp}=\boldsymbol{I}-\boldsymbol{U}\boldsymbol{U}^{\#}=\boldsymbol{I}-\boldsymbol{U}(\boldsymbol{U}^{\mathrm{T}}\boldsymbol{U})^{-1}\boldsymbol{U}^{\mathrm{T}}$，其中 $\boldsymbol{U}=[\boldsymbol{m}_1,\boldsymbol{m}_2,\cdots,\boldsymbol{m}_{p-1}]$，再将信噪比作为检测准则，通过匹配滤波原理检测与 $\boldsymbol{m}_p$ 相似的特性。

2. 目标先验知识是部分已知的

由于高光谱图像具有显著的高光谱分辨率，高光谱成像设备采集的图像包含了大量的背景信息，往往导致图像背景部分非常复杂，使得我们几乎不可能获得背景的所有先验信息，这种情况在处理高光谱数据时时常发生。因此，实际应用中，多数目标检测算法都是基于部分先验信息的，这类方法假设仅有感兴趣的目标光谱是已知的，而背景信息是未知的。

例如，在 OSP 算法中，我们假设 p 类目标光谱 $\boldsymbol{m}_1,\boldsymbol{m}_2,\cdots,\boldsymbol{m}_p$ 是已知的，对于其中某一类目标的检测，可以将 p 类目标光谱分解为感兴趣的期望目标光谱 $\boldsymbol{d}$（假设为 $\boldsymbol{m}_p$）和不感兴趣的其他目标光谱 $\boldsymbol{U}=[\boldsymbol{m}_1,\boldsymbol{m}_2,\cdots,\boldsymbol{m}_{p-1}]$，并将其作为需要抑制的光谱特性，通过 OSP 算子进行消除。不同于 OSP 算法，CEM 算法通过全局像元样本的协方差矩阵 $\boldsymbol{R}$ 的逆矩阵 $\boldsymbol{R}^{-1}$，取代 OSP 算法中的 OSP 算子 $\boldsymbol{P}_U^{\perp}$ 来实现对感兴趣的目标 $\boldsymbol{d}$ 以外的背景特性的压抑。

自 OSP 与 CEM 算法产生以来，两者皆得到了广泛的应用。同时，在此基础上，产生了许多基于 $\boldsymbol{d}$ 和 $\boldsymbol{U}$ 的扩展算法。受 Frost 的自适应波束形成方法启发，Ren 和 Chang 于 1999 年提出了一种线性约束方差最小化（linearly constrained minimum variance，LCMV）算法，将 CEM 中单一的感兴趣目标光谱 $\boldsymbol{d}$ 扩展为一组由 p 类个目标光谱组成的集合 $\boldsymbol{D}=[\boldsymbol{d}_1,\boldsymbol{d}_2,\cdots,\boldsymbol{d}_p]$。

由于 LCMV 方法没有讨论 $\boldsymbol{U}$ 的作用，Ren 与 Chang 于 2006 年又进一步将 LCMV 与 OSP 进行结合，提出了一种目标约束干扰最小化（target-constrained interference-minimized filter，TCIMF）算法。该方法可以对含有 p 个目标光谱的集合 $\boldsymbol{D}=[\boldsymbol{d}_1,\boldsymbol{d}_2,\cdots,\boldsymbol{d}_p]$ 进行检测，同时对非期望特性 $\boldsymbol{U}$ 进行消除以及利用 $\boldsymbol{R}^{-1}$ 对 $\boldsymbol{D}$ 和 $\boldsymbol{U}$ 以外的背景目标特性进行压抑。

在后续的研究中，Du 和 Chang 引入第三种影响特性——干扰特性，该特性用 $\boldsymbol{I}$ 矩阵表示。两人针对这一特性的影响提出了信号分解干扰清除滤波器（signal-decomposition interferer-annihilation filter，SDIAF）。SDIAF 方法是 TCIMF 方法的一种延伸，通过抑制干扰特性的作用进一步增强检测性能。

为了进一步总结以上所述的 5 种目标检测方法——OSP、CEM、LCMV、TCIMF 和 SDIAF，图 1.1 显示了这 5 种方法的发展过程及其相关关系。

1.2.2 主动式后验高光谱目标检测

主动式后验高光谱目标检测主要存在两种手段：其一，寻找后验目标信息，如在没有先验知识的情况下从数据中寻找人造目标；其二，提取端元，一般情况下，端元光谱特性纯净，

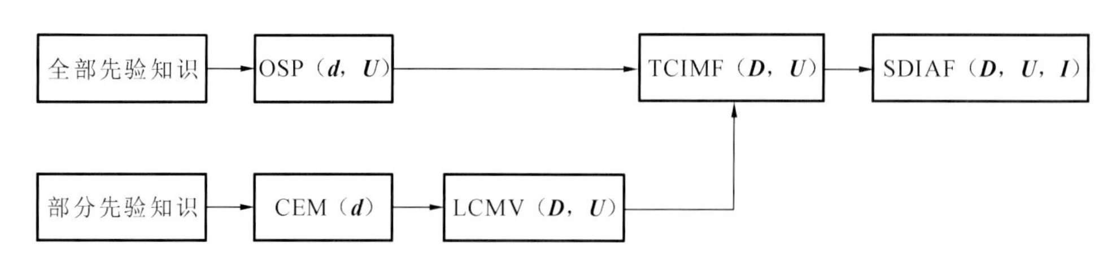

图 1.1 OSP、CEM、LCMV、TCIMF 和 SDIAF 的发展过程及其相关关系

可以提供用于区分目标光谱类别的重要信息。

1. 寻找后验目标信息

在 1.2.1 中讨论的先验高光谱目标检测问题，涉及算法 OSP、CEM、LCMV、TCIMF 和 SDIAF，这些算法通常有特定的感兴趣的一个期望目标 $\boldsymbol{d}$ 或者一组期望目标 $\boldsymbol{D}$，$\boldsymbol{d}$ 或者 $\boldsymbol{D}$ 是由真实地物或者视觉判别所提供的先验知识。另外，在 OSP 算法中，还需要不感兴趣的非期望目标特性 $\boldsymbol{U}$。CEM、LCMV 和 TCIMF 算法不需要 $\boldsymbol{U}$ 的信息，而是通过设计 FIR 滤波器，限制其仅允许 $\boldsymbol{d}$ 或 $\boldsymbol{D}$ 方向的信号通过，同时使其他信号输出的最小二乘误差最小化。

但是，在许多场合中，期望目标信息 $\boldsymbol{D}$ 和非期望目标信息 $\boldsymbol{U}$、$\boldsymbol{I}$ 无法获取。在这种情况下，$\boldsymbol{D}$、$\boldsymbol{U}$ 和 $\boldsymbol{I}$ 需要通过无先验知识的非监督式方法获取。也就是说，在没有先验知识的情况下，我们仍需知道何种目标存在于数据中。此时，算法需要在数据中通过非监督方法寻找我们感兴趣的目标特性。通过这种方法寻找到的目标，则是一种后验目标，而这种目标所提供的信息则称为目标后验信息，视为目标的后验知识。

目标后验知识与其先验知识有着很大的不同。目标先验知识通常是先验获得的，由光谱库中的信息或者是人眼判别而来。目标后验知识则是从高光谱图像数据中获得的，这种后验信息可以作为先验目标检测算法中所需的先验知识，从而利用 1.2.1 中讨论的先验目标检测算法进行目标检测。所以，先验目标检测算法中的期望目标，既可以是目标先验信息，也可以是目标后验信息。

寻找目标后验信息的算法将会在本书第 7 章中详细讨论，例如自动目标生成方法(automatic target generation process，ATGP)，非监督非负约束最小二乘法(unsupervised nonnegativity constrained least squares，UNCLS)、非监督全约束最小二乘法(unsupervised fully constrained least squares，UFCLS)和高阶统计量目标检测。

2. 端元提取

前面所述的后验高光谱目标检测方法，是产生一个后验目标特性并利用这一目标特性进行目标检测。如何寻找这些后验目标，完全由所设计的算法决定。另一种方法是寻找纯像元或纯特性的目标，端元提取算法可以满足这种需求。但是，该方法假设图像中存在端元，如果不满足该假设，从图像中提取出的特性并没有意义。

值得注意的是，根据 Chang 在 2016 年的研究成果表述，两种广泛应用的端元提取算法，即顶点成分分析法(vertex component analysis,VCA)和单形体体积增长法(simplex growing algorithm,SGA),同自动目标生成方法(automatic target generation process,ATGP)结果一致,所以本书主要利用ATGP算法为主动目标检测提供所需要的后验信息。

图1.2展示了本书中所涉及的高光谱主动目标检测手段之间的相关关系。

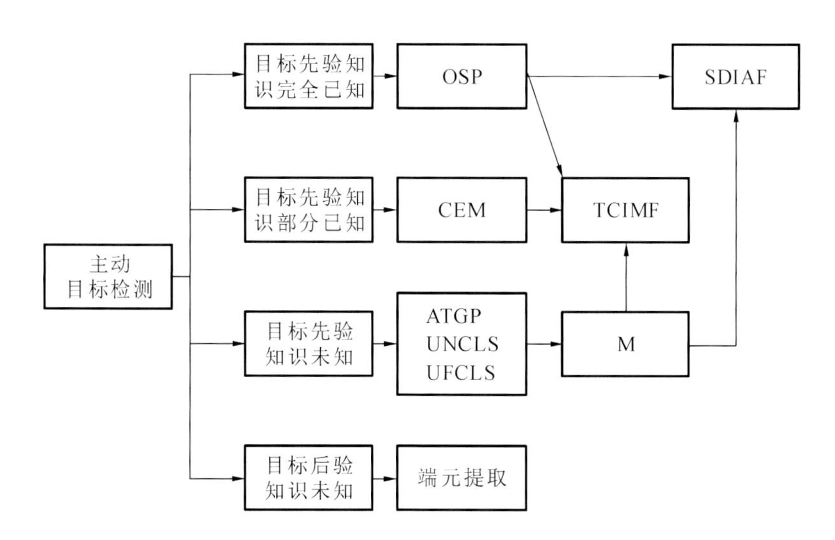

图1.2 主动式高光谱目标检测算法示意图

1.3 被动目标检测

与主动高光谱目标检测不同,被动高光谱目标检测不需要特定的感兴趣的目标。因此,被动目标检测是在完全未知的环境下,并且没有任何先验知识的情况下进行的。被动目标检测有两种类型:异常检测(anomaly detection)和端元寻找(endmember finding)。我们将对两者进行简要的介绍。

1.3.1 异常检测

由于高光谱图像具有很高的光谱分辨率,因此可以体现出很多不能由先验知识提供,或者是人眼无法识别到的微妙信号源。这样的信号源大多是以异常的形式存在于数据中。近年来,在高光谱领域里,异常检测引起了很多学者的研究兴趣。

目前,还没有关于异常目标的明确定义,但通常来讲,我们认为异常目标是一种无法在数据处理前先验知道的目标,并且具有如下特点:

(1)异常目标在数据中的出现无法预测。

(2)异常目标在数据中的出现概率小。

(3)异常目标在数据中的出现数量少。

(4)异常目标与周边或相邻的样本光谱特性区别大。

具有这些特性的样本,一般是用于指定光谱类别的纯像元,又称端元。例如,在环境或农业中特别的光谱特性、地质中的稀有金属、环境监测中的有毒物质排放、水污染中的溢油、执法中追踪的毒品和走私物、战场中的人造目标、情报里不寻常出现的有威胁性的活动、医学中的肿瘤等。

1.3.2 端元寻找

在 1.2.2 中讨论过的端元提取方法,是一种主动目标检测方法,因为其前提是假设数据中存在纯像元。但在现实中,这种假设几乎不满足,并且端元不必一定为真实图像中的样本向量或者像元,其也可以是光谱库中的光谱特性。所以,端元不存在于数据中的概率很大。这样一来,端元提取手段可以以一种被动检测的形式,从真实数据中对潜在的,但不是纯像元的端元进行提取。

相对于主动高光谱检测,被动高光谱检测没有所要检测的目标的先验知识。这种情况下,我们也无法得知有多少目标需要被检测。因而 1.2.2 节中所讨论的端元提取算法,如 VCA 和 SGA 的停止条件将无法确定。此时,端元提取算法将转换为被动式的端元寻找算法,且当获取了 L(L 为波段数目)个端元时,端元寻找算法停止。

由 Boardman 于 1994 年提出,并在当前广泛应用的纯净像元指数(pixel purity index, PPI)可以被看成一种典型的被动式检测器。该方法利用 PPI 指数去寻找目标,但并不清楚找到的目标是什么,需要通过进一步的分析来判断这些被找到的目标是什么。基于这种解释,当下研究的多数端元提取方法,实际是一种端元寻找的算法。

图 1.3 展示了两种被动高光谱目标检测:异常检测和端元寻找。异常检测利用了光谱信息统计量,如协方差矩阵 $\boldsymbol{K}$ 或相关矩阵 $\boldsymbol{R}$ 来衡量样本光谱之间的相关性。端元寻找则利用了纯像元的特性,寻找潜在的端元。这些找到的潜在端元并不一定是纯像元,但在一定程度上可以用来体现不同类别目标的光谱差异特性。

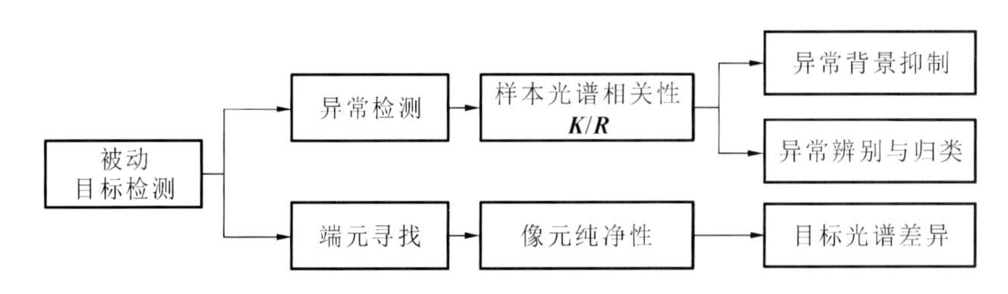

图 1.3 被动高光谱目标检测算法示意图

1.4 实时高光谱目标检测

高光谱图像的实时处理，已经成为当前高光谱图像处理技术中的一个热门研究方向。其原因可以归结于现有的高光谱图像处理手段无法满足应用的需求。

其一，现有一些领域中的应用，要求处理系统能够在数据采集的同时对移动的目标或突然出现的目标进行及时检测。通常具有这些特性的目标仅能在特定的时间段内被发现，或者说其出现的窗口期很小。若检测不及时，这些目标很可能快速消失。针对具有这种特点的目标进行检测，需要实时处理系统能够在很短的时间内做出响应，并至少在接近实时的响应时间内，完成对数据的处理。例如监视与侦查等应用、搜索与营救等任务。

其二，某些系统或平台，对所载处理部件的重量有限制。例如一些无人航空器、无人车载系统或者卫星等平台，都对所载探测系统的重量有限制。这些约束将导致这些平台仅能搭载小型、结构简单的探测系统，同时也限制了探测处理系统的功率和计算存储空间。

其三，某些系统或平台的处理和存储能力较弱，所以要求实时系统能够显著地减小处理数据所需的时间和空间。例如，在卫星上搭载的高光谱成像设备，其向地面基站进行下行数据传输的带宽资源有限，同时卫星上设备的数据存储空间也很有限。这种情况下，对计算所需的时间和存储空间有着格外严格的要求。

其四，根据一些现有的任务，要求高光谱图像能够实现在轨处理，或是能够在相应的硬件上实现。

结合当前应用对实时的要求，从实际的算法设计出发进行考虑，一般意义上讲，高光谱图像实时处理算法可以从以下几种特性入手，解决实际应用中对实时系统的要求。

1. 近实时(near real-time，NRT)处理模式

从理论上讲，实时处理要求当数据输入后，系统能够有即时的输出响应。换句话说，实时处理系统要求在数据输入后，就要将处理后的结果立即输出。但事实证明，这样的系统并不存在，也无法实现，几乎所有的数据处理都有一定时间的滞后。

在实际应用中，可以用近实时的处理形式替换实时处理。在合理的时间容忍范围内，适当的延迟是可以被允许的。因而，许多现有的实时处理的算法其实并不能实时处理，而是一种近实时的处理算法(延迟的影响可以忽略)。

对于时间延迟的容忍度，是由实际的应用所决定的。例如，在监视与侦察这样的应用中，对移动目标的决策有着迫在眉睫的需求，所以其要求的响应时间很短，这种情况下可容忍的时间延迟很短。但针对火灾损害的管理或评估而设计的系统，可以将响应时间延长至几分钟甚至几小时，这样的实时系统可容忍的时间延迟比较长。以上两个实例说明，只要系

统可以在限制的时间内完成数据处理任务，便可以视为实时系统，本书中所讨论的实时系统的设计就是基于以上所述概念的系统设计。

2. 因果(causality)处理模式

因果处理模式，是实现高光谱实时处理的一种重要模式。因果处理模式是指当前处理所需要的数据样本向量只能包括当前已获取的数据样本向量。因果处理不允许利用还未获取的信息。实时处理时，还未接收或处理的数据常常是无法预先获得的，所以因果处理模式是许多实时处理系统不得不遵循的一种处理模式。

但同时值得注意的是，并不是所有的实时处理都要遵循因果处理模式，现有的许多实时算法就并不满足因果处理这一模式，例如基于滑动窗口的异常检测。许多因果处理算法，也可以通过利用当前高性能计算技术的优势，实现近实时处理性能。

3. 在轨(on-board)处理模式

本书中的在轨处理模式是借用卫星在轨数据处理的思想，在任务平台上进行数据处理的模式。例如，在轨无人机高光谱目标检测，是指在无人机载高光谱成像仪采集图像后，在无人机上进行处理，而不需要返航后再进行数据处理。

4. 在线(on-line)处理模式

本书中所讨论的在线处理模式，是指在系统有数据流输入时具备连续处理数据的能力，可以实现实时在线处理。所以，这种处理模式是因果处理模式。

1.5 本书所用到的真实高光谱图像数据

这一节中，我们将对本书中所用到的真实高光谱图像数据进行介绍。

1.5.1 HYDICE 数据

图 1.4(a)所示为 HYDICE(hyperspectral digital imagery collection experiment)数据场景图，其中包含 200×74 个像元向量。原始 HYDICE 成像仪可获取 210 个波段，其中低信号高噪声的波段有第 1～3 波段以及第 202～210 波段，水吸收波段有第 101～112 波段以及第 137～153 波段，在实验中，我们将移除这些波段，剩余的 169 个波段数据用于后续实验。同时，图 1.4(b)为场景图所对应的地物参考图(ground-truth)，图中目标物体的中心像元与边界像元分别用红色和黄色高亮标记。试验场景的上部分，第一行至第三行均为测试模块(结构嵌板)，其中第一列至第三列测试模块尺寸面积分别为 3 m^2、2 m^2 和 1 m^2，且均为正方形。由于图像数据的空间分辨率为 1.56 m，所以第三列的测试模块可以认为是亚像元目标

物。场景的下部分包含尺寸为 4 m×8 m(第一列的前四辆)、6 m×3 m(第一列最底部)的车辆以及第二列的 3 个目标物(前两个目标物尺寸为 2 个像元大小,底部目标物尺寸为 3 个像元大小)。这一场景中的目标物,可以分为 3 种:小尺寸目标(测试模块大小分别为 3 m^2、2 m^2 及 1 m^2),大尺寸目标(两种不同大小的车辆,尺寸分别为 4 m×8 m 和 6 m×3 m、3 个 2 像元大小的目标物和 1 个 3 像元大小的目标物),以及可以被用于异常检测目标的干扰目标。

图 1.4(c)展示了原始场景图的局部放大图。这一场景包含了 33×90 个像元向量,其光谱分辨率为 10 nm,空间分辨率为 1.56 m,场景中的车辆沿着树林纵向分布。图 1.4(d)中,红色标记为目标车辆的中心像元,黄色标记则为混合有背景像元的车辆像元。

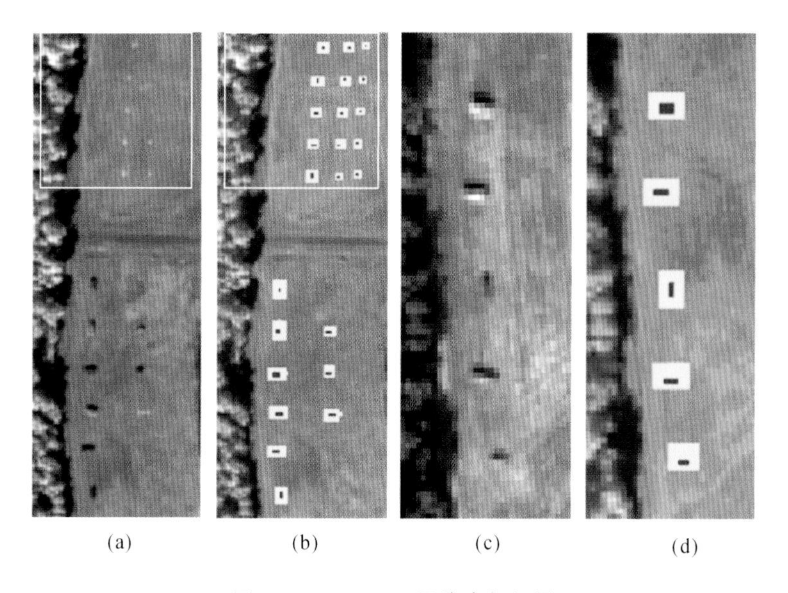

(a)　　(b)　　(c)　　(d)

图 1.4　HYDICE 图像车辆场景

(a)场景图;(b)地物参考图;(c)车辆示意图;(d)车辆地物参考图

图 1.5(a)所示为另一组原始图像局部放大场景。这一场景包含 64×64 个像元向量,其中有 15 个测试目标模块。场景中具有大量的草地背景,在左侧边界有一处树林,右侧边界则是一处肉眼几乎不可见的道路。场景图像的空间分辨率为 1.56 m,光谱分辨率为 10 nm,15 个测试模块呈 5 行 3 列阵列分布于场景中的草地背景上,具体的位置信息记录于图 1.5(b)地物参考图中。测试模块阵列中,每一处模块被标记为 p_{ij},其中行指数 $i=1,\cdots,5$,列指数 $j=1,2,3$,在每一行中,每一个测试模块用同一种材质的涂料粉刷,但尺寸大小不同;每一列的测试模块的尺寸大小相同,但被粉刷的材料不同。值得注意的是,第二行与第三行测试模块材质为同种材料,但粉刷涂料不同,第四行与第五行的测试模块也是如此。尽管如此,每一行还是被看作为不同的物体。第一至第三列的测试模块尺寸大小分别为 3 m×3 m、2 m×2 m 以及 1 m×1 m。综上所述,15 个测试模块有 5 种不同材料以及 3 种不同尺寸。图 1.5(b)为 15 个测试模

块的准确位置，其中红色像元表示测试模块的中心像元，黄色像元表示混合有背景像元的测试模块像元。由于图像空间分辨率为 1.56 m，所以我们认为第二列与第三列尺寸为 1 像元大小的目标为亚像元目标。另外，除第一行第一列目标尺寸为 1 像元大小，其余第一列目标尺寸均为 2 像元大小：第二行 2 像元呈纵向分布，用 p_{211} 和 p_{221} 表示；第三行 2 像元呈横向分布，用 p_{311} 和 p_{312} 表示；第四行 2 像元呈横向分布，用 p_{411} 和 p_{412} 表示；第五行 2 像元呈纵向分布，用 p_{511} 和 p_{521} 表示。

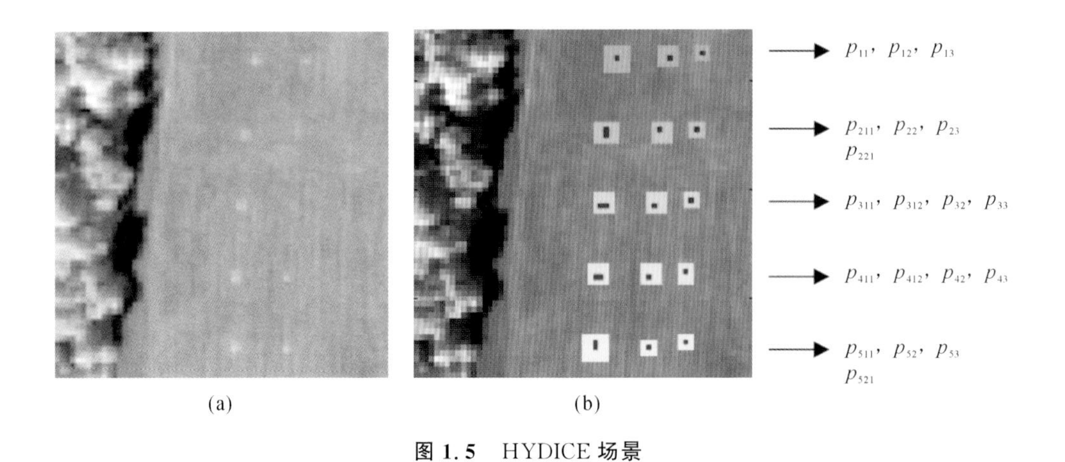

图 1.5 HYDICE 场景

(a)包含 15 个测试模块的 HYDICE 图像场景；(b)15 个测试模块的地物参考图

图 1.6 展示了 5 种材质测试模块各自的光谱曲线。

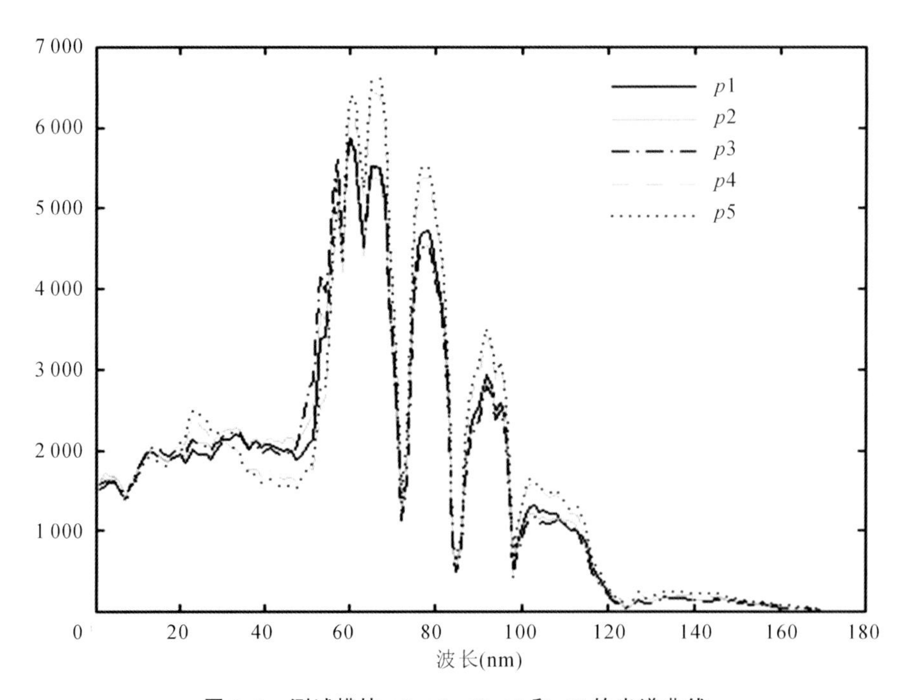

图 1.6 测试模块 $p1$、$p2$、$p3$、$p4$ 和 $p5$ 的光谱曲线

从图 1.5(a)和 1.5(b)中可以看出,场景中还有 4 种背景特性,分别可以视作并标记为干扰、草地、树木和道路,如图 1.7 所示。

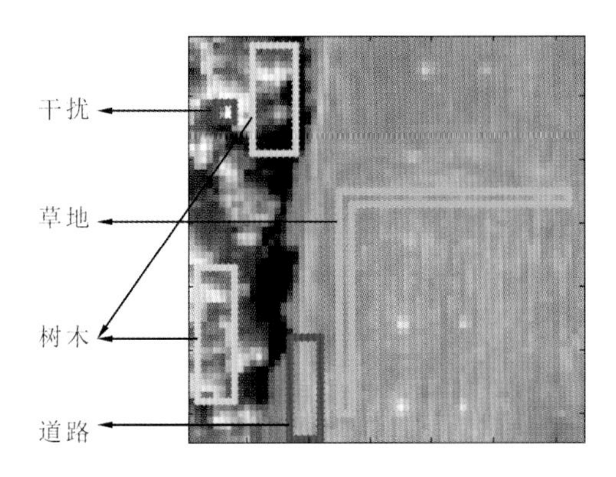

图 1.7 利用地物参考信息区分不同区域,并标注为 3 种背景特性——草地、树木和道路,以及干扰

1.5.2 AVIRIS Indian Pines 数据

普渡大学的 Indian Pines 高光谱图像是一组 AVIRIS(airborne visible infrared imaging spectrometer)数据,其空间分辨率为 20m,光谱分辨率平均为 10nm,光谱所覆盖的区域为 0.4～2.5mm,图像尺寸大小为 145×145 个像元向量,图像于 1992 年 6 月采集于美国印第安纳州(Indiana)西北部,是一处混合了农田与森林的场景。AVIRIS 成像仪可获取 224 个波段,其中第 104～108 波段以及第 150～162 波段为水吸收波段,通常在实验中被移除,仅利用余下的 202 个波段。

图 1.8(a)展示了该高光谱图像的 9 个波段示意图,图 1.8(b)为该测试区域 USGS 的矩形图。

图 1.8(c)所示为该高光谱图像的地物参考图(ground-truth),该图像被分为 17 个类别,包括了多种目标物,有高速公路、铁路、房屋建筑以及植被,有些目标在农业应用中作用不大,但在其他如异常检测等应用中,具有很大的潜在研究价值。

表 1.1 记录了属于 17 个高光谱图像场景类别标识,这些像元的分布如图 1.8(d)所示。

表 1.1 高光谱图像场景类别标识

序号	类别标识	序号	类别标识	序号	类别标识
类别 1	苜蓿(alfalfa)	类别 7	草地 3(grass/pasture-mowed)	类别 13	小麦(wheat)
类别 2	玉米 1(corn-notill)	类别 8	干草堆(hay-windrowed)	类别 14	树木(woods)
类别 3	玉米 2(corn-min)	类别 9	燕麦(oats)	类别 15	建筑 1(bldg-grass-green-drives)
类别 4	玉米 3(corn)	类别 10	大豆 1(soybeans-notill)	类别 16	建筑 2(stone-steel towers)
类别 5	草地 1(grass/pasture)	类别 11	大豆 2(soybeans-min)	类别 17	背景(background)
类别 6	草地 2(grass/trees)	类别 12	大豆 3(soybeans-clean)		

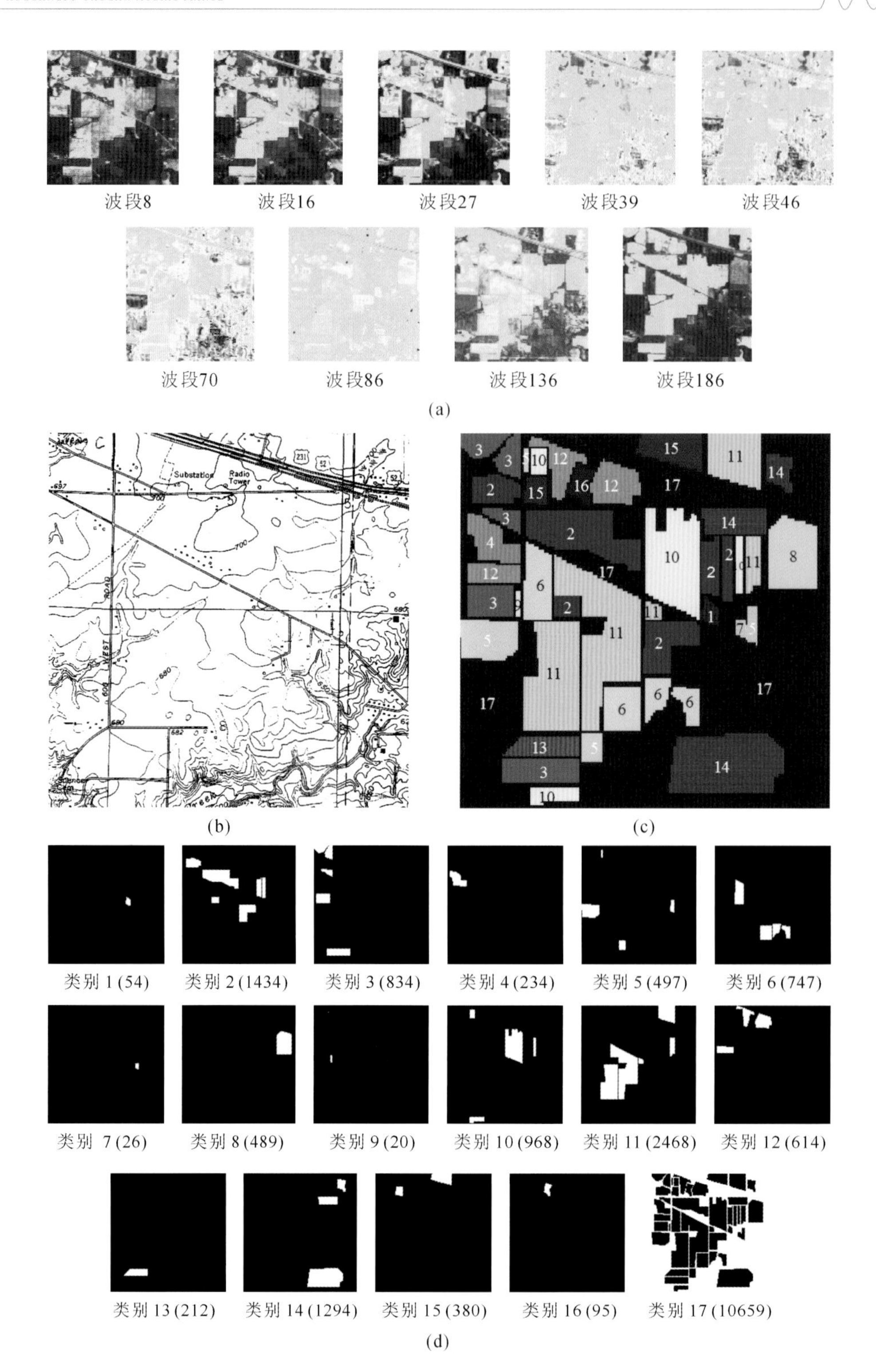

图 1.8　AVIRIS 高光谱图像场景：Purdue Indiana Pines 实验场

(a)普渡大学 Indiana Indian Pines 实验场高光谱图像 9 个波段的示例；(b)实验场 USGS 矩形图；(c)实验场图像地物参考；(d)17 个类别的地物参考

1.5.3 AVIRIS Salinas 数据

本书中使用的另一种 AVIRIS 高光谱图像为 Salinas 图像，图像采集于美国加利福尼亚(California)萨利纳斯谷(Salinas Valley)，场景如图 1.9(a)所示，其空间分辨率为3.7m，光谱分辨率平均为 10nm，光谱所覆盖的区域为 0.4～2.5mm，图像尺寸大小为 512×217 个像元向量。该图像总共第 224 个波段，其中第 108～112 波段、第 154～167 波段以及第 224 波段为水吸收波段。图 1.9(b)为该高光谱图像的实际地物参考，图 1.9(c)为图 1.9(b)的类别标签。

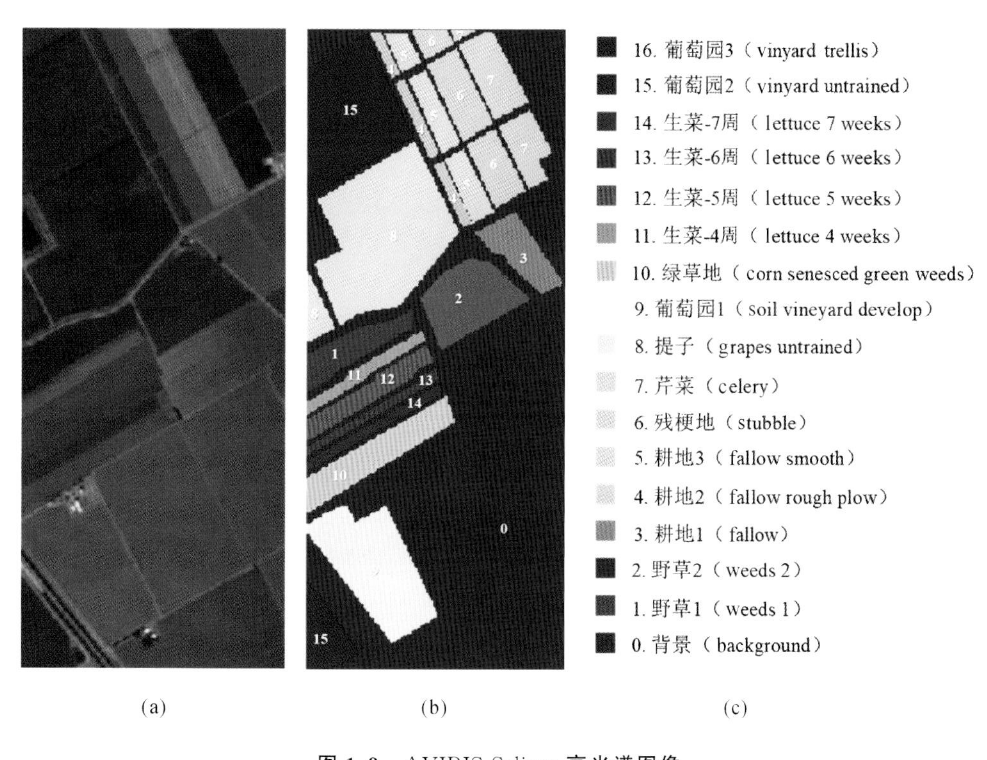

图 1.9 AVIRIS Salinas 高光谱图像

(a)Salinas 场景图；(b)图像彩色地物参考；(c)地物参考类别标签

1.5.4 AVIRIS Cuprite 数据

另一组非常常用的公开 AVIRIS 数据为 Cuprite 高光谱图像数据，图像采集于美国内华达(Nevada)Cuprtie 矿区，场景图如图 1.10(a)所示。该图像空间分辨率为 20m，平均光谱分辨率为 10nm，光谱所覆盖的区域为 0.4～2.5mm，总共 224 个波段。图 1.10(b)所示的场景图是从图 1.10(a)所示场景图中切割下的子图，尺寸大小为 350×350

个像元向量。

该图像所具有的读物参考信息准确，被广泛应用于高光谱图像处理算法的测试与研究上。该图像提供有辐射率与反射率两种数据。从图 1.10(a)与(b)所示场景中，可以认出 5 种不同的矿物，分别是明矾石(A)、钙芒硝(B)、方解石(C)、高岭石(K)以及白云母(M)。这些矿物的空间分布位置分别用 A、B、C、K 和 M 标记在图 1.11(b)中，每种矿物相对应的光谱反射率与辐射率曲线，分别如图 1.11(c)与(d)所示。这 5 种纯像元均来自并验证于 USGS 实验室光谱。图 1.11(e)所示为该场景的蚀变矿物地图，同样由 USGS 提供。这一图像的低信噪比与水吸收波段为第 1～3 波段、第 105～115 波段以及第 150～170 波段，在本书中，利用该图像实验时预先移除了这些波段。

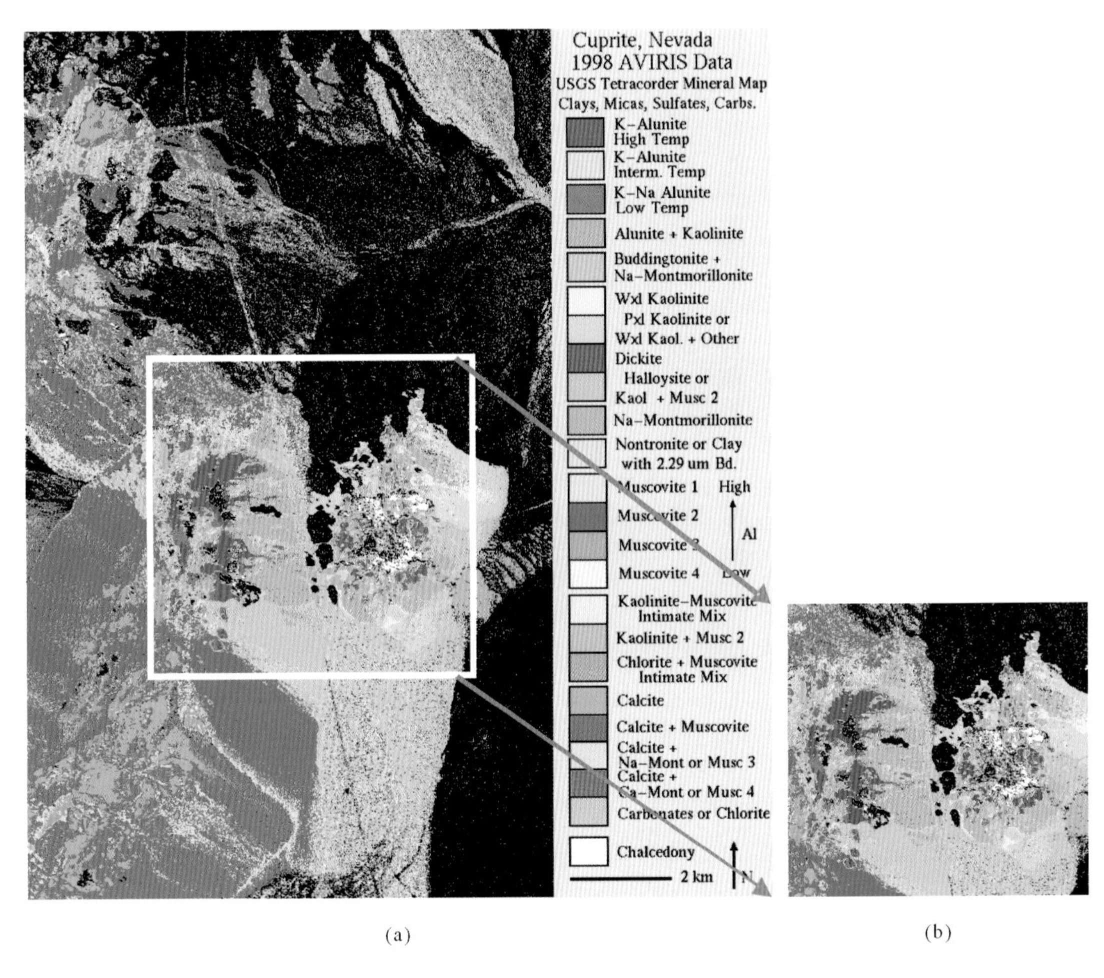

图 1.10　Cuprite 高光谱图像场景

(a)原始 Cuprite 图像场景；(b)原始场景图中，中心区域切割子场景(350×350)

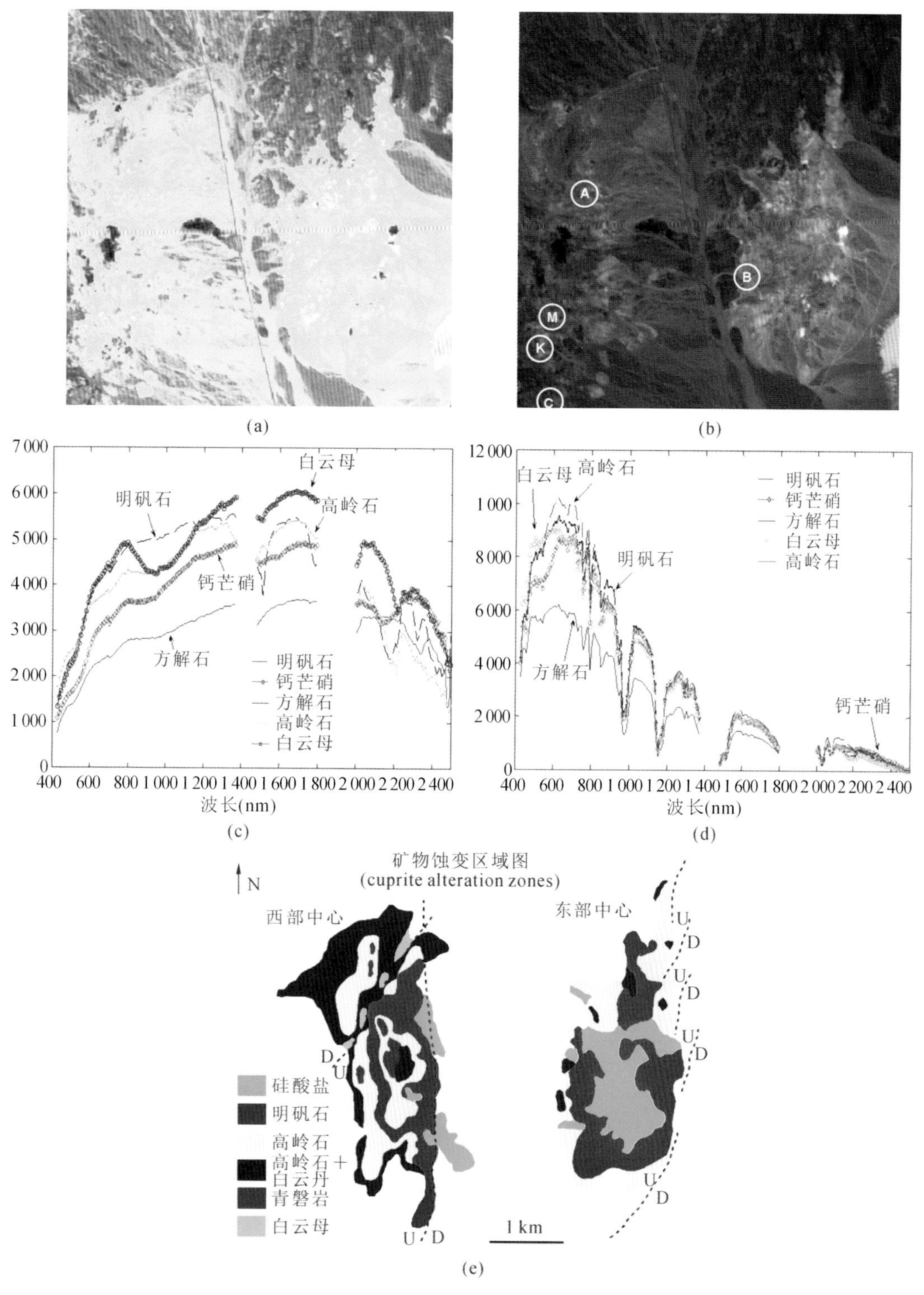

图 1.11　5 种矿石相关数据

(a)AVIRIS Cuprite 场景第 170 波段示意图；

(b)5 种矿石所对应的纯像元空间位置：明矾石(A)、钙芒硝(B)、方解石(C)、高岭石(K)以及白云母(M)；

(c)图(b)中标注的 5 种矿石的反射率光谱曲线；(d)图(b)中标注的 5 种矿石的辐射率光谱曲线；

(e)USGS 蚀变矿物地图

1.5.5 AVIRIS LCVF 数据

本书实验中使用的另一种 AVIRIS 图像数据为 Lunar Crater Volcanic Field(LCVF)数据，拍摄于美国内华达(Nevada)州的 Northern Nye 郡，尺寸大小为 200×200 个像元向量，空间分辨率为 20m，平均光谱分辨率为 10nm。本书的实验中，水吸收波段与低信噪比波段被提前移除，最终仅用其中的 158 个波段。

图 1.12 所示为 LCVF 场景图，场景中包括了 5 种我们感兴趣的目标：氧化玄武岩渣(oxidized basaltic cinders)、流纹岩(rhyolite)、沙漠盆地(playa)(干燥湖泊)、植被(vegetation)以及阴影(shade)。

另外，在本书的实验中，部分实验利用一些物质的光谱特性像元，进行模拟仿真实验。实验中所用到的 5 种物质为三齿拉雷亚落木叶(creosote leaves)、干草(dry grass)、红土(red soil)、灌木蒿丛(sagebrush)以及焦油灌木(black bush)，其 AVIRIS 反射率光谱特性曲线如图 1.13 所示。

图 1.12 AVIRIS LCVF 高光谱图像

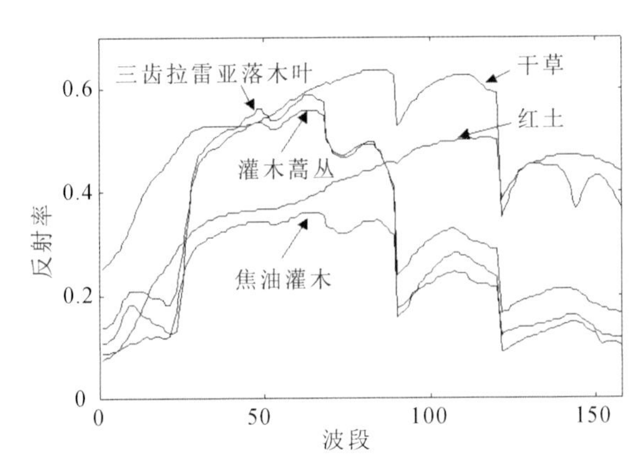

图 1.13 5 种物质的 AVIRIS 反射率光谱特性曲线

1.5.6 ROSIS University of Pavia 数据

本书的实验中使用了一组由德国制造的 ROSIS-03 卫星传感器采集的高光谱图像 University of Pavia，拍摄于意大利的帕维亚大学，场景如图 1.14(a)所示，所对应的实际地物参考如图 1.14(b)所示，图 1.14(c)为图 1.14(b)的类别标签，该图像尺寸大小为 610×340 个像元向量，总共 115 个波段，其空间分辨率大约为 1.3m，光谱波长所覆盖的区域为 0.43～0.86mm，光谱分辨率平均为 4nm，原始波段中的 12 个噪声最严重的波段在实验前已被移除。

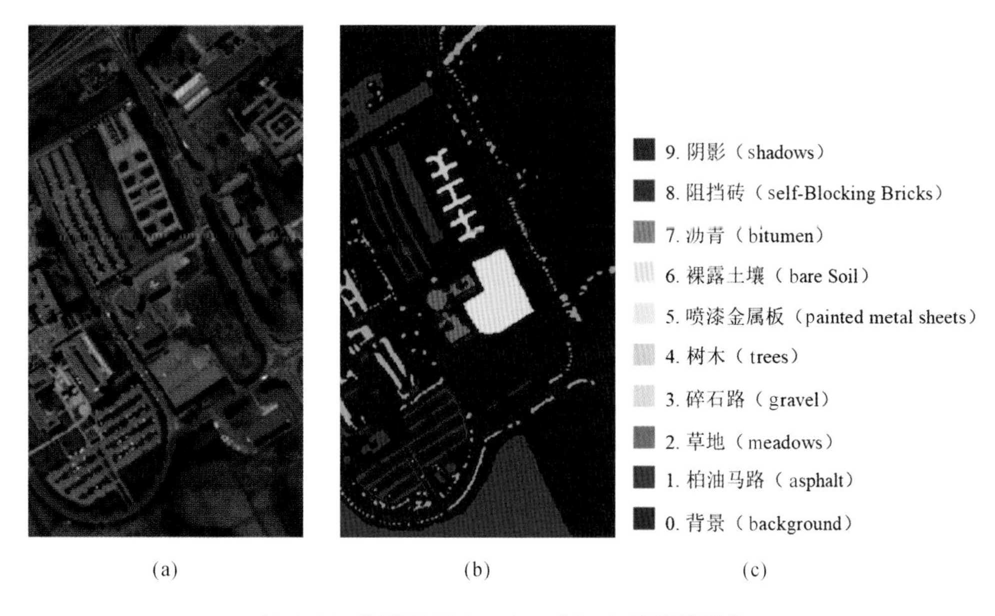

图 1.14 ROSIS University of Pavia **高光谱图像**

(a)University of Pavia 场景图;(b)图像彩色地物参考;(c)地物参考类别标签

参考文献

CHANG C I,2003. Hyperspectral Imaging:Techniques for Spectral Detection and Classification[M]. New York:Kluwer Academic/Plenum Publishers.

CHANG C I,2013. Hyperspectral Data Processing: Algorithm Design and Analysis[M]. New Jersey:John Wiley & Sons.

HARSANYI J C,1993. Detection and Classification of Subpixel Spectral Signatures in Hyperspectral Image Sequences[D]. Baltimore: University of Maryland Baltimore County.

REN H,CHANG C I,2000. Target-constrained interference-minimized approach to subpixel target detection for hyperspectral imagery[J]. Optical Engineering,39(12):3138-3145.

第2章 高光谱目标检测基础

2.1 引言

在许多高光谱目标检测实际问题中，利用统计信号处理方法进行目标检测得到了很好的应用。这一章中，我们将对两种基础的统计信号检测决策理论进行介绍，分别为贝叶斯决策（Bayes detection）和奈曼-皮尔逊决策（Neyman-Pearson detection）。贝叶斯决策要求检测模型的先验知识全部已知，用以确定最终似然比的阈值。其最终得到的形式是一种似然比检验形式，应用在众多信号检测问题中。奈曼-皮尔逊决策方法最终得到的形式也是似然比检验形式，但是需要的已知先验知识比贝叶斯检测少，可以通过固定检测所需的虚警率推算出对应的检测性能，因此，它是一种实用性很强的检测手段。奈曼-皮尔逊决策方法的主要优势：第一，它仅需要少量先验知识；第二，这种决策方法在虚警概率和检测概率（检测性能）之间建立了一种相关关系，以似然比阈值为纽带，利用这种关系，通过接收机工作特性（receiver operating characteristics，ROC）曲线可以对检测性能进行评估，这已经成为了一种广泛应用在信号检测性能评估方面的方法。

上述决策方法的基础均为二元假设检验模型，所以这两种决策方法也被称为二元决策方法。但有时假设检验的数量不是仅仅两个，而会出现多个，此时二元假设检验便会扩展为多元假设检验。在高光谱图像处理中，这种多元假设可以代表检测问题中的多种目标，也可以代表分类问题中的多种类别。

本章的具体内容如下：2.2 节介绍并在理论上讨论两种检测决策方法，同时介绍接收机工作特性曲线；2.3 节介绍高光谱目标检测的多元假设检验模型；2.4 节对本章内容进行小结与讨论。

2.2 统计信号检测理论

2.2.1 贝叶斯决策

贝叶斯决策是一种常用的信号检测方法，其原理是通过最小化平均代价，来获得最优的判决结果，适用于假设检验中先验概率全部已知，而且判决代价因子也全部已知的情况。我们考虑一个二元假设 H_0 与 H_1，分别对应 P_0 和 P_1 概率测度，并且 P_0 和 P_1 分别服从 $p_0(y)$ 和 $p_1(y)$ 的概率密度函数，故而有如下假设检验问题。

$$H_0: Y \approx P_0 \approx p_0(y)$$

相对于 (2.1)

$$H_1: Y \approx P_1 \approx p_1(y)$$

以上问题中，Y 是观测随机变量，y 则是我们的观测值。

定义决策规则 $\delta(y)$，将观测域 Γ 划分为 Γ_0 和 Γ_1，同时 $\Gamma = \Gamma_0 \cup \Gamma_1$。$\Gamma_0$ 称为接受域(acceptance region)，Γ_1 则称为拒绝域(rejection region)或临界域(critical region)。所定义的决策规则如下：

$$\delta(y) = \begin{cases} 1, y \in \Gamma_1 \\ 0, y \in \Gamma_0 \end{cases} \tag{2.2}$$

为了寻找最优的划分方法，我们对每一种决策规则的判决赋予判决因子 c_{ij} 为假设 H_j 成立的代价，其中 $i=0,1$ 且 $j=0,1$。此后，对于每一个假设 H_j，我们求出针对 $\delta(y)$ 的决策结果，其所对应的平均代价或期望代价定义为条件代价，如以下所示：

$$R_j(\delta) = c_{1j} p_j(\Gamma_1) + c_{0j} p_j(\Gamma_0), \quad j = 0,1 \tag{2.3}$$

式中，$p_j(\Gamma_i) = \int_{\Gamma_i} p_j(y)\mathrm{d}y$ 为假设 H_j 为真时，假设 H_i 成立的概率。根据条件代价可求出平均代价，或称为贝叶斯代价：

$$r(\delta) = \pi_0 R_0(\delta) + \pi_1 R_1(\delta) \tag{2.4}$$

其中，$\pi_0 = P(H_0)$，$\pi_1 = P(H_1)$ 分别为假设 H_0 和 H_1 的先验概率，并且服从 $\pi_0 = 1 - \pi_1$ 关系。将式(2.4)最小化如下：

$$\begin{aligned} \delta_{\mathrm{Bayes}}(y) &= \min_{\Gamma_1} \{r(\delta)\} \\ &= \min_{\Gamma_1} \{\int_{\Gamma_1} [\pi_0(c_{00} + c_{10})p_0(y) + \pi_1(c_{11} - c_{01})p_1(y)]\mathrm{d}y\} \end{aligned} \tag{2.5}$$

可以注意到，

$$
\begin{aligned}
r(\delta) &= \pi_0 R_0(\delta) + \pi_1 R_1(\delta) \\
&= \pi_0 [c_{00} p_0(\Gamma_0) + c_{10} p_0(\Gamma_1)] + \pi_1 [c_{01} p_1(\Gamma_0) + c_{11} p_1(\Gamma_1)] \\
&= \pi_0 c_{10} + \pi_1 c_{01} + \pi_0 (c_{00} + c_{10}) p_0(\Gamma_1) + \pi_1 (c_{11} - c_{01}) p_1(\Gamma_1) \\
&= \pi_0 c_{10} + \pi_1 c_{01} + \int_{\Gamma_1} [\pi_0 (c_{00} + c_{10}) p_0(y) + \pi_1 (c_{11} - c_{01}) p_1(y)] \mathrm{d}y
\end{aligned} \tag{2.6}
$$

所得的最优划分临界域为

$$
\Gamma_1^* = \{ y \in \Gamma \mid \pi_0 (c_{00} + c_{10}) p_0(y) + \pi_1 (c_{11} - c_{01}) p_1(y) \leqslant 0 \} \tag{2.7}
$$

当临界域满足最优时，各项先验概率、假设概率密度函数和判决因子之间有如下关系：

$$
\pi_0 (c_{00} + c_{10}) p_0(y) \leqslant \pi_1 (c_{01} - c_{11}) p_1(y) \tag{2.8}
$$

假设 $c_{10} > c_{00}$，$c_{01} > c_{11}$，即错误判决代价大于正确判决代价，并且 $p_0(y) \neq 0$，上述关系可以转换为

$$
\Lambda(y) = \frac{p_1(y)}{p_0(y)} \geqslant \frac{\pi_0 (c_{10} - c_{00})}{\pi_1 (c_{01} - c_{11})} \tag{2.9}
$$

上述 $\Lambda(y)$ 也被称为似然比(likelihood ratio)。根据式(2.9)的划分方法，我们可以用似然比检验表示贝叶斯决策，公式如下：

$$
\delta_{\mathrm{Bayes}}(y) = \begin{cases} H_1, \Lambda(y) \geqslant \tau \\ H_0, \Lambda(y) < \tau \end{cases} \tag{2.10}
$$

式中，τ 是判决的阈值，称为似然比阈值，定义如下：

$$
\tau = \frac{\pi_0 (c_{10} - c_{00})}{\pi_1 (c_{01} - c_{11})} \tag{2.11}
$$

式(2.10)所述的决策是一种似然比检验。

2.2.2 奈曼-皮尔逊决策

前文中所讲述的贝叶斯决策方法适用于假设的先验概率已知，且全部的判决因子已知的情况。但有时我们无法获得先验信息和判决因子，故贝叶斯决策所需的阈值无法获得，这种情况下，假设检验问题可以通过奈曼-皮尔逊(NP)决策方法解决。

以 2.2.1 节中建立的假设检验模型(2.1)为前提，同上文中的定义一样，我们有观测域 Γ，并将其划分为 Γ_0 和 Γ_1，同时满足条件 $\Gamma = \Gamma_0 \cup \Gamma_1$。

假设有似然比判决检测器如下：

$$
\delta(y) = \begin{cases} H_1, & \Lambda(y) \geqslant \tau \\ H_0, & \Lambda(y) < \tau \end{cases} \tag{2.12}
$$

根据检测器的检测结果和检测器的前提假设，我们可以将一个基于二元假设检验的检测器的检测结果划分成四种情况。

(1)真阳性(true positive，TP)。假设 H_1 为真，且检测结果为 H_1 为真，是对目标的正确判决，我们将这种情况称为真阳性。

(2)假阳性(false positive,FP)。假设 H_0 为真,但检测结果为 H_1 为真,是一种错误判决,我们将这种情况称为假阳性,也称为虚警(false alarm)或误警报。这种情况通常将真实数据中的背景检测成为目标。

(3)真阴性(true negative,TN)。假设 H_0 为真,且检测结果 H_0 为真,这是一种正确判决,我们将这种情况称为真阴性。这种情况下,真实数据表征为假,在图像检测的性能评估中也可以以真实数据为背景,检测器的结果也为背景。在检测评估问题中,由于这种情况下表征的一般为背景或噪声的检测性能,所以我们并不过多地关注真阴性这种情况。

(4)假阴性(false negative,FN)。假设 H_1 为真,但检测结果为 H_0 为真,是一种错误判决,我们将这种情况称为假阴性,将真实数据中的目标检测成为了背景。

表 2.1　检测器检测结果四种情况

			实际情况	
			目标	背景
			H_1	H_0
判决	$\Lambda(r)>\tau$	H_1	真阳性(TP)	假阳性(FP)
	$\Lambda(r)<\tau$	H_0	假阴性(FN)	真阴性(TN)

从上述 4 种结果划分中可以看出,按照判决可以分为正确判决(真阳性和真阴性)和错误判决(假阴性和假阳性)两类。

我们期望得到的检测器具有良好的检测性能,那么该检测器应该满足使真阴性和真阳性同时成立的概率高,也就是正确决策的成立概率最大化;同时使假阳性和假阴性的成立概率低,也就是失误决策的成立概率最小化。

在假设检验模型检验时,失误判决有两种:假阳性(将 H_0 错判为目标)和假阴性(将 H_1 错判为背景)。假阳性也被称为第一类错误(type Ⅰ error),或者称为虚警报(false alarm)。假阴性被称为第二类错误(type Ⅱ error),或者称为漏失检测(miss)。正确地将 H_1 检测为目标称为 detection。

在一定的检测器 δ 下,第一类错误发生的概率被称为虚警概率(false-alarm rate),用 $P_F(\delta)$ 表示;相对应的,第二类错误发生的概率被称为漏警率(miss-alarm rate),用 $P_M(\delta)$ 表示。为了方便后面的讨论,我们用 $P_D(\delta)$ 表示检测概率,其与漏警率的关系为 $P_D(\delta)=1-P_M(\delta)$。

在检测问题中,我们关注的重点是实际目标的真实判决情况,即真阳性判决,因此,我们希望获得更佳的真阳性判决性能。真阴性判决其实是当背景作为目标时(也就是假设 H_1 与 H_0 进行对调)的真阳性判决。在假设检验模型的前提下,检测概率定义为

$$P_D(\delta) = P_1(\Gamma_1) = \int_{\Gamma_1} p_1(r)\mathrm{d}r \tag{2.13}$$

同时,我们也希望能够减少失误判决。在假阳性(背景失误判决)与假阴性(目标失误判

决)中,由于假阴性与真阳性之间有着确定的关系,所以我们会关注背景失误判决(假阳性,即虚警概率)。在假设检验模型前提下,虚警概率定义为

$$P_{\mathrm{F}}(\delta)=P_0(\Gamma_1)=\int_{\Gamma_1}p_0(r)\mathrm{d}r \tag{2.14}$$

奈曼-皮尔逊决策的原理是通过决定一个虚警概率,也就是令 $P_{\mathrm{F}}(\delta^{\mathrm{NP}})=\beta$,进而得到我们所需的阈值 τ,实现对目标与背景的判决,进而再由 τ 决定检测概率 $P_{\mathrm{D}}(\delta^{\mathrm{NP}})$。

定义 NP 检测器为 $\delta^{\mathrm{NP}}(r)$。NP 检测器可以通过解决如下最优化问题得到:

$$\max_{\delta}\{P_{\mathrm{D}}(\delta)\}\quad \text{满足约束}\quad P_{\mathrm{F}}(\delta)\leqslant\beta\,\text{且}\,0\leqslant\beta\leqslant1 \tag{2.15}$$

上式对虚警概率 $P_{\mathrm{F}}(\delta)$ 约束,使 $P_{\mathrm{F}}(\delta)\leqslant\beta$,与此同时使检测概率 $P_{\mathrm{D}}(\delta)$ 最大化,其结果可以用似然比检验表示如下:

$$\delta^{\mathrm{NP}}(r)=\begin{cases}1,\Lambda(r)>\tau\\1,\Lambda(r)=\tau\,\text{且有概率}\,\gamma\\0,\Lambda(r)<\tau\end{cases} \tag{2.16}$$

上式中的阈值 τ 由虚警概率的约束条件 β 所决定,同时,当 $\Lambda(r)=\tau$ 时,γ 为检测结果为假设 H_1 的概率。在 NP 检测器中,我们上面定义的检测概率与虚警概率变换成如下形式:

$$P_{\mathrm{D}}=\int_{\Lambda(r)>\tau}p_1(r)\mathrm{d}r+\gamma P(\{r|\Lambda(r)=\tau\}) \tag{2.17}$$

$$P_{\mathrm{F}}=\int_{\Lambda(r)>\tau}p_0(r)\mathrm{d}r+\gamma P(\{r|\Lambda(r)=\tau\}) \tag{2.18}$$

上面的检测概率与虚警概率的意义,就是假设 H_0 和 H_1 在检测结果为真的区域内,也就是 $y\in\Gamma_1$ 的区域内,假设 H_0 和 H_1 发生的比率。除此之外,同样也定义了假设 H_0 和 H_1 在检测器检测为假的区域($y\in\Gamma_0$)内,其发生的比率如下:

$$P_{\mathrm{FN}}=P_{\mathrm{M}}=\int_{\Lambda(r)<\tau}p_1(r)\mathrm{d}r+(1-\gamma)P(\{r|\Lambda(r)=\tau\})=1-P_{\mathrm{D}} \tag{2.19}$$

$$P_{\mathrm{FP}}=\int_{\Lambda(r)<\tau}p_0(r)\mathrm{d}r+(1-\gamma)P(\{r|\Lambda(r)=\tau\})=1-P_{\mathrm{F}} \tag{2.20}$$

值得注意的是,当假设一定时,正确判决与失误判决的和为 1。

2.2.3 接收机工作特性(ROC)曲线分析

上文中,我们介绍了针对不同先验知识情况下的两种不同的检测手段。从贝叶斯检测器式(2.10)和奈曼-皮尔逊检测器式(2.16)可以发现,这些检测手段都遵循同样的形式,都可以归结为似然比检验(likelihood ratio test,LRT)的方法。两者的区别在于选取阈值的方式不同。

这两种检测方法中,奈曼-皮尔逊检测方法由于其所需要的先验知识少,不需要假设的先验概率和全部的判决因子,而且可以不通过任何目标函数,而是通过限定虚警率,同时使

检测率最大化，得到检测所需的阈值，所以奈曼-皮尔逊检测的实用性很强。

接收机工作特性利用奈曼-皮尔逊检测器的优势，在不需要提前定义任何准则和目标函数而仅仅关注检测概率和虚警率的情况下，对检测的性能进行评估。

为了更直观地展示检测器的检测性能，我们可以绘制 P_D 关于 P_F 的函数曲线，称为接收机工作特性曲线(ROC Curve)，简称 ROC 曲线。

假设我们有假设检验模型，模型中假设 H_0 与 H_1 均服从高斯分布如下，并建立对应的奈曼-皮尔逊检测器。

$$H_0: Y \approx p_0(y) \sim N(0, \sigma_0)$$

相对于 (2.21)

$$H_1: Y \approx p_1(y) \sim N(\mu, \sigma_1)$$

图 2.1 为式(2.21)中假设检验对应的概率分布及奈曼-皮尔逊检测器的 ROC 曲线。

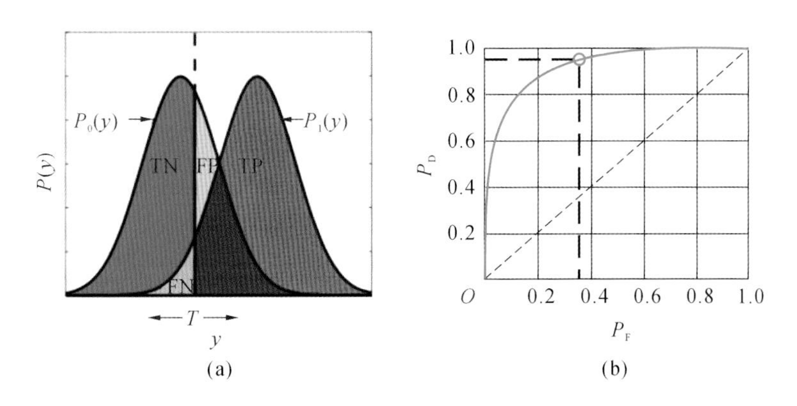

图 2.1 ROC 曲线示意图

除了 ROC 曲线外，ROC 的曲线下面积(area under curve，AUC)也可以用来衡量检测器的性能。当不能确定决定阈值的准则时，我们无法通过比较检测概率来衡量检测器性能。此时我们可以通过比较检测器的平均检测概率衡量检测性能，而 AUC 则能够表达平均检测概率这一指标。

式(2.21)中假设检验对应的概率分布、奈曼-皮尔逊检测器的 ROC 曲线以及曲线下面积如图 2.2 所示。

图 2.2 展示了对 3 种信号进行检测的实例。实例中的三种信号均为高斯分布，且具有相同的方差，但 3 种信号的期望不同。从所示的曲线中可以看出，信号期望同噪声期望相距较远的信号比较易于判定，这样的特征从图 2.2(d)中依然可以看出，易于从噪声中区分的信号所具有的 ROC 曲线，其曲线下面积 AUC 较大。

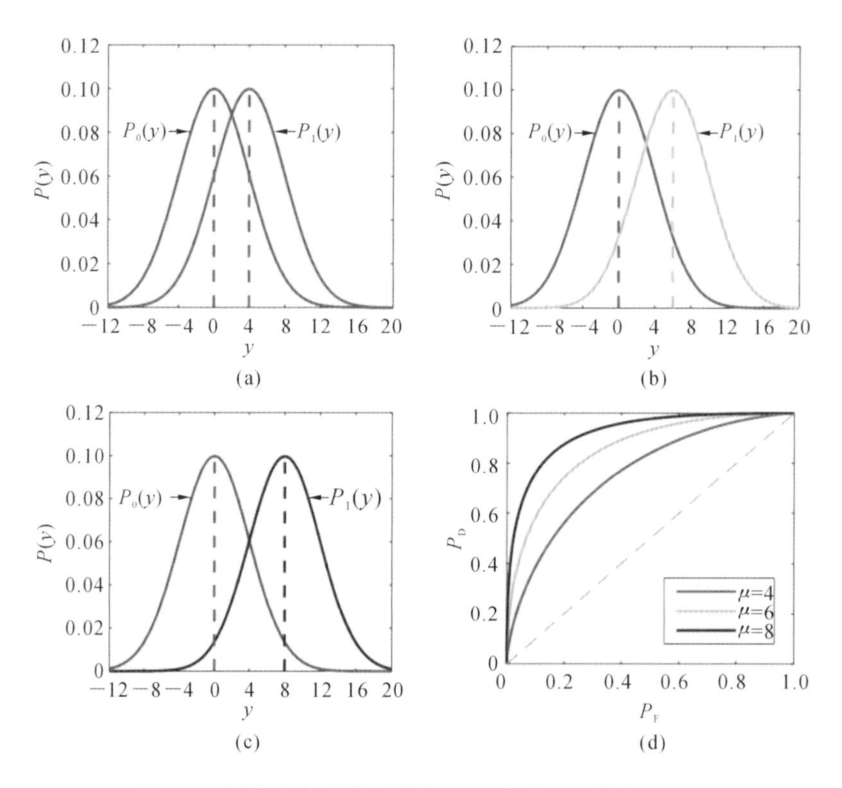

图 2.2　奈曼-皮尔逊检测器的 ROC 曲线以及曲线下面积

(a)$\mu=4$;(b)$\mu=6$;(c)$\mu=8$;(d)ROC

2.3　多重假设检验

以上我们讨论的决策方法都是基于二元的假设检验模型的，也就是说，假设检验模型中仅包含两个假设。在实际情况中，有时假设检验模型中并不仅仅包含两个假设，可能是包含多个假设，这样的假设检验模型称为多元假设检验模型。

2.3.1　多元假设检验

针对多元假设检验问题，我们将讨论两种常用的方法，分别是“一对一”和“一对多”的方法。

1.“一对一”多元假设检验问题

当一个二元假设检验问题扩展为一个多元的假设检验问题时，一种直观且简单的方法就是将假设检验模型中的假设进行两两配对并进行判别。换句话说，就是针对模型中任意两种假设都建立一个二元假设决策，使其分解成为多个基于二元假设检验模型的决策。

假设我们有多重假设检验模型，其中包含 M 个假设，从 M 个假设中取出 2 个进行组合，则总共建立了 $J=\binom{M}{2}=\frac{M(M-1)}{2}$ 个二元假设决策。我们定义 $n_j(y)$ 为当观测值为 y 时，在 J 组二元假设中的第 j 组二元假设的决策值。因此，在观测值为 y 时的 M-假设检验检测器 $\delta_{\text{Bayes}}^{M}(y)$ 定义为

$$\delta_{\text{Bayes}}^{M}(y)=\arg\{\max_{1\leqslant j\leqslant J}n_j(y)\} \tag{2.22}$$

所以，当观测值 y 为信号 j 时需满足

$$j^*(y)=\arg\{\max_{1\leqslant j\leqslant J}n_j(y)\} \tag{2.23}$$

2."一对多"多元假设检验问题

假设我们有一组多目标的检测问题，我们可以建立多元假设检验模型为

$$\begin{gathered}H_1:\text{signal }1\approx p_1(y)\\ \vdots\\ H_M:\text{signal }M\approx p_M(y)\end{gathered} \tag{2.24}$$

上面所述模型中，$p_j(y)$ 是当观测值为 y 时，假设 H_j 出现的概率密度函数。与二元假设检验类似，判决因子 c_{ij} 为假设 H_j 为真时假设 H_i 成立的代价，p_j 为 H_j 的先验概率。

我们令 $d(y)$ 为多目标检测器，该检测器是由 M 个值组成的决策函数。G_j 是假设 H_j 的接受域，也就是当检测器 $d(y)$ 结果为第 j 个目标的决策区域，定义为 $\Gamma_j=\{y\in\Gamma|\delta(y)=j\}$。全部的观测区域与每一个假设的关系为 $\Gamma=\bigcup_{j=1}^{M}\Gamma_j$。

有了上述定义，我们可以定义检测器 $d(y)$ 对假设 H_j 做出判决时的条件代价为

$$\begin{aligned}R_j(\delta)&=\sum\nolimits_{i=1}^{M}c_{ij}P_j(\Gamma_i)=\sum\nolimits_{i=1}^{M}c_{ij}\int_{\Gamma_i}p_j(y)\mathrm{d}y\\&=c_{jj}\int_{\Gamma_j}p(y)\mathrm{d}y+\sum\nolimits_{i=1,i\neq j}^{M}c_{ij}\int_{\Gamma_i}p_j(y)\mathrm{d}y\end{aligned} \tag{2.25}$$

根据以上条件概率，我们所定义的检测器的平均代价为

$$\begin{aligned}r(\delta)&=\sum\nolimits_{j=1}^{M}\pi_jR_j(\delta)=\sum\nolimits_{j=1}^{M}\pi_j\sum\nolimits_{i=1}^{M}c_{ij}\int_{\Gamma_i}p_j(y)\mathrm{d}y\\&=\sum\nolimits_{j=1}^{M}\pi_jc_{jj}\left(\int_{\Gamma_j}p_j(y)\mathrm{d}y\right)+\sum\nolimits_{j=1}^{M}\pi_j\sum\nolimits_{i=1,i\neq j}^{M}c_{ij}\int_{\Gamma_i}p_j(y)\mathrm{d}y\end{aligned} \tag{2.26}$$

使式(2.26)的检测器平均代价最优化，我们可以得到贝叶斯决策：

$$\delta_{\text{Bayes}}=\arg\{\min_{\delta}r(\delta)\} \tag{2.27}$$

假设有代价平均条件如下：

$$c_{ij}=\begin{cases}0,i=j\\1,i\neq j\end{cases} \tag{2.28}$$

式(2.28)中检测器的平均代价则可以变为如下形式：

$$r(\delta)=\sum_{j=1}^{M}\pi_j\sum_{i=1,i\neq j}^{M}\int_{\Gamma_i}p_j(y)\mathrm{d}y=\sum_{j=1}^{M}\pi_j\left(1-\int_{\Gamma_j}p_j(y)\mathrm{d}y\right) \tag{2.29}$$

假设 H_j 的决策域与假设 H_i 的决策域有如下关系：

$$\Gamma_j^c=\Gamma-\bigcup_{i=1,i\neq j}^{M}\Gamma_i \tag{2.30}$$

利用上述关系，我们可以将式(2.29)中的平均代价变换为

$$\begin{aligned}r(\delta)&=\sum_{j=1}^{M}\pi_j\left(1-\int_{\Gamma_j}p_j(y)\mathrm{d}y\right)\\&=\sum_{j=1}^{M}\pi_j-\sum_{j=1}^{M}\pi_j\int_{\Gamma_j}p_j(y)\mathrm{d}y\\&=\sum_{j=1}^{M}\pi_j-\sum_{j=1}^{M}\pi_j\int_{\Gamma}p_j(y)\mathrm{d}y-\left(-\sum_{j=1}^{M}\pi_j\sum_{i=1,i\neq j}^{M}\int_{\Gamma_i}p_i(y)\mathrm{d}y\right)\\&=\sum_{j=1}^{M}\pi_j\int_{\Gamma_j^c}p_j(y)\mathrm{d}y\\&=\sum_{j=1}^{M}\int_{\Gamma_j^c}p(H_j\mid y)\mathrm{d}y\end{aligned} \tag{2.31}$$

同样，我们希望令上述平均代价最小化，则有如下关系：

$$\min_{1\leqslant j\leqslant M}\int_{\Gamma_j^c}p(H_j\mid y)\mathrm{d}y\Leftrightarrow\max_{1\leqslant j\leqslant M}\int_{\Gamma_j}p(H_j\mid y)\mathrm{d}y \tag{2.32}$$

最优化所求的最优域为

$$\Gamma_j^*=\{y\in\Gamma\mid\max_{1\leqslant j\leqslant M}p(H_j\mid y)\} \tag{2.33}$$

我们可以导出一种常用的检测方法，最大后验概率(maximum a posteriori, MAP)检测器：

$$\delta_{\mathrm{MAP}}(y)=\arg\{\max_{1\leqslant j\leqslant M}p(H_j\mid y)\} \tag{2.34}$$

如果 M 个假设发生的概率是相同的，则有 $\pi_j=1/M$，这样式(2.34)中的平均代价变换为如下形式：

$$r(\delta)=(1/M)\sum_{j=1}^{M}\left(1-\int_{\Gamma_j}p_j(y)\mathrm{d}y\right) \tag{2.35}$$

我们再一次使平均代价最小化，则等价关系如下：

$$\begin{aligned}\min_\delta r(\delta)&=\min_\delta\left\{(1/M)\sum_{j=1}^{M}\left(1-\int_{\Gamma_j}p_j(y)\mathrm{d}y\right)\right\}\\&\Leftrightarrow\max_\delta\left\{\sum_{j=1}^{M}\int_{\Gamma_j}p_j(y)\mathrm{d}y\right\}\end{aligned} \tag{2.36}$$

此时，我们所得到的最优决策域为

$$\Gamma_j^*=\{y\in\Gamma\mid\max_{1\leqslant j\leqslant M}p_j(y)\} \tag{2.37}$$

此时我们可以导出另一种常用的检测方法，最大似然检测器(maximum likelihood detector, MLD)：

$$\delta_{\mathrm{MLD}}(y)=\arg\{\max_{1\leqslant j\leqslant M}p_j(y)\} \tag{2.38}$$

对比最大似然检测和最大后验概率检测，我们可以看出，两者的区别在于假设检验模型

中的假设出现概率不同。

2.3.2 多重假设检验信号分类

继续上面的假设检验模型，我们建立一个多重假设检验的目标分类问题。

$$H_1\text{:class }1 \approx p_1(y)$$
$$\vdots$$
$$H_M\text{:class }M \approx p_M(y) \tag{2.39}$$

为了更容易地分析多重假设检验目标分类问题，我们从两种不同的方面入手，同上述多重假设检验信号检测问题一样，分为“一对多”和“一对一”两方面。但与检测问题不同的是，多重假设检验目标分类问题可建立如下所示混淆矩阵(confusion matrix，CM)。

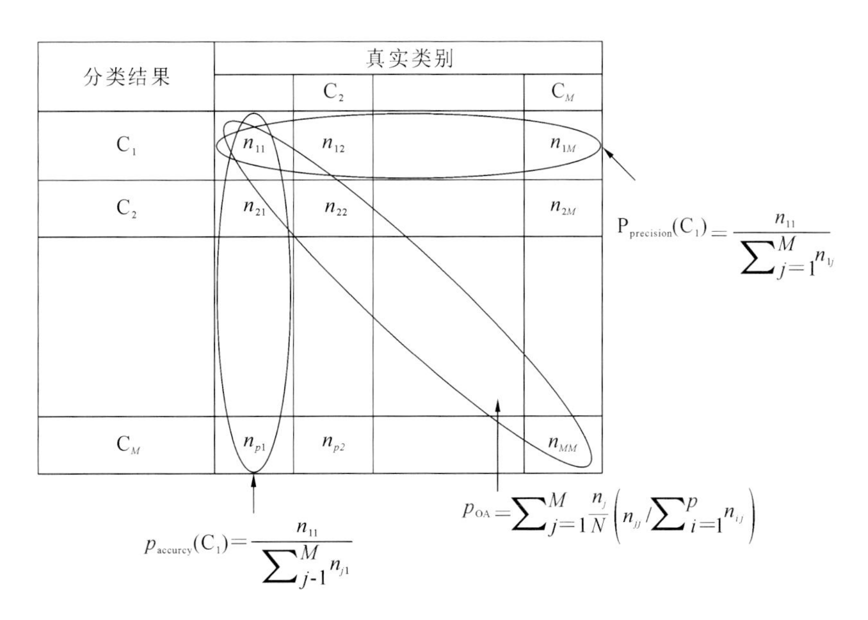

图 2.3 多重假设检验分类混淆矩阵

2.4 本章小结

本章中我们首先针对两种统计信号检测理论中的决策方法，贝叶斯决策和奈曼-皮尔逊决策方法进行介绍。两种决策方法都利用了似然比检验作为准则，两者区别在于它们决定似然比检验阈值的方式不同，贝叶斯决策需要已知全部的先验知识，来决定似然比检测的阈值；奈曼-皮尔逊决策中似然比检验的阈值则由一个确定的虚警概率决定，并且决定阈值的同时，也确定了检测性能和检测结果。奈曼-皮尔逊决策中，其似然比检验提供了一种信号检测中检测概率和虚警概率之间的联系，这种联系通常用 ROC 曲线表示，它可以对检测器的检测性能进行衡量，另外，ROC 曲线的曲线下面积 AUC，也经常作为衡量检测器性能的指标。

上述的两种决策方法均是在二元假设检验模型的基础上建立的。在本章中我们也对多重假设检验模型，以及假设检验模型在多信号检测和分类中的应用进行了讨论。

参考文献

孙即祥，2008. 现代模式识别[M]. 北京：高等教育出版社.

赵树杰，赵建勋. 2013. 信号检测与估计理论[M]. 北京：电子工业出版社.

POORH，1994. An Introduction to Signal Detection and Estimation[M]. New York: Springer—Verlag.

CHANG C I，2003. Hyperspectral Imaging: Techniques for Spectral Detection and Classification[M]. New York:Kluwer Academic/Plenum Publishers.

CHANG C I，2013. Hyperspectral Data Processing: Algorithm Design and Analysis[M]. New Jersey:John Wiley & Sons.

HUF M，2013. Three Dimensional Receiver Operating Characteristic Analysis in Predicting Trauma Patient Outcomes Using Vital Signs Signals[D]. Baltimore: University of Maryland Baltimore County.

CHANG C I，2010. Multiparameter receiver operating vharacteristic snalysis for signal detection and classification[J]. IEEE Sensors Journal，10(3):423—442.

第3章　3D-ROC 曲线分析

3.1　引　　言

接收机工作特性(ROC)曲线是一种在信号检测、通信和医学诊断等领域广泛被应用的方法,该方法通过虚警率和检测概率(检测性能)之间的相关关系,绘制出关系曲线,通过曲线评价或控制检测器的检测结果。但是,这种传统的 2D 关系会隐藏连接这种关系的参数(如阈值)。在贝叶斯决策中,似然比检验是通过由先验知识确定的阈值,最终得到检测结果;奈曼-皮尔逊决策中,利用确定的虚警概率,确定似然比检验所需的阈值,最终得出检测结果以及检测模型的检测概率。所以,阈值是连接传统 2D-ROC 曲线中虚警概率与检测概率的关键因素。

本章中,我们将传统的 ROC 曲线扩展为一种三维概念的 3D-ROC 曲线,这一曲线在保留原有 ROC 曲线虚警概率与检测概率之间的关系的同时,又可以表达阈值是如何连接这两个参数之间的关系的。

本章的具体内容如下:3.2 节介绍 3D-ROC 曲线所表示的检测性能特性及其分析思路;3.3 节介绍如何绘制 3D-ROC 特性曲线;3.4 节对本章内容进行小结与讨论。

3.2　3D-ROC 分析

3.2.1　传统 ROC 曲线的局限性

在上一章中,我们所定义的曲线下面积 AUC 是一种广泛用于衡量检测性能的方法,但有其局限性。在某些情况下，不同的检测器虽然其ROC曲线不同，但是他们的AUC有可能相同，此时的AUC就无法用来衡量检测器的检测性能。这种情况如图3.1所示。

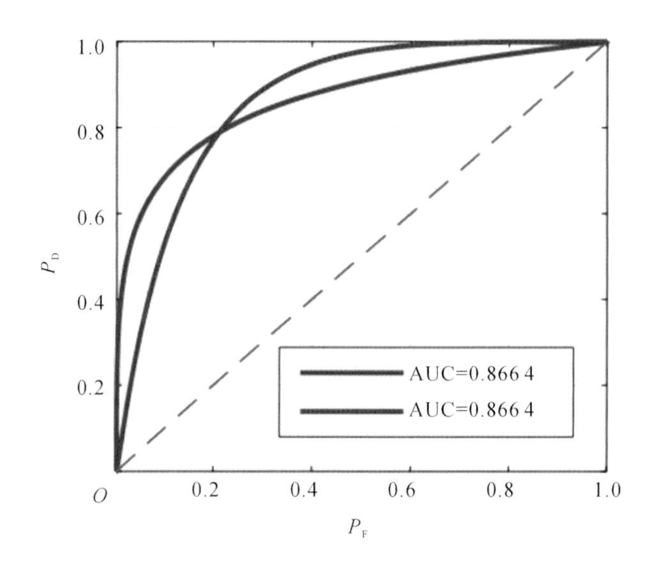

图3.1　不同ROC曲线的AUC举例

从图3.1这个仿真的ROC曲线图中我们可以看到，两组曲线虽然不同，但是他们分别对应的曲线下面积AUC却相同。若单一使用ROC曲线下面积AUC作为评价标准，此时将无法区分这两组曲线的性能。其中一种检测器在虚警概率较低时，具有较高的检测性能，但另一种检测器在虚警概率较高时，具有较高的检测性能。低虚警概率的检测器对背景具有良好的抑制作用。所以，评估检测器的性能需从实际应用出发，需明确应用对背景误检测的容忍度。从这一个例子中可以看出，传统的ROC曲线具有一定的局限性。

3.2.2　目标强化与背景抑制

对目标的检测问题，可以拆分成对目标物的强化与对背景的抑制两个部分。在不同的应用中，往往对这两个部分有着不同的要求。所以在评价检测性能时，除了利用AUC进行综合性能评价之外，也可以分别评价目标强化与背景抑制这两部分，用以针对不同的应用要求。

从图3.1的例子中可以看出，两组曲线代表的检测器对目标强化和背景抑制这两个部分具有不同的表现。红色曲线在目标检测的表现性能要明显优于蓝色曲线，但其对于背景的抑制却没有蓝色曲线性能好；反之，蓝色曲线在背景的抑制方面表现优于红色曲线，但对于目标强化的表现没有红色曲线好。从这个角度可以看出，虽然两组曲线AUC相同，但各自具有相应的优缺点。所以目标检测问题不能单一地通过对目标的强化进行评价。

在接下来的高光谱目标检测算法的讨论中，目标检测问题的目标强化和背景抑制两部分对于目标检测器的构成起到重要的作用。

3.3 3D 接收机工作特性曲线绘制

3.3.1 接收机工作特性曲线绘制

上一章中，我们讨论的接收机工作特性(ROC)曲线是一种仅关注检测概率和虚警概率来衡量检测器性能的方法。ROC 利用了奈曼-皮尔逊(NP)检测器的优势，不需要提前定义任何准则和目标函数。

在这一部分中，为了更详细地讨论 NP 检测器与 ROC 曲线之间的关系，并进一步展开针对高光谱检测问题的 ROC 曲线绘制，我们首先考虑一种理想情况。

如果我们有假设检验模型如

$$H_0 : Y \approx p_0(y) \sim N(\mu_0, \sigma_0)$$

相对于 (3.1)

$$H_1 : Y \approx p_1(y) \sim N(\mu_1, \sigma_1)$$

上述假设检验模型中，两种假设均服从高斯分布，其期望分别为 μ_0 和 μ_1，方差分别为 σ_0 和 σ_1。期望为 0，方差为 1 的单位高斯分布概率密度函数如下：

$$p(y) = \frac{1}{\sqrt{2\pi}} \exp\left(-\frac{y^2}{2}\right) \tag{3.2}$$

则式(3.1)的假设检验模型，利用单位高斯分布概率密度函数有如下虚警概率与检测概率：

$$P_{\mathrm{F}}(\delta^{\mathrm{NP}}) = \int_{\frac{\tau-\mu_0}{\sigma_0}}^{+\infty} p(y)\,\mathrm{d}y \tag{3.3}$$

$$P_{\mathrm{D}}(\delta^{\mathrm{NP}}) = \int_{\frac{\tau-\mu_1}{\sigma_1}}^{+\infty} p(y)\,\mathrm{d}y \tag{3.4}$$

由上一章中所讨论的 NP 检测器可知，NP 检测器通过约束一个虚警概率来获得一个检测概率，进而也获得了 ROC 曲线上的一个点。限制虚警概率的过程中，通过中间变量 β 进而得到阈值 τ 如下：

$$\beta = P_{\mathrm{F}}(\delta^{\mathrm{NP}}) = \int_{\frac{\tau-\mu_0}{\sigma_0}}^{+\infty} p(y)\,\mathrm{d}y \Rightarrow \beta = 1 - \Phi\left(\frac{\tau-\mu_0}{\sigma_0}\right)$$

$$\Rightarrow \tau = \mu_0 + \sigma_0 \Phi^{-1}(1-\beta) \tag{3.5}$$

上式中 $\Phi(x)$ 为服从标准正态分布的分布函数，如下：

$$\Phi(x)=\int_{-\infty}^{x} p(x)\mathrm{d}x=\int_{-\infty}^{x}\frac{1}{\sqrt{2\pi}}\exp\left(-\frac{y^2}{2}\right)\mathrm{d}x \tag{3.6}$$

我们将由中间变量 β 得出的阈值 τ 代入式(3.4)中，可得 NP 检测器的最优检测概率如下：

$$P_{\mathrm{D}}(\delta^{\mathrm{NP}})=\int_{\frac{\mu_0-\mu_1+\sigma_0\Phi^{-1}(1-\beta)}{\sigma_1}}^{+\infty} p(y)\mathrm{d}y \tag{3.7}$$

3.3.2 利用真实数据的 ROC 绘制

上一部分我们讨论了假设检验模型服从高斯分布时，NP 检测器的 ROC 曲线绘制，在这一部分我们将考虑利用真实图像进行绘制。在真实图像中，我们往往无法得到假设的发生概率及其分布。一种可行的解决方案是假设目标与背景的假设服从高斯分布，在现有的先验信息下计算目标与背景的期望与方差，并利用上一部分所述方法绘制 ROC 曲线。但这种方法仅仅是权宜之计，首先前提假设服从高斯分布并不一定成立，其次在先验知识有限的情况下，也可以说在我们的样本数量较小的情况下，我们所计算的期望与方差并不准确。

为了进一步引出针对真实图像绘制 ROC 的方法，我们继续上一部分的讨论。

为了更直观地显示阈值对检测器与 ROC 曲线上的点的影响，若期望 μ_0 为 0，方差 σ_0 和 σ_1 都为 1 时，式(3.3)和式(3.4)所述的虚警概率与检测概率，此时可以简化成如下形式：

$$P_{\mathrm{F}}(\delta^{\mathrm{NP}})=\int_{\tau}^{+\infty} p_0(y)\mathrm{d}y=\int_{\tau}^{+\infty} p(y)\mathrm{d}y \tag{3.8}$$

$$P_{\mathrm{D}}(\delta^{\mathrm{NP}})=\int_{\tau}^{+\infty} p_1(y)\mathrm{d}y=\int_{\tau}^{+\infty} p(y-\mu_1)\mathrm{d}y \tag{3.9}$$

从上述两个关系可以看出，虚警概率与检测概率可以以阈值 τ 为自变量，从而单独计算二者。这一现象表明 ROC 曲线可以适用于任何由阈值 τ 来进行判决的检测器，通过一系列的阈值 τ 得到一系列的虚警概率和检测概率，从而绘制 ROC 曲线。

为了在真实高光谱图像检测问题上应用 ROC 曲线，我们定义如下几种数量：

(1)N：在一次检测问题中样本的总数量，在高光谱检测问题中为全部被检测的像元数量。

(2)N_{signal}：属于信号的样本总数量，在高光谱检测问题中为全部目标像元的数量[从真实地物分布信息(ground truth)中获得]。

(3)$N_{\mathrm{no\text{-}signal}}$：不属于信号的样本总数量，在高光谱检测问题中为全部背景像元的数量[从真实地物分布信息(ground truth)中获得]。

从上面讨论过的 ROC 实现手段中可以发现，在同一个检测器下，一个阈值 τ 可以决定 ROC 曲线上的一个点。所以，在一定的阈值下，我们对高光谱图像检测问题的决策结果中出现的 4 种不同像元进行归类，并对它们的数量进行统计，统计出每种像元的发生频率。

(1)N_D:在真实地物分布中属于目标,并同时被检测器检测为目标的像元总数量。

(2)N_F:在真实地物分布中属于背景,但被检测器检测为目标的像元总数量。

(3)N_M:在真实地物分布中属于目标,但被检测器检测为背景的像元总数量。

(4)N_{TN}:在真实地物分布中属于背景,并同时被检测器检测为背景的像元总数量。

表 3.1 展示了上述 4 种判决结果统计数量的关系。

表 3.1 统计量的关系

			真实地物分布	
			目标	背景
			H_1	H_0
判决	判决 $\Lambda(r)>\tau$	H_1	N_D	N_F
	$\Lambda(r)<\tau$	H_0	N_M	N_{TN}

有了如上不同种类像元数量的统计值,我们下面将对 ROC 曲线上的点进行计算。从对服从高斯分布假设检验 ROC 曲线的绘制的讨论可以看出,我们感兴趣的虚警概率与检测概率其实都是假设检验分布在大于等于阈值 τ 时发生的概率值。对两种假设的连续型概率密度函数在 $[\tau,+\infty)$ 区间上的积分,就是对两种假设在大于等于阈值 τ 时发生的概率的核算。

在真实的高光谱图像处理问题中,我们几乎无法得到目标与背景两个假设的连续型或者是离散型的概率密度函数。我们上面所定义的各种统计数量,是对高光谱图像进行单次检测后,所得到的各种类型检测结果发生的频数。利用这种后验信息,我们可以用频率来代替上面讨论的概率。

第一类错误发生的频率,ROC 曲线中的虚警概率,或称为假阳性率,定义为

$$P_F = P_{FP} = \frac{N_F}{N_{\text{no-signal}}} = \frac{N_F}{N_{TN} + N_{FP}} \tag{3.10}$$

第二类错误发生的频率,代替之前讨论的漏警概率,又称为假阴性率,此时定义为

$$P_M = P_{FN} = \frac{N_M}{N_{\text{signal}}} = \frac{N_M}{N_{TP} + N_{FN}} \tag{3.11}$$

同样,我们有检测概率:

$$P_D = P_{TP} = \frac{N_D}{N_{\text{signal}}} = \frac{N_D}{N_{TP} + N_{FN}} \tag{3.12}$$

真阴性发生的频率为

$$P_{TN} = \frac{N_{TN}}{N_{\text{no-signal}}} = \frac{N_{TN}}{N_{TN} + N_{FP}} \tag{3.13}$$

上面定义的样本总数量、目标样本数量和背景样本数量之间的关系显而易见:

$$N = N_{\text{signal}} + N_{\text{no-signal}} \tag{3.14}$$

正确判决目标像元与错误判决目标像元数量之和,为目标像元的总数量:

$$N_{\text{signal}} = N_D + N_M = N_{TP} + N_{FN} \tag{3.15}$$

同理,正确判决背景像元与错误判决背景像元数量之和,为背景像元的总数量:

$$N_{\text{no-signal}} = N_{\text{TN}} + N_{\text{FP}} \tag{3.16}$$

根据上述的数量相关关系，可知：

$$P_{\text{D}} = 1 - P_{\text{M}} \tag{3.17}$$

$$P_{\text{F}} = 1 - P_{\text{TN}} \tag{3.18}$$

3.3.3 3D 接收机工作特性曲线绘制

一般的 ROC 曲线上的点，是由虚警概率 P_{F} 与检测概率 P_{D} 组成的，并没有表达出曲线上的点同检测器阈值 τ 之间的关系，但虚警概率 P_{F} 与检测概率 P_{D} 是检测器 $\Lambda(r)$ 和阈值 τ 共同决定的。

检测器 $\Lambda(r)$ 的值，是依据一定的准则从被测样本中获得的，并且这一数值通常表示被测样本的信号强度。不同于 NP 检测器通过限定虚警概率的方法，在此针对检测器 $\Lambda(r)$ 所做出的软决策进一步估计出阈值 τ。

为了更清晰地展示阈值 τ 与检测性能之间的关系，我们将检测器的检测结果归一化处理如下：

$$\Lambda_{\text{normalized}}(r) = \frac{\Lambda(r) - \min_r \Lambda(r)}{\max_r \Lambda(r) - \min_r \Lambda(r)} \tag{3.19}$$

在将检测器的输出值变为从 0 到 1 的值后，我们也可以利用一个在 0 到 1 之间的阈值 τ 对归一化后的检测强度进行最终检测结果的分割，我们在归一化检测强度结果上定义一个奈曼-皮尔逊检测器如下：

$$\delta_{\tau}^{\text{NP}}(r) = \begin{cases} 1, \Lambda_{\text{normalized}}(r) \geqslant \tau \\ 0, \Lambda_{\text{normalized}}(r) < \tau \end{cases} \tag{3.20}$$

上式中，阈值 τ 是用来将归一化检测强度进行二元化的参数，检测器结果输出为“1”代表目标被检测到，输出为“0”则表示为没有目标出现。通过不断在 $[0,1]$ 间变化调整阈值 τ，可以通过奈曼－皮尔逊检测器生成一系列的检测结果 $\{\delta_{\tau}^{\text{NP}}(r)\}_{\tau\in[0,1]}$，变化的每一个 τ 值都对应着一对检测概率和虚警概率 P_{D} 和 P_{F}。

因此，可以利用奈曼-皮尔逊检测器 $\{\delta_{\tau}^{NP}(r)\}_{\tau\in[0,1]}$ 中的阈值 τ 定义一个三维的空间，这样一来，可以令 τ 为自变量，检测概率 P_{D} 和虚警概率 P_{F} 分别为因变量，在这个三维空间中绘制 3D-ROC 曲线，这一曲线的所处坐标系分别为 τ、P_{D}、P_{F}。

传统的 ROC 曲线也可以通过以上所绘制的 3D-ROC 曲线得到，方法为将曲线投影至 P_{D}-P_{F} 平面上，或者也可以将 3D-ROC 曲线投影至 τ-P_{D} 平面和 τ-P_{F} 平面上，用以分别分析阈值对检测概率和虚警概率的影响，研究检测器分别对目标增强和背景抑制的作用情况。

1. 利用真实数据的 3D-ROC 特性曲线绘制

这一部分我们将介绍如何用真实数据绘制 3D-ROC 曲线，步骤如下。

(1)首先将数据样本归为两类，一类为虚警样本集合 Ω_{FA}，另一类为正确检测样本集合 Ω_D。在虚警样本集合 Ω_{FA} 中，样本为 NP 检测器利用阈值 τ 二值化后，在真实参考中为非信号，却被误检测为信号的样本；在正确检测样本集合 Ω_D 中，样本为 NP 检测器利用阈值 τ 二值化后，在真实参考中为信号，并被正确检测为信号的样本。真实信号样本集合 Ω_S 中，样本为根据真实参考，r 为信号或者含有一定分量信号的样本。

(2)为了进一步对检测性能进行相关的评估，定义 Ω 集合为包含全部信号的样本集合；定义 Ω_S 集合为真实参考中全部信号样本集合，同时也是每次检测二值化后，被正确检测的目标和没有被检测到的目标的样本集合，如式(3.15)定义；定义 Ω_{NS} 为真实参考中，全部非信号样本集合，也就是每次检测二值化后，被误检测的虚警目标和没有被检测到的非信号的样本集合，如式(3.16)定义；另外，定义 Ω_{SD} 集合为被检测为信号(或目标)的样本集合，定义 Ω_{NSD} 集合为未被检测到的样本集合。如此，有关系 $\Omega=\Omega_S\cup\Omega_{NS}=\Omega_{SD}\cup\Omega_{NSD}$，并且 $\Omega_S\cap\Omega_{NS}=\varnothing$，$\Omega_{SD}\cap\Omega_{NSD}=\varnothing$。

(3)对于每一个可能的阈值 τ，计算其所对应的检测概率(P_D)和虚警概率(P_F)，下面 $N(\cdot)$表示样本集合中样本的数量。

$$P_D=\frac{N(\Omega_D)}{N(\Omega_S)}=\frac{N(\Omega_S\cap\Omega_{SD})}{N(\Omega_S)} \tag{3.21}$$

$$P_M=\frac{N(\Omega_M)}{N(\Omega_S)}=\frac{N(\Omega_S\cap\Omega_{NSD})}{N(\Omega_S)}=1-P_D \tag{3.22}$$

$$P_F=\frac{N(\Omega_{FA})}{N(\Omega_{NS})}=\frac{N(\Omega_{NS}\cap\Omega_{SD})}{N(\Omega_{NS})} \tag{3.23}$$

确定了每一个可能的 τ 所对应的，并可以绘制 3D-ROC 曲线。图 3.2 显示了 Ω_S、Ω_{SD}、Ω_{FA}、Ω_{NS} 和 Ω_{NSD} 之间的关系。

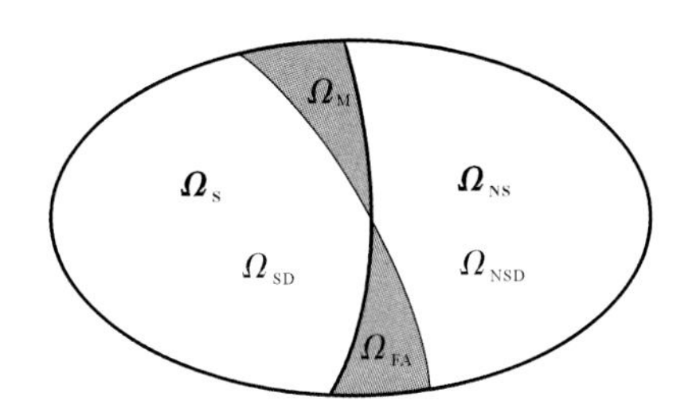

图 3.2 Ω_S、Ω_{SD}、Ω_M、Ω_{FA}、Ω_{NS} 和 Ω_{NSD} 之间的关系

2. 绘制服从高斯分布的 3D-ROC 特性曲线

在 3.3.1 中，我们介绍了服从高斯分布的检测器 ROC 曲线，在这一部分中，我们扩展绘制服从高斯分布的检测器 3D-ROC 曲线的绘制，作为用真实数据绘制 3D-ROC 曲线方法的参考，有步骤如下。

(1)分别计算数据样本集合 Ω_S 和 Ω_{NS} 的均值(μ_S 和 σ_S^2)与方差(μ_{NS} 和 σ_{NS}^2)。

(2)建立假设检验模型中两个假设所对应的高斯分布，分别为 $p_1(y)=N(\mu_{NS},\sigma_{NS}^2)$ 和 $p_1(y)=N(\mu_S,\sigma_S^2)$。

(3)计算检测概率和虚警率(P_D,P_F)如下：

$$P_D=\int_{\varepsilon}^{+\infty}p_1(y)\mathrm{d}y=\int_{\varepsilon}^{+\infty}\frac{1}{\sqrt{2\pi}\sigma_S}\left[-\frac{(y-\mu_S)^2}{2\sigma_S^2}\right]\mathrm{d}y \tag{3.24}$$

$$P_F=\int_{\varepsilon}^{+\infty}p_0(y)\mathrm{d}y=\int_{\varepsilon}^{+\infty}\frac{1}{\sqrt{2\pi}\sigma_{NS}}\left[-\frac{(y-\mu_{NS})^2}{2\sigma_{NS}^2}\right]\mathrm{d}y \tag{3.25}$$

值得注意的是，假设所对应的概率分布式(3.29)和式(3.30)中，期望与方差可以利用样本集合中的样本进行计算，利用 3.3.2 中所定义的 N 和 $N_{\text{no-signal}}$ 我们可以定义两种假设的方差与期望如下：

$$\mu_0=\frac{1}{N_{\text{no-signal}}}\sum\nolimits_{i\in\text{no-signal}}f(y_i) \tag{3.26}$$

$$\sigma_0^2=\frac{1}{N_{\text{no-signal}}}\sum\nolimits_{i\in\text{no-signal}}[f(y_i)-\mu_0]^2 \tag{3.27}$$

$$\mu_1=\frac{1}{N}\sum\nolimits_i f(y_i) \tag{3.28}$$

$$\sigma_1^2=\frac{1}{N}\sum\nolimits_i [f(y_i)-\mu_1]^2 \tag{3.29}$$

式中，$f(y_i)$ 为第 i 个样本的值。

3.4 本章小结

本章中我们针对传统 ROC 曲线进行了扩展，介绍与讨论了 3D-ROC 曲线的分析方法和绘制方法。一般来讲，检测器检测性能是通过似然比检验来衡量的。在似然比检验中，检测概率与虚警概率都是由检测器的阈值决定的，这就是能够利用 3D-ROC 曲线衡量检测器性能的原因。所提出的 3D-ROC 曲线不仅仅具有传统 ROC 曲线的特性，同时包含了传统 ROC 曲线中决定检测概率与虚警概率的参数——似然比检验的阈值。

参考文献

王玉磊，2015. 高光谱实时目标检测算法研究[D]. 哈尔滨：哈尔滨工程大学.

CHANG C I，2003. Hyperspectral Imaging：Techniques for Spectral Detection and Classification[M]. New York:Kluwer Academic/Plenum Publishers.

CHANG C I,2010. Multiparameter receiver operating vharacteristic snalysis for signal detection and classification[J]. IEEE Sensors Journal,10(3):423—442.

CHANG C I,2013. Hyperspectral Data Processing: Algorithm Design and Analysis[M]. New Jersey:John Wiley & Sons.

HUF M,2013. Three Dimensional Receiver Operating Characteristic Analysis in Predicting Trauma Patient Outcomes Using Vital Signs Signals[D]. Baltimore: University of Maryland Baltimore County.

POORH,1994. An Introduction to Signal Detection and Estimation[M]. New York: Springer—Verlag.

第4章　高光谱无约束目标检测

4.1　引　　言

本章我们着重讨论当前应用比较广泛的主动式无约束的高光谱目标检测方法。一般来讲，在无约束状态下，检测性能往往达不到最优状态。本章所讨论的目标检测方法中，在无约束状态下也会产生无法到达最优解现象，但通常以一个常数的倍数形式存在。所以在解决目标检测问题时，由于常数倍数对要解决的问题影响并不大，通常我们将常数倍数项设置为1。最优化中产生的常数项的确定结果可以通过假设约束条件达到，在本章中，我们也将会讨论这种假设方法。

利用传统的信号检测理论，通过建立适用于高光谱亚像元目标检测问题的假设检验模型，利用最大似然比方法，可以实现对目标的检测，由此派生出自适应匹配滤波(adaptive matched filter，AMF)检测器。AMF需要通过先验知识得到目标信息与背景信息的统计量，才可以建立假设检验模型，但是通常这种信息并不容易获取。针对这种情况，2001年Kraut提出了自适应子空间检测器(adaptive subspace detector，ASD)，将待检测信号分别投影到信号子空间和杂波子空间上，再使二者的信号杂波比最大化，实现对特定信号的检测，由此得到ASD检测器，并将其用于解决高光谱目标检测的问题。

光谱角度制图法(spectral angle mapper，SAM)利用光谱角度(spectral angle)，比较待测光谱特性与目标特性间的相似性，以其原理简单、处理迅速、不需要背景信息等特点而应用广泛。同时，由Kraut于1999年整理的自适应一致性(余弦)估计方法[adaptive coherence(Cosine)estimator，ACE]，目前在高光谱目标检测领域同样被广泛应用。ACE起初应用于信号检测与雷达探测领域，其思想来源于恒虚警概率子空间匹配检测器(constant false alarm rate matched subspace detector，CFAR MSD)，形式上与光谱角度具有一定的相似性。

利用信号分解模型解决高光谱目标检测问题的应用也非常广泛。基于经典的噪声中的信号检测模型,可以演化出经典的高光谱像元线性混合模型,也就是将信号部分用图像中出现的目标特性,同与其相对应的丰度值线性相乘混合代替。线性混合模型在高光谱目标检测与混合像元分析领域都有广泛的应用,通常可以利用丰度约束方法与线性混合模型结合对目标进行检测,这种方法会在第 5 章中进行详细讨论。

Harsanyi 和 Chang 于 1994 年将线性混合模型进一步分解为($\boldsymbol{d}$,$\boldsymbol{U}$)模型,又称为 OSP 模型,并提出了正交子空间投影法(orthogonal subspace projection,OSP)。这种算法已被遥感软件 ENVI 的目标检测工具箱收录。($\boldsymbol{d}$,$\boldsymbol{U}$)模型将图像中出现的目标特性分为感兴趣的目标向量与不感兴趣的目标矩阵。OSP 算法是利用 OSP 算子对模型中的不感兴趣的目标进行压抑,实现对感兴趣目标的检测。值得注意的是,利用丰度约束方法与线性混合模型结合的方法以及 OSP 算法一般需要目标特性的全部先验信息。

类似的是,Thai 和 Healey 在 2002 年提出了信号-背景-噪声模型(signal-background-noise model,SBN model),其将目标特性分解成为信号目标特性与背景目标特性,并针对背景目标特性进行压抑。

更进一步地将高光谱像元线性混合模型进行分解,由 Du 和 Chang 于 2004 年提出的信号分解干扰与噪声模型(signal-decomposed and interference noise model,SDIN model)。SDIN 算法认为目标特性的来源有两大类,一类为先验信息,另一类为后验信息。其中先验信息包含感兴趣的目标特性和不感兴趣的目标特性,分别用两组特性矩阵与其相对应的丰度值进行线性相乘混合,代替线性混合模型中的目标特性矩阵;后验信息包括干扰特性,可以通过一些非监督类算法得到,SDIN 模型通过对不感兴趣的目标特性与干扰特性进行压抑来实现对感兴趣目标的检测。

本章的具体内容如下:4.2 节介绍并在理论上讨论两种基于匹配滤波的高光谱目标检测方法;4.3 节介绍两种基于光谱角模型的高光谱目标检测方法;4.4 节对两种通过信号分解实现高光谱目标检测的方法进行讨论;4.5 节通过多组实验对本章所介绍的内容与方法进行更进一步的讨论、对比与验证;4.6 节对本章内容进行小结与讨论。

4.2 基于匹配滤波的检测方法

4.2.1 自适应匹配滤波

在第 2 章中所用到的假设检验模型是检测问题的基本模型,这里我们假设亚像元检测假设检验模型为

$$H_0: \boldsymbol{r} = \boldsymbol{b} + \boldsymbol{n} \sim p_0(\boldsymbol{r}) = N(\bar{\boldsymbol{b}}, \boldsymbol{K}) \tag{4.1}$$

相对于式(4.1)：

$$H_1: \boldsymbol{r} = [\boldsymbol{t} \quad \boldsymbol{b}]\begin{bmatrix} \alpha \\ 1-\alpha \end{bmatrix} + \boldsymbol{n} \sim p_1(\boldsymbol{r}) = N(\bar{\boldsymbol{t}}, \boldsymbol{K})$$

我们假设概率密度函数 $p_0(\boldsymbol{r})$ 和 $p_1(\boldsymbol{r})$ 服从高斯分布，同时，二者的协方差矩阵 $\boldsymbol{K}$ 相同。$\bar{\boldsymbol{b}}$ 为背景的期望值，$\bar{\boldsymbol{t}}$ 为目标的期望值。通过第 2 章中所阐述的似然比检验方法式(2.9)我们可以得到：

$$\begin{aligned} \Lambda(\boldsymbol{r}) &= \frac{p_1(\boldsymbol{r})}{p_0(\boldsymbol{r})} = \frac{\dfrac{1}{(2\pi)^{1/2}\boldsymbol{K}^{1/2}}\exp\left[-\dfrac{1}{2}(\boldsymbol{r}-\bar{\boldsymbol{t}})^{\mathrm{T}}\boldsymbol{K}^{-1}(\boldsymbol{r}-\bar{\boldsymbol{t}})\right]}{\dfrac{1}{(2\pi)^{1/2}\boldsymbol{K}^{1/2}}\exp\left[-\dfrac{1}{2}(\boldsymbol{r}-\bar{\boldsymbol{b}})^{\mathrm{T}}\boldsymbol{K}^{-1}(\boldsymbol{r}-\bar{\boldsymbol{b}})\right]} \\ &= \exp\left(\bar{\boldsymbol{t}}\boldsymbol{K}^{-1}\boldsymbol{r} - \bar{\boldsymbol{b}}\boldsymbol{K}^{-1}\boldsymbol{r} - \frac{1}{2}\bar{\boldsymbol{t}}\boldsymbol{K}^{-1}\bar{\boldsymbol{t}} + \frac{1}{2}\bar{\boldsymbol{b}}\boldsymbol{K}^{-1}\bar{\boldsymbol{b}}\right) \\ &= \exp\left[(\bar{\boldsymbol{t}}-\bar{\boldsymbol{b}})\boldsymbol{K}^{-1}\boldsymbol{r} - \frac{1}{2}\bar{\boldsymbol{t}}\boldsymbol{K}^{-1}\bar{\boldsymbol{t}} + \frac{1}{2}\bar{\boldsymbol{b}}\boldsymbol{K}^{-1}\bar{\boldsymbol{b}}\right] \end{aligned} \tag{4.2}$$

我们可以对上式中的自然指数进行对数运算处理，将指数项提取出来，具体如下：

$$\log\Lambda(\boldsymbol{r}) = \log\left[\frac{p_1(\boldsymbol{r})}{p_0(\boldsymbol{r})}\right] = (\bar{\boldsymbol{t}}-\bar{\boldsymbol{b}})\boldsymbol{K}^{-1}\boldsymbol{r} - \frac{1}{2}[\bar{\boldsymbol{t}}\boldsymbol{K}^{-1}\bar{\boldsymbol{t}} - \bar{\boldsymbol{b}}\boldsymbol{K}^{-1}\bar{\boldsymbol{b}}] \tag{4.3}$$

从上述对数运算式中可以看出，由于 $-1/2[\bar{\boldsymbol{t}}\boldsymbol{K}^{-1}\bar{\boldsymbol{t}}-\bar{\boldsymbol{b}}\boldsymbol{K}^{-1}\bar{\boldsymbol{b}}]$ 并不受自变量 $\boldsymbol{r}$ 的影响，或者说是不受待测的像素 $\boldsymbol{r}$ 的影响，所以，在寻找如式(2.10)所示的阈值时，可以将其看作阈值所包含的一个常数项分量：

$$\tau' = \log\tau - \frac{1}{2}[\bar{\boldsymbol{t}}\boldsymbol{K}^{-1}\bar{\boldsymbol{t}} - \bar{\boldsymbol{b}}\boldsymbol{K}^{-1}\bar{\boldsymbol{b}}] \tag{4.4}$$

此时，我们可以定义自适应匹配滤波(adaptive matched filter，AMF)检测器为

$$\delta^{\mathrm{AMF}}(\boldsymbol{r}) = (\bar{\boldsymbol{t}}-\bar{\boldsymbol{b}})\boldsymbol{K}^{-1}\boldsymbol{r} \tag{4.5}$$

在假设检验前提中，计算上述检测器不同假设 H_j 下的方差，可以得到：

$$\sigma^2_{\mathrm{AMF}}(\delta(\boldsymbol{r}) \mid H_j) = (\boldsymbol{d}-\boldsymbol{\mu})^{\mathrm{T}}\boldsymbol{K}^{-1}(\boldsymbol{d}-\boldsymbol{\mu}) \quad (j=0,1) \tag{4.6}$$

从上式中的结果可以发现，所求的方差是独立于假设 H_j 的。如果我们用上面得到的方差来标准化式(4.5)定义的自适应匹配滤波检测器，可以得到标准化自适应匹配虑波器(normalized adaptive matched filter，NAMF)：

$$\delta^{\mathrm{NAMF}}(\boldsymbol{r}) = \frac{(\boldsymbol{d}-\boldsymbol{\mu})^{\mathrm{T}}\boldsymbol{K}^{-1}\boldsymbol{r}}{(\boldsymbol{d}-\boldsymbol{\mu})^{\mathrm{T}}\boldsymbol{K}^{-1}(\boldsymbol{d}-\boldsymbol{\mu})} \tag{4.7}$$

4.2.2 自适应子空间检测器

4.2.1 节中，基于自适应匹配滤波方法的检测器，需要建立在一定的假设检验模型下，并需要提前获得各种假设的概率分布。也就是说，目标信息与背景信息应该是先验获得的，

但是，通常这种信息不易获取。

为了解决上述问题，我们选择一种不需提前获取噪声或背景统计量的方法，称为自适应子空间检测器（adaptive subspace detector，ASD）。ASD 利用子空间投影的概念进行目标检测，于 2001 年由 Kraut 等人提出。

假设仅有待检测目标的期望特性 $\boldsymbol{t}$ 是已知的。根据 Kraut 的描述，ASD 利用全部待检测信号（在高光谱中就是图中的全部像元）的协方差矩阵 $\boldsymbol{K}$ 对所有样本（所有像元）进行白化处理。然后，将处理过的像元分别投影到信号子空间，用 $\langle\hat{\boldsymbol{t}}\rangle$ 表示，与垂直于信号的子空间（杂波子空间），则用 $\langle\hat{\boldsymbol{t}}\rangle^{\perp}$ 表示。

首先，对待测的目标特性与像元进行白化处理 $\hat{\boldsymbol{t}}=\boldsymbol{K}^{-1/2}\boldsymbol{t}$，$\hat{\boldsymbol{r}}=\boldsymbol{K}^{-1/2}\boldsymbol{r}$。之后，我们令 $\hat{\boldsymbol{w}}=\boldsymbol{K}^{-1/2}\boldsymbol{w}$ 为白化后的待建立滤波器权重向量。根据 Kraut 的定义，信号子空间投影矩阵与杂波子空间投影矩阵分别为 $P_{\hat{t}}=\hat{\boldsymbol{t}}(\hat{\boldsymbol{t}}^{\mathrm{T}}\hat{\boldsymbol{t}})\hat{\boldsymbol{t}}^{\mathrm{T}}$ 和 $\boldsymbol{P}_{\hat{t}}^{\perp}=\boldsymbol{I}-\boldsymbol{P}_{\hat{t}}$。此时的信杂比（signal-to-clutter ratio，SCR）为

$$\begin{aligned}\mathrm{SCR}(\hat{\boldsymbol{w}})&=\frac{\hat{\boldsymbol{w}}^{\mathrm{T}}\boldsymbol{P}_{\hat{t}}\hat{\boldsymbol{w}}}{\hat{\boldsymbol{w}}^{\mathrm{T}}\boldsymbol{P}_{\hat{t}}^{\perp}\hat{\boldsymbol{w}}}=\frac{\hat{\boldsymbol{w}}^{\mathrm{T}}\boldsymbol{P}_{\hat{t}}\hat{\boldsymbol{w}}}{\hat{\boldsymbol{w}}^{\mathrm{T}}(\boldsymbol{I}-\boldsymbol{P}_{\hat{t}})\hat{\boldsymbol{w}}}=\frac{\hat{\boldsymbol{w}}^{\mathrm{T}}\boldsymbol{P}_{\hat{t}}\hat{\boldsymbol{w}}}{\hat{\boldsymbol{w}}^{\mathrm{T}}\hat{\boldsymbol{w}}-\hat{\boldsymbol{w}}^{\mathrm{T}}\boldsymbol{P}_{\hat{t}}\hat{\boldsymbol{w}}}\\&=\frac{\hat{\boldsymbol{w}}^{\mathrm{T}}\boldsymbol{K}^{-1/2}\boldsymbol{t}(\boldsymbol{t}^{\mathrm{T}}\boldsymbol{K}^{-1}\boldsymbol{t})^{-1}\boldsymbol{t}^{\mathrm{T}}\boldsymbol{K}^{-1/2}\hat{\boldsymbol{w}}}{\hat{\boldsymbol{w}}^{\mathrm{T}}\hat{\boldsymbol{w}}-\hat{\boldsymbol{w}}^{\mathrm{T}}\boldsymbol{K}^{-1/2}\boldsymbol{t}(\boldsymbol{t}^{\mathrm{T}}\boldsymbol{K}^{-1}\boldsymbol{t})^{-1}\boldsymbol{t}^{\mathrm{T}}\boldsymbol{K}^{-1/2}}\\&=\frac{(\boldsymbol{t}^{\mathrm{T}}\boldsymbol{K}^{-1/2}\hat{\boldsymbol{w}})^{2}(\boldsymbol{t}^{\mathrm{T}}\boldsymbol{K}^{-1}\boldsymbol{t})^{-1}}{\hat{\boldsymbol{w}}^{\mathrm{T}}\hat{\boldsymbol{w}}-(\boldsymbol{t}^{\mathrm{T}}\boldsymbol{K}^{-1/2}\hat{\boldsymbol{w}})^{2}(\boldsymbol{t}^{\mathrm{T}}\boldsymbol{K}^{-1}\boldsymbol{t})^{-1}}\end{aligned}\tag{4.8}$$

我们感兴趣的是滤波器权重向量，当 SCR 最大化时，$\boldsymbol{w}$ 达到最优。求 SCR 最大化时的权重 $\boldsymbol{w}$，等价于求 SCR 倒数最小化时的权重 $\boldsymbol{w}$，过程如下：

$$\begin{aligned}\frac{1}{\mathrm{SCR}(\hat{\boldsymbol{w}})}&=\frac{\hat{\boldsymbol{w}}^{\mathrm{T}}\hat{\boldsymbol{w}}-(\boldsymbol{t}^{\mathrm{T}}\boldsymbol{K}^{-1/2}\hat{\boldsymbol{w}})^{2}(\boldsymbol{t}^{\mathrm{T}}\boldsymbol{K}^{-1}\boldsymbol{t})^{-1}}{(\boldsymbol{t}^{\mathrm{T}}\boldsymbol{K}^{-1/2}\hat{\boldsymbol{w}})^{2}(\boldsymbol{t}^{\mathrm{T}}\boldsymbol{K}^{-1}\boldsymbol{t})^{-1}}\\&=\frac{\hat{\boldsymbol{w}}^{\mathrm{T}}\hat{\boldsymbol{w}}}{(\boldsymbol{t}^{\mathrm{T}}\boldsymbol{K}^{-1/2}\hat{\boldsymbol{w}})^{2}(\boldsymbol{t}^{\mathrm{T}}\boldsymbol{K}^{-1}\boldsymbol{t})^{-1}}-1\end{aligned}\tag{4.9}$$

对上式求最小化，

$$\begin{aligned}\arg\left\{\min_{\hat{w}}\frac{1}{\mathrm{SCR}(\hat{\boldsymbol{w}})}\right\}&=\arg\left\{\min_{\hat{w}}\frac{\hat{\boldsymbol{w}}^{\mathrm{T}}\hat{\boldsymbol{w}}}{(\boldsymbol{t}^{\mathrm{T}}\boldsymbol{K}^{-1/2}\hat{\boldsymbol{w}})^{2}(\boldsymbol{t}^{\mathrm{T}}\boldsymbol{K}^{-1}\boldsymbol{t})^{-1}}-1\right\}\\&\Leftrightarrow\arg\left\{\max_{\hat{w}}\frac{(\boldsymbol{t}^{\mathrm{T}}\boldsymbol{K}^{-1/2}\hat{\boldsymbol{w}})^{2}(\boldsymbol{t}^{\mathrm{T}}\boldsymbol{K}^{-1}\boldsymbol{t})^{-1}}{\hat{\boldsymbol{w}}^{\mathrm{T}}\hat{\boldsymbol{w}}}\right\}\\&\Leftrightarrow\arg\left\{\max_{\hat{w}}\frac{(\boldsymbol{t}^{\mathrm{T}}\boldsymbol{K}^{-1/2}\hat{\boldsymbol{w}})^{2}}{\hat{\boldsymbol{w}}^{\mathrm{T}}\hat{\boldsymbol{w}}}\right\}\end{aligned}\tag{4.10}$$

利用柯西-施瓦茨不等式（Cauchy-Schwarz inequality）得出：

$$\left|\frac{(\boldsymbol{t}^{\mathrm{T}}\boldsymbol{K}^{-1/2}\hat{\boldsymbol{w}})^{2}}{\hat{\boldsymbol{w}}^{\mathrm{T}}\hat{\boldsymbol{w}}}\right|\leqslant\left\|\frac{(\boldsymbol{t}^{\mathrm{T}}\boldsymbol{K}^{-1/2})^{2}}{\hat{\boldsymbol{w}}^{\mathrm{T}}\hat{\boldsymbol{w}}}\right\|\left\|\frac{\hat{\boldsymbol{w}}^{2}}{\hat{\boldsymbol{w}}^{\mathrm{T}}\hat{\boldsymbol{w}}}\right\|\tag{4.11}$$

$$\left\|\frac{(\boldsymbol{t}^{\mathrm{T}}\boldsymbol{K}^{-1/2})^{2}}{\hat{\boldsymbol{w}}^{\mathrm{T}}\hat{\boldsymbol{w}}}\right\|=\kappa\left\|\frac{\hat{\boldsymbol{w}}^{2}}{\hat{\boldsymbol{w}}^{\mathrm{T}}\hat{\boldsymbol{w}}}\right\|\tag{4.12}$$

且当式(4.12)满足时，式(4.11)等号成立，此时的权重向量 $\boldsymbol{w}$ 就是我们所求的最优权重

向量,结果如下：

$$\hat{\boldsymbol{w}} = \kappa \boldsymbol{K}^{-1/2} \boldsymbol{t} \tag{4.13}$$

满足最优时,SCR 的最大值为

$$\max_{\hat{w}} \mathrm{SCR}(\hat{\boldsymbol{w}}) = \frac{[(\boldsymbol{K}^{-1/2}\boldsymbol{t})^{\mathrm{T}}(\boldsymbol{K}^{-1/2}\boldsymbol{t})]^2}{(\boldsymbol{K}^{-1/2}\boldsymbol{t})^{\mathrm{T}}(\boldsymbol{K}^{-1/2}\boldsymbol{t})} = \boldsymbol{t}^{\mathrm{T}}\boldsymbol{K}^{-1}\boldsymbol{t} \tag{4.14}$$

此时,我们可以得到自适应子空间检测器为：

$$\delta^{\mathrm{ASD}}(\boldsymbol{r}) = (\hat{\boldsymbol{w}})^{\mathrm{T}}\hat{\boldsymbol{r}} = \kappa(\boldsymbol{K}^{-1/2}\boldsymbol{t})^{\mathrm{T}}(\boldsymbol{K}^{-1/2}\boldsymbol{r}) = \kappa\boldsymbol{t}^{\mathrm{T}}\boldsymbol{K}^{-1}\boldsymbol{r} \tag{4.15}$$

柯西-施瓦茨不等式在满足 SCR 最大时,产生的常数 κ 并不能确定。但是,通常在解决检测问题时,常数 κ 影响并不大,仅仅是检测结果倍数的变化。但是,如果利用丰度值进行检测,则常数 κ 将会产生重要影响。我们可以通过假设一个约束条件,获得常数 κ 的值,也就是达到了确定的最优解。

$$\arg\left\{\max_{\hat{w}} \frac{(\boldsymbol{t}^{\mathrm{T}}\boldsymbol{K}^{-1/2}\ \hat{\boldsymbol{w}})^2\ (\boldsymbol{t}^{\mathrm{T}}\boldsymbol{K}^{-1}\boldsymbol{t})^{-1}}{\hat{\boldsymbol{w}}^{\mathrm{T}}\ \hat{\boldsymbol{w}}}\right\} \quad 满足 \quad \|\hat{\boldsymbol{w}}\| = 1 \tag{4.16}$$

由于$\hat{\boldsymbol{w}}$有如下关系：

$$\|\hat{\boldsymbol{w}}\| = [(\kappa\boldsymbol{K}^{-1/2}\boldsymbol{t})^{\mathrm{T}}(\kappa\boldsymbol{K}^{-1/2}\boldsymbol{t})]^{1/2} = 1 \tag{4.17}$$

则所求常数 κ 为

$$\kappa = (\boldsymbol{t}^{\mathrm{T}}\boldsymbol{K}^{-1}\boldsymbol{t})^{-1/2} \tag{4.18}$$

此时的自适应子空间检测器为

$$\delta^{\mathrm{ASD}}_{\kappa=(\boldsymbol{t}^{\mathrm{T}}\boldsymbol{K}^{-1}\boldsymbol{t})^{-1/2}} = \kappa\boldsymbol{t}^{\mathrm{T}}\boldsymbol{K}^{-1}\boldsymbol{r} = \frac{\boldsymbol{t}^{\mathrm{T}}\boldsymbol{K}^{-1}\boldsymbol{r}}{(\boldsymbol{t}^{\mathrm{T}}\boldsymbol{K}^{-1}\boldsymbol{t})^{1/2}} \tag{4.19}$$

我们也可以假设约束条件：

$$\arg\left\{\max_{\hat{w}} \frac{(\boldsymbol{t}^{\mathrm{T}}\boldsymbol{K}^{-1/2}\ \hat{\boldsymbol{w}})^2\ (\boldsymbol{t}^{\mathrm{T}}\boldsymbol{K}^{-1}\boldsymbol{t})^{-1}}{\hat{\boldsymbol{w}}^{\mathrm{T}}\ \hat{\boldsymbol{w}}}\right\} \quad 满足 \quad \hat{\boldsymbol{w}}^{\mathrm{T}}\hat{\boldsymbol{t}} = 1 \tag{4.20}$$

这种形式的约束称为目标约束,在第 6 章中应用广泛。在这种约束条件下,求得的常数 κ 为

$$\kappa = (\boldsymbol{t}^{\mathrm{T}}\boldsymbol{K}^{-1}\boldsymbol{t})^{-1} \tag{4.21}$$

此时所求的自适应子空间检测器为

$$\delta^{\mathrm{ASD}}_{\kappa=(\boldsymbol{t}^{\mathrm{T}}\boldsymbol{K}^{-1}\boldsymbol{t})^{-1}}(\boldsymbol{r}) = \kappa\boldsymbol{t}^{\mathrm{T}}\boldsymbol{K}^{-1}\boldsymbol{r} = \frac{\boldsymbol{t}^{\mathrm{T}}\boldsymbol{K}^{-1}\boldsymbol{r}}{\boldsymbol{t}^{\mathrm{T}}\boldsymbol{K}^{-1}\boldsymbol{t}} \tag{4.22}$$

4.3 基于光谱角的检测方法

4.3.1 光谱角度制图

光谱角度(spectral angle)是一种衡量光谱特性相似度常用的量度。当背景信息完全未

知时，光谱角度可以衡量目标光谱与特定光谱的相似度，其原理是将光谱特性视作向量，并测量向量间的夹角，该夹角被定义为光谱角度，又称光谱角。光谱角越小则说明两个向量相似度越高，即两个光谱特性相似度越高。因此，光谱角度制图法（spectral angle mapper，SAM）利用光谱角度实现了光谱特性的区分与识别。同样，当光谱角度用于衡量与一种目标特定光谱的相似度时，也可以被看成是一种检测方法。

$$\cos\theta = \frac{\boldsymbol{d} \cdot \boldsymbol{r}}{\|\boldsymbol{d}\| \|\boldsymbol{r}\|} \tag{4.23}$$

上式中，$\boldsymbol{d}$ 为目标光谱，$\boldsymbol{r}$ 为待测像素，θ 为所得光谱角度。

式(4.23)所表达的原理可以用矩阵计算的方式表达如下：

$$\delta^{\mathrm{SAM}}(\boldsymbol{r}) = \frac{\boldsymbol{d}^{\mathrm{T}}\boldsymbol{r}}{(\boldsymbol{d}^{\mathrm{T}}\boldsymbol{d})^{1/2}(\boldsymbol{r}^{\mathrm{T}}\boldsymbol{r})^{1/2}} \tag{4.24}$$

这种用矩阵计算方法的检测器所得的值为特定目标光谱向量与待测像素光谱向量夹角的余弦值，所以检测器结果的值在 0～1 之间。

利用光谱角度进行目标检测的优势在于其实现简单，计算速度快，不需要背景信息；但劣势在于其无法利用背景信息，所以难以做到背景抑制，对目标与背景的对比度提升有限。

4.3.2 自适应一致性(余弦)估计

自适应一致性(余弦)估计[adaptive coherence(cosine) estimator，ACE]，由 Kraut 在 1999 年整理，并在遥感图像处理软件 ENVI 的目标检测工具箱中收录。假设有恒虚警概率子空间匹配检测器(constant false alarm rate matched subspace detector，CFAR MSD)，如下所示：

$$\Lambda(\boldsymbol{r}) = \frac{\boldsymbol{z}^{\mathrm{T}}\boldsymbol{P}_{\widetilde{D}}\boldsymbol{z}}{\boldsymbol{z}^{\mathrm{T}}\boldsymbol{z}} \tag{4.25}$$

式中，$\boldsymbol{z}=\boldsymbol{K}^{-1/2}\boldsymbol{r}$ 可以看成经过坐标变换后的像素 $\boldsymbol{r}$，$\widetilde{\boldsymbol{D}}=\boldsymbol{K}^{-1/2}\boldsymbol{D}$ 同样可以看成经过线性坐标变换后的检测信号子空间，其中 $\boldsymbol{K}$ 为样本像素的协方差矩阵，$\boldsymbol{D}$ 为检测信号子空间，$\boldsymbol{P}_{\widetilde{D}}=\widetilde{\boldsymbol{D}}(\widetilde{\boldsymbol{D}}^{\mathrm{T}}\widetilde{\boldsymbol{D}})^{-1}\widetilde{\boldsymbol{D}}^{\mathrm{T}}$ 为检测信号子空间通过线性坐标变换后的投影矩阵，此时有如下关系：

$$\Lambda(\boldsymbol{r}) = \frac{\boldsymbol{r}^{\mathrm{T}}\boldsymbol{K}^{-1}\boldsymbol{D}(\boldsymbol{D}^{\mathrm{T}}\boldsymbol{K}^{-1}\boldsymbol{D})^{-1}\boldsymbol{D}^{\mathrm{T}}\boldsymbol{K}^{-1}\boldsymbol{r}}{\boldsymbol{r}^{\mathrm{T}}\boldsymbol{K}^{-1}\boldsymbol{r}} \tag{4.26}$$

在高光谱检测问题中，CFAR 的信号子空间往往是我们感兴趣的目标信号 $\boldsymbol{d}$，在这种特殊情况下将式(4.26)中的 $\boldsymbol{D}$ 用 $\boldsymbol{d}$ 替代，则有

$$\begin{aligned}\Lambda(\boldsymbol{r}) &= \frac{\boldsymbol{r}^{\mathrm{T}}\boldsymbol{K}^{-1}\boldsymbol{d}(\boldsymbol{d}^{\mathrm{T}}\boldsymbol{K}^{-1}\boldsymbol{d})^{-1}\boldsymbol{d}^{\mathrm{T}}\boldsymbol{K}^{-1}\boldsymbol{r}}{\boldsymbol{r}^{\mathrm{T}}\boldsymbol{K}^{-1}\boldsymbol{r}} \\ &= \frac{(\boldsymbol{d}^{\mathrm{T}}\boldsymbol{K}^{-1}\boldsymbol{r})^2}{(\boldsymbol{d}^{\mathrm{T}}\boldsymbol{K}^{-1}\boldsymbol{d})(\boldsymbol{r}^{\mathrm{T}}\boldsymbol{K}^{-1}\boldsymbol{r})}\end{aligned} \tag{4.27}$$

这样一来，可以得到自适应一致性(余弦)估计如下：

$$\delta^{\mathrm{ACE}}(\boldsymbol{r}) = \frac{(\boldsymbol{d}^{\mathrm{T}}\boldsymbol{K}^{-1}\boldsymbol{r})^2}{(\boldsymbol{d}^{\mathrm{T}}\boldsymbol{K}^{-1}\boldsymbol{d})(\boldsymbol{r}^{\mathrm{T}}\boldsymbol{K}^{-1}\boldsymbol{r})} \tag{4.28}$$

如果我们令上式中的 $\tilde{\boldsymbol{d}}=\boldsymbol{K}^{-1/2}\boldsymbol{d}$ 并且 $\tilde{\boldsymbol{r}}=\boldsymbol{K}^{-1/2}\boldsymbol{r}$，则 $\tilde{\boldsymbol{d}}=\boldsymbol{K}^{-1/2}\boldsymbol{d}$ 与 $\tilde{\boldsymbol{r}}=\boldsymbol{K}^{-1/2}\boldsymbol{r}$ 可以被看成经过线性坐标变换的 $\boldsymbol{d}$ 和 $\boldsymbol{r}$，则有如下关系：

$$\begin{aligned}\delta^{\mathrm{ACE}}(\boldsymbol{r}) &= \frac{(\boldsymbol{d}^{\mathrm{T}}\boldsymbol{K}^{-1}\boldsymbol{r})^2}{(\boldsymbol{d}^{\mathrm{T}}\boldsymbol{K}^{-1}\boldsymbol{d})(\boldsymbol{r}^{\mathrm{T}}\boldsymbol{K}^{-1}\boldsymbol{r})} = \frac{(\boldsymbol{d}^{\mathrm{T}}\boldsymbol{K}^{-1/2}\boldsymbol{K}^{-1/2}\boldsymbol{r})^2}{(\boldsymbol{d}^{\mathrm{T}}\boldsymbol{K}^{-1/2}\boldsymbol{K}^{-1/2}\boldsymbol{d})(\boldsymbol{r}^{\mathrm{T}}\boldsymbol{K}^{-1/2}\boldsymbol{K}^{-1/2}\boldsymbol{r})} \\ &= \frac{(\tilde{\boldsymbol{d}}^{\mathrm{T}}\tilde{\boldsymbol{r}})^2}{(\tilde{\boldsymbol{d}}^{\mathrm{T}}\tilde{\boldsymbol{d}})(\tilde{\boldsymbol{r}}^{\mathrm{T}}\tilde{\boldsymbol{r}})}\end{aligned} \tag{4.29}$$

从上式中所描述的关系不难看出，自适应一致性（余弦）估计可以被看成是 $\boldsymbol{d}$ 与 $\boldsymbol{r}$ 经过线性坐标变换后光谱角制图的平方，所以检测结果也在 0～1 之间。

4.4 基于信号分解的检测方法

4.4.1 信号分解模型

如果我们接收到的信号向量为 $\boldsymbol{r}$，用 $\boldsymbol{s}$ 表示已知信号向量，并用 $\boldsymbol{n}$ 表示噪声向量，通常噪声中的信号检测模型可以有如下表示：

$$\boldsymbol{r} = \boldsymbol{s} + \boldsymbol{n} \tag{4.30}$$

假设波段的数量为 L，并且，在一幅高光谱图像中有 p 种目标出现，并表示为 $\boldsymbol{t}_1,\boldsymbol{t}_2,\cdots,\boldsymbol{t}_p$。令 $\boldsymbol{m}_1,\boldsymbol{m}_2,\cdots,\boldsymbol{m}_p$ 表示 $\boldsymbol{t}_1,\boldsymbol{t}_2,\cdots,\boldsymbol{t}_p$ 相对应的像元亮度值，或称为 DN 值。在线性混合的情况下，每一个高光谱像元 $\boldsymbol{r}$ 都是由 $\boldsymbol{m}_1,\boldsymbol{m}_2,\cdots,\boldsymbol{m}_p$ 与其所对应的丰度值 $\alpha_1,\alpha_2,\cdots,\alpha_p$ 的线性结合。更准确地说，我们令 $\boldsymbol{M}=[\boldsymbol{m}_1,\boldsymbol{m}_2,\cdots,\boldsymbol{m}_p]$ 为 $L\times p$ 的目标光谱特性矩阵，其中第 j 个列向量表示一个目标光谱 $\boldsymbol{m}_j$，同时我们令 $\boldsymbol{\alpha}=(\alpha_1,\alpha_2,\cdots,\alpha_p)^{\mathrm{T}}$ 为 $p\times 1$ 维的丰度列向量，其中第 j 个元素表示第 j 个目标光谱 $\boldsymbol{m}_j$ 的丰度值 α_j。如果接收到的光谱特征是由 p 种目标特性线型混合的，则可以将式(4.30)的噪声中信号检测模型中的信号 $\boldsymbol{s}$ 用 $\boldsymbol{M\alpha}$ 替代，得到的高光谱线性混合模型如下：

$$\boldsymbol{r} = \boldsymbol{M\alpha} + \boldsymbol{n} \tag{4.31}$$

上述线性混合模型也常用于高光谱线性混合像元的分析问题。值得注意的是，我们通过将 $\boldsymbol{s}$ 用 $\boldsymbol{M\alpha}$ 替代而得的线性混合模型中，第二项 $\boldsymbol{n}$ 为误差项，$\boldsymbol{n}$ 并不仅仅是噪声，还包括由传感器引起的测量误差与假设线性模型导致的模型误差。

此时，我们已经用 p 个目标光谱 $\boldsymbol{m}_1,\boldsymbol{m}_2,\cdots,\boldsymbol{m}_p$ 与其相对应的丰度值 $\alpha_1,\alpha_2,\cdots,\alpha_p$ 的线性混合来表示式(4.31)的噪声中信号检测模型。

更进一步，将线性混合模型进行分解，如果我们仅仅对目标光谱中的一种光谱感兴趣，那么，对于其他 $p-1$ 个目标光谱我们可以看作不感兴趣的目标。此时，可以通过压制不感兴趣目标的强度来提升对感兴趣目标光谱检测的性能。

为实现上述效果，我们进一步将目标光谱特性矩阵 $\boldsymbol{M}$ 进行分解，将感兴趣的目标用向量 $\boldsymbol{d}=\boldsymbol{m}_j$ 表示，称为期望目标（desired target），同时将其他（$p-1$）个目标用 $\boldsymbol{U}=[\boldsymbol{m}_1,\cdots,\boldsymbol{m}_{j-1},\boldsymbol{m}_{j+1},\cdots,\boldsymbol{m}_p]$ 表示，并称为非期望目标（undesired targets），用 α_j 与 $\boldsymbol{\gamma}=(\alpha_1,\cdots,\alpha_{j-1},\alpha_{j+1},\cdots,\alpha_p)^{\mathrm{T}}$ 表示期望目标 $\boldsymbol{d}$ 与非期望目标 $\boldsymbol{U}$ 各自所对应的丰度值，这样将 $\boldsymbol{M}$ 分解成为 $\boldsymbol{d}$ 与 $\boldsymbol{U}$ 的模型称为($\boldsymbol{d}$,$\boldsymbol{U}$)模型，又称为 OSP 模型，表示如下：

$$\boldsymbol{r}=\boldsymbol{d}\boldsymbol{\alpha}_p+\boldsymbol{U}\boldsymbol{\gamma}+\boldsymbol{n} \tag{4.32}$$

同样，在高光谱的目标检测与混合像元分析领域中，OSP 模型应用非常广泛。

另一种将线性混合模型分解的形式，称为信号-背景-噪声模型（signal-background-noise model，SBN model），是将目标光谱分为信号与背景光谱两部分，由 Thai 和 Healey 于 2002 年提出。用 $\boldsymbol{T}$ 来表示感兴趣的信号光谱矩阵，由感兴趣的目标光谱向量组成，并用 $\boldsymbol{B}$ 来表示背景信号光谱矩阵。用 $\boldsymbol{\theta}$ 与 $\boldsymbol{\varphi}$ 分别表示信号部分目标与背景的光谱丰度。SBN 模型有如下表示：

$$\boldsymbol{r}=\boldsymbol{T}\boldsymbol{\theta}+\boldsymbol{B}\boldsymbol{\varphi}+\boldsymbol{n} \tag{4.33}$$

SBN 模型通过压制背景提高检测性能。SBN 模型与上述 OSP 模型的区别在于 OSP 模型将目标特性分解成为期望目标光谱和非期望目标光谱，从而分别进行处理，而 SBN 模型则注重于对背景的压制。

更深一层次地将线性混合模型进行分解，将干扰因素考虑在分解过程之中，Chang 和 Du 在 2004 年提出了信号分解干扰与噪声模型（signal-decomposed and interference noise model，SDIN model），如下：

$$\boldsymbol{r}=\boldsymbol{D}\boldsymbol{\beta}+\boldsymbol{U}\boldsymbol{\gamma}+\boldsymbol{\Pi}\boldsymbol{\eta}+\boldsymbol{n} \tag{4.34}$$

式(4.34)中，用 $\boldsymbol{D}$ 和 $\boldsymbol{U}$ 分别表示先验信息中的期望目标与非期望目标光谱矩阵，并用 $\boldsymbol{\beta}$ 与 $\boldsymbol{\gamma}$ 分别对应表示两者的丰度值。

式(4.34)第三项中的干扰光谱矩阵 $\boldsymbol{\Pi}$ 和其对应的 $\boldsymbol{\eta}$ 丰度值为后验信息，可以通过一些非监督式的算法得到。干扰特性对目标检测起到了一定的干扰作用，例如一些自然特性如草地、土壤、岩石，或者是传感器的坏点，再或者一些不感兴趣的人造目标、建筑、道路等都可以认为是干扰特性。

4.4.2 OSP 算子与正交子空间投影

1. 正交子空间投影算子

针对($\boldsymbol{d}$,$\boldsymbol{U}$)模型的分解特点，可以设计一种算子，将模型中的非期望光谱矩阵 $\boldsymbol{U}$ 消除，也就是消除了不感兴趣的目标光谱，这种算子可以用于对目标的检测。这种算子称为正交子空间投影（orthogonal subspace projector，OSP）算子，由 Harsanyi 和 Chang 于 1994 年提出。OSP 算子定义为

$$P_U^{\perp} = \mathbf{I} - P_U = \mathbf{I} - \boldsymbol{U}\boldsymbol{U}^{\#} \tag{4.35}$$

算子中 $\boldsymbol{U}^{\#} = (\boldsymbol{U}^{\mathrm{T}}\boldsymbol{U})^{-1}\boldsymbol{U}^{\mathrm{T}}$，为非期望目标光谱矩阵 $\boldsymbol{U}$ 的伪逆矩阵。$P_U = \boldsymbol{U}\boldsymbol{U}^{\#}$ 是投影矩阵，可以将向量投影到非期望目标光谱的平面 $\langle \boldsymbol{U} \rangle$ 上。$P_U^{\perp}$ 的作用是将信号向量投影到与非期望目标光谱平面 $\langle \boldsymbol{U} \rangle$ 垂直的平面 $\langle \boldsymbol{U}^{\mathrm{T}} \rangle$ 上。

OSP 算子 $P_U^{\perp}$ 具有如下特性。

OSP 算子 $P_U^{\perp}$ 对 $\boldsymbol{U}$ 具有消去作用，$P_U^{\perp}\boldsymbol{U}=0$：

$$P_U^{\perp}\boldsymbol{U} = (\mathbf{I}-\boldsymbol{U})\boldsymbol{U} = \boldsymbol{U} - \boldsymbol{U}\boldsymbol{U}^{\#}\boldsymbol{U} = \boldsymbol{U} - \boldsymbol{U}(\boldsymbol{U}^{\mathrm{T}}\boldsymbol{U})^{-1}(\boldsymbol{U}^{\mathrm{T}}\boldsymbol{U}) = \boldsymbol{U} - \boldsymbol{U} = 0 \tag{4.36}$$

OSP 算子 $P_U^{\perp}$ 是对称矩阵，$P_U^{\perp} = (P_U^{\perp})^{\mathrm{T}}$：

$$\begin{aligned}(P_U^{\perp})^{\mathrm{T}} &= \mathbf{I}^{\mathrm{T}} - (\boldsymbol{U}^{\mathrm{T}})^{\mathrm{T}}[(\boldsymbol{U}^{\mathrm{T}}\boldsymbol{U})^{-1}]^{\mathrm{T}}\boldsymbol{U}^{\mathrm{T}} \\ &= \mathbf{I} - \boldsymbol{U}[(\boldsymbol{U}^{\mathrm{T}}\boldsymbol{U})^{\mathrm{T}}]^{-1}\boldsymbol{U}^{\mathrm{T}} = \mathbf{I} - \boldsymbol{U}(\boldsymbol{U}^{\mathrm{T}}\boldsymbol{U})^{-1}\boldsymbol{U}^{\mathrm{T}} = P_U^{\perp}\end{aligned} \tag{4.37}$$

OSP 算子 $P_U^{\perp}$ 具有幂等性，$P_U^{\perp} = (P_U^{\perp})^2$：

$$\begin{aligned}(P_U^{\perp})^2 &= (\mathbf{I} - \boldsymbol{U}\boldsymbol{U}^{\#})(\mathbf{I} - \boldsymbol{U}\boldsymbol{U}^{\#}) = (\mathbf{I} - \boldsymbol{U}\boldsymbol{U}^{\#}) - (\mathbf{I} - \boldsymbol{U}\boldsymbol{U}^{\#})\boldsymbol{U}\boldsymbol{U}^{\#} = \mathbf{I} - 2\boldsymbol{U}\boldsymbol{U}^{\#} + \boldsymbol{U}\boldsymbol{U}^{\#}\boldsymbol{U}\boldsymbol{U}^{\#} \\ &= \mathbf{I} - 2\boldsymbol{U}\boldsymbol{U}^{\#} + \boldsymbol{U}(\boldsymbol{U}^{\mathrm{T}}\boldsymbol{U})^{-1}(\boldsymbol{U}^{\mathrm{T}}\boldsymbol{U})(\boldsymbol{U}^{\mathrm{T}}\boldsymbol{U})^{-1}\boldsymbol{U}^{\mathrm{T}} \\ &= \mathbf{I} - 2\boldsymbol{U}\boldsymbol{U}^{\#} + \boldsymbol{U}\mathbf{I}(\boldsymbol{U}^{\mathrm{T}}\boldsymbol{U})^{-1}\boldsymbol{U}^{\mathrm{T}} = \mathbf{I} - \boldsymbol{U}\boldsymbol{U}^{\#} = P_U^{\perp}\end{aligned} \tag{4.38}$$

2. 信号检测观点求解正交子空间投影模型

我们将 OSP 算子应用于前面所描述的（$\boldsymbol{d}$,$\boldsymbol{U}$）模型上，原模型中的非期望光谱矩阵 $\boldsymbol{U}$ 则被消去，得到一种新的噪声中信号检测模型：

$$P_U^{\perp}\boldsymbol{r} = P_U^{\perp}\boldsymbol{d}\alpha_p + P_U^{\perp}\boldsymbol{U}\boldsymbol{\gamma} + P_U^{\perp}\boldsymbol{n} = \alpha_p P_U^{\perp}\boldsymbol{d} + P_U^{\perp}\boldsymbol{n} \tag{4.39}$$

这种模型也可以被视为是一种线性检测系统，系统如下：

如图 4.1 所示，线性检测系统的输出项中，前一项含有我们感兴趣的 α_p，被视为待检测的信号，而后一项被视为噪声。由此定义的信噪比如下：

$$\mathrm{SNR}(\boldsymbol{w}) = \frac{(\boldsymbol{w}^{\mathrm{T}}P_U^{\perp}\boldsymbol{d})\alpha_p^2(\boldsymbol{d}^{\mathrm{T}}P_U^{\perp}\boldsymbol{w})}{\boldsymbol{w}^{\mathrm{T}}P_U^{\perp}E(\boldsymbol{n}\boldsymbol{n}^{\mathrm{T}})P_U^{\perp}\boldsymbol{w}} \tag{4.40}$$

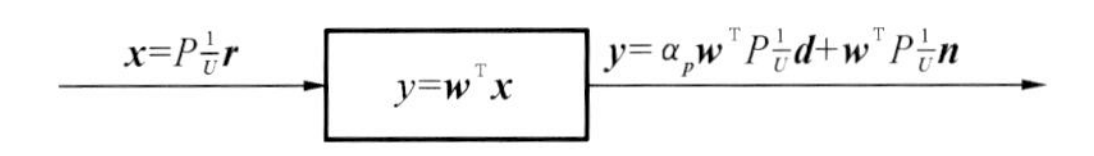

图 4.1　线性检测系统

我们假设线性检测系统中的噪声 $\boldsymbol{n}$ 是加性白噪声，其期望为 0，方差为 σ^2，则上式可以变化为

$$\begin{aligned}\mathrm{SNR}(\boldsymbol{w}) &= \frac{[\boldsymbol{w}^{\mathrm{T}}(\alpha_p P_U^{\perp}\boldsymbol{d})]^2}{[\boldsymbol{w}^{\mathrm{T}}(P_U^{\perp}\boldsymbol{n})]^2} = \frac{[\boldsymbol{w}^{\mathrm{T}}(\alpha_p P_U^{\perp}\boldsymbol{d})][\boldsymbol{w}^{\mathrm{T}}(\alpha_p P_U^{\perp}\boldsymbol{d})]^{\mathrm{T}}}{[\boldsymbol{w}^{\mathrm{T}}(P_U^{\perp}\boldsymbol{n})][\boldsymbol{w}^{\mathrm{T}}(P_U^{\perp}\boldsymbol{n})]^{\mathrm{T}}} \\ &= \frac{\alpha_p^2[\boldsymbol{w}^{\mathrm{T}}P_U^{\perp}\boldsymbol{d}][\boldsymbol{w}^{\mathrm{T}}P_U^{\perp}\boldsymbol{d}]^{\mathrm{T}}}{\boldsymbol{w}^{\mathrm{T}}P_U^{\perp}E(\boldsymbol{n}\boldsymbol{n}^{\mathrm{T}})P_U^{\perp}\boldsymbol{w}} = \left(\frac{\alpha_p^2}{\sigma^2}\right)\frac{[\boldsymbol{w}^{\mathrm{T}}P_U^{\perp}\boldsymbol{d}][\boldsymbol{w}^{\mathrm{T}}P_U^{\perp}\boldsymbol{d}]^{\mathrm{T}}}{\boldsymbol{w}^{\mathrm{T}}P_U^{\perp}P_U^{\perp}\boldsymbol{w}} \\ &= \left(\frac{\alpha_p^2}{\sigma^2}\right)\frac{\boldsymbol{w}^{\mathrm{T}}P_U^{\perp}\boldsymbol{d}\,\boldsymbol{d}^{\mathrm{T}}P_U^{\perp}\boldsymbol{w}}{\boldsymbol{w}^{\mathrm{T}}P_U^{\perp}\boldsymbol{w}}\end{aligned} \tag{4.41}$$

基于信号检测的观点，我们将信噪比最大化：

$$\arg\{\max_w \mathrm{SNR}(\boldsymbol{w})\} = \arg\left\{\max_w \frac{\boldsymbol{w}^{\mathrm{T}}P_U^{\perp}\boldsymbol{d}\,\boldsymbol{d}^{\mathrm{T}}P_U^{\perp}\boldsymbol{w}}{\boldsymbol{w}^{\mathrm{T}}P_U^{\perp}\boldsymbol{w}}\right\} \tag{4.42}$$

通过柯西-施瓦茨不等式实现 SNR 的最大化：

$$|\boldsymbol{w}^{\mathrm{T}}P_U^{\perp}\boldsymbol{d}| \leqslant \|\boldsymbol{w}\|\,\|P_U^{\perp}\boldsymbol{d}\| \tag{4.43}$$

当 $\boldsymbol{w}=\kappa P_U^{\perp}\boldsymbol{d}$ 时，上式等式成立，其中 κ 为一常数。由 $P_U^{\perp}$ 特性可得如下过程：

$$\begin{aligned}\mathrm{SNR}(\boldsymbol{w}) &= \left(\frac{\alpha_p^2}{\sigma^2}\right)\left(\frac{\boldsymbol{w}^{\mathrm{T}}P_U^{\perp}\boldsymbol{d}\,\boldsymbol{d}^{\mathrm{T}}P_U^{\perp}\boldsymbol{w}}{\boldsymbol{w}^{\mathrm{T}}P_U^{\perp}\boldsymbol{w}}\right) = \left(\frac{\alpha_p^2}{\sigma^2}\right)\left(\frac{|\boldsymbol{w}^{\mathrm{T}}P_U^{\perp}\boldsymbol{d}|^2}{\|P_U^{\perp}\boldsymbol{w}\|^2}\right) \\ &= \left(\frac{\alpha_p^2}{\sigma^2}\right)\left(\left|\left(\frac{\boldsymbol{w}}{\|P_U^{\perp}\boldsymbol{w}\|}\right)^{\mathrm{T}}P_U\left(\frac{\boldsymbol{d}}{\|P_U^{\perp}\boldsymbol{w}\|}\right)\right|^2\right) \\ &= \left(\frac{\alpha_p^2}{\sigma^2}\right)(|\widetilde{\boldsymbol{w}}^{\mathrm{T}}P_U^{\perp}\widetilde{\boldsymbol{w}}|^2) \\ &\leqslant \left(\frac{\alpha_p^2}{\sigma^2}\right)\|\widetilde{\boldsymbol{w}}\|^2\,\|P_U^{\perp}\widetilde{\boldsymbol{d}}\|^2\end{aligned} \tag{4.44}$$

其中，$\widetilde{\boldsymbol{w}}=\dfrac{\boldsymbol{w}}{\|P_U^{\perp}\boldsymbol{w}\|}$并且 $\widetilde{\boldsymbol{d}}=\dfrac{\boldsymbol{d}}{\|P_U^{\perp}\boldsymbol{w}\|}$。当等式成立时有

$$\widetilde{\boldsymbol{w}} = \kappa P_U^{\perp}\widetilde{\boldsymbol{d}} \Leftrightarrow \widetilde{\boldsymbol{w}} = \frac{\boldsymbol{w}}{\|P_U^{\perp}\boldsymbol{w}\|} = \kappa P_U^{\perp}\frac{\boldsymbol{d}}{\|P_U^{\perp}\boldsymbol{w}\|} \Leftrightarrow \boldsymbol{w} = \kappa P_U^{\perp}\boldsymbol{d} \tag{4.45}$$

则有最优滤波器：

$$\boldsymbol{w} = \kappa P_U^{\perp}\boldsymbol{d} \tag{4.46}$$

常数 κ 是不确定的，但因为其独立于其他变量，所以在处理目标检测问题时，通常令 κ 为 1，则有正交子空间检测器：

$$\delta^{\mathrm{OSP}}(\boldsymbol{r}) = \boldsymbol{w}^{*}\boldsymbol{r} = \boldsymbol{d}^{\mathrm{T}}P_U^{\perp}\boldsymbol{r} \tag{4.47}$$

通过假设约束条件也可以求得常数 κ 的值。现有如下假设：

$$\arg\left\{\max_w \frac{\boldsymbol{w}^{\mathrm{T}}P_U^{\perp}\boldsymbol{d}\,\boldsymbol{d}^{\mathrm{T}}P_U^{\perp}\boldsymbol{w}}{\boldsymbol{w}^{\mathrm{T}}P_U^{\perp}\boldsymbol{w}}\right\} \quad \text{满足} \quad \|P_U^{\perp}\boldsymbol{w}\| = 1 \tag{4.48}$$

由于约束条件有如下关系：

$$\begin{aligned}&\|P_U^{\perp}\boldsymbol{w}\| = [(\kappa P_U^{\perp}P_U^{\perp}\boldsymbol{d})^{\mathrm{T}}(\kappa P_U^{\perp}P_U^{\perp}\boldsymbol{d})]^{1/2} = [(\kappa P_U^{\perp}\boldsymbol{d})^{\mathrm{T}}(\kappa P_U^{\perp}\boldsymbol{d})]^{1/2} = 1 \\ &\Rightarrow \kappa^2\boldsymbol{d}^{\mathrm{T}}P_U^{\perp}d = 1 \\ &\Rightarrow \kappa = (\boldsymbol{d}^{\mathrm{T}}P_U^{\perp}\boldsymbol{d})^{-1/2}\end{aligned} \tag{4.49}$$

所得的正交子空间检测器为

$$\delta^{\mathrm{OSP}}_{\kappa=(t^{\mathrm{T}}P_U^{\perp}t)^{-1/2}}(\boldsymbol{r})=(\boldsymbol{w})^{\mathrm{T}}\boldsymbol{r}=\kappa\boldsymbol{d}^{\mathrm{T}}P_U^{\perp}\boldsymbol{r}=\frac{\boldsymbol{d}^{\mathrm{T}}P_U^{\perp}\boldsymbol{r}}{(\boldsymbol{d}^{\mathrm{T}}P_U^{\perp}\boldsymbol{d})^{1/2}} \tag{4.50}$$

同此前所描述的 ASD 检测器一样，我们也可以假设有目标约束：

$$\arg\left\{\max_w \frac{\boldsymbol{w}^{\mathrm{T}}P_U^{\perp}\boldsymbol{d}\,\boldsymbol{d}^{\mathrm{T}}P_U^{\perp}\boldsymbol{w}}{\boldsymbol{w}^{\mathrm{T}}P_U^{\perp}\boldsymbol{w}}\right\}\quad 满足 \quad (\boldsymbol{w})^{\mathrm{T}}\boldsymbol{d}=1 \tag{4.51}$$

求得的常数为

$$\kappa=(\boldsymbol{d}^{\mathrm{T}}P_U^{\perp}\boldsymbol{d})^{-1} \tag{4.52}$$

此时所求的正交子空间检测器为：

$$\delta^{\mathrm{OSP}}_{\kappa=(t^{\mathrm{T}}P_U^{\perp}t)^{-1}}(\boldsymbol{r})=(\boldsymbol{w})^{\mathrm{T}}\boldsymbol{r}=\kappa\boldsymbol{d}^{\mathrm{T}}P_U^{\perp}\boldsymbol{r}=\frac{\boldsymbol{d}^{\mathrm{T}}P_U^{\perp}\boldsymbol{r}}{\boldsymbol{d}^{\mathrm{T}}P_U^{\perp}\boldsymbol{d}} \tag{4.53}$$

3. Fisher 线性判别分析观点求解正交子空间投影模型

前文中所描述的线性检测系统将系统输出分为信号部分和噪声部分。从模式分类的角度来讲，这两个部分可以看成是一个二分类问题，即信号 $\tilde{\boldsymbol{s}}=\alpha_p P_U^{\perp}\boldsymbol{d}$ 与噪声 $\tilde{\boldsymbol{n}}=P_U^{\perp}\boldsymbol{n}$。我们用 $\boldsymbol{\mu}_{\tilde{s}}$ 和 $\boldsymbol{\Sigma}_{\tilde{s}}$ 来表示信号的期望与方差，同样用 $\boldsymbol{\mu}_{\tilde{n}}$ 和 $\boldsymbol{\Sigma}_{\tilde{n}}$ 表示噪声的期望与方差。Duda 和 Hart 于 1973 年提出 Fisher 比例(Fisher ratio)，也称为瑞利商(Rayleigh quotient)，表示为

$$J(\boldsymbol{w})=\frac{\boldsymbol{w}^{\mathrm{T}}[(\boldsymbol{\mu}_{\tilde{s}}-\boldsymbol{\mu}_{\tilde{n}})(\boldsymbol{\mu}_{\tilde{s}}-\boldsymbol{\mu}_{\tilde{n}})^{\mathrm{T}}]\boldsymbol{w}}{\boldsymbol{w}^{\mathrm{T}}(\boldsymbol{\Sigma}_{\tilde{s}}+\boldsymbol{\Sigma}_{\tilde{n}})\boldsymbol{w}}=\frac{\boldsymbol{w}^{\mathrm{T}}\boldsymbol{S}_B\boldsymbol{w}}{\boldsymbol{w}^{\mathrm{T}}\boldsymbol{S}_W\boldsymbol{w}} \tag{4.54}$$

其中，

$$\boldsymbol{S}_B=(\boldsymbol{\mu}_{\tilde{s}}-\boldsymbol{\mu}_{\tilde{n}})(\boldsymbol{\mu}_{\tilde{s}}-\boldsymbol{\mu}_{\tilde{n}})^{\mathrm{T}} \tag{4.55}$$

$$\boldsymbol{S}_W=\boldsymbol{\Sigma}_{\tilde{s}}+\boldsymbol{\Sigma}_{\tilde{n}} \tag{4.56}$$

式(4.55)中 $\boldsymbol{S}_B$ 为类间的协方差矩阵，式(4.56)中 $\boldsymbol{S}_W$ 为类内的协方差矩阵。对式(4.54)中的 $\boldsymbol{w}$ 求导，并令其等于 0，使其最小化：

$$\begin{aligned}&(\boldsymbol{w}^{\mathrm{T}}\boldsymbol{S}_B\boldsymbol{w})\boldsymbol{S}_W\boldsymbol{w}=(\boldsymbol{w}^{\mathrm{T}}\boldsymbol{S}_W\boldsymbol{w})\boldsymbol{S}_B\boldsymbol{w}\\&\Rightarrow(\boldsymbol{w}^{\mathrm{T}}\boldsymbol{S}_W\boldsymbol{w})^{-1}(\boldsymbol{w}^{\mathrm{T}}\boldsymbol{S}_B\boldsymbol{w})\boldsymbol{S}_W\boldsymbol{w}=\boldsymbol{S}_B\boldsymbol{w}\\&\Rightarrow(\boldsymbol{w}^{\mathrm{T}}\boldsymbol{S}_W\boldsymbol{w})^{-1}(\boldsymbol{w}^{\mathrm{T}}\boldsymbol{S}_B\boldsymbol{w})\boldsymbol{w}=(\boldsymbol{S}_W)^{-1}\boldsymbol{S}_B\boldsymbol{w}\end{aligned} \tag{4.57}$$

式中 $\lambda=(\boldsymbol{w}^{\mathrm{T}}\boldsymbol{S}_W\boldsymbol{w})^{-1}(\boldsymbol{w}^{\mathrm{T}}\boldsymbol{S}_B\boldsymbol{w})$ 为标量，其形式与 Fisher 比例相同，$\boldsymbol{A}=\boldsymbol{S}_B\boldsymbol{w}$ 为矩阵。故化简为

$$\lambda\boldsymbol{w}=\boldsymbol{A}\boldsymbol{w}\Leftrightarrow(\boldsymbol{A}-\lambda\mathbf{I})\boldsymbol{w}=\mathbf{0} \tag{4.58}$$

由上式可知 λ 为矩阵 $\boldsymbol{A}$ 的特征根。所以求最大 Fisher 比例问题等价于求 Fisher 比例的特征根问题(Stark and Woods，2002)。所需求取最大值的 Fisher 比例为

$$\lambda(\boldsymbol{w})=\mathrm{SNR}(\boldsymbol{w})=\left(\frac{\alpha_p^2}{\sigma^2}\right)\frac{\boldsymbol{w}^{\mathrm{T}}P_U^{\perp}\boldsymbol{d}\,\boldsymbol{d}^{\mathrm{T}}P_U^{\perp}\boldsymbol{w}}{\boldsymbol{w}^{\mathrm{T}}P_U^{\perp}\boldsymbol{w}} \tag{4.59}$$

将其转化为求特征根的问题：

$$(\sigma^2P_U^{\perp})^{-1}(P_U^{\perp}\boldsymbol{d}\alpha_p^2\boldsymbol{d}^{\mathrm{T}}P_U^{\perp})\boldsymbol{w}=\left(\frac{\alpha_p^2}{\sigma^2}\right)(\boldsymbol{d}\,\boldsymbol{d}^{\mathrm{T}})P_U^{\perp}\boldsymbol{w}=\lambda\boldsymbol{w} \tag{4.60}$$

此时特征根，也就是 SNR 的最大值为

$$\lambda_{\max}=\left(\frac{\alpha_p^2}{\sigma^2}\right)\boldsymbol{d}P_U^{\perp}\boldsymbol{d}^{\mathrm{T}} \tag{4.61}$$

所得的正交子空间检测器为

$$\delta^{\mathrm{OSP}}(\boldsymbol{r}) = \boldsymbol{d}^{\mathrm{T}} P_U^{\perp} \boldsymbol{r} \tag{4.62}$$

4. 参量估计观点求解正交子空间投影模型与最小二乘正交子空间投影

在$(\boldsymbol{d},\boldsymbol{U})$模型中，我们感兴趣的丰度值 α_p 也可以从参量估计的角度，用$(\boldsymbol{d},\boldsymbol{U})$模型和最小二乘法来估计参数 α_p，使噪声项最小。

$$\min_{\alpha_p}\{(P_U^{\perp}\boldsymbol{r} - P_U^{\perp}\boldsymbol{d}\alpha_p)^{\mathrm{T}}(P_U^{\perp}\boldsymbol{r} - P_U^{\perp}\boldsymbol{d}\alpha_p)\} \tag{4.63}$$

为了求上式的最小值，我们对 α_p 求导，过程如下：

$$\Rightarrow \frac{\partial}{\partial \alpha_p}(P_U^{\perp}\boldsymbol{r} - \boldsymbol{d}\alpha_p)^{\mathrm{T}}(P_U^{\perp}\boldsymbol{r} - P_U^{\perp}\boldsymbol{d}\alpha_p) = 0$$

$$\Rightarrow 2\alpha_p(\boldsymbol{d}^{\mathrm{T}}P_U^{\perp}\boldsymbol{d}) - 2\alpha_p(\boldsymbol{d}^{\mathrm{T}}P_U^{\perp}\boldsymbol{r}) = 0$$

$$\Rightarrow \alpha_p = \frac{\boldsymbol{d}^{\mathrm{T}}P_U^{\perp}\boldsymbol{r}}{\boldsymbol{d}^{\mathrm{T}}P_U^{\perp}\boldsymbol{d}} \tag{4.64}$$

将上式的结果用 $\delta(\boldsymbol{r})_{\alpha_p}^{\mathrm{LS}}$ 代表，我们可得最小二乘正交子空间投影(least-squares OSP, LSOSP)检测器如下：

$$\delta_{\alpha_p}^{\mathrm{LS}}(\boldsymbol{r}) = (\boldsymbol{d}^{\mathrm{T}}P_U^{\perp}\boldsymbol{d})^{-1}\delta^{\mathrm{OSP}}(\boldsymbol{r}) \tag{4.65}$$

4.4.3 信号分解干扰清除滤波器

本小节中，我们将讨论几种利用 SDIN 模型进行高光谱目标检测的检测器。首先介绍一种基于 SBN 模型的检测器 Thai-Healey 方法；接下来我们将讨论一种利用信号处理领域中的广义似然比方法进行目标检测的检测器；最后我们将对干扰子空间投影(ISP)方法在 SDIN 模型上进行目标检测展开讨论。另一种基于线性约束方差最小化(LCMV)的方法我们将在下一章中介绍。

1. Thai-Healey 方法

在传统的线性混合模型的基础上，$(\boldsymbol{d},\boldsymbol{U})$模型将光谱特性矩阵 $\boldsymbol{M}$ 进一步分为期望目标光谱向量 $\boldsymbol{d}$ 与非期望目标光谱矩阵 $\boldsymbol{U}$。另一种对光谱特性 $\boldsymbol{M}$ 矩阵进行分解的方法称为信号-背景-噪声模型(signal-background-noise model, SBN model)，由 Thai 和 Healey 于 2002 年提出。这种方法不是将光谱特性分为期望目标光谱向量 $\boldsymbol{d}$ 与非期望目标光谱矩阵 $\boldsymbol{U}$，而是分为信号光谱 $\boldsymbol{T}$ 与背景光谱 $\boldsymbol{B}$ 两部分，$\boldsymbol{T}$ 由感兴趣的目标特性向量组成，表示感兴趣的信号光谱矩阵，$\boldsymbol{B}$ 表示背景特性矩阵。前文中式(4.33)所提到的 SBN 模型有如下表示：

$$\boldsymbol{r} = \boldsymbol{T\theta} + \boldsymbol{B\varphi} + \boldsymbol{n} \tag{4.66}$$

Thai-Healey 方法不同于利用后验知识寻找特性的算法，例如，OSP 算法所需的非期望目标光谱特性矩阵中的各个光谱特性，往往是利用后验算法(如 ATGP、SGA、UNCLS 等)

所找寻到的。Thai-Healey 方法不利用背景的光谱特性，而是直接建立背景子空间$\langle \boldsymbol{B} \rangle$，从而达到抑制背景、提高目标背景间对比度的作用。

Thai-Healey 方法需要建立一个适当的背景数据矩阵$\boldsymbol{Y}$，这一矩阵要求所包含的像元不能有目标光谱特性。利用全图中包含的像元同已知目标光谱特性进行相似性比较，相似性衡量准则定义为

$$\gamma_i(\boldsymbol{r}) = \frac{\| \boldsymbol{d}_i^{\mathrm{T}} \boldsymbol{r} \|}{\boldsymbol{r}^{\mathrm{T}} \boldsymbol{r}}, \quad \boldsymbol{d}_i, \quad 1 \leqslant i \leqslant p \tag{4.67}$$

其中，$\boldsymbol{d}_1, \boldsymbol{d}_2, \cdots, \boldsymbol{d}_{n_D}$ 为用来生成目标子空间的期望目标光谱特性。当像元所对应的式(4.67)衡量准则大于一定的阈值[$\gamma_i(\boldsymbol{r}) > \gamma_0$，$\gamma_0$ 为所设定的相似度阈值参数]时，这一像元将从$\boldsymbol{Y}$ 矩阵中移除。

背景数据矩阵$\boldsymbol{Y}$ 建立完毕后，通过奇异值分析(SVD)找到$\boldsymbol{Y}$ 矩阵中较为显著的特征值，这些特征值所对应的特征向量则作为背景子空间$\langle \boldsymbol{B} \rangle$的基底，背景子空间所需基底的数量 n 需要用两个阈值决定，这两个阈值可以用基于方差的波段能量比的方法决定，这一方法在 Chang 与 Du 等人在 1999 年的文章中有详细描述。

在选择完背景子空间所需基底数量及其基底$\boldsymbol{b}_1^e, \boldsymbol{b}_2^e, \cdots, \boldsymbol{b}_{n_{\langle \boldsymbol{B} \rangle}}^e$ 后，利用这些基底向量形成背景基底特征向量子空间矩阵$\boldsymbol{B}^e = [\boldsymbol{b}_1^e, \boldsymbol{b}_2^e, \cdots, \boldsymbol{b}_{n_{\langle \boldsymbol{B} \rangle}}^e]$。然后，背景子空间的正交投影向量定义为$P_{\boldsymbol{B}}^{\perp} = \mathbf{I} - (\boldsymbol{B}^e)(\boldsymbol{B}^e)^{\mathrm{T}}$。最终的检测器可以由广义似然比方法得到，如式(4.68)所示。

$$(\Lambda(\boldsymbol{r}))^{2/L} = \frac{\boldsymbol{r}^{\mathrm{T}} P_{\boldsymbol{B}}^{\perp} \boldsymbol{r}}{\boldsymbol{r}^{\mathrm{T}} P_{\boldsymbol{B}}^{\perp} \boldsymbol{r}} \tag{4.68}$$

由于 Thai-Healey 方法中的检测器是根据广义似然比求得，故而前提需假设噪声为高斯噪声。且该方法在建立背景子空间时，为保证企望目标不被包含，因此需利用式(4.67)所示准则去衡量，而这一准则严重依赖于其阈值 γ_0 的经验性选择，并且当图中很少出现纯像元时这一阈值很难选择。

2. 广义似然比算法

可以利用信号处理领域中常用的似然比方法，解决基于 SDIN 的目标检测问题。根据式(4.34)提到的 SDIN 模型，用其替换传统的线性混合模型，建立新的目标检测问题，SDIN 模型如下：

$$\boldsymbol{r} = \boldsymbol{D\beta} + \boldsymbol{U\gamma} + \boldsymbol{\Pi\eta} + \boldsymbol{n} \tag{4.69}$$

基于 SDIN 模型的目标检测问题假设检验表达如下：

$$\begin{gathered} H_0: \boldsymbol{r} = \boldsymbol{U}\boldsymbol{\alpha}_U + \boldsymbol{\Pi}\boldsymbol{\alpha}_{\Pi} + \boldsymbol{n} = \boldsymbol{\Psi}\boldsymbol{\alpha}_{\Psi} + \boldsymbol{n} \\ \text{相对于} \\ H_1: \boldsymbol{r} = \boldsymbol{D}\boldsymbol{\alpha}_D + \boldsymbol{U}\boldsymbol{\alpha}_U + \boldsymbol{\Pi}\boldsymbol{\alpha}_{\Pi} + \boldsymbol{n} = \boldsymbol{S}\boldsymbol{\alpha}_S + \boldsymbol{n} \end{gathered} \tag{4.70}$$

式中，$\boldsymbol{\Psi} = [\boldsymbol{U} \quad \boldsymbol{\Pi}]$称为干扰特性矩阵，由先验和后验的非期望目标光谱特性组成，这些特性相对应的丰度值向量集合可以表示为$\boldsymbol{\alpha}_{\Psi} = (\boldsymbol{\alpha}_U^{\mathrm{T}} \boldsymbol{\alpha}_{\Pi}^{\mathrm{T}})$。全部的特性所组成的矩阵表示为 $\boldsymbol{S} =$

$[\boldsymbol{D}\quad \boldsymbol{U}\quad \boldsymbol{\Pi}]$，矩阵中包含全部已知的先验特性知识与后验特性知识，相对应的丰度值所组成的向量表示为$\boldsymbol{\alpha}_S=(\boldsymbol{\alpha}_D^{\mathrm{T}}\boldsymbol{\alpha}_U^{\mathrm{T}}\boldsymbol{\alpha}_{\Pi}^{\mathrm{T}})$。如果进一步假设模型中附加噪声为期望为0的高斯噪声，则可以得到丰度值向量$\boldsymbol{\alpha}_{\Psi}$和$\boldsymbol{\alpha}_S$的最大似然估计值为

$$\hat{\boldsymbol{\alpha}}_{\Psi}=(\boldsymbol{\Psi}^{\mathrm{T}}\boldsymbol{\Psi})^{-1}\boldsymbol{\Psi}^{\mathrm{T}}\boldsymbol{r} \tag{4.71}$$

$$\hat{\boldsymbol{\alpha}}_S=(\boldsymbol{S}^{\mathrm{T}}\boldsymbol{S})^{-1}\boldsymbol{S}^{\mathrm{T}}\boldsymbol{r} \tag{4.72}$$

再进一步，如果我们假设附加噪声为白噪声，则此时噪声的协方差矩阵可以表示为$\boldsymbol{\sigma}\mathbf{I}$，这里$\mathbf{I}$为单位矩阵，此时就可以得到式(4.70)假设检验问题中，两组假设噪声方差的最大似然估计值：

$$\hat{\sigma}_0^2=\frac{\|\boldsymbol{r}-\boldsymbol{\Psi}\hat{\boldsymbol{\alpha}}_{\Psi}\|^2}{L}=\frac{\|\boldsymbol{r}-\boldsymbol{P}_{\Psi}\boldsymbol{r}\|^2}{L}=\frac{\|\boldsymbol{r}-\boldsymbol{P}_{\Psi}^{\perp}\boldsymbol{r}\|^2}{L}=\frac{\boldsymbol{r}^{\mathrm{T}}\boldsymbol{P}_{\Psi}^{\perp}\boldsymbol{r}}{L} \tag{4.73}$$

$$\hat{\sigma}_1^2=\frac{\|\boldsymbol{r}-\boldsymbol{S}\hat{\boldsymbol{\alpha}}_S\|^2}{L}=\frac{\|\boldsymbol{r}-\boldsymbol{P}_S\boldsymbol{r}\|^2}{L}=\frac{\|\boldsymbol{r}-\boldsymbol{P}_S^{\perp}\boldsymbol{r}\|^2}{L}=\frac{\boldsymbol{r}^{\mathrm{T}}\boldsymbol{P}_S^{\perp}\boldsymbol{r}}{L} \tag{4.74}$$

式中，$\boldsymbol{P}_{\Psi}=\boldsymbol{\Psi}(\boldsymbol{\Psi}^{\mathrm{T}}\boldsymbol{\Psi})^{-1}\boldsymbol{\Psi}^{\mathrm{T}}$，$\boldsymbol{P}_S=\boldsymbol{S}(\boldsymbol{S}^{\mathrm{T}}\boldsymbol{S})^{-1}\boldsymbol{S}^{\mathrm{T}}$，两者分别为干扰特性子空间投影和全部特性子空间投影，同时$\boldsymbol{P}_{\Psi}^{\perp}=\mathbf{I}-\boldsymbol{P}_{\Psi}$，$\boldsymbol{P}_S^{\perp}=\mathbf{I}-\boldsymbol{P}_S$分别用来压抑子空间$\boldsymbol{\Psi}$和$\boldsymbol{S}$。根据式(4.70)到式(4.74)所提供的统计信息，假设检验中两组假设对应的概率密度函数为

$$p_0(\boldsymbol{r})=p(\boldsymbol{r}\mid H_0)\cong N(\boldsymbol{\Pi}\hat{\boldsymbol{\alpha}}_{\Psi},\hat{\sigma}_0^2\mathbf{I})=N(\boldsymbol{P}_{\Psi}\boldsymbol{r},\hat{\sigma}_0^2\mathbf{I}) \tag{4.75}$$

$$p_1(\boldsymbol{r})=p(\boldsymbol{r}\mid H_1)\cong N(\boldsymbol{S}\hat{\boldsymbol{\alpha}}_S,\hat{\sigma}_1^2\mathbf{I})=N(\boldsymbol{P}_S\boldsymbol{r},\hat{\sigma}_1^2\mathbf{I}) \tag{4.76}$$

最后，我们通过式(4.75)和式(4.76)可以得到广义对数似然比：

$$(\Lambda(\boldsymbol{r}))^{2/L}=\frac{\boldsymbol{r}^{\mathrm{T}}\boldsymbol{P}_{\Psi}^{\perp}\boldsymbol{r}}{\boldsymbol{r}^{\mathrm{T}}\boldsymbol{P}_S^{\perp}\boldsymbol{r}} \tag{4.77}$$

上式中的广义对数似然比便是我们所求得的检测器。广义似然比算法可以针对图中多个目标矩阵$\boldsymbol{D}$中的$\boldsymbol{d}_1,\boldsymbol{d}_2,\cdots,\boldsymbol{d}_{n_D}$同时进行检测。对于仅有单一期望目标的检测问题，检测器可以将矩阵$\boldsymbol{D}$退化为期望目标向量$\boldsymbol{d}$进行检测。

3. 基于干扰子空间投影算子

利用广义似然比所得的检测器需假设噪声为高斯噪声，否则将难以得到最终检测器的解析解，但这种假设在遥感图像中往往不成立；其次需要已知假设检验模型中每一种假设的概率分布。与广义似然比不同，干扰子空间投影(interference subspace projection，ISP)方法是通过最大化干扰特性子空间正交空间$\langle\boldsymbol{\Psi}\rangle^{\perp}$上的信噪比(SNR)，找到一个投影算子$\boldsymbol{w}_i^{\mathrm{ISP}}$，实现对目标的检测。

首先，对待测像元通过$\boldsymbol{P}_{\Psi}^{\perp}$进行投影，对干扰特性进行削减，有如下形式：

$$\boldsymbol{P}_{\Psi}^{\perp}\boldsymbol{r}=\boldsymbol{P}_{\Psi}^{\perp}\boldsymbol{d}_i\alpha_{d_i}+\boldsymbol{P}_{\Psi}^{\perp}\boldsymbol{n} \tag{4.78}$$

之后，最优化SNR，SNR如4.4.2小节所定义，并得到投影算子：

$$\mathrm{SNR}_i=\frac{\alpha_{d_i}^2}{\sigma^2}\frac{\boldsymbol{w}_i^{\mathrm{T}}\boldsymbol{P}_{\Psi}^{\perp}\boldsymbol{d}_i\boldsymbol{d}_i^{\mathrm{T}}\boldsymbol{P}_{\Psi}^{\perp}\boldsymbol{w}_i}{\boldsymbol{w}_i^{\mathrm{T}}\boldsymbol{P}_{\Psi}^{\perp}\boldsymbol{w}_i} \tag{4.79}$$

寻找最优投影算子$\boldsymbol{w}_i^{\mathrm{ISP}}$问题等同于如下特征值问题：

$$\boldsymbol{d}_i \boldsymbol{d}_i^{\mathrm{T}} \boldsymbol{P}_{\boldsymbol{\Psi}}^{\perp} \boldsymbol{w}_i = \lambda_i \boldsymbol{w}_i \tag{4.80}$$

式中，$\boldsymbol{d}_i \boldsymbol{d}_i^{\mathrm{T}} \boldsymbol{P}_{\boldsymbol{\Psi}}^{\perp}$ 最大的特征值 $\lambda_{\max}$ 为能达到的最高信噪比，其所对应的特征向量即为最优的投影算子 $\boldsymbol{w}_i^*$。由于 $\boldsymbol{d}_i \boldsymbol{d}_i^{\mathrm{T}} \boldsymbol{P}_{\boldsymbol{\Psi}}^{\perp}$ 矩阵的秩为 1，所以 $\lambda_{\max}$ 为唯一的非零特征值，故而有

$$\lambda_{\max}^i = \mathrm{trace}(\boldsymbol{d}_i \boldsymbol{d}_i^{\mathrm{T}} \boldsymbol{P}_{\boldsymbol{\Psi}}^{\perp}) = \mathrm{trace}(\boldsymbol{d}_i^{\mathrm{T}} \boldsymbol{P}_{\boldsymbol{\Psi}}^{\perp} \boldsymbol{d}_i) = \boldsymbol{d}_i^{\mathrm{T}} \boldsymbol{P}_{\boldsymbol{\Psi}}^{\perp} \boldsymbol{d}_i \tag{4.81}$$

进而有

$$\boldsymbol{d}_i \boldsymbol{d}_i^{\mathrm{T}} \boldsymbol{P}_{\boldsymbol{\Psi}}^{\perp} \boldsymbol{w}_i = \boldsymbol{d}_i^{\mathrm{T}} \boldsymbol{P}_{\boldsymbol{\Psi}}^{\perp} \boldsymbol{d}_i \boldsymbol{w}_i \tag{4.82}$$

通过 1994 年 Harsanyi 和 Chang 所描述的方法，最优投影算子可以通过柯西-施瓦茨不等式获得：

$$\boldsymbol{w}_i^* = \beta_i \boldsymbol{d}_i \tag{4.83}$$

式中，β_i 为常数，根据 2004 年 Chang 等人于 *a posteriori OSP* 一文中所述，考虑丰度估计的误差，这一常数可以定义为

$$\beta_i = \frac{1}{\boldsymbol{d}_i^{\mathrm{T}} \boldsymbol{P}_{\boldsymbol{\Psi}}^{\perp} \boldsymbol{d}_i} \tag{4.84}$$

这样，ISP 检测器可以定义为

$$\delta^{\mathrm{ISP}}(\boldsymbol{r}) = (\boldsymbol{d}_i^{\mathrm{T}} \boldsymbol{P}_{\boldsymbol{\Psi}}^{\perp} \boldsymbol{d}_i)^{-1} \boldsymbol{d}_i^{\mathrm{T}} \boldsymbol{P}_{\boldsymbol{\Psi}}^{\perp} \boldsymbol{r} \tag{4.85}$$

如同第 5 章讲述的 TCIMF 算法一般，ISP 算法可以扩展为针对多目标特性进行检测的检测器，如下：

$$\delta^{\mathrm{ISP}}(\boldsymbol{r}) = \boldsymbol{1}_{n_{D\times 1}}^{\mathrm{T}} (\boldsymbol{D}^{\mathrm{T}} \boldsymbol{P}_{\boldsymbol{\Psi}}^{\perp} \boldsymbol{D})^{-1} \boldsymbol{D}^{\mathrm{T}} \boldsymbol{P}_{\boldsymbol{\Psi}}^{\perp} \boldsymbol{D} \tag{4.86}$$

式中，$\boldsymbol{1}_{n_{D\times 1}}$ 矩阵为 $n_D \times 1$ 维度的全 1 矩阵。

4.5 实验分析

4.5.1 基于匹配滤波和光谱角的检测器实验

本节中，我们将对前面所讨论过的几种高光谱目标检测算法：光谱角制图检测（SAM）算法、自适应一致性（余弦）估计（ACE）算法以及自适应匹配滤波（MF）算法，进行对比分析实验。本实验中所对比的算法均为遥感软件 ENVI 中常用目标检测算法，且本实验中所用算法定义同软件 ENVI 目标检测工具的参考文献定义一致。实验被测数据为 HYDICE 数据，在这一场景中包含 15 个待测实验板，并呈 5 行 3 列形式分布，每行 3 个实验板种类相同但大小不同。实验算法所需先验知识，也就是待测期望目标，为每行 3 个实验板的中心像元平均值，三种算法对 HYDICE 图像的目标检测结果如图 4.2 所示。

从上述检测结果中可以看出，MF 算法的检测结果最好，因为这一算法的检测结果在所

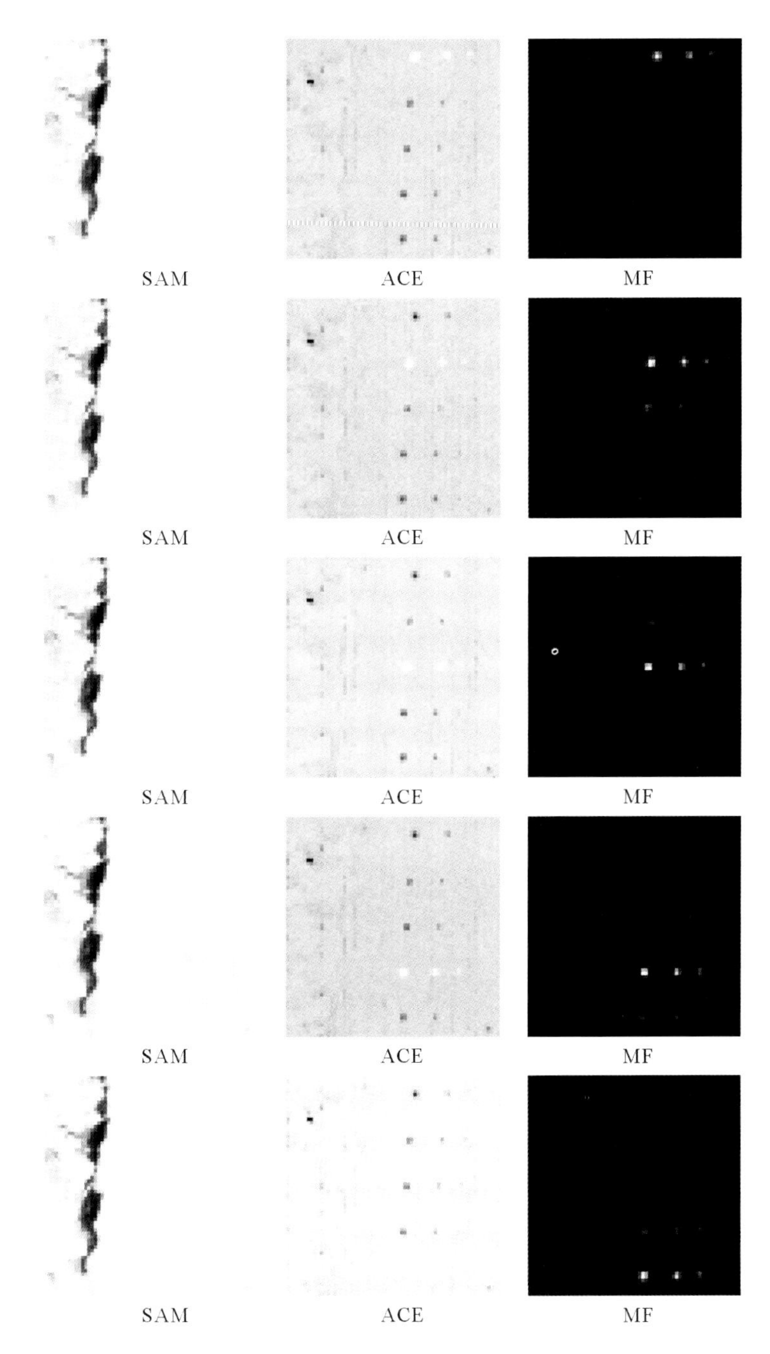

图 4.2 SAM、ACE 与 MF **3 种高光谱目标检测算法对** HYDICE **图像实验板检测结果**

有对照结果中，给出了最佳目标与背景对比度，并且对每一行最右侧的实验板（实验板面积小于图像像元面积）都能够提供可以接受的检测结果。

检测结果次佳的为 ACE 算法，ACE 算法同样也能给出可以接受的检测结果，但检测结果的目标与背景对比度并不强烈。ACE 算法的优点在于，其给出的结果均为非负值，这是由于算法为了衡量期望目标与待测目标在白化后信号子空间的光谱角余弦的平方这一特性，导致算法输出均为在0和1之间的值。相比之下，MF算法的输出则会有负值存在，虽然高光谱图像像元中每一波段的反射率（或辐射率）均为非负值，但其首先消除了一阶统计量（减去了全局的平均向量），并且在背景（全局）协方差矩阵的特征向量所形成的新空间坐标系中，期望目标与待测目标可能会分属两个相反方向。在本实验中，为解决MF算法存在负输出值这一问题，我们对所有像元的检测结果取绝对值，仅考虑检测结果的强度。

同时，SAM算法也给出了目标与目标先验信息之间较高的相似度。但从图4.2中可以看出，由于目标检测结果与其周边的背景检测结果对比度很弱，所以无法通过目视从检测结果场景中区分出目标所处位置。这是由于SAM算法虽然衡量了目标先验信息与待测像元的相似度，但并没有有效利用场景背景统计信息。相比之下，ACE算法虽然也是衡量光谱角度，但ACE算法在衡量光谱角度之前，利用背景统计信息对像元进行了预白化处理，因此能够有效地压抑背景。

4.5.2 基于信号分解的检测器对噪声的敏感性实验

4.5.2.1 大丰度目标特性实验

这一部分实验中，我们将利用第1章中图1.13中所示的5种反射率光谱组成我们的仿真实验数据，其中包括干草（dry grass）、红土（red soil）、三齿拉雷亚落木叶（creosote leaves）、焦油灌木（blackbrush）和灌木蒿丛（sagebrush）。

本实验中所用到的仿真数据由400个像元向量组成。将上述特性元分成四组，每一组仿真生成100个像元向量，且每组含有的特性元丰度比例相同。第一组的100个像元向量由50%的灌木蒿丛和50%的干草混合而成；第二组由50%的灌木蒿丛和50%的红土混合而成；第三组由50%的灌木蒿丛和50%的三齿拉雷亚落木叶混合而成；第四组由50%的灌木蒿丛和50%的焦油灌木混合而成。

上述方法合成的仿真数据，每一个像元向量都是由两个特性元按照1∶1的比例混合而成的，并且其中一组为灌木蒿丛特性元。也就是说，这400个仿真像元向量是由灌木蒿丛和其他四组特性元按照1∶1的比例混合而成，再将信噪比为30∶1的高斯白噪声加入到每一个仿真像元向量中。

图4.3展示了按照上面所述方法合成的400个像元。

图4.4为OSP算法对5种特性元（干草、红土、三齿拉雷落木叶、焦油灌木和灌木蒿丛）的检测结果。

4.5.2.2 小丰度目标特性实验

在这一部分实验里，我们依然利用上一实验中用到的数据来仿真数据的源特性，如图4.4中所示的5种反射率光谱组成我们的仿真实验数据。用于合成仿真数据的特性元矩

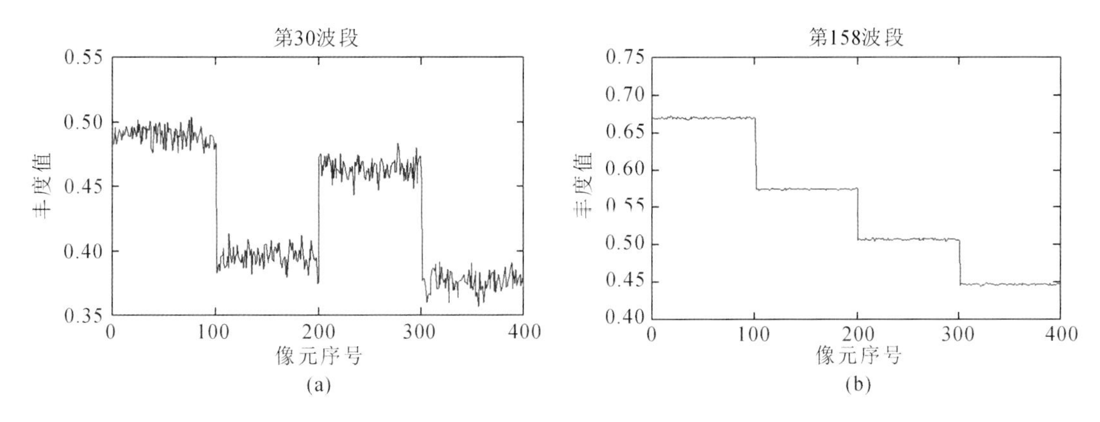

图 4.3 仿真合成的 400 个像元

(a)在第 30 波段处每个像元的丰度;(b)每个像元在第 158 波段上的丰度平均值

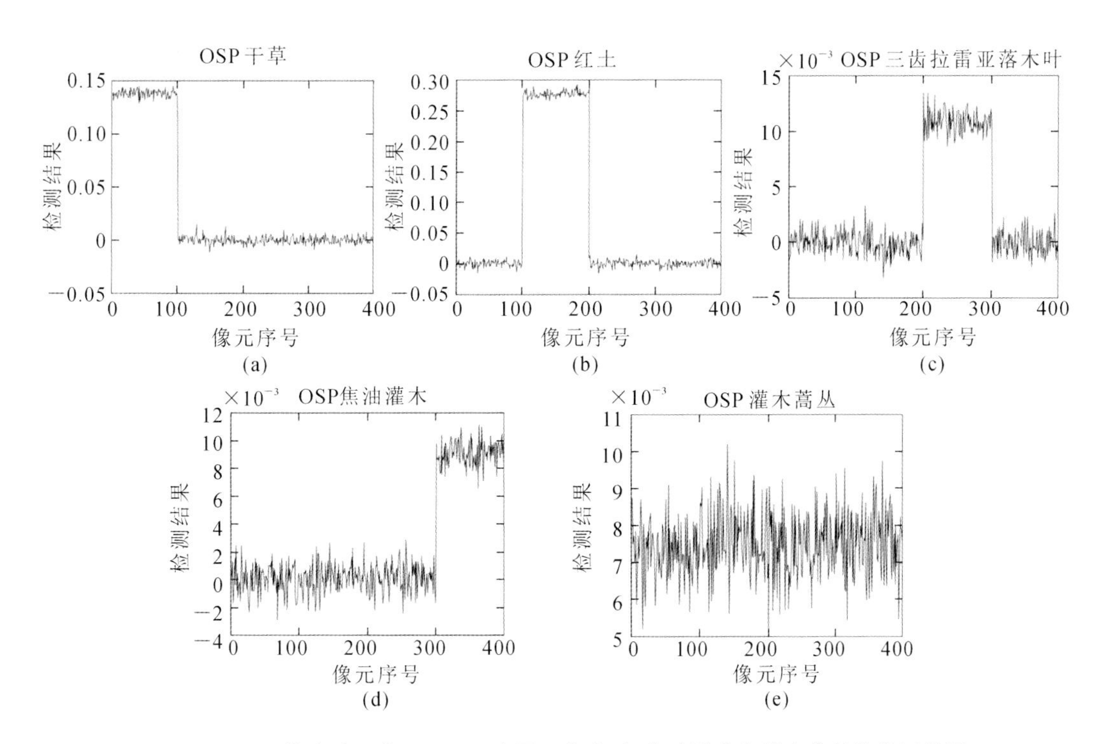

图 4.4 OSP 算法对干草、红土、三齿雷亚落木叶、焦油灌木和灌木蒿丛的检测结果

(a)干草;(b)红土;(c)三齿雷亚落木叶;(d)焦油灌木;(e)灌木蒿丛

阵 $\boldsymbol{M}$ 是由干草、红土和三齿拉雷亚落木叶 3 种特性元组成,为 $\boldsymbol{M}=[\boldsymbol{m}_1,\boldsymbol{m}_2,\boldsymbol{m}_3]$,同时,每个特性元所对应的丰度值表示为 $\boldsymbol{\alpha}=[\alpha_1,\alpha_2,\alpha_3]^{\mathrm{T}}$。

在这一部分实验中,所用到的仿真实验数据由 401 个混合像元向量组成。第一个混合像元向量由 100%的红土特性元同 0%的干草特性元组成,接下来的混合像元向量每一个增加 0.25%的干草特性元含量,同时减少 0.25%的红土特性元含量,直至第 401 个混合像元向量，此时特性元将由100%的甘草特性元组成。之后，我们将三齿拉雷亚落木叶特性元加入第198～202个已合成的混合像元向量中，设定其丰度为10%并同时减小红土与干草的丰度至90%。例如，第200个混合像元向量中含有10%的三齿拉雷亚落木叶特性元，45%的红土特性元与45%的干草特性元。

其后，我们将在上述仿真数据中加入两种噪声：高斯白噪声和平均白噪声。高斯白噪声的期望为0，其方差为σ^2，信噪比为30∶1。服从特定信噪比（signal to noise ratio，SNR）的这两种噪声将被加入每一个波段中，其中信噪比的定义为50%的反射率值同噪声的标准差的比值，由Harsanyi和Chang于1994年定义。图4.5展示了按照上面所述方法合成的401个像元。

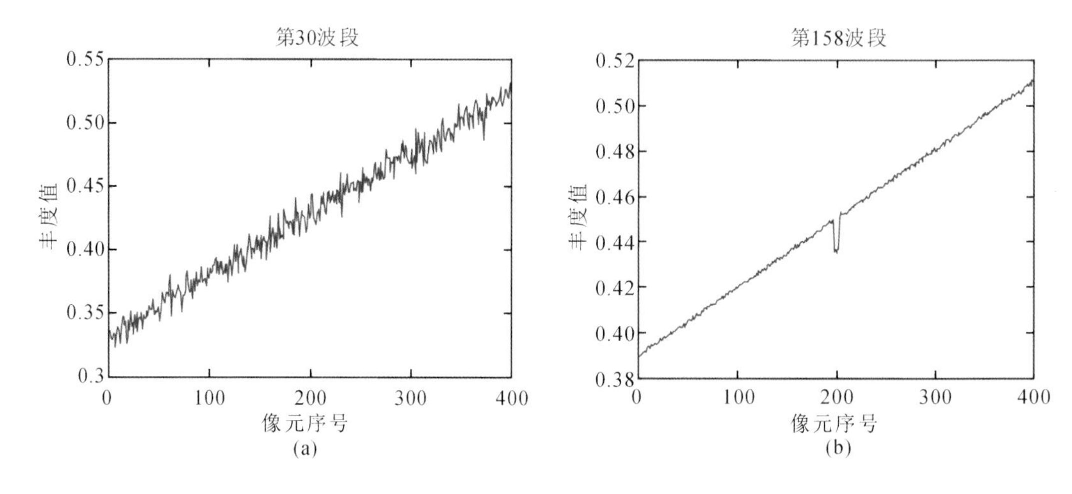

图4.5　仿真合成的401个像元

(a)在第30波段处每个像元的丰度；(b)每个像元在第158波段上的丰度平均值

图4.6为OSP算法对三齿拉雷亚落木叶特性元的检测结果。根据图中的结果和之前仿真数据合成的过程可以发现，OSP算法对特性元检测性能很好，但其输出的丰度与合成时规定的丰度差距比较大。在后面章节的实验中，我们将会继续讨论相关问题。

4.5.2.3　干扰作为目标特性实验

在这一部分的实验中，我们依然利用在4.5.2.2实验中所合成的仿真数据。但是，此时我们假设的OSP算法特性元矩阵$\boldsymbol{M}=[\boldsymbol{m}_1,\boldsymbol{m}_2,\boldsymbol{m}_3,\boldsymbol{m}_4,\boldsymbol{m}_5]$将包括用于仿真的源数据中的全部5种特性元，其中，焦油灌木和灌木蒿丛两种特性元并没有用于合成仿真数据，而是作为多余的干扰特性元用于OSP算法的特性元矩阵中。OSP算法的检测结果如图4.7所示。从结果中可以看出，OSP算法的检测结果并不理想，导致这种结果的主要原因是，在假设中，所加入的两种干扰特性元同被测特性元之间的相似度较高。算法检测时，$P_U^\perp$同时将被测特性元进行了压抑。我们将在后面章节的实验中，会对相关的问题继续进行对比讨论。

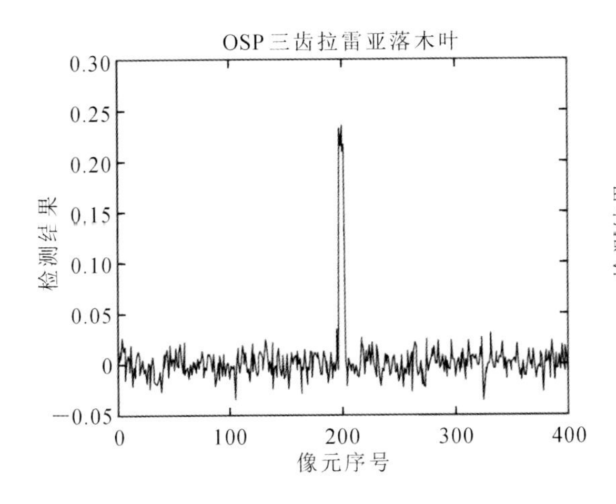

图 4.6 OSP 算法检测结果(4.5.2.2 中数据)

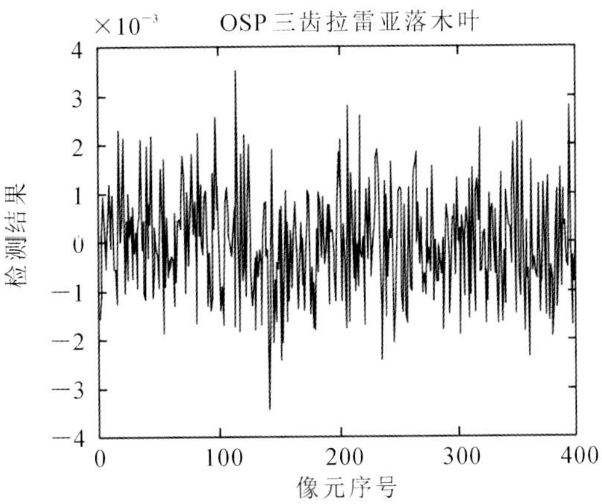

图 4.7 OSP 算法检测结果(4.5.2.3 中数据)

4.5.2.4 高斯白噪声与均匀白噪声实验

我们将通过这一部分的实验，展示高斯噪声并不是 OSP 检测器的必要条件。

在这一部分实验中，所用到的仿真实验数据由 401 个混合像元向量组成，同 4.5.2.2 实验中所利用的仿真数据生成过程相似。第一个混合像元向量由 100%的红土特性元同 0%的干草特性元组成，接下来的混合像元向量每一个增加 0.25%的干草特性元含量，同时并减少0.25%的红土特性元含量，直至生成第 401 个混合像元向量，此时特性元将由 100%的干草特性元组成。然后，我们将三齿拉雷亚落木叶特性元加入第 198～202 个已合成的混合像元向量中，设定其丰度为 10%并同时降低红土与干草的丰度至 90%。例如，第 200 个混合像元向量中含有 10%的三齿拉雷亚落木叶特性元，45%的红土特性元与 45%的干草特性元。

仿真数据生成之后，我们对上述仿真数据加入噪声。同 4.5.2.2 实验中不同的是，在这一部分的实验中，我们将加入两种噪声：高斯白噪声和平均白噪声。高斯白噪声的期望为 0，其方差为 σ^2；平均白噪声的期望为 0，其概率密度函数定义的区间为 $[-a,a]$ 且其方差为 $\sigma^2=a^2/6$。服从特定信噪比(signal to noise ratio，SNR)的这两种噪声将被加入到每一个波段中，其中信噪比的定义为 50%的反射率值同噪声的标准差的比值，由 Harsanyi 和 Chang 于 1994 年定义。

图 4.8 和图 4.9 分别展示了 OSP 检测器 $\delta^{\mathrm{OSP}}(\boldsymbol{r})$ 和 OSP 丰度估计 $\delta_{\alpha_p}^{\mathrm{LS}}(\boldsymbol{r})$ 在两种不同噪声与不同信噪比情况下的检测结果，测试信噪比分别为 SNR＝30∶1，20∶1 和 10∶1。

从上述实验结果中可以看出，在高斯白噪声与均匀白噪声两种情况下，两种检测器的表现差别不大。表 4.1 同样展示了在高斯白噪声(以下用 WGN 表示)和均匀白噪声(以下用 WUN 表示)的情况下，OSP 检测器 $\delta^{\mathrm{OSP}}(\boldsymbol{r})$ 和 OSP 丰度估计 $\delta_{\alpha_p}^{\mathrm{LS}}(\boldsymbol{r})$ 在对三齿拉雷亚落木叶进行检测时，检测强度与最小二乘方误差(least square error，LSE)的差距并不大。

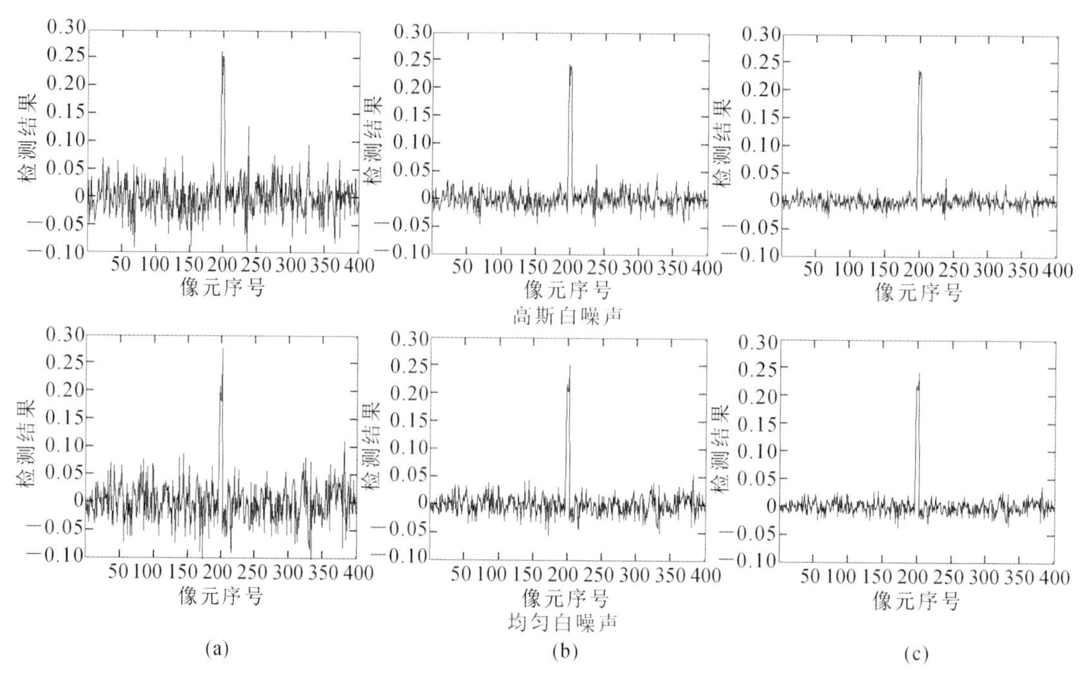

图 4.8 $\delta^{\mathrm{OSP}}(\boldsymbol{r})$**在不同信噪比的高斯白噪声与均匀白噪声中的检测结果**

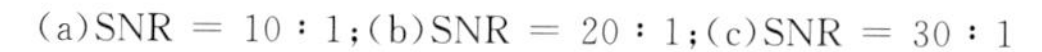
(a)SNR = 10∶1;(b)SNR = 20∶1;(c)SNR = 30∶1

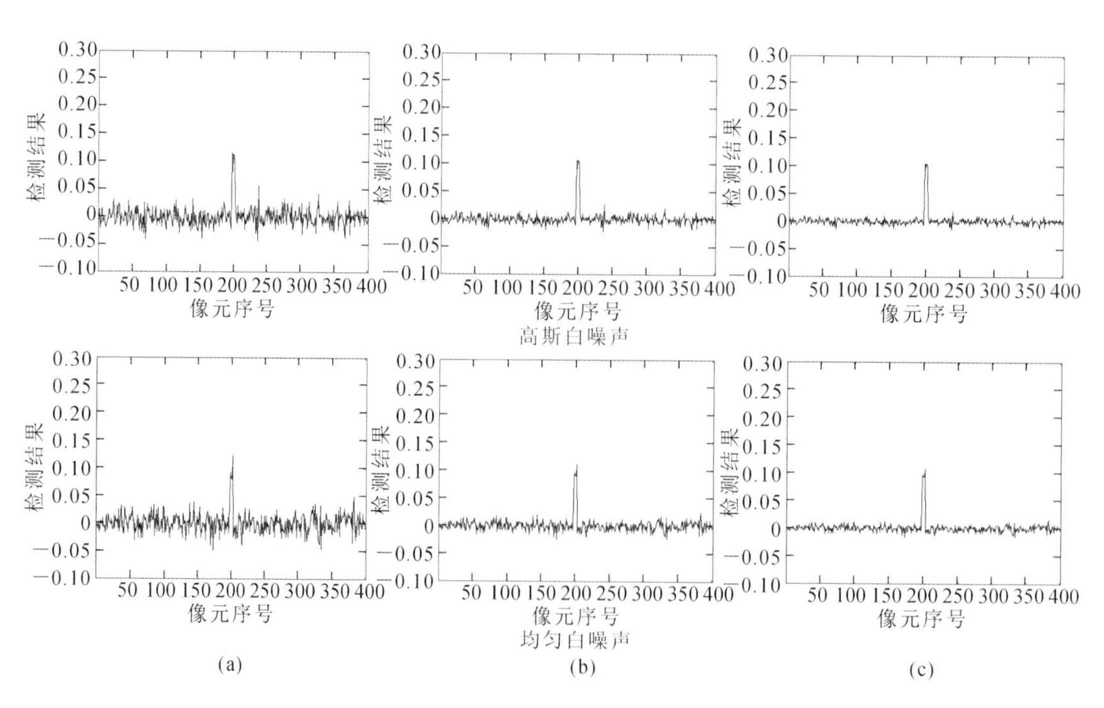

图 4.9 $\delta_{\alpha_p}^{\mathrm{LS}}(\boldsymbol{r})$**在不同信噪比的高斯白噪声与均匀白噪声中的检测结果**

(a)SNR = 10∶1;(b)SNR = 20∶1;(c)SNR = 30∶1

表 4.1 利用 $\delta^{\mathrm{OSP}}(\boldsymbol{r})$ 和 $\delta_{\alpha_p}^{\mathrm{LS}}(\boldsymbol{r})$ 对三齿拉雷亚落木叶进行检测的结果

	SNR	198	199	200	201	202	LSE
$\delta^{\mathrm{OSP}}(\boldsymbol{r})$(WGN)	10∶1	0.261 6	0.185 0	0.253 1	0.251 8	0.216 7	0.093 424
	20∶1	0.243 6	0.205 3	0.239 3	0.238 6	0.221 1	0.084 988
	30∶1	0.237 5	0.212 0	0.234 7	0.234 3	0.222 6	0.082 672
$\delta_{\alpha_p}^{\mathrm{LS}}(\boldsymbol{r})$(WGN)	10∶1	0.116 0	0.082 0	0.112 2	0.111 6	0.096 1	0.000 878 34
	20∶1	0.108 0	0.091 0	0.106 1	0.105 8	0.098 0	0.000 219 59
	30∶1	0.105 3	0.094 0	0.104 1	0.103 9	0.098 7	0.000 097 594
$\delta^{\mathrm{OSP}}(\boldsymbol{r})$(WUN)	10∶1	0.185 1	0.208 8	0.184 2	0.182 8	0.276 9	0.064 323
	20∶1	0.205 3	0.217 2	0.204 9	0.204 2	0.251 2	0.069 532
	30∶1	0.212 1	0.220 0	0.211 7	0.211 3	0.242 7	0.072 167
$\delta_{\alpha_p}^{\mathrm{LS}}(\boldsymbol{r})$(WUN)	10∶1	0.082 1	0.092 6	0.081 7	0.081 1	0.122 8	0.001 590 5
	20∶1	0.091 0	0.096 3	0.090 8	0.090 5	0.111 4	0.000 397 63
	30∶1	0.094 0	0.097 5	0.093 9	0.093 7	0.107 6	0.000 176 72

从上述实验中也可以看出，在对丰度进行估计时，检测器 $\delta^{\mathrm{OSP}}(\boldsymbol{r})$ 和 OSP 丰度估计 $\delta_{\alpha_p}^{\mathrm{LS}}(\boldsymbol{r})$ 得到了不同的结果，$\delta_{\alpha_p}^{\mathrm{LS}}(\boldsymbol{r})$ 得出的丰度值结果更优，原因是 $\delta_{\alpha_p}^{\mathrm{LS}}(\boldsymbol{r})$ 中包含常数比例项 $(\boldsymbol{d}^{\mathrm{T}}P_{U}^{\perp}\boldsymbol{d})^{-1}$。

4.5.2.5 高斯-马尔科夫噪声实验

根据线性混合模型的定义，模型中的噪声应为零期望且为白噪声。这样一来，基于线性混合模型发展而来的$(\boldsymbol{d},\boldsymbol{U})$模型中，所加入的噪声也应为零期望，且其协方差矩阵应为单位矩阵，这也就意味着高光谱图像像元向量中，各个波段间的噪声应该是不相关的。但根据作者与众多$(\boldsymbol{d},\boldsymbol{U})$模型使用者的经验，通常在不进行白化处理的情况下，OSP 检测器一样可以实现检测目的。

这一问题的原因已由 Harsanyi 和 Chang 于 1994 年解释。原因是在高光谱图像中，光谱分辨率和信噪比通常比较高。因此，噪声对于 OSP 检测器的影响很小。我们将在以下的实验中展示白噪声是否对于 OSP 检测器的性能具有一定的影响。

根据 OSP 模型的定义，白化操作是在像元级的光谱波段间进行的操作。如此一来，我们生成了一个高斯-马尔科夫噪声，其为一阶零期望噪声，并用 $\boldsymbol{r}$ 表示一个像元向量，波段间的相关系数(correlation coefficient，CC)同时服从一定的信噪比。仿真生成的高斯-马尔科夫噪声的协方差矩阵 $\boldsymbol{\Sigma}_n=[\rho^{|i-j|}]$ 的形式如下：

$$\boldsymbol{\Sigma}_n=\begin{bmatrix}1 & \rho & \cdots & \rho^{L-1}\\ \rho & 1 & \rho & \rho^{L-2}\\ \vdots & \rho & \ddots & \rho\\ \rho^{L-1} & \cdots & \rho & 1\end{bmatrix} \tag{4.87}$$

图 4.10 和图 4.11 分别展示了检测器 $\delta^{\mathrm{OSP}}(\boldsymbol{r})$ 和 OSP 丰度估计 $\delta_{\alpha_p}^{\mathrm{LS}}(\boldsymbol{r})$ 在一阶高斯-马尔科夫噪声中，不同的相关系数和信噪比情况下的检测结果。

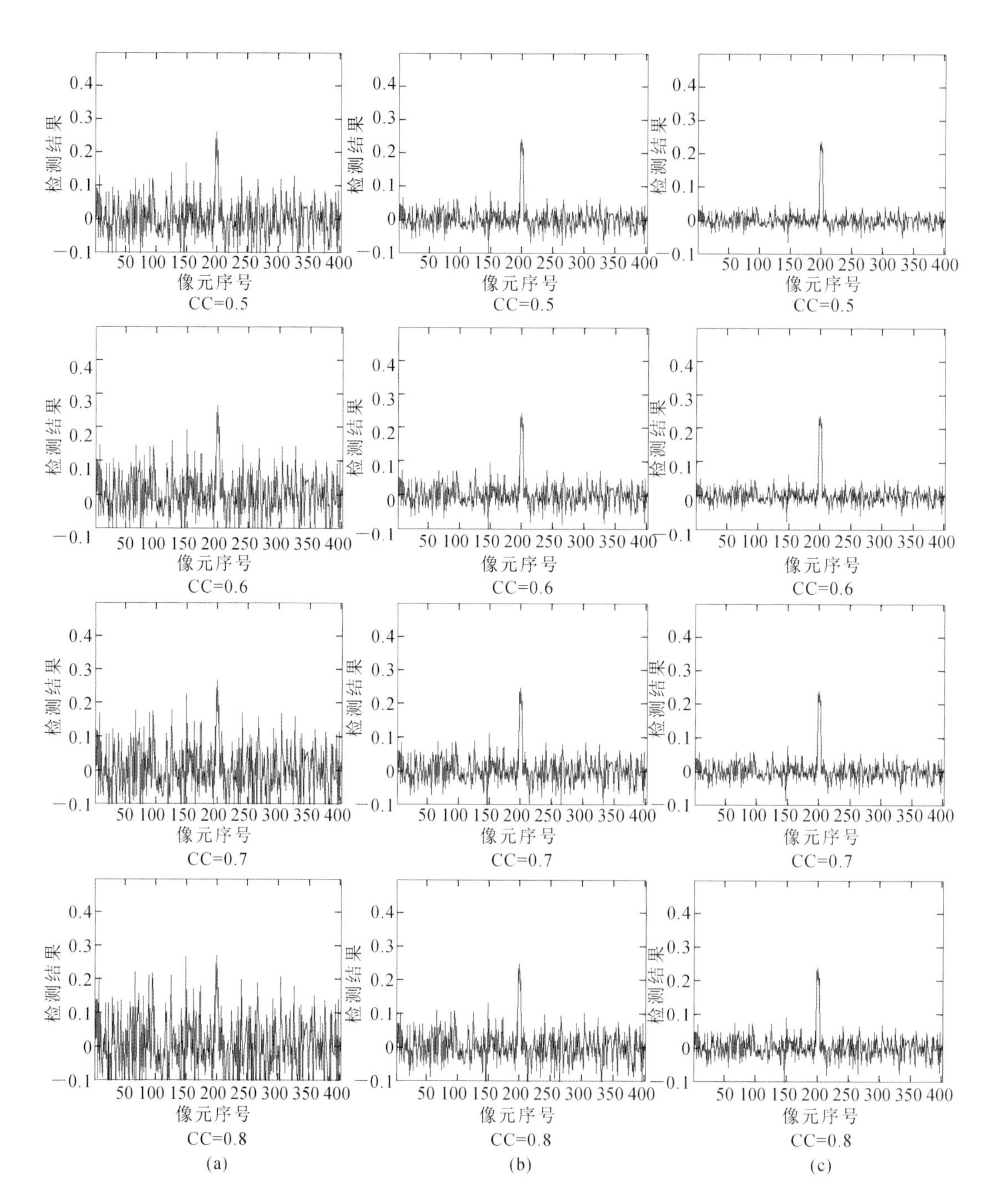

图 4.10　在不同的相关系数与信噪比情况下，$\delta^{\mathrm{OSP}}(\boldsymbol{r})$在高斯-马尔科夫噪声中对目标的检测结果

(a)SNR = 10∶1;(b)SNR = 20∶1;(c)SNR = 30∶1

同时，表 4.2 展示了在我们所定义的高斯-马尔科夫噪声（以下用 GMN 表示）中，OSP 检测器 $\delta^{\mathrm{OSP}}(\boldsymbol{r})$和 OSP 丰度估计 $\delta_{\alpha_p}^{\mathrm{LS}}(\boldsymbol{r})$针对三齿拉雷亚落木叶进行检测时，检测强度与最小二乘方误差的表现。

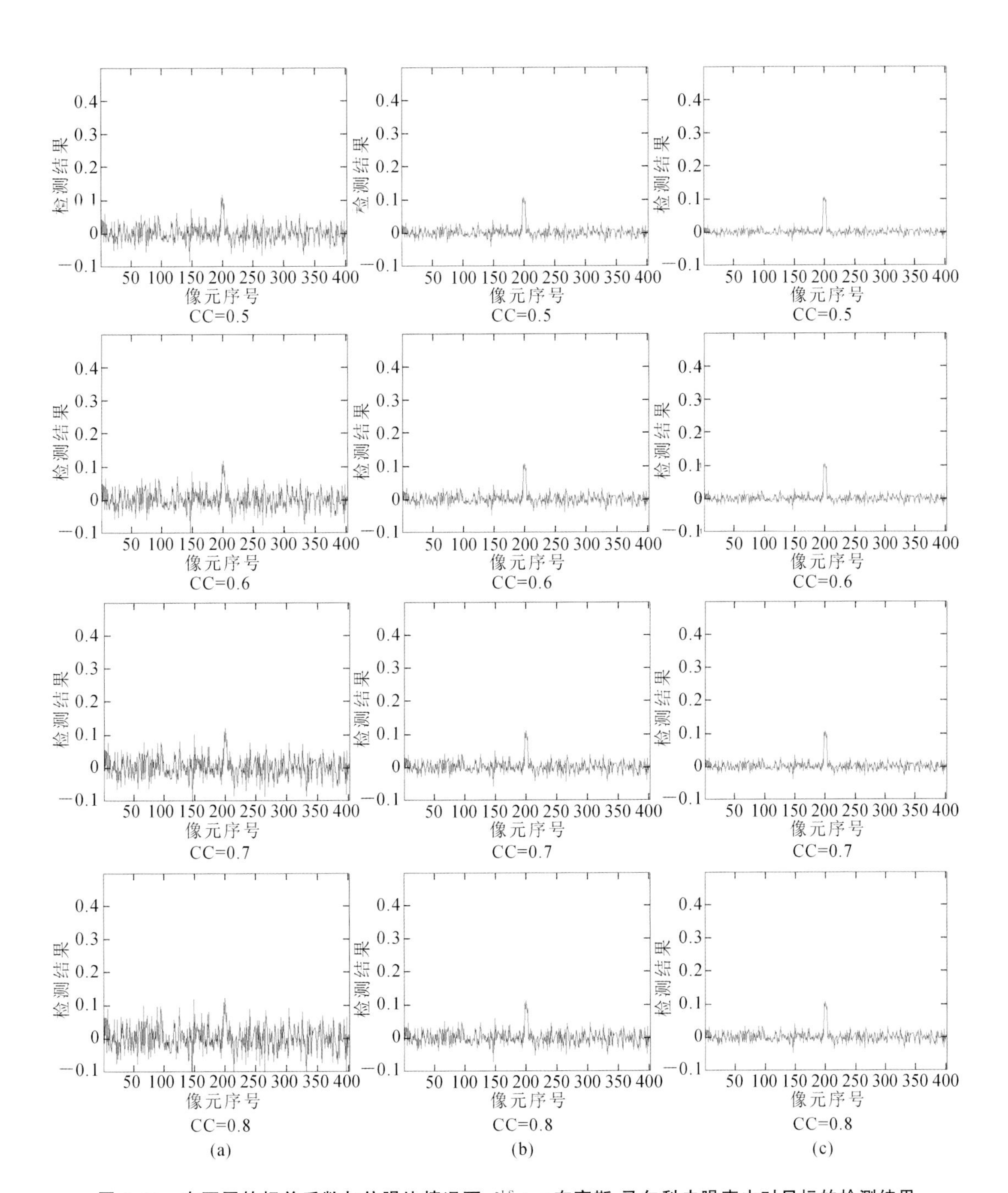

图 4.11 在不同的相关系数与信噪比情况下，$\delta_{\alpha_p}^{\mathrm{LS}}(\boldsymbol{r})$ 在高斯-马尔科夫噪声中对目标的检测结果

(a)SNR = 10∶1;(b)SNR = 20∶1;(c)SNR = 30∶1

同上述实验中的图 4.10 和图 4.11 进行对比，可以发现，OSP 检测器 $\delta^{\mathrm{OSP}}(\boldsymbol{r})$ 和 OSP 丰度估计 $\delta_{\alpha_p}^{\mathrm{LS}}(\boldsymbol{r})$ 在白噪声中的检测性能要略高于在高斯-马尔科夫噪声中的检测性能。

表 4.2 利用 $\delta^{OSP}(\boldsymbol{r})$ 和 $\delta_{\alpha_p}^{LS}(\boldsymbol{r})$ 对三齿拉雷亚落木叶丰度进行检测的结果

	SNR	198	199	200	201	202	LSE
$\delta^{OSP}(\boldsymbol{r})$(WGN)	10∶1	0.261 6	0.185 0	0.253 1	0.251 8	0.216 7	0.093 424
	20∶1	0.243 6	0.205 3	0.239 3	0.238 6	0.221 1	0.084 988
	30∶1	0.237 5	0.212 0	0.234 7	0.234 3	0.222 6	0.082 672
$\delta_{\alpha_p}^{LS}(\boldsymbol{r})$(WGN)	10∶1	0.116 0	0.082 0	0.112 2	0.111 6	0.096 1	0.000 878 34
	20∶1	0.108 0	0.091 0	0.106 1	0.105 8	0.098 0	0.000 219 59
	30∶1	0.105 3	0.094 0	0.104 1	0.103 9	0.098 7	0.000 097 594
$\delta^{OSP}(\boldsymbol{r})$(WUN)	10∶1	0.185 1	0.208 8	0.184 2	0.182 8	0.276 9	0.064 323
	20∶1	0.205 3	0.217 2	0.204 9	0.204 2	0.251 2	0.069 532
	30∶1	0.212 1	0.220 0	0.211 7	0.211 3	0.242 7	0.072 167
$\delta_{\alpha_p}^{LS}(\boldsymbol{r})$(WUN)	10∶1	0.082 1	0.092 6	0.081 7	0.081 1	0.122 8	0.001 590 5
	20∶1	0.091 0	0.096 3	0.090 8	0.090 5	0.111 4	0.000 397 63
	30∶1	0.094 0	0.097 5	0.093 9	0.093 7	0.107 6	0.000 176 72

为了更进一步地展示噪声白化的影响，在图4.12中展示了OSP检测器 $\delta^{OSP}(\boldsymbol{r})$ 和OSP丰度估计 $\delta_{\alpha_p}^{LS}(\boldsymbol{r})$，在高斯－马尔科夫噪声中 CC＝0.8 时，不进行白化处理和利用 $\boldsymbol{\Sigma}_n^{-1}$ 的根矩阵 $\boldsymbol{\Sigma}_n^{-1/2}$ 进行白化处理两种情况下的实现目标检测的结果对比。利用根矩阵进行白化处理的方法可参考 Poor 在 1994 年提出的方法(Poor，1994)。

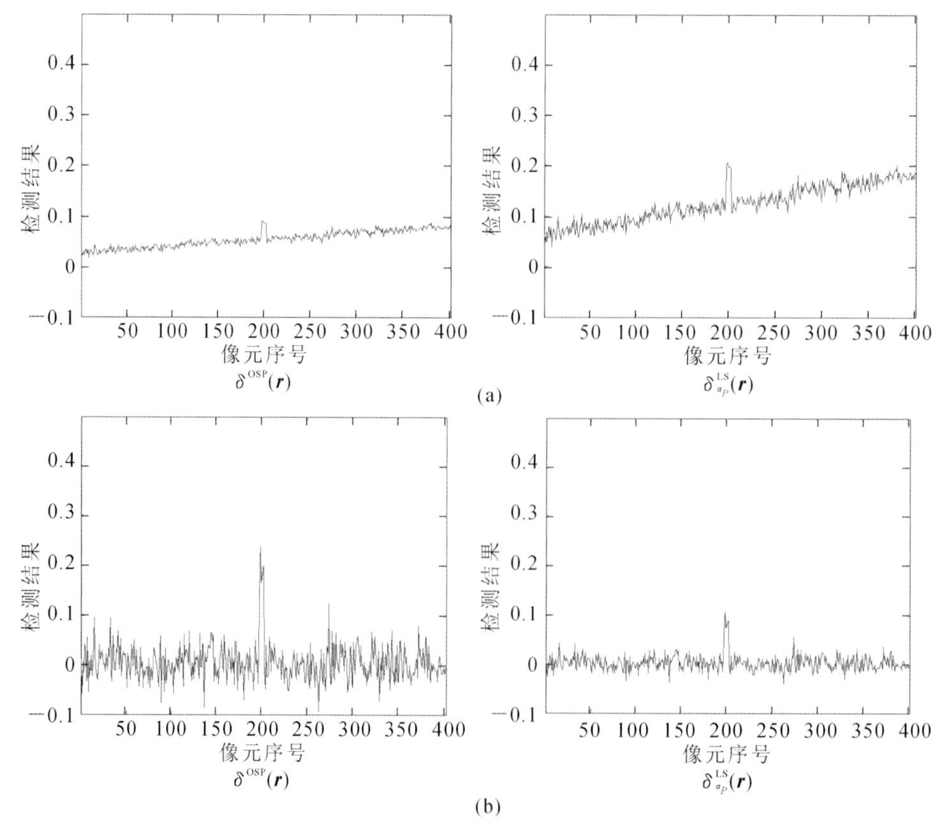

图 4.12 CC＝0.8 时，在高斯－马尔科夫噪声中对目标的检测结果

(a)在 GMN 中有白化处理情况；(b)在 GMN 中无白化处理情况

表 4.3 利用 LSEs 形式的 $\delta^{\mathrm{OSP}}(\boldsymbol{r})$ 和 $\delta_{\alpha_p}^{\mathrm{LS}}(\boldsymbol{r})$ 对三齿拉雷亚落木叶丰度进行检测的结果

	SNR	CC	198	199	200	201	202	LSE
$\delta^{\mathrm{OSP}}(\boldsymbol{r})$(GMN)	10∶1	0.5	0.241 9	0.181 9	0.261 7	0.164 2	0.205 4	0.068 228
		0.6	0.243 9	0.179 0	0.265 5	0.155 0	0.201 2	0.067 641
		0.7	0.246 2	0.174 9	0.269 7	0.140 5	0.192 4	0.065 953
		0.8	0.247 7	0.168 3	0.273 7	0.114 1	0.175 9	0.062 597
	20∶1	0.5	0.233 7	0.203 7	0.243 6	0.194 9	0.215 5	0.071 598
		0.6	0.234 7	0.202 3	0.245 5	0.190 3	0.213 4	0.070 798
		0.7	0.235 9	0.200 2	0.247 6	0.183 0	0.209 0	0.069 052
		0.8	0.236 6	0.196 8	0.249 6	0.169 8	0.200 7	0.065 45
	30∶1	0.5	0.231 0	0.211 0	0.237 6	0.205 1	0.218 8	0.073 57
		0.6	0.231 7	0.210 0	0.238 9	0.202 0	0.217 4	0.072 923
		0.7	0.232 4	0.208 7	0.240 2	0.197 2	0.214 5	0.071 559
		0.8	0.232 9	0.206 4	0.241 6	0.188 4	0.209 0	0.068 73
$\delta_{\alpha_p}^{\mathrm{LS}}(\boldsymbol{r})$(GMN)	10∶1	0.5	0.107 2	0.080 7	0.116 0	0.072 8	0.091 1	0.001 5011
		0.6	0.108 2	0.079 4	0.117 7	0.068 7	0.089 2	0.001 8998
		0.7	0.109 2	0.077 6	0.119 6	0.062 3	0.085 3	0.002 6091
		0.8	0.109 8	0.074 6	0.121 4	0.050 6	0.078 0	0.004 1221
	20∶1	0.5	0.103 6	0.090 3	0.108 0	0.086 4	0.095 5	0.000 3752
		0.6	0.104 1	0.089 7	0.108 9	0.084 4	0.094 6	0.000 4749
		0.7	0.104 6	0.088 8	0.109 8	0.081 1	0.092 6	0.000 6522
		0.8	0.104 9	0.087 3	0.110 7	0.075 3	0.089 0	0.001 0305
	30∶1	0.5	0.102 4	0.093 6	0.105 3	0.090 9	0.097 0	0.000 1667
		0.6	0.102 7	0.093 1	0.105 9	0.089 6	0.096 4	0.000 2110
		0.7	0.103 1	0.092 5	0.106 5	0.087 4	0.095 1	0.000 2899
		0.8	0.103 3	0.091 5	0.107 1	0.083 5	0.092 7	0.000 4580

4.5.3 基于信号分解的检测器对目标知识的敏感性实验

4.5.3.1 仿真实验

在这一部分的实验中，我们所用到的仿真数据同 4.5.2.2 中所述实验相同，所使用的数据由三齿拉雷亚落木叶、干草和红土 3 种特性元组成。仿真数据包括 400 个混合像元，其中第一个仿真像元为 100%的红土特性元，之后的每一个仿真特性元依次增加 0.25%的干草特性元，同时依次减少 0.25%的干草特性元。在第 198～202 个仿真像元中，加入 10%的三齿拉雷亚落木叶特性元，并同时依次减少红土与干草特性元的含量。例如，第 200 个仿真像元包括 10％的三齿拉雷亚落木叶特性元，44.75％的红土特性元和45.25％的干草特性元。之后在每一个仿真像元中加入信噪比为 30：1 的高斯白噪声，其中，信噪比定义为 50％的反射率除以噪声的标准差（Harsanyi and Chang，1994）。

1. 部分目标知识已知

我们假设被测目标的特性元 $\boldsymbol{t}_0$ 为我们唯一已知的先验知识。在这样的假设下，OSP 算法需要通过非监督的手段获取非期望目标。我们将三齿拉雷亚落木叶特性元作为待测目标 $\boldsymbol{t}_0$，并令其为 UNCLS 算法的初始条件 $\boldsymbol{m}_0$，以获取 OSP 算法所需的非期望目标的特性元。利用 UNCLS 算法预测的后验目标中，$\boldsymbol{t}_1$ 识别为红土特性元，$\boldsymbol{t}_2$ 识别为干草特性元，$\boldsymbol{t}_1$ 和 $\boldsymbol{t}_2$ 均为获得的后验信息。利用这 3 种特性元组成目标特性元矩阵 $\boldsymbol{M}$，图 4.13 所示为 OSP 算法检测结果。

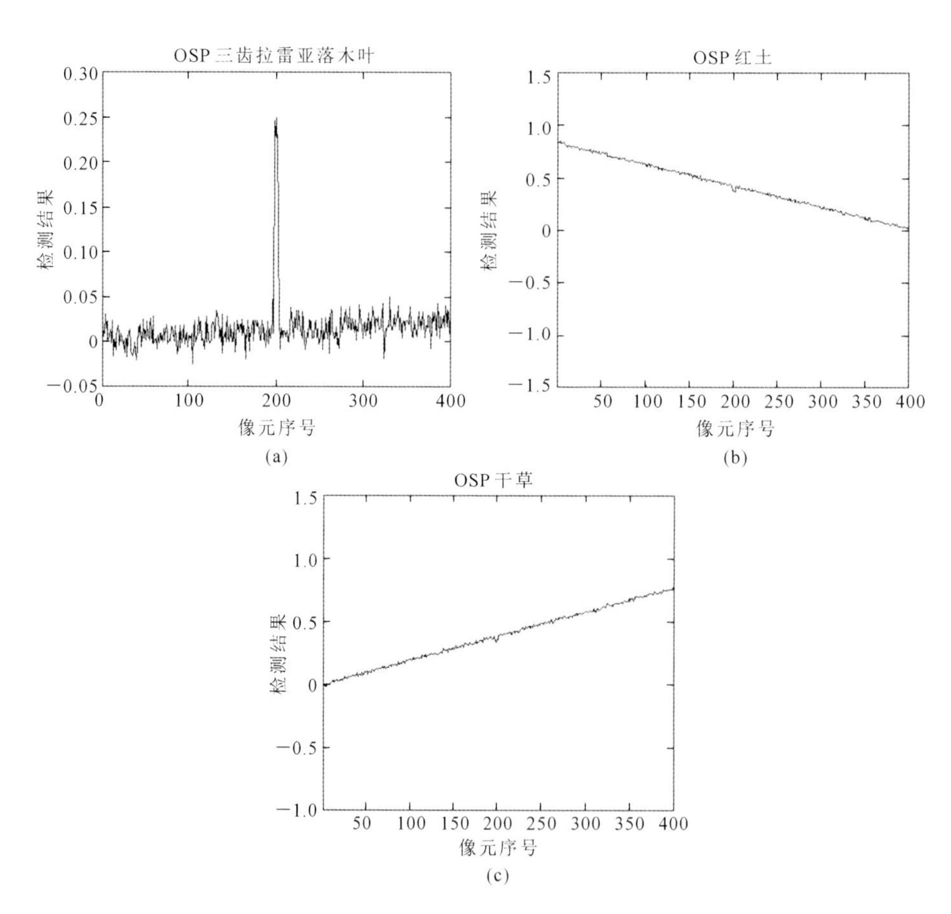

图 4.13　部分目标已知情况下 OSP 算法检测性能

从上述实验结果可以看出，OSP 算法并没有获得很好的丰度值检测结果，虽然其检测到了期望特性元，但并没有获得合理、准确的特性元丰度值。

2. 目标知识无法先验获得

在这一部分的实验中，我们所用到的仿真数据同 4.5.2.2 中所述实验相同。此时，我们假设关于目标的先验知识无法获得。也就是说，目标特性元需要从场景中选取。因此，我们选择图中最长的像元向量作为我们实验所需的目标特性元，可以将其后验识别为仿真测试数据中第 401 个像元，其中包括了 100%的干草特性元。用最长的像元向量作为 UNCLS 算法的初始条件 $\boldsymbol{t}_0$，然后与上一实验的步骤相同，所预测的第一个特性元 $\boldsymbol{t}_1$ 以后验识别为红土特性元，所预测的第二个特性元为仿真数据中第 200 个像元，其中包含 10%的三齿拉雷亚落木叶特性元。利用所获得的 3 种特性元组成目标特性元矩阵 $\boldsymbol{M}$，图 4.14 所示为 OSP 算法检测结果。

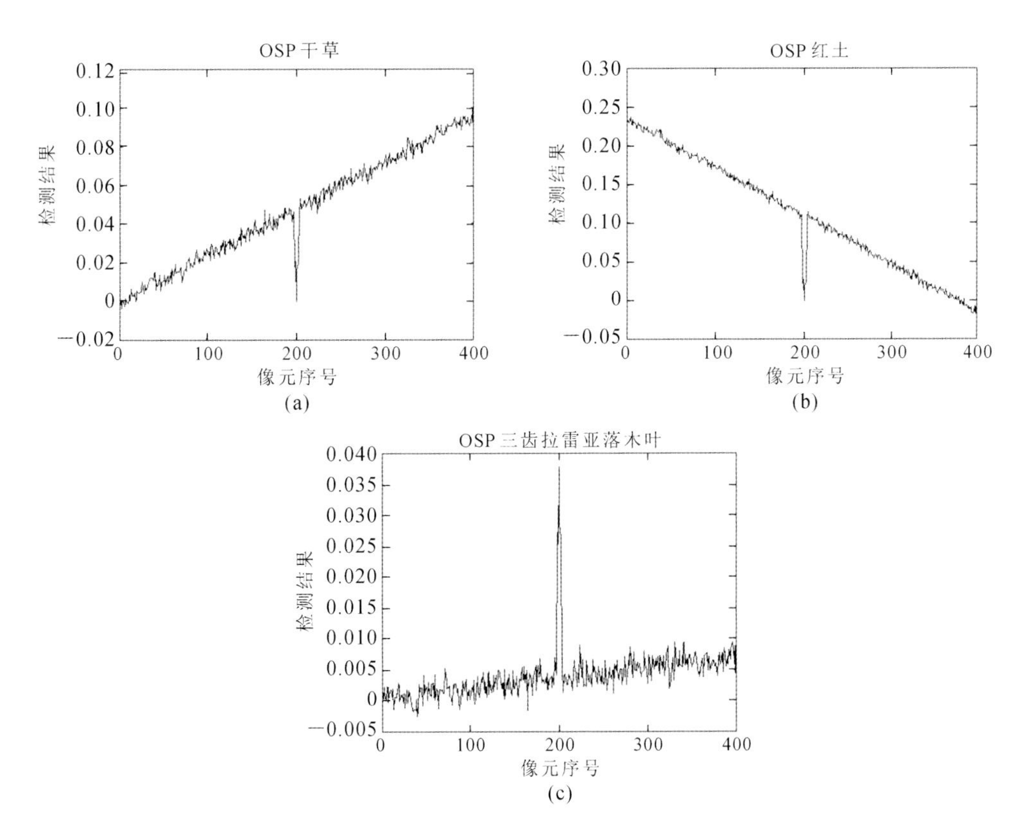

图 4.14 目标知识无法先验获得情况下 OSP 算法检测性能

从结果中可以看出，OSP 算法依然无法获得精确的丰度值，但却可以有效地检测到期望特性元。

4.5.3.2 HYDICE 数据实验

在这一部分的实验中，我们利用第 1 章 1.5.1 节中所介绍的图 1.5 作为测试数据，讨论 OSP 算法的目标检测表现。

1. 实验一

本次实验中，我们假设仅已知被测目标的期望特性元 t_0，t_0 选自 HYDICE 数据中第一行 p_{11} 的中心像元。然后，在被测场景图像中，利用 UNCLS 算法找出 34 个未知像元目标，其中有 6 个像元目标可以利用真实地物参考(ground-truth)，分别鉴定为 t_1 = 干扰，$t_4=p_{51}$，$t_5=p_{31}$，$t_{21}=p_{41}$，$t_{33}=p_{21}$。利用 UNCLS 所获得的 6 种特性元，组成 OSP 算法所需的目标特性元矩阵 $\boldsymbol{M}$，图 4.15 所示为 OSP 算法检测结果。结果显示，OSP 算法可以检测出待测的期望特性元，但此时的检测性能并不如意，在第 5 章的实验部分中，我们将进一步对比 OSP 算法与其他检测算法之间的区别。

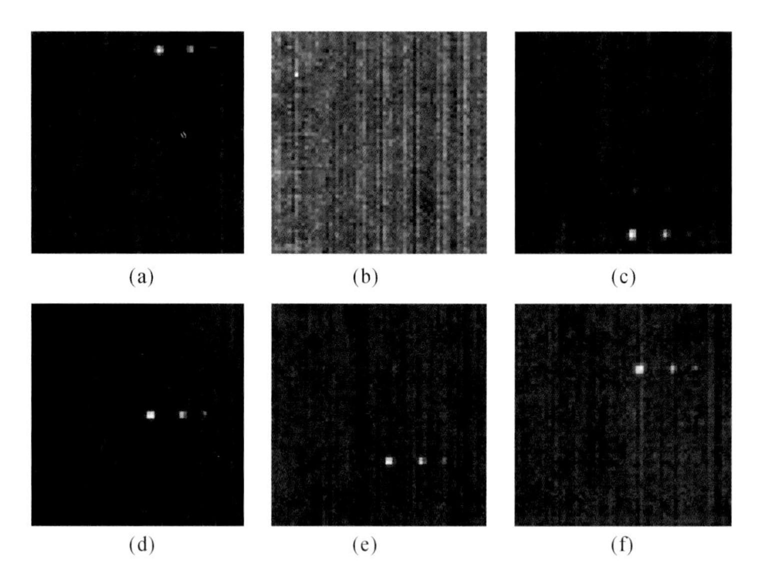

图 4.15　OSP 算法检测结果

(a)$t_0=p_{11}$；(b)t_1 = 干扰；(c)$t_4=p_{51}$；(d)$t_5=p_{31}$；(e)$t_{21}=p_{41}$；(f)$t_{33}=p_{21}$

2. 先验知识对检测器的影响

本实验中，我们将继续前一实验，更详细地讨论与分析先验知识对 OSP 检测器的影响。在线性混合中，其先验信息体现在端元所组成的矩阵 $\boldsymbol{M}$，以及端元所对应的丰度值组成的向量 $\boldsymbol{\alpha}$ 中。线性混合模型进行高光谱目标检测的方法，其原理是用估计出的期望目标的丰度值作为检测强度。所以，在基于线性混合模型的目标检测问题中，先验知识为 $\boldsymbol{M}$ 矩阵。在本次实验中，已知先验端元的数量 p($\boldsymbol{M}$ 矩阵的中列向量数量)，用 p 来表示已知先验知识的多少。

OSP 算法所利用的($\boldsymbol{d}$,$\boldsymbol{U}$)模型，是把 $\boldsymbol{M}$ 矩阵分割成了期望目标向量 $\boldsymbol{d}$ 和非期望目标矩阵 $\boldsymbol{U}$。本实验中，所用到的高光谱图像为 HYDICE 数据。我们通过 ATGP 算法找到一定数量 p 的潜在目标光谱组成 $\boldsymbol{M}$ 矩阵，利用目标特性的位置与真实地物参考，从中找到 5 行实验板的目标特性，依次作为期望目标 $\boldsymbol{d}$，利用 OSP 算法进行检测。$\boldsymbol{M}$ 矩阵中除被检测的 $\boldsymbol{d}$ 特性以外的列向量作为非期望目标，组成 OSP 算法所需的非期望目标矩阵 $\boldsymbol{U}$。

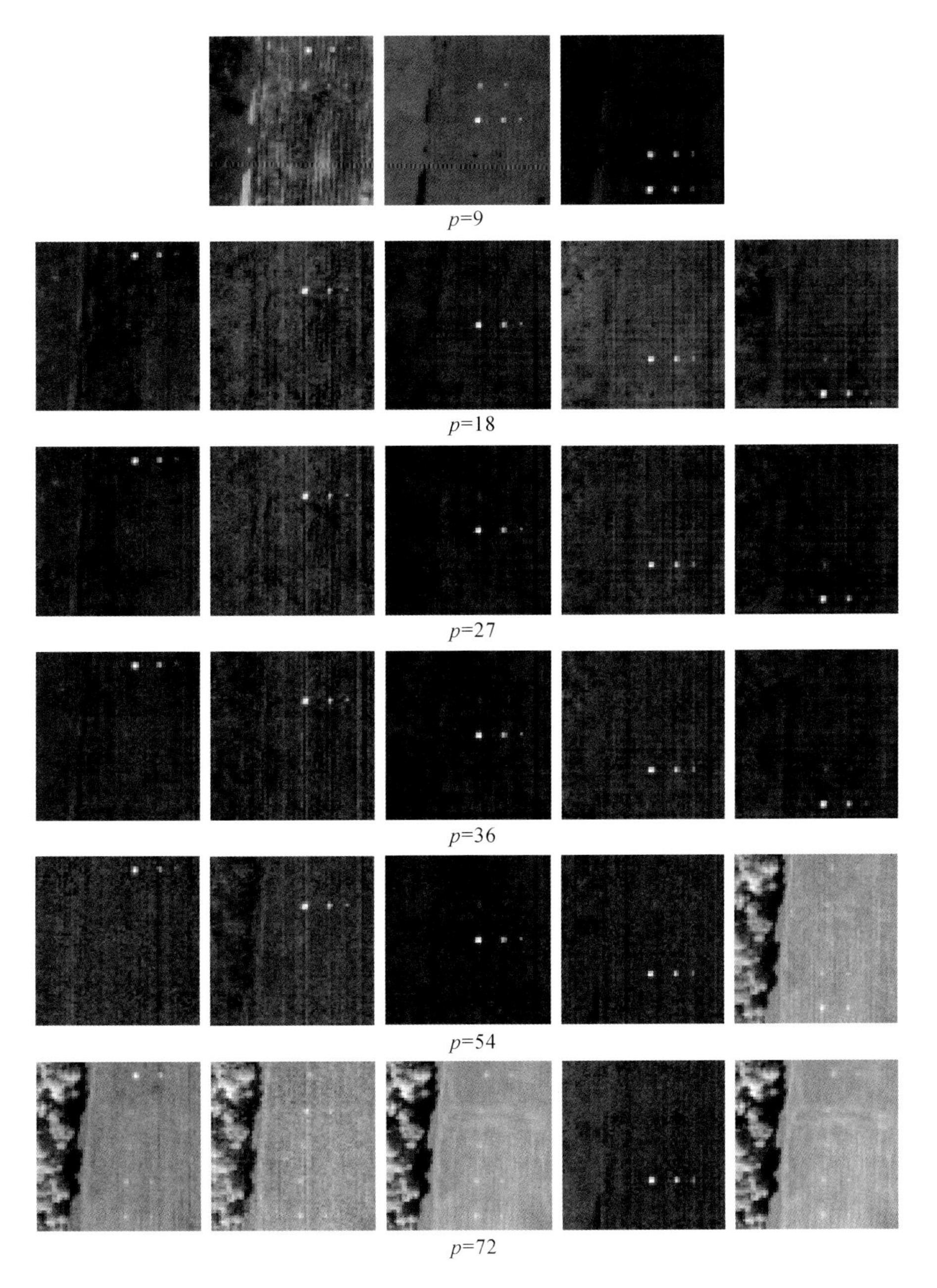

图 4.16 OSP 算法检测结果

当 $p=9$ 时，由于 ATGP 算法仅能找到 5 种实验板中的 3 种，故而仅对 3 行实验板进行检测；当 p 增加到 18 个时，ATGP 算法便找到全部的 5 种实验板目标特性。随着 p 的不断增加，OSP 算法的检测结果逐渐变好；但当 p 由 36 个增加至 54 个时，第 5 行实验板的检测结果明显变差；当 p 增加到 72 个时，5 种实验板的检测结果变得更差。造成这一结果的主要原因是，当先验知识不断增加时，新增的先验目标光谱有可能同待测的期望目标光谱相近,故而 OSP 算法通过正交子空间投影削弱了期望目标光谱方向上各个待测像元的强度,从而使检测结果变差。Heinz 和 Chang(2001)的类似实验表明,当 $p=34$ 时,检测器对 HYDICE 图像的检测性能开始变差。

4.5.3.3 AVIRIS 数据实验

在这一部分的实验中,我们利用第 1 章 1.5.5 节中所介绍的 AVIRIS 数据 LCVF 作为测试数据,讨论 OSP 算法的目标检测表现。

1. 全部目标知识已知

在本实验中,我们假设全部目标信息为先验已知。5 种目标特性元分别为岩渣(cinders)、沙漠盆地(playa)、流纹岩(rhyolite)、阴影(shade)和植被(vegetation)。5 种特性元全部从待测场景图像中直接提取,提取方法如 Harsanyi 和 Chang(1994)的文章所述。其中,OSP 算法所需的 $\boldsymbol{U}$ 矩阵由除待测期望特性元外的其他 4 种特性元组成。

2. 仅被测目标知识已知

在上一实验中,我们假设全部的目标信息是先验已知的,也就是 5 种目标特性元。在本次实验中,我们假设仅仅部分目标信息是先验已知的,如沙漠盆地特性元。利用 UNCLS 算法后验估计其余 4 种特性元,令先验已知的沙漠盆地特性元作为 UNCLS 算法的起始条件 $\boldsymbol{t}_0$,找到 4 种未知特性元,并可以后验识别为 $\boldsymbol{t}_1=$岩渣,$\boldsymbol{t}_2=$干扰,$\boldsymbol{t}_3=$植被,$\boldsymbol{t}_4=$阴影和 $\boldsymbol{t}_5=$流纹岩。利用 UNCLS 所获得的五种特性元,组成 OSP 所需的目标特性元矩阵 $\boldsymbol{M}$,图 4.17 所示为 OSP 算法检测结果。值得注意的是,被 UNCLS 检测到的第三个目标位于场景中干涸湖泊的左上角,为沙漠盆地特性元所在区域,其被认定为干扰,这种干扰的出现很难在视觉上被察觉到。

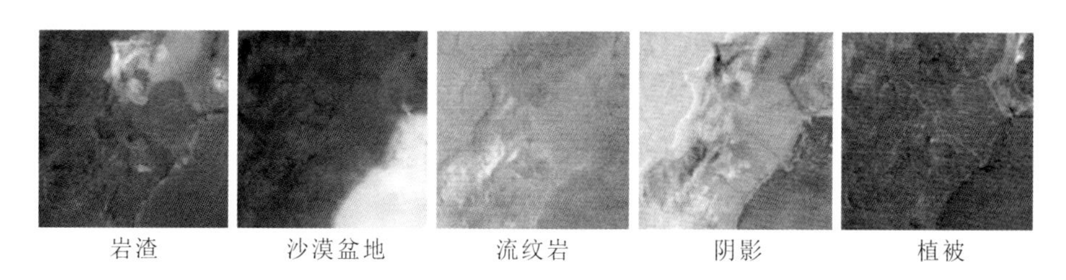

图 4.17 全部目标知识已知情况下 LCVF 数据的 OSP 算法检测性能

从本实验的现象可以看出,UNCLS 具有潜在的异常检测能力。

3. 目标知识无法先验获得

本次实验假设目标先验信息是完全未知的。利用 UNCLS 算法从被测场景图像中直接找到 6 种目标特性元,它们分别可以被认定为 $\boldsymbol{t}_0=$沙漠盆地,$\boldsymbol{t}_1=$岩渣,$\boldsymbol{t}_2=$干扰,$\boldsymbol{t}_3=$植被,$\boldsymbol{t}_4=$阴影,$\boldsymbol{t}_5=$流纹岩。图 4.19 为 OSP 算法检测结果。

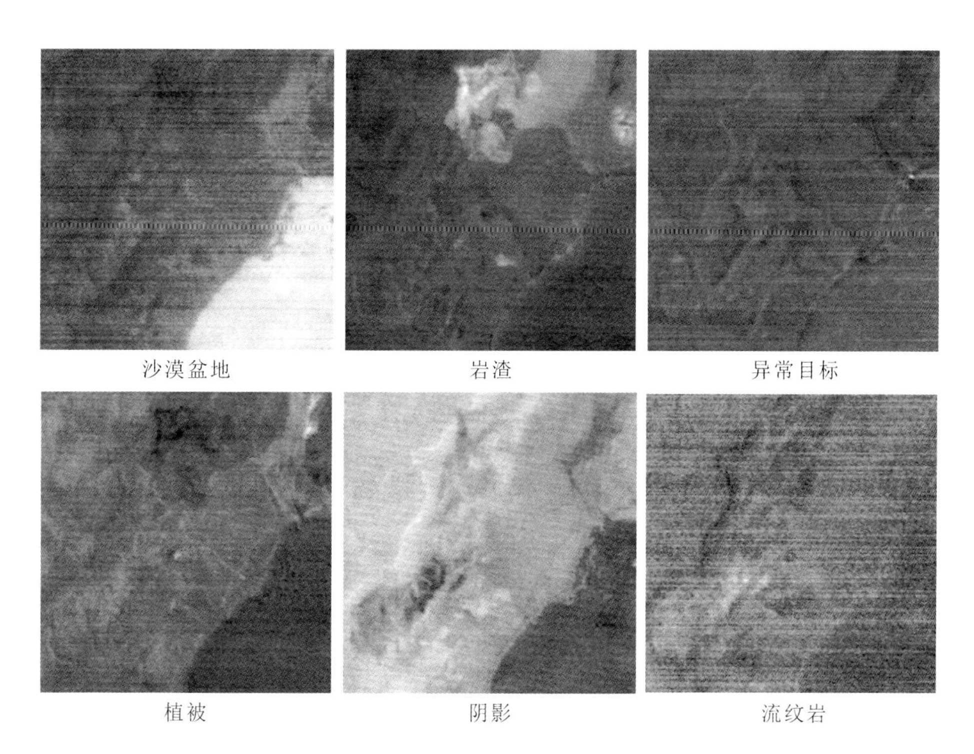

图 4.18 仅被测目标知识已知情况下 LCVF 数据的 OSP 算法检测性能

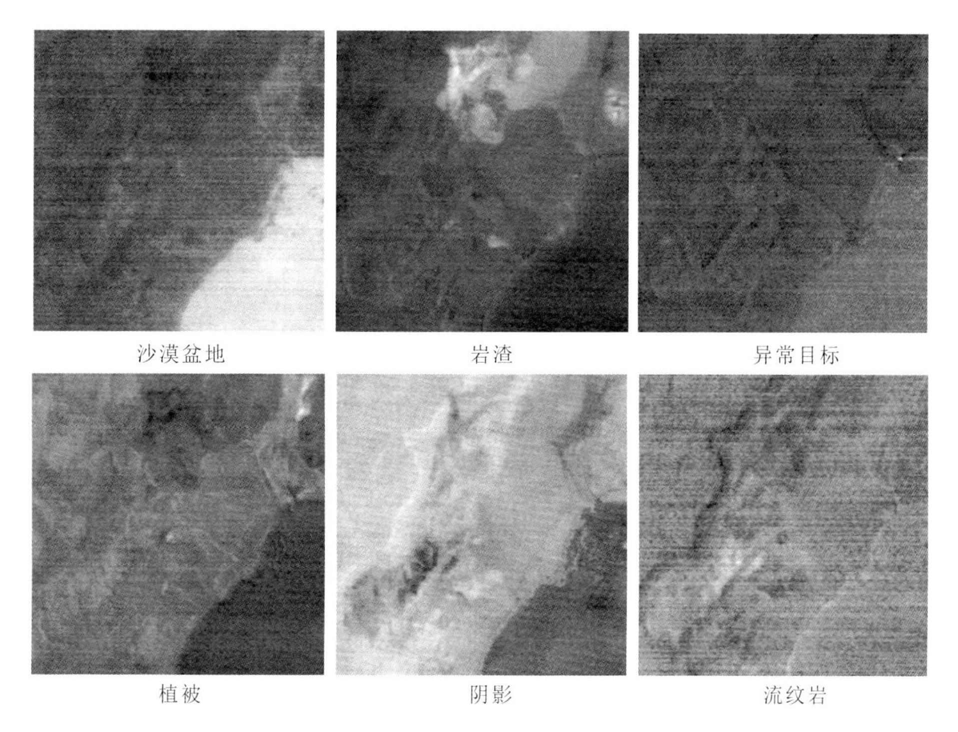

图 4.19 目标知识无法先验获得情况下 LCVF 数据的 OSP 算法检测性能

4.6 本章小结

本章中我们讨论并分析了几种无约束的高光谱目标检测方法，主要有自适应匹配滤波、自适应子空间检测器、光谱角度和信号分解等方法。自适应匹配滤波、自适应子空间检测器分别利用了信号处理领域常用的信号检测方法——似然比检验和信杂比最大化。基于光谱角度的两种检测手段，本质上是两种以向量夹角为相似度衡量的量度。光谱角度直接测量两种光谱特性间的向量夹角，这种方法更为直接，计算量小，并且不需要背景统计信息；自适应一致性(余弦)估计方法则更进一步，利用背景(全局)协方差矩阵白化后的向量夹角测量光谱特性，这种方法对背景的抑制能力更强，因此也强化了目标与背景间的对比度。利用信号分解进行目标检测的方法，区别体现在对高光谱混合像元的建模方式上。OSP 模型对传统的线性混合模型进行了进一步分解，将光谱特性分解成为期望目标特性与非期望目标特性；SBN 模型则是将线性混合模型的光谱特性分解成为目标与背景特性；SBIN 模型则是将线性混合模型分解成了目标、背景以及干扰 3 种特性。

参考文献

童庆禧，张兵，郑兰芬，2006. 高光谱遥感[M]. 北京：高等教育出版社.

赵春晖，王立国，齐滨，2016. 高光谱遥感图像处理方法及应用[M]. 北京：电子工业出版社.

BISHOP C M, 2006. Pattern Recognition and Machine Learning[M]. New York: Springer-Verlag.

SCHARF L L, 1991. Statistical Signal Processing: Detection, Estimation, and Time Series Analysis[M]. Massachusetts: Addison-Wesley Publishing Company, Reading.

POORH, 1994. An Introduction to Signal Detection and Estimation[M]. New York: Springer-Verlag.

CHANG C I, 2003. Hyperspectral Imaging: Techniques for Spectral Detection and Classification[M]. New York: Kluwer Academic/Plenum Publishers.

CHANG C I, 2007. Hyperspectral Data Exploitation: Theory and Applications[M]. New Jersey: John Wiley& Sons.

CHANG C I, 2013. Hyperspectral Data Processing: Algorithm Design and Analysis[M].

New Jersey: John Wiley & Sons.

CHANG C I, 2016. Real-Time Progressive Hyperspectral Image Processing[M]. New York: Springer.

HARSANYI J C, CHANG C I, 1994. Hyperspectral image classification and dimensionality reduction: an orthogonal subspace projection approach[J]. IEEE Trans. on Geoscience and Remote Sensing, 32(4): 779-785.

CHANG C I , ZHAO X L, ALTHOUSE M, et al. , 1998. Least squares subspace projection approach to mixed pixel classification in hyperspectral images[J]. IEEE Trans. on Geoscience and Remote Sensing, 36(5):898-912.

KRAUT S, SCHARF L L, 1999. The CFAR adaptive subspace detector is a scale-invariant GLRT[J]. IEEE Trans. on Signal Processing, 47: 2538-2541.

HEINZ D, CHANG C I, 2001. Fully constrained least squares linear spectral mixture analysis for material quantification in hyperspectral imagery[J]. IEEE Trans. on Geoscience and Remote Sensing, 39(3): 529-545.

KRAUT S, SCHARF L L, McWhorter L T, 2001. Adaptive subspace detectors[J]. IEEE Trans. on Signal Processing, 49(1): 1-16.

THAIB AND HEALEY G, 2002. Invariant subpixel material detection in hyperspectral imagery[J]. IEEE Trans. on Geoscience and Remote Sensing, 40(3): 599-608.

MANOLAKIS D, MARDEN D, SHAW G A, 2003. Hyperspectral image processing for automatic target detection applications[J]. Lincoln Laboratory Journal, 14: 79-116.

DU Q, CHANG C I, 2004. A signal-decomposed and interference-annihilated approach to hyperspectral target detection[J]. IEEE Trans. on Geoscience and Remote Sensing, 42(4):892-906.

CHANG C I, 2005. Orthogonal subspace projection revisited: a comprehensive study and analysis[J]. IEEE Trans. on Geoscience and Remote Sensing, 43(3): 502-518.

KRAUT S, SCHARF L L, BUTLER R W, 2005. The adaptive coherence estimator: a uniformly most-powerful-invariant adaptive detection statistic[J] IEEE Trans. on Signal Processing, 53(2): 427-438.

SCHARF L L, MCWHORTER L T, 1996. Adaptive Matched Subspace Detectors and Adaptive Coherence[C]. Proc. 30th Asilomar Conf. on Signals and Systems:114-117.

JIN X PASWATERS S, CLINE H, 2009. A comparative study of target detection algorithms for hyperspectral imagery[C]. Proceedings of SPIE - The International Society for Optical Engineering: 73341W1-73341W12.

第 5 章　目标特性约束高光谱目标检测

5.1 引　　言

监督目标检测需要知道待检测目标的先验信息(priori knowledge),当所知道的先验信息不同,监督目标检测需要采用不同的算法来解决。正交子空间投影 OSP 算法与目标丰度约束亚像元检测方法,如非负约束最小二乘法 NCLS 和 FCLS 等方法,需要期望目标(desired target)与非期望目标(undesired target)全部的先验信息矩阵 $\boldsymbol{M}$。但在实际情况下,由于高光谱图像含有许多种类的未知信息来源,故全部的先验信息矩阵 $\boldsymbol{M}$ 难以获取。本章将针对仅有部分先验信息(partial priori knowledge)的监督目标检测算法作详细介绍。

对于仅有单一期望目标向量 $\boldsymbol{d}$ 的目标检测问题,Harsanyi 于 1993 年在其博士论文中提出了一种约束能量最小化(constrained energy minimization,CEM)检测器,被成功用于遥感软件 ENVI 中。这一算法仅需已知待检测的期望目标特性,而无需已知如干扰特性等非期望目标特性。CEM 算法的基本原理是设计一个仅允许期望目标特性通过,同时使其他特性输出的能量最小化的有限脉冲响应(finite impulse response,FIR)线性滤波器。

在一些实际应用中,有时已知的目标先验信息并非只包含单一的特性信息,可能会有多种期望目标的先验特性信息。当我们感兴趣的目标所具有的光谱特性有些许变化或有多个种类时,比如,物体边界的像元可能会混合有背景的光谱特性,此时 CEM 检测器可能会由于对用来约束的目标先验信息 $\boldsymbol{d}$ 向量比较敏感,将同 $\boldsymbol{d}$ 区别较大的像素检测为非目标,从而无法检测到混合有背景光谱特性的边界像元;再比如,场景中含有多种感兴趣目标时,对多种目标的检测,用来约束的目标先验信息就应该是多个类别的$[\boldsymbol{d}_1,\boldsymbol{d}_2,\cdots,\boldsymbol{d}_n]$。

为了解决 CEM 检测器的不足,Chang 和 Ren 于 1999 年将其扩展为线性约束方差最小化检测器(linearly constrained minimum variance,LCMV)。LCMV 来自 Frost III 于 1972 年提出的自适应波束形成器(adaptive beamformer)。LCMV 将一组目标先验信息构成的向

量作为一个约束向量,并使其他方向上的向量输出最小化。因此,CEM 可以看成是一种特殊情况下的 LCMV 检测器。

此外,如果已知一些特性是我们不感兴趣的,CEM 会将这些已知特性视为等同于其他背景特性的干扰,但不会削弱这些特性,仅仅是最小化了这些特性的输出能量,因此,CEM 无法通过这些已知信息提高本身的检测性能。为此,Chang 和 Ren 于 2001 年提出了目标约束干扰最小化滤波器(target-constrained interference-minimized filter,TCIMF)。TCIMF 算法将已知先验特性定义为两种特性:①期望目标特性;②非期望目标特性。这种定义方式同前面所述的 OSP 算法类似。TCIMF 结合了 CEM 与 OSP 的特点,约束期望目标特性为 1,最小化了其他特性的输出能量,同时通过约束非期望目标特性为 0 将其滤除。TCIMF 同 CEM 一样,其功能也被收录在遥感 ENVI 软件中。

在 TCIMF 的基础上,提出扩展的信号分解干扰清除滤波器(signal-decomposition interferer-annihilation filter,SDIAF),用于解决第 4 章中所提到的信号分解与干扰噪声模型(signal-decomposed and interference noise model,SDIN model)。与 TCIMF 不同,SDIN 模型将已知的先验特性进一步定义为 3 种特性:①期望目标特性;②非期望目标特性;③干扰特性。其中,期望目标特性与非期望目标特性属于先验信息,干扰特性则属于后验信息,可以由一些非监督算法得到,例如一些背景特性,草地、土壤、岩石、传感器的坏点,或者不感兴趣的人造目标、建筑、道路等都属于后验干扰特性。在 TCIMF 的基础上,SDIAF 方法将这些干扰特性约束为 0,进而提高检测器检测性能。

本章的具体内容如下:5.2 节介绍约束能量最小化目标检测算法;5.3 节介绍线性约束方差最小化目标检测算法;5.4 节介绍目标约束干扰最小化滤波器目标检测算法;5.5 节介绍信号分解干扰清除滤波器算法;5.6 节通过多组实验对本章所介绍的内容与方法进行更进一步的讨论、对比与验证;5.7 节对本章内容进行小结与讨论。

5.2 约束能量最小化

5.2.1 传统 CEM 算法

假设一张高光谱图像可以表示成全部像素的集合,记为 $\{\boldsymbol{r}_1,\boldsymbol{r}_2,\cdots,\boldsymbol{r}_N\}$,其中 $\boldsymbol{r}_i=(r_{i1},r_{i2},\cdots,r_{iL})^{\mathrm{T}}$ 为第 i 个像素,在这里 L 表示 $\boldsymbol{r}_i$ 像素的维度(即为波段数目),N 表示被测高光谱图像像素的总数量。更进一步,我们假设待检测的期望目标特性向量为 $\boldsymbol{d}=(d_1,d_2,\cdots,d_L)^{\mathrm{T}}$。CEM 目标检测算法的主要过程是:设计一个可以检测期望目标特性向量

$\boldsymbol{d}$ 的 FIR 滤波器，滤波器的系数为 $\{w_1, w_2, \cdots, w_L\}$，通过求解使滤波器的输出能量最小化并服从约束 $\boldsymbol{d}^{\mathrm{T}}\boldsymbol{w} = \boldsymbol{w}^{\mathrm{T}}\boldsymbol{d} = 1$，其中滤波器系数 $\boldsymbol{w}$ 可以表示成为一个维度为 L 的向量 $\boldsymbol{w} = (w_1, w_2, \cdots, w_L)^{\mathrm{T}}$。

上述线性滤波器的输入为待检测图像中第 i 个像素向量 $\boldsymbol{r}_i$ 时，输出则可以表示为 y_i，那么线性滤波器系统输出的表达式为

$$y_i = \sum_{l=1}^{L} \boldsymbol{w}_l \boldsymbol{r}_{il} = \boldsymbol{w}^{\mathrm{T}} \boldsymbol{r}_i = \boldsymbol{r}_i^{\mathrm{T}} \boldsymbol{w} \tag{5.1}$$

由上述滤波器输入输出关系，当输入待检测图像中全部像素向量时，滤波器输出的平均能量为

$$\frac{1}{N}\sum_{i=1}^{N} y_i^2 = \frac{1}{N}\sum_{i=1}^{N} (\boldsymbol{r}_i^{\mathrm{T}}\boldsymbol{w})^2 = \boldsymbol{w}^{\mathrm{T}}\left[\frac{1}{N}\sum_{i=1}^{N} \boldsymbol{r}_i \boldsymbol{r}_i^{\mathrm{T}}\right]\boldsymbol{w} = \boldsymbol{w}^{\mathrm{T}} \boldsymbol{R}_{L\times L}\boldsymbol{w} \tag{5.2}$$

式中，$\boldsymbol{R}_{L\times L} = \frac{1}{N}\sum_{i=1}^{N} \boldsymbol{r}_i \boldsymbol{r}_i^{\mathrm{T}}$ 是滤波器的输入，为待测图像像素的样本自相关矩阵。如果我们令 $\boldsymbol{r} = [\boldsymbol{r}_1, \boldsymbol{r}_2, \cdots, \boldsymbol{r}_N]$ 来表示滤波器要输入的待测图像中的像素 $\{\boldsymbol{r}_1, \boldsymbol{r}_2, \cdots, \boldsymbol{r}_N\}$，则也可以表示成为 $\boldsymbol{R}_{L\times L} = \frac{1}{N}\sum_{i=1}^{N}\boldsymbol{r}\boldsymbol{r}^{\mathrm{T}}$。

为了满足设计目标，我们令输出的平均能量最小化，同时服从上文中提到的约束，可得到如下最优化问题：

$$\min_{\boldsymbol{w}}\{\boldsymbol{w}^{\mathrm{T}} \boldsymbol{R}_{L\times L}\boldsymbol{w}\} \text{ 满足约束 } \boldsymbol{d}^{\mathrm{T}}\boldsymbol{w} = \boldsymbol{w}^{\mathrm{T}}\boldsymbol{d} = 1 \tag{5.3}$$

利用拉格朗日乘子法，解决式(5.3)的约束最优化问题。令 λ 为拉格朗日乘子，并定义拉格朗日目标函数如下：

$$J(\boldsymbol{w}) = \boldsymbol{w}^{\mathrm{T}}\boldsymbol{R}_{L\times L}\boldsymbol{w} + \lambda(\boldsymbol{d}^{\mathrm{T}}\boldsymbol{w} - 1) \tag{5.4}$$

上述定义中，令目标函数的导数为 0，可以得到：

$$\left.\frac{\partial J(\boldsymbol{w})}{\partial \boldsymbol{w}}\right|_{\boldsymbol{w}^*} = 0 \Rightarrow 2\boldsymbol{R}_{L\times L}\boldsymbol{w}^* + \lambda\boldsymbol{d} = 0 \Rightarrow \boldsymbol{w}^* = 2\lambda\boldsymbol{R}_{L\times L}^{-1}\boldsymbol{d} \tag{5.5}$$

利用需满足的约束条件，可得

$$\boldsymbol{d}^{\mathrm{T}}\boldsymbol{w}^* = 1 \Rightarrow 2\lambda\boldsymbol{d}^{\mathrm{T}}\boldsymbol{R}_{L\times L}^{-1}\boldsymbol{d} = 1 \Rightarrow 2\lambda = (\boldsymbol{d}^{\mathrm{T}}\boldsymbol{R}_{L\times L}^{-1}\boldsymbol{d})^{-1} \tag{5.6}$$

将式(5.6)代入式(5.5)中可得最优滤波器参数：

$$\boldsymbol{w}^* = \frac{\boldsymbol{R}^{-1}\boldsymbol{d}}{\boldsymbol{d}^{\mathrm{T}}\boldsymbol{R}^{-1}\boldsymbol{d}} \tag{5.7}$$

如此一来，所涉及的 CEM 滤波器的参数向量为

$$\boldsymbol{w}^{\mathrm{CEM}} = \frac{\boldsymbol{R}^{-1}\boldsymbol{d}}{\boldsymbol{d}^{\mathrm{T}}\boldsymbol{R}^{-1}\boldsymbol{d}} \tag{5.8}$$

利用式(5.4)得到的滤波器系数 $\boldsymbol{w}^{\mathrm{CEM}}$ 可以得到 CEM 检测器为

$$\delta^{\mathrm{CEM}}(\boldsymbol{r}) = (\boldsymbol{w}^{\mathrm{CEM}})^{\mathrm{T}}\boldsymbol{r} = \left(\frac{\boldsymbol{R}^{-1}\boldsymbol{d}}{\boldsymbol{d}^{\mathrm{T}}\boldsymbol{R}^{-1}\boldsymbol{d}}\right)^{\mathrm{T}}\boldsymbol{r} = \frac{\boldsymbol{d}^{\mathrm{T}}\boldsymbol{R}^{-1}\boldsymbol{r}}{\boldsymbol{d}^{\mathrm{T}}\boldsymbol{R}^{-1}\boldsymbol{d}} \tag{5.9}$$

5.2.2 反馈迭代式CEM算法

CEM算法的一种扩展应用是将原本为目标检测的CEM算法扩展为一种分类的方法。将CEM算法嵌入一种反馈迭代的框架中，将每一次迭代的CEM检测结果作为新的波段加入下一次迭代的输入中，结构如图5.1所示。

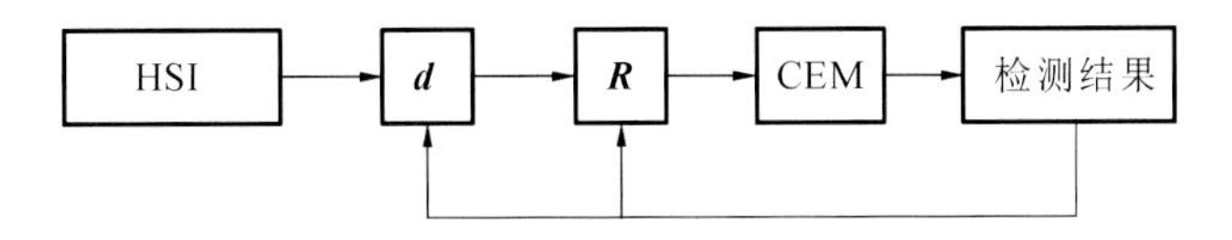

图5.1 迭代式CEM结构简易框图

在反馈迭代式的结构嵌入CEM算法的同时，在CEM算法的结果之后进行高斯滤波处理，通过高斯滤波引入空间信息进而增强分类性能。最后，将结果作为新的波段加入下一次迭代的输入中。结构如图5.2所示。

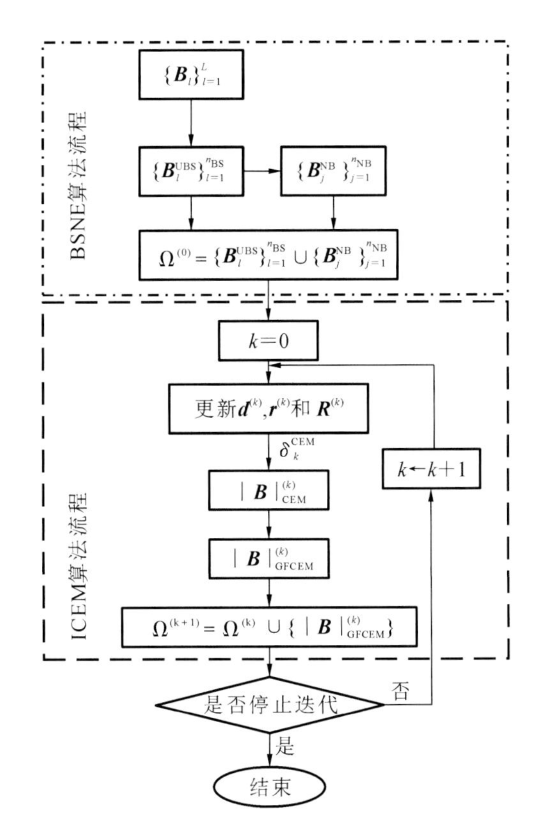

图5.2 ICEM算法流程

5.3 线性约束方差最小化

假设 $\boldsymbol{d}_1, \boldsymbol{d}_2, \cdots, \boldsymbol{d}_p$ 为感兴趣的光谱向量，我们可以形成一个期望目标光谱特性矩阵，表示成为 $\boldsymbol{D}=[\boldsymbol{d}_1\ \boldsymbol{d}_2 \cdots \boldsymbol{d}_p]$。此时，使输出平均能量最小化并服从约束的线性滤波器为

$$\boldsymbol{D}^{\mathrm{T}}\boldsymbol{w}=\boldsymbol{c} \quad 其中, \boldsymbol{d}_j^{\mathrm{T}}\boldsymbol{w}=\sum_{l=1}^{L} w_l d_{jl}, 1 \leqslant j \leqslant p。 \tag{5.10}$$

式(5.10)中，$\boldsymbol{c}=(\boldsymbol{c}_1, \boldsymbol{c}_2, \cdots, \boldsymbol{c}_p)^{\mathrm{T}}$ 是约束向量。线性滤波器系统输出的表达式为

$$y_i=\sum_{l=1}^{L} w_l r_{il}=\boldsymbol{w}^{\mathrm{T}} \boldsymbol{r}_i=\boldsymbol{r}_i^{\mathrm{T}} \boldsymbol{w} \tag{5.11}$$

利用式(5.10)和式(5.11)，线性约束最小化方差波束形成器 LCMV 可以进一步变化成为线性约束方差最小化检测器，滤波器的平均输出能量为

$$\frac{1}{N}\sum_{i=1}^{N} y_i^2=\frac{1}{N}\sum_{i=1}^{N}(\boldsymbol{r}_i^{\mathrm{T}}\boldsymbol{w})^2=\boldsymbol{w}^{\mathrm{T}}\left[\frac{1}{N}\sum_{i=1}^{N}\boldsymbol{r}_i\boldsymbol{r}_i^{\mathrm{T}}\right]\boldsymbol{w}=\boldsymbol{w}^{\mathrm{T}}\boldsymbol{R}_{L\times L}\boldsymbol{w} \tag{5.12}$$

由此得到线性约束最优化问题：

$$\min_{\boldsymbol{w}}\{\boldsymbol{w}^{\mathrm{T}}\boldsymbol{R}_{L\times L}\boldsymbol{w}\} \text{ 满足约束} \boldsymbol{D}^{\mathrm{T}}\boldsymbol{w}=\boldsymbol{w}^{\mathrm{T}}\boldsymbol{D}=1 \tag{5.13}$$

$\boldsymbol{R}_{L\times L}=\frac{1}{N}\sum_{i=1}^{N}\boldsymbol{r}_i\boldsymbol{r}_i^{\mathrm{T}}$ 是滤波器的输入样本自相关矩阵。可得最优化滤波器系数：

$$\boldsymbol{w}^{\mathrm{LCMV}}=\boldsymbol{R}_{L\times L}^{-1}\boldsymbol{D}(\boldsymbol{D}^{\mathrm{T}}\boldsymbol{R}_{L\times L}^{-1}\boldsymbol{D})^{-1}\boldsymbol{c} \tag{5.14}$$

线性约束方差最小化检测器为

$$\delta^{\mathrm{LCMV}}(\boldsymbol{r})=(\boldsymbol{w}^{\mathrm{LCMV}})^{\mathrm{T}}\boldsymbol{r}=\boldsymbol{r}^{\mathrm{T}}(\boldsymbol{w}^{\mathrm{LCMV}})=\boldsymbol{r}^{\mathrm{T}}\boldsymbol{R}_{L\times L}^{-1}\boldsymbol{D}(\boldsymbol{D}^{\mathrm{T}}\boldsymbol{R}_{L\times L}^{-1}\boldsymbol{D})^{-1}\boldsymbol{c} \tag{5.15}$$

所得的最优化滤波检测器利用样本自相关矩阵获取被测图像的二阶信息。CEM 检测器可以被看作期望目标特性矩阵退化为期望目标特性向量，并且约束条件为 1 的线性约束方差最小化检测器，即 $\boldsymbol{D}=\boldsymbol{d}$ 且 $\boldsymbol{c}=\boldsymbol{1}$。

5.4 目标约束干扰最小化滤波器

5.4.1 TCIMF 算法

令 $\boldsymbol{D}=[\boldsymbol{d}_1\ \boldsymbol{d}_2 \cdots \boldsymbol{d}_p]$与 $\boldsymbol{U}=[\boldsymbol{u}_1\ \boldsymbol{u}_2 \cdots \boldsymbol{u}_q]$分别表示被测高光谱图像的期望目标特性矩阵与

非期望目标特性矩阵，这里 p 和 q 分别代表期望目标特性与非期望目标特性的数量。

同 CEM 检测器的设计思路相似，我们设计了目标约束干扰最小化滤波器 TCIMF，不同的是，TCIMF 利用一个 p 维的全 1 向量约束 $\boldsymbol{D}$ 矩阵，使期望目标特性通过；同时，利用一个 q 维的全 0 向量约束 $\boldsymbol{U}$ 矩阵，使其达到滤除非期望目标特性的目的，其原理同正交子空间投影检测器相似。为此，可以定义约束如下：

$$[\boldsymbol{D}\ \boldsymbol{U}]^{\mathrm{T}}\boldsymbol{w}=\begin{bmatrix}\mathbf{1}_{p\times 1}\\ \mathbf{0}_{q\times 1}\end{bmatrix} \tag{5.16}$$

在服从上述约束情况下，使线性滤波器输出平均能量最小化，即

$$\min_{\boldsymbol{w}}\{\boldsymbol{w}^{\mathrm{T}}\boldsymbol{R}_{L\times L}\boldsymbol{w}\}\ 满足约束\ [\boldsymbol{D}\ \boldsymbol{U}]^{\mathrm{T}}\boldsymbol{w}=\begin{bmatrix}\mathbf{1}_{p\times 1}\\ \mathbf{0}_{q\times 1}\end{bmatrix} \tag{5.17}$$

求解式(5.17)中的最优化问题可得滤波器系数向量 $\boldsymbol{w}^{\mathrm{TCIMF}}$ 如下：

$$\boldsymbol{w}^{\mathrm{TCIMF}}=R_{L\times L}^{-1}(\boldsymbol{DU})[(\boldsymbol{DU})^{\mathrm{T}}\boldsymbol{R}_{L\times L}^{-1}(\boldsymbol{DU})]^{-1}\begin{bmatrix}\mathbf{1}_{p\times 1}\\ \mathbf{0}_{q\times 1}\end{bmatrix} \tag{5.18}$$

利用式(5.18)得到的滤波器系数 $\boldsymbol{w}^{\mathrm{TCIMF}}$，可以得到目标约束干扰最小化检测器为

$$\begin{aligned}\delta^{\mathrm{TCIMF}}(\boldsymbol{r})&=(\boldsymbol{w}^{\mathrm{TCIMF}})^{\mathrm{T}}\boldsymbol{r}=\boldsymbol{r}^{\mathrm{T}}(\boldsymbol{w}^{\mathrm{TCIMF}})\\&=\boldsymbol{r}^{\mathrm{T}}\boldsymbol{R}_{L\times L}^{-1}(\boldsymbol{DU})[(\boldsymbol{DU})^{\mathrm{T}}(\boldsymbol{DU})]^{-1}\begin{bmatrix}\mathbf{1}_{p\times 1}\\ \mathbf{0}_{q\times 1}\end{bmatrix}\end{aligned} \tag{5.19}$$

5.4.2 特殊情况下 TCIMF 算法的等效

下面我们将讨论在不同的 $\boldsymbol{D}$ 与 $\boldsymbol{U}$ 时，TCIMF 的变化情况。

(1)当 $\boldsymbol{D}=\boldsymbol{d},\boldsymbol{U}=\varnothing,\boldsymbol{R}=\boldsymbol{R}$ 时，TCIMF 检测器将退化成为单一目标源的 CEM 检测器。

$$\begin{aligned}\delta^{\mathrm{TCIMF}}(\boldsymbol{r})\big|_{\substack{\boldsymbol{D}=\boldsymbol{d}\\ \boldsymbol{U}=\varnothing}}&=\boldsymbol{r}^{\mathrm{T}}\boldsymbol{R}_{L\times L}^{-1}(\boldsymbol{DU})[(\boldsymbol{DU})^{\mathrm{T}}(\boldsymbol{DU})]^{-1}\begin{bmatrix}\mathbf{1}_{p\times 1}\\ \mathbf{0}_{q\times 1}\end{bmatrix}\bigg|_{\substack{\boldsymbol{D}=\boldsymbol{d}\\ \boldsymbol{U}=\varnothing}}\\&=\boldsymbol{r}^{\mathrm{T}}\left(\frac{\boldsymbol{R}_{L\times L}^{-1}\boldsymbol{d}}{\boldsymbol{d}^{\mathrm{T}}\boldsymbol{R}_{L\times L}^{-1}\boldsymbol{d}}\right)=\delta^{\mathrm{CEM}}(\boldsymbol{r})\end{aligned} \tag{5.20}$$

(2)当 $\boldsymbol{D}=\boldsymbol{D},\boldsymbol{U}=\varnothing,\boldsymbol{R}=\boldsymbol{R}$ 时，TCIMF 检测器将退化成为多目标源并且约束向量 $\boldsymbol{c}=[\mathbf{1}_{p\times 1}]$ 的 LCMV 检测器。

$$\begin{aligned}\delta^{\mathrm{TCIMF}}(\boldsymbol{r})\big|_{\substack{\boldsymbol{D}=\boldsymbol{D}\\ \boldsymbol{U}=\varnothing}}&=\boldsymbol{r}^{\mathrm{T}}\boldsymbol{R}_{L\times L}^{-1}(\boldsymbol{DU})[(\boldsymbol{DU})^{\mathrm{T}}\boldsymbol{R}_{L\times L}^{-1}(\boldsymbol{DU})]^{-1}\begin{bmatrix}\mathbf{1}_{p\times 1}\\ \mathbf{0}_{q\times 1}\end{bmatrix}\bigg|_{\substack{\boldsymbol{D}=\boldsymbol{D}\\ \boldsymbol{U}=\varnothing}}\\&=\boldsymbol{r}^{\mathrm{T}}\boldsymbol{R}_{L\times L}^{-1}\boldsymbol{D}(\boldsymbol{U}^{\mathrm{T}}\boldsymbol{R}_{L\times L}^{-1}\boldsymbol{D})^{-1}[\mathbf{1}_{p\times 1}]=\delta^{\mathrm{LCMV}}(\boldsymbol{r})\big|_{\boldsymbol{c}=[\mathbf{1}_{p\times 1}]}\end{aligned} \tag{5.21}$$

(3)当 $\boldsymbol{D}=\boldsymbol{d},\boldsymbol{U}=\boldsymbol{U},\boldsymbol{R}=\varnothing$ 时，TCIMF 检测器将退化成为 LSOSP 检测器。

$$\boldsymbol{w}_{R_{L\times L}=\mathbf{I}_{L\times L}}^{\mathrm{TCIMF}}=\mathbf{I}_{L\times L}^{-1}[\boldsymbol{dU}]([\boldsymbol{dU}]^{\mathrm{T}}[\boldsymbol{dU}])^{-1}\begin{bmatrix}\mathbf{1}\\ \mathbf{0}_{q\times 1}\end{bmatrix}$$

$$
\begin{aligned}
&= [\boldsymbol{dU}]\left(\begin{bmatrix} \boldsymbol{d}^{\mathrm{T}}\boldsymbol{d} & \boldsymbol{d}^{\mathrm{T}}\boldsymbol{U} \\ \boldsymbol{U}^{\mathrm{T}}\boldsymbol{d} & \boldsymbol{U}^{\mathrm{T}}\boldsymbol{U} \end{bmatrix}\right)^{-1}\begin{bmatrix} \mathbf{1} \\ \mathbf{0}_{q\times 1} \end{bmatrix} \\
&= [\boldsymbol{dU}]\begin{bmatrix} \kappa & \kappa\,\boldsymbol{d}^{\mathrm{T}}\,(\boldsymbol{U}^{\#})^{\mathrm{T}} \\ -\kappa\boldsymbol{U}^{\#}\boldsymbol{d} & (\boldsymbol{U}^{\mathrm{T}}\boldsymbol{U})^{-1}+\kappa\boldsymbol{U}^{\#}\ \boldsymbol{d}^{\mathrm{T}}\boldsymbol{d}\,(\boldsymbol{U}^{\#})^{\mathrm{T}} \end{bmatrix}\begin{bmatrix} \mathbf{1} \\ \mathbf{0}_{q\times 1} \end{bmatrix} \\
&= [\boldsymbol{dU}]\begin{bmatrix} \kappa \\ -\kappa\boldsymbol{U}^{\#}\boldsymbol{d} \end{bmatrix} = \kappa\boldsymbol{d}-\kappa\boldsymbol{U}^{\#}\boldsymbol{U}\boldsymbol{d} = \kappa(\mathbf{I}-\boldsymbol{U}^{\#}\boldsymbol{U})\boldsymbol{d} = \kappa\boldsymbol{P}_{U}^{\perp}\boldsymbol{d}
\end{aligned} \tag{5.22}
$$

式中，$\kappa=(\boldsymbol{d}\,\boldsymbol{P}_{U}^{\perp}\boldsymbol{d})^{-1}$，故此时 TCIMF 检测器退化成为 LSOSP 检测器。

5.5 信号分解干扰清除滤波器

在第 4 章中，我们讨论了几种不同的高光谱目标检测的信号分解模型。在本节中，我们将讨论利用目标约束方法解决信号分解干扰与噪声模型(SDIN model)的检测问题。在前文 TCIMF 检测器的基础上，提出信号分解干扰清除滤波器 SDIAF。

令 $\boldsymbol{D}=[\boldsymbol{d}_1\ \boldsymbol{d}_2\cdots\boldsymbol{d}_{n_D}]$、$\boldsymbol{U}=[\boldsymbol{u}_1\ \boldsymbol{u}_2\cdots\boldsymbol{u}_{n_U}]$和 $\boldsymbol{I}=[\boldsymbol{i}_1,\boldsymbol{i}_2,\cdots,\boldsymbol{i}_{n_I}]$分别表示被测高光谱图像的期望目标特性矩阵、非期望目标特性矩阵与干扰特性矩阵。这里 n_D、n_U 和 n_I 分别代表期望目标特性、非期望目标特性和干扰特性的数量。同时，也将 TCIMF 检测器中的约束向量 $\boldsymbol{c}=(\mathbf{1}_{p\times 1}^{\mathrm{T}},\mathbf{0}_{q\times 1}^{\mathrm{T}})^{\mathrm{T}}$ 扩展为 $\tilde{\boldsymbol{c}}=(\mathbf{1}_{n_D\times 1}^{\mathrm{T}},\mathbf{0}_{n_U\times 1}^{\mathrm{T}},\mathbf{0}_{n_I\times 1}^{\mathrm{T}})^{\mathrm{T}}$，得到 SDIAF 的约束条件为

$$
[\boldsymbol{DUI}]^{\mathrm{T}}\boldsymbol{w} = \tilde{\boldsymbol{c}} = \begin{bmatrix} \mathbf{1}_{n_D\times 1} \\ \mathbf{0}_{n_U\times 1} \\ \mathbf{0}_{n_I\times 1} \end{bmatrix} \tag{5.23}
$$

因此，利用式(5.23)，滤波器 $\boldsymbol{w}$ 可以由 TCIMF 直接扩展为 SDIAF，原理与上述滤波器设计相似，在服从上述约束情况下，使线性滤波器输出平均能量最小化，即

$$
\min_{\boldsymbol{w}}\{\boldsymbol{w}^{\mathrm{T}}\boldsymbol{R}_{L\times L}\boldsymbol{w}\}\ \text{满足约束}\ [\boldsymbol{DUI}]^{\mathrm{T}}\boldsymbol{w} = \begin{bmatrix} \mathbf{1}_{n_D\times 1} \\ \mathbf{0}_{n_U\times 1} \\ \mathbf{0}_{n_I\times 1} \end{bmatrix} \tag{5.24}
$$

求解式(5.24)中的最优化问题可得滤波器系数向量 $\boldsymbol{w}^{\mathrm{SDIA}}$ 如下：

$$
\boldsymbol{w}^{\mathrm{SDIAF}} = \boldsymbol{R}_{L\times L}^{-1}(\boldsymbol{DUI})\left[(\boldsymbol{DUI})^{\mathrm{T}}\boldsymbol{R}_{L\times L}^{-1}(\boldsymbol{DUI})\right]^{-1}\begin{bmatrix} \mathbf{1}_{n_D\times 1} \\ \mathbf{0}_{n_U\times 1} \\ \mathbf{0}_{n_I\times 1} \end{bmatrix} \tag{5.25}
$$

利用式(5.25)得到的滤波器系数 $\boldsymbol{w}^{\mathrm{SDIA}}$ 可以得到 SIDAF 检测器为

$$\delta^{\mathrm{SDIAF}}(\boldsymbol{r}) = \boldsymbol{r}^{\mathrm{T}} \boldsymbol{R}_{L\times L}^{-1}(\boldsymbol{DUI})\left[(\boldsymbol{DUI})^{\mathrm{T}} R_{L\times L}^{-1}(\boldsymbol{DUI})\right]^{-1}\begin{bmatrix}\mathbf{1}_{n_D\times 1}\\ \mathbf{0}_{n_U\times 1}\\ \mathbf{0}_{n_I\times 1}\end{bmatrix} \tag{5.26}$$

5.6 仿真实验结果与分析

5.6.1 检测器对噪声的敏感性实验

5.6.1.1 大丰度目标特性实验

本实验中,所用到的仿真实验数据合成过程,同 4.5.2.1 中所述的数据合成过程一致。图 5.3 展示了 5 种不同的检测器在此种仿真数据下的表现。

由于每种算法自身的约束条件不同,算法检测的丰度范围也不尽相同。所以,在上述实验时,我们使用了两种不同的坐标比例尺:一种应用在 OSP 算法中,另一种应用在 SCLS、NCLS、CEM 和 TCIMF 算法中。根据结果可以得出,OSP、SCLS 和 NCLS 这 3 种算法可以成功地检测 5 种目标,但是 OSP 算法对灌木蒿丛目标检测性能不佳。

如果我们着眼于算法对丰度值的预测,则 OSP 算法并不能真实地反映出目标中各种特性元的丰度值,但 SCLS 和 NCLS 算法却能给出比较准确的丰度值。这是因为 OSP 算法没有约束条件,而 SCLS 和 NCLS 算法具有部分约束条件。

通过上面的实验我们还可以发现,在这组仿真数据下,CEM 和 TCIMF 算法表现不佳。在对 5 种目标特性进行检测时,TCIMF 算法会对期望目标特性有所响应,但其效果并不良好;而 CEM 算法则对期望目标特性没有任何响应。在计算$\boldsymbol{R}^{-1}$时,其特征向量数量 q 是十分重要的,所以特征向量数量 q 对 CEM 和 TCIMF 检测器的检测效果会有很大的影响。我们通过利用不同的 q 计算的$\boldsymbol{R}^{-1}$来展示 q 对检测器检测效果的影响。当分别取 $q=2,3,5,10,60$ 时,应用上述实验所用的仿真数据,CEM 和 TCIMF 算法对目标特性焦油灌木(black-brush)的检测效果如图 5.4 所示。

通过图 5.4 中所示的实验结果可以看出,CEM 算法在 $q=5,10$ 时可以成功地检测出焦油灌木,TCIMF 算法则在 $q=60$ 时可以检测出焦油灌木,与图 5.3(d)所示的实验结果相比较,其检测性能要比使用全部的特征向量计算$\boldsymbol{R}^{-1}$时的 TCIMF 算法更好。值得注意的是,在 q 的取值较小时,如 $q=2,3$,CEM 和 TCIMF 算法都产生了失误检测,三齿拉雷亚落木叶同灌木蒿丛混合像元的检测输出值大于焦油灌木同灌木蒿丛混合像元的检测输出值。因此,上述实验说明了计算$\boldsymbol{R}^{-1}$时 q 的取值是非常关键的。

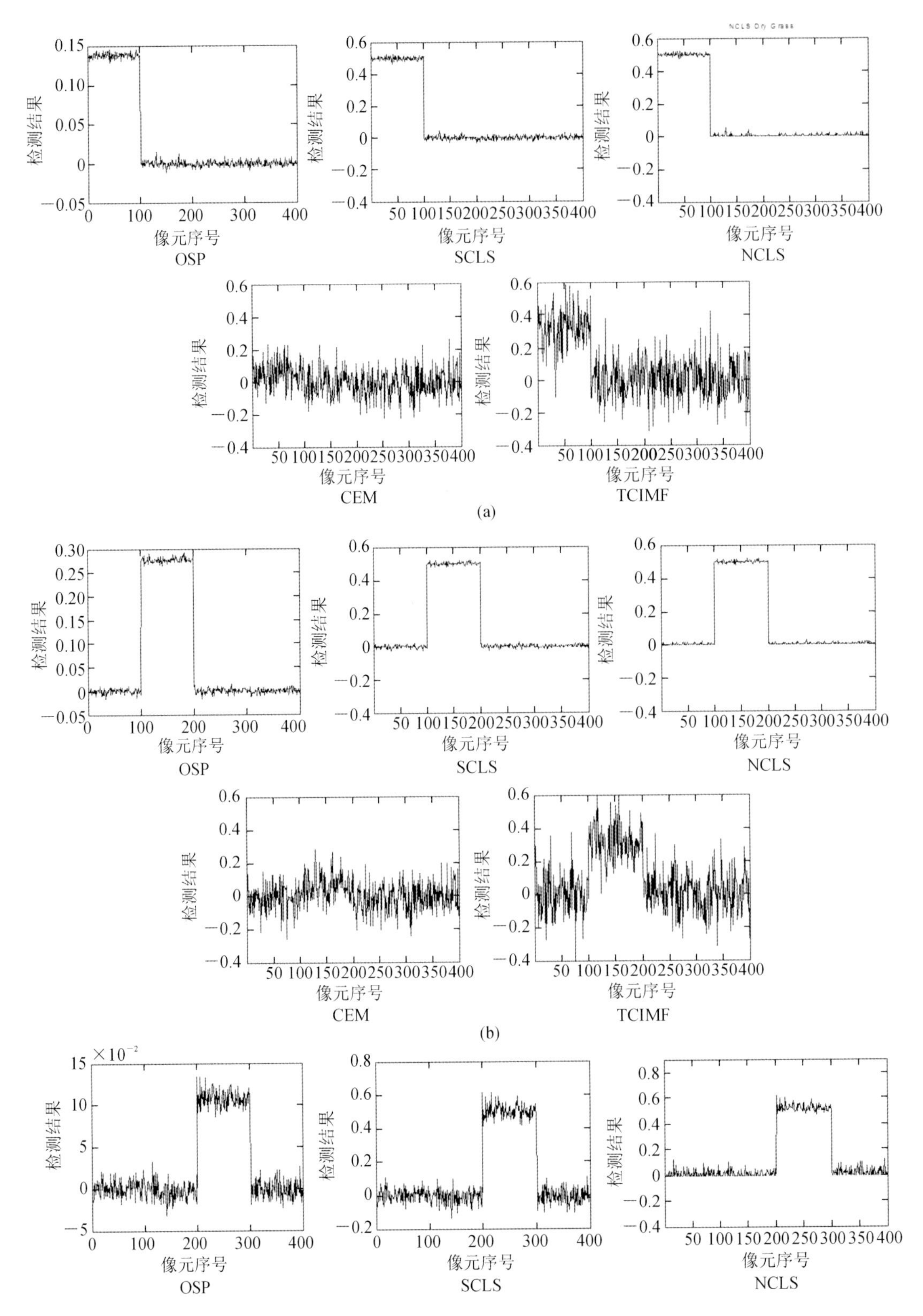

图 5.3　OSP、SCLS、NCLS、CEM 和 TCIMF 算法对 5 类期望目标特性的检测结果

(a)干草;(b)红土;(c)三齿拉雷亚落木叶;(d)焦油灌木;(e)灌木蒿丛

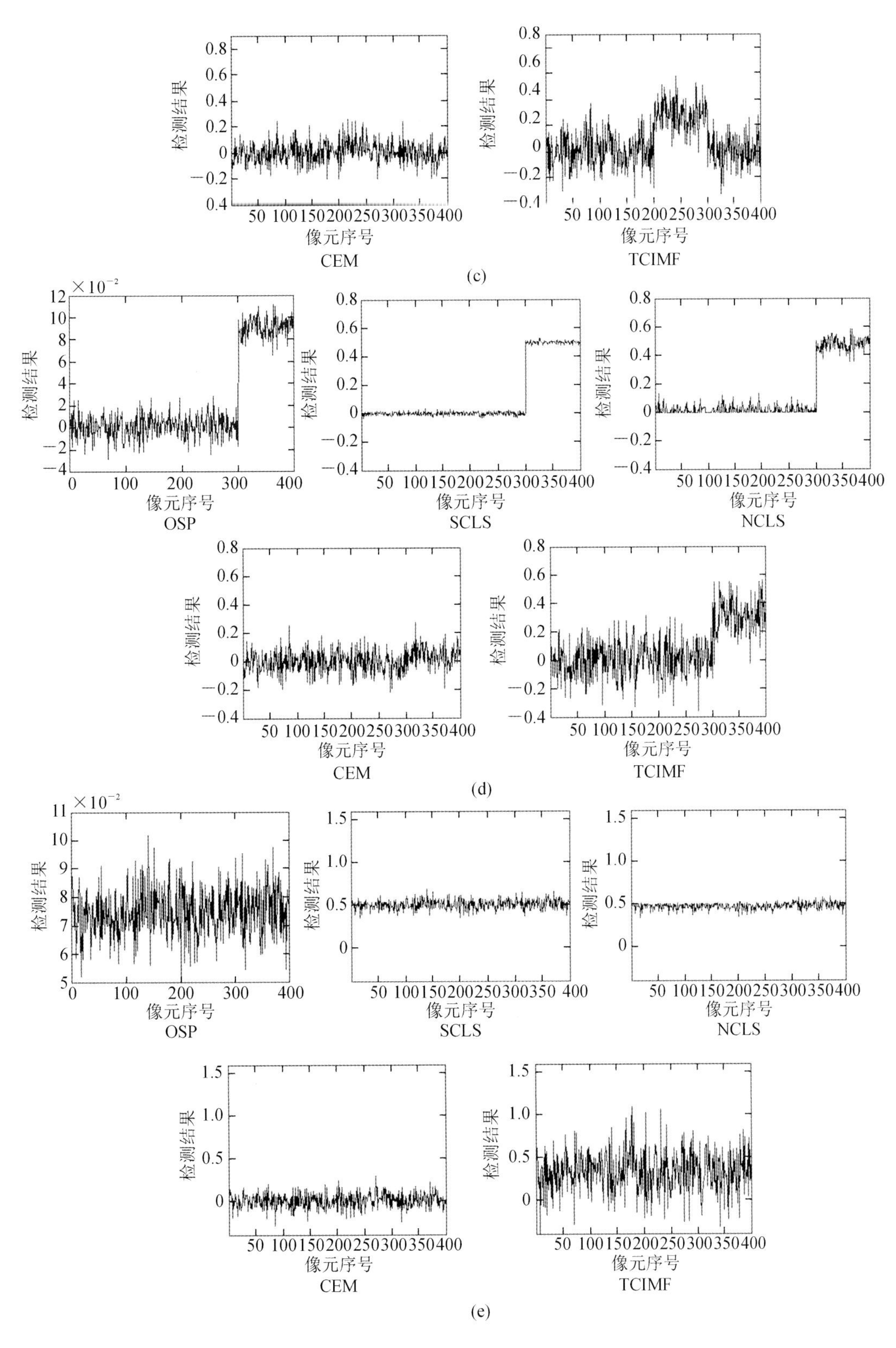
检测结果
像元序号
CEM
TCIMF
(c)
OSP
SCLS
NCLS
CEM
TCIMF
(d)
OSP
SCLS
NCLS
CEM
TCIMF
(e)

图 5.3 (续)

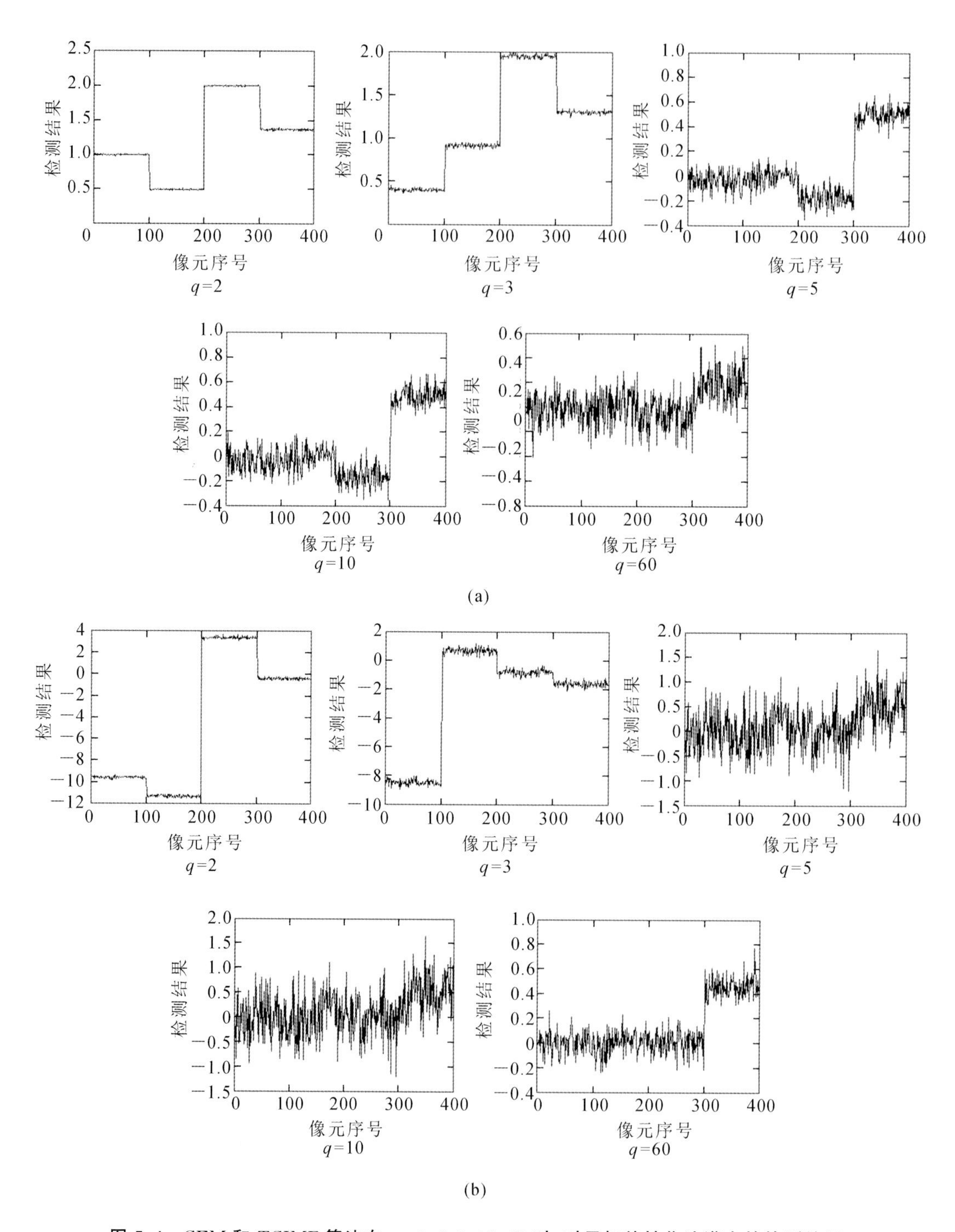

图 5.4 CEM 和 TCIMF 算法在 $q=2$、3、5、10、60 时，对目标特性焦油灌木的检测结果

(a)CEM；(b)TCIMF

5.6.1.2 小丰度目标特性实验

本实验中，所用到的仿真实验数据合成过程同 4.5.2.2 中所述数据合成过程一致。图 5.5 展示了 5 种不同的检测器在此种仿真数据下，对三齿拉雷亚落木叶目标特性的检测结果。同上面的实验一样，为展示上述检测结果，我们使用了两种不同的坐标比例尺，一种应用在 OSP 算法中，另一种应用在 SCLS、NCLS、CEM 和 TCIMF 中。

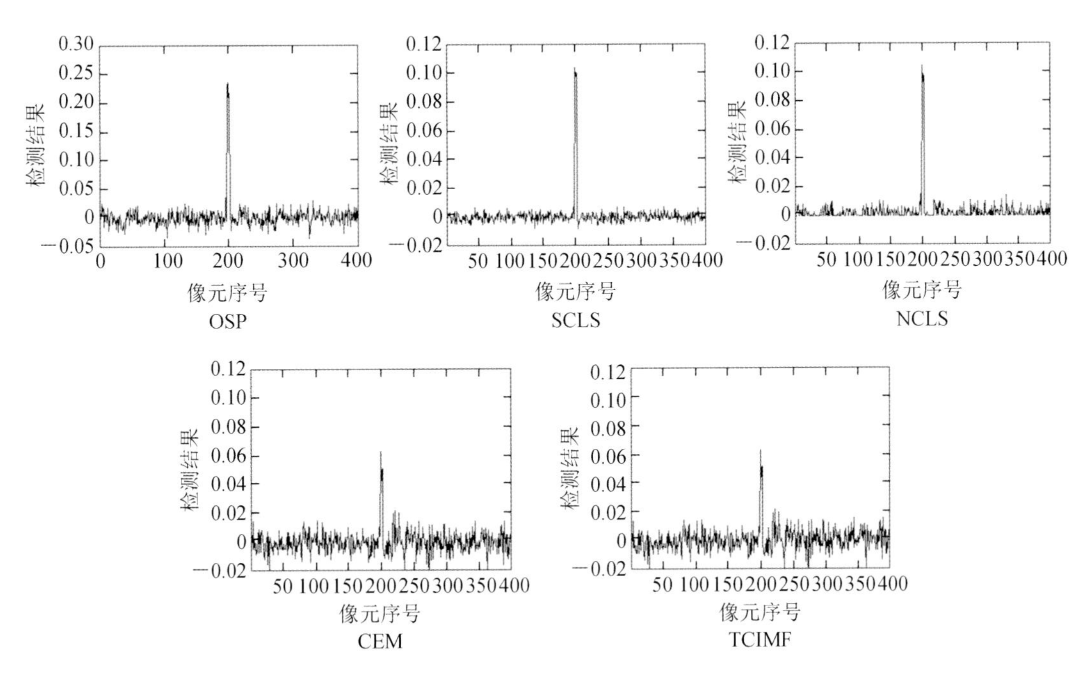

图 5.5 OSP、SCLS、NCLS、CEM 和 TCIMF 算法对三齿拉雷亚落木叶目标特性的检测结果

实验结果显示，5 种算法都对期望目标有着良好的检测性能。从丰度估计角度来看，OSP 算法对三齿拉雷亚落木叶目标特性的丰度估计较差，而 SCLS 与 NCLS 对三齿拉雷亚落木叶目标特性都可以获得比较准确的丰度估计值。同 5.7.2.1 实验，我们令 $q=2,3,5,10,60$，计算不同的 $\boldsymbol{R}^{-1}$ 情况下的 CEM 和 TCIMF 算法的检测效果，实验结果如图 5.6所示。

上述实验结果显示，在 $q=2$ 的情况下，TCIMF 算法没有检测出三齿拉雷亚落木叶目标，而 CEM 算法虽然检测出了三齿拉雷亚落木叶，但同时也提取出了干草目标的丰度。CEM 算法在 $q=60$ 时，对三齿拉雷亚落木叶的丰度值进行了比较准确的估计，但即便如此，其丰度估计的性能依然没有图 5.6 中的 SCLS 和 NCLS 算法优异。

5.6.1.3 干扰作为目标特性实验

本实验中，所用到的仿真实验数据合成过程同 4.5.2.2 中所述数据合成过程一致，并且本实验的前提假设同实验 4.5.2.3 中所阐述的一致，假设检测器的目标特性矩阵 $\boldsymbol{M}=[\boldsymbol{m}_1\ \boldsymbol{m}_2\ \boldsymbol{m}_3\ \boldsymbol{m}_4\ \boldsymbol{m}_5]$，$\boldsymbol{M}$ 包括用于仿真的源数据中的全部 5 种目标特性。其中，焦油灌木和灌

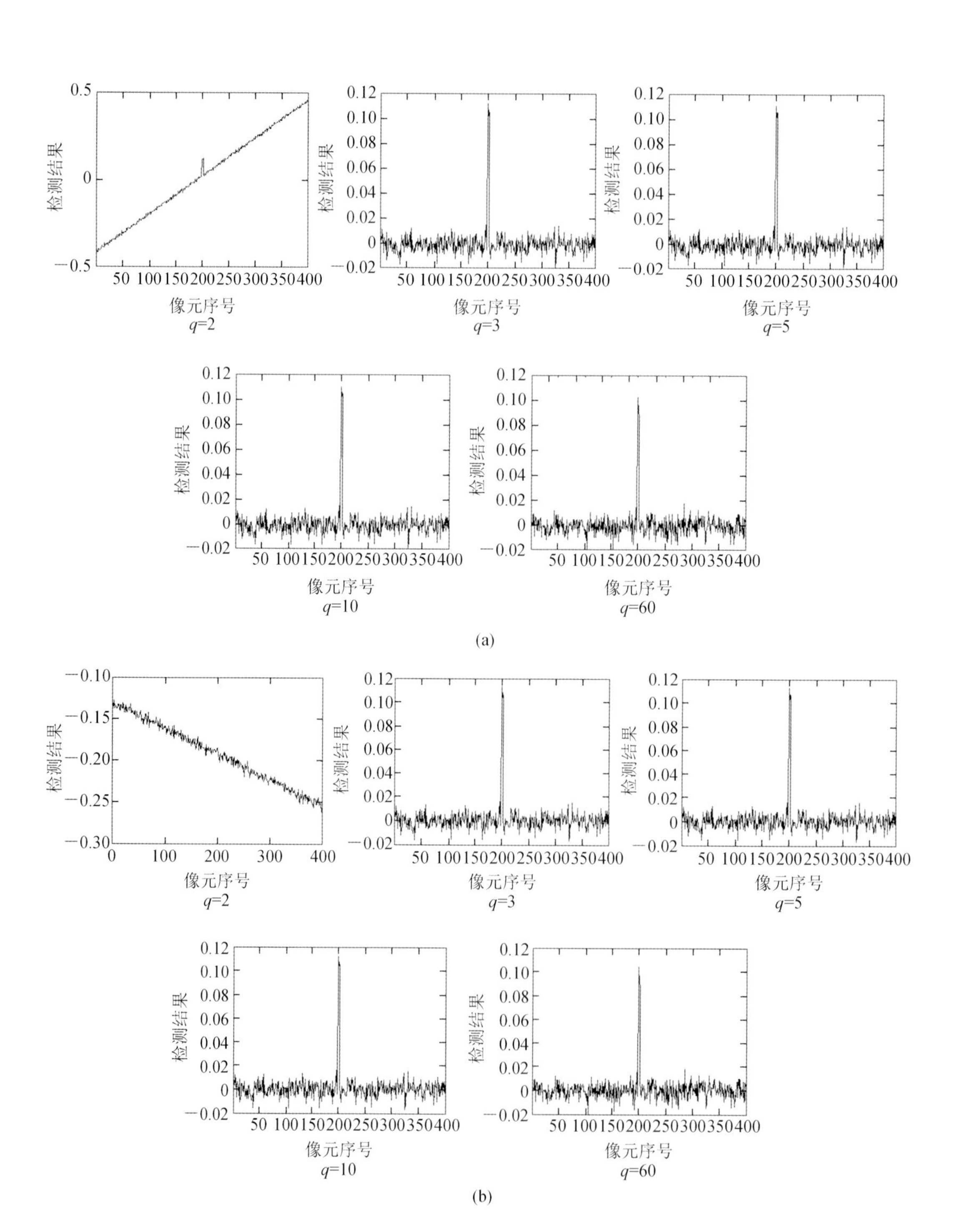

图 5.6 CEM 和 TCIMF **算法在** $q=2、3、5、10、60$ **时，对三齿拉雷亚落木叶目标特性的检测结果**

(a)CEM；(b)TCIMF

木蒿丛两种光谱特性并没有用于合成仿真数据，而是作为多余的干扰特性，出现在 OSP 算法的目标特性矩阵中。图 5.7 显示了在此前提假设下，OSP、SCLS、NCLS、CEM 和 TCIMF 5 种算法以三齿拉雷亚落木叶为期望目标特性，以焦油灌木和灌木蒿丛特性为干扰特性的检测结果。

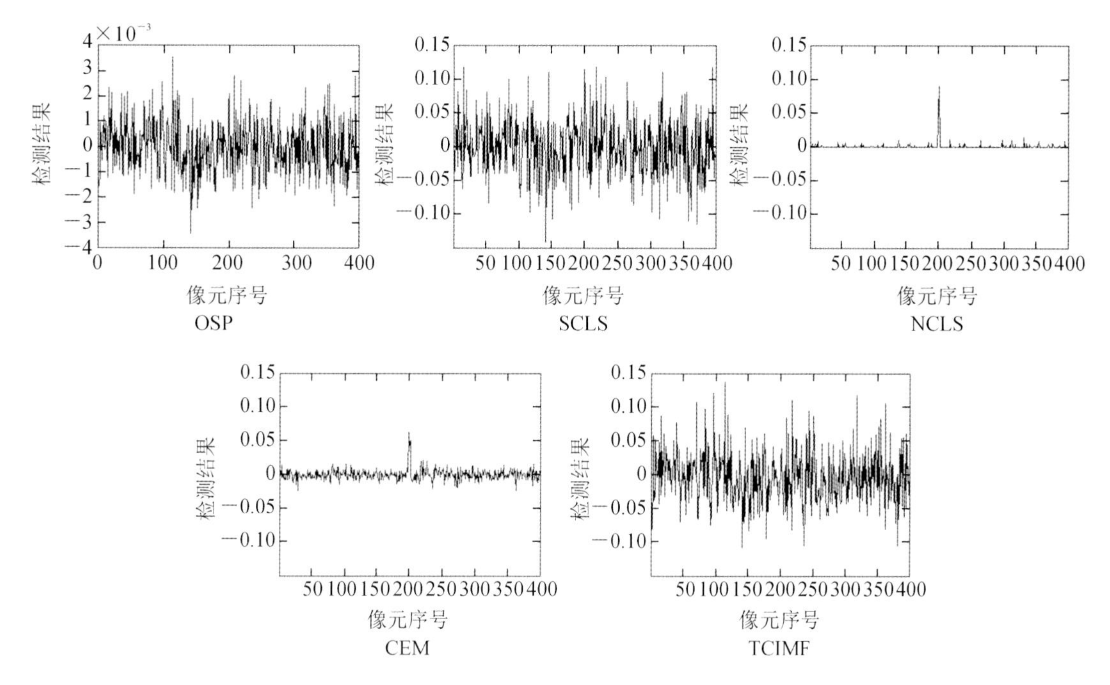

图 5.7 OSP、SCLS、NCLS、CEM 和 TCIMF **算法对三齿拉雷亚落木叶的检测结果**

虽然本实验的仿真数据同实验 5.7.2.2 一致，但实验结果却不尽相同。在本次实验中，OSP 算法获得的检测结果在对照组中最差。这是由于作为干扰的焦油灌木和灌木蒿丛光谱特性，同待测的期望目标三齿拉雷亚落木叶的光谱特性相似，并且 OSP 算法对目标检测是通过 $P_U^{\perp}$ 对非期望特性进行压抑而实现的，这一点我们在 4.5.2.3 的实验中已有说明。同样，SCLS 和 NCLS 算法也受到了期望光谱特性与干扰光谱特性相似这一问题的影响。但即便如此，NCLS 算法依然获得了可以接受的结果。

从实验结果还可以观察到，CEM 算法同实验 5.7.1.2 的图 5.6(a)中所示结果相同，这是由于加入零丰度的焦油灌木和灌木蒿丛并不影响 CEM 算法的输出。但对于 TCIMF 算法，其实验结果与实验 5.7.1.2 的图 5.6(b)中所示结果并不相同，这是由于三齿拉雷亚落木叶特性被与其相似的焦油灌木和灌木蒿丛光谱特性所压抑，故其检测效果不太理想，与 SCLS 处在相似水平上。但是，在取不同的 q 值时，TCIMF 算法也会给出令人惊喜的结果，实验结果如图 5.8 所示。

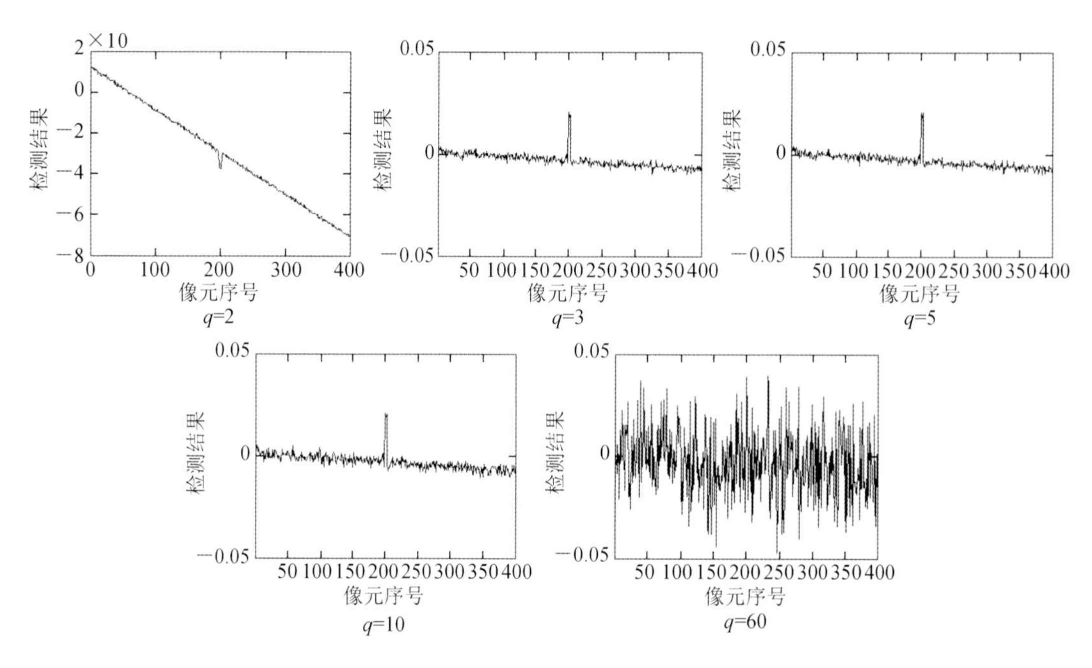

图 5.8 TCIMF 算法在 q=2、3、5、10、60 时，对三齿拉雷亚落木叶的检测结果

5.6.2 检测器对目标知识的敏感性实验

5.6.2.1 仿真实验

1.部分目标知识已知

本次实验中，所用到的仿真数据同 4.5.2.2 中所述实验相同。仿真数据包括 400 个混合像元，其中第一个仿真像元为 100%的红土光谱特性，之后的每一个仿真像元依次增加 0.25%的干草光谱特性，同时依次减少 0.25%的红土特性。在第 198～202 个仿真像元中，加入 10%的三齿拉雷亚落木叶特性，并同时依次减少红土与干草的含量。例如，第 200 个仿真像元包括 10%的三齿拉雷亚落木叶，44.75%的红土和 45.25%的干草光谱。之后在每一个仿真像元中加入信噪比为 30∶1 的高斯白噪声，其中，信噪比定义为 50%的反射率除以噪声的标准差(Harsanyi、Chang，1994)。

本次试验中我们假设被测目标的光谱特性 $\boldsymbol{t}_0$ 是我们唯一已知的先验知识。在这样的假设下，OSP 算法需要通过非监督的手段获取非期望目标。我们将三齿拉雷亚落木叶光谱特性作为待测目标 $\boldsymbol{t}_0$，并令其为 UNCLS 算法的初始条件 $\boldsymbol{m}_0$ 以获取 OSP 算法所需的非期望目标的光谱特性。利用 UNCLS 算法预测的后验目标中，$\boldsymbol{t}_1$ 识别为红土，$\boldsymbol{t}_2$ 识别为干草，$\boldsymbol{t}_1$ 和 $\boldsymbol{t}_2$ 均为获得的后验信息。利用这 3 种光谱特性组成目标光谱特性矩阵 $\boldsymbol{M}$，在这样的假设情况下，OSP 算法的非期望目标需要通过非监督的手段获取。图 5.9 所示为 OSP、SCLS、

NCLS、CEM 和 TCIMF 算法检测结果。

从上面的实验结果图中可以观测到，OSP、SCLS 和 NCLS 3 种算法获得了相似的结果，其中，NCLS 算法可以获得对丰度值相对更准确的检测结果。不过，相对而言 OSP 算法虽然检测到了待测期望目标，但对丰度值的检测则没有那么准确，这一结论也可以在 4.5.3.1 的实验结果中得到佐证。CEM 和 TCIMF 算法的表现同以上讨论的 3 种算法有着明显的不同。这两种算法都检测到了三齿拉雷亚落木叶这一目标，但在检测其他两种目标时表现却不同。

2. 目标知识无法先验获得

本次实验与 5.6.2.1 中所述实验不同，不同点在于实验所需的最初目标特性信息也是未知的，也就是说 UNCLS 所需的初始目标的特性需要从原始高光谱数据中自适应获得。

图 5.10 所示为 OSP、SCLS、NCLS、CEM 和 TCIMF 算法的检测结果。同上一个实验一样，NCLS 获得了最好的检测结果，但效果并不如实验 5.6.2.1。相似的变化同样也能够在 OSP 和 SCLS 的结果中观测出。

5.6.2.2 HYDICE 数据实验

在这部分实验中，我们将研究 $\boldsymbol{t}_0$ 为唯一的已知条件时，检测器在 HYDICE 数据上的检测性能。首先，在 HYDICE 数据中，我们选择第一行的第一个目标的中心像元 p_{11} 作为 $\boldsymbol{t}_0$。然后，我们利用 UNCLS 算法，令 $\boldsymbol{t}_0=\boldsymbol{p}_{11}$ 作为算法的初始条件，并生成 34 个未知的目标像元，其中 6 个目标像元可以同真值分布(ground-truth)中的目标进行匹配，这里令它们分别为 $\boldsymbol{t}_0=\boldsymbol{p}_{11}$、$\boldsymbol{t}_1=$ 干扰、$\boldsymbol{t}_4=\boldsymbol{p}_{51}$、$\boldsymbol{t}_5=\boldsymbol{p}_{51}$、$\boldsymbol{t}_{21}=\boldsymbol{p}_{41}$ 和 $\boldsymbol{t}_{33}=\boldsymbol{p}_{21}$。图 5.11(a)～(f)所示为 OSP、SCLS、NCLS、CEM 和 TCIMF 算法对这 6 种目标的检测结果。

从实验结果中可以观察到，只有 CEM 和 TCIMF 算法可以检测到少量的目标 p_{13}，而其他算法由于目标 p_{13} 的丰度值较小，所以难以检测到 p_{13} 的存在。在全部的实验结果中，NCLS、CEM 和 TCIMF 算法可以获得较好的检测结果，但 NCLS 算法仍然不能很好地区分第二行与第三行之间，以及第四行与第五行之间的目标。OSP 和 SCLS 算法的检测结果相对 NCLS 并不理想，但它们仍然可以区分每一行的目标与干扰目标。

为了讨论 q 的不同取值对 CEM 和 TCIMF 算法在 HYDICE 数据检测性能上的影响，我们分别令 $q=5,10,20,40,80$，对于以上我们定义的 6 种目标，CEM 和 TCIMF 算法的检测结果分别如图 5.12 和图 5.13 所示。

从实验中可以看出，q 值越大，两种检测器所获得的检测效果越好。对于相同的 q 值，两种检测器的检测结果大致相似，但在 $q=80$ 时，从两组实验图 5.12(d)～(f)和 5.13(d)～(f)中可以观测到，TCIMF 可以比 CEM 算法消除更多的非期望目标的干扰。

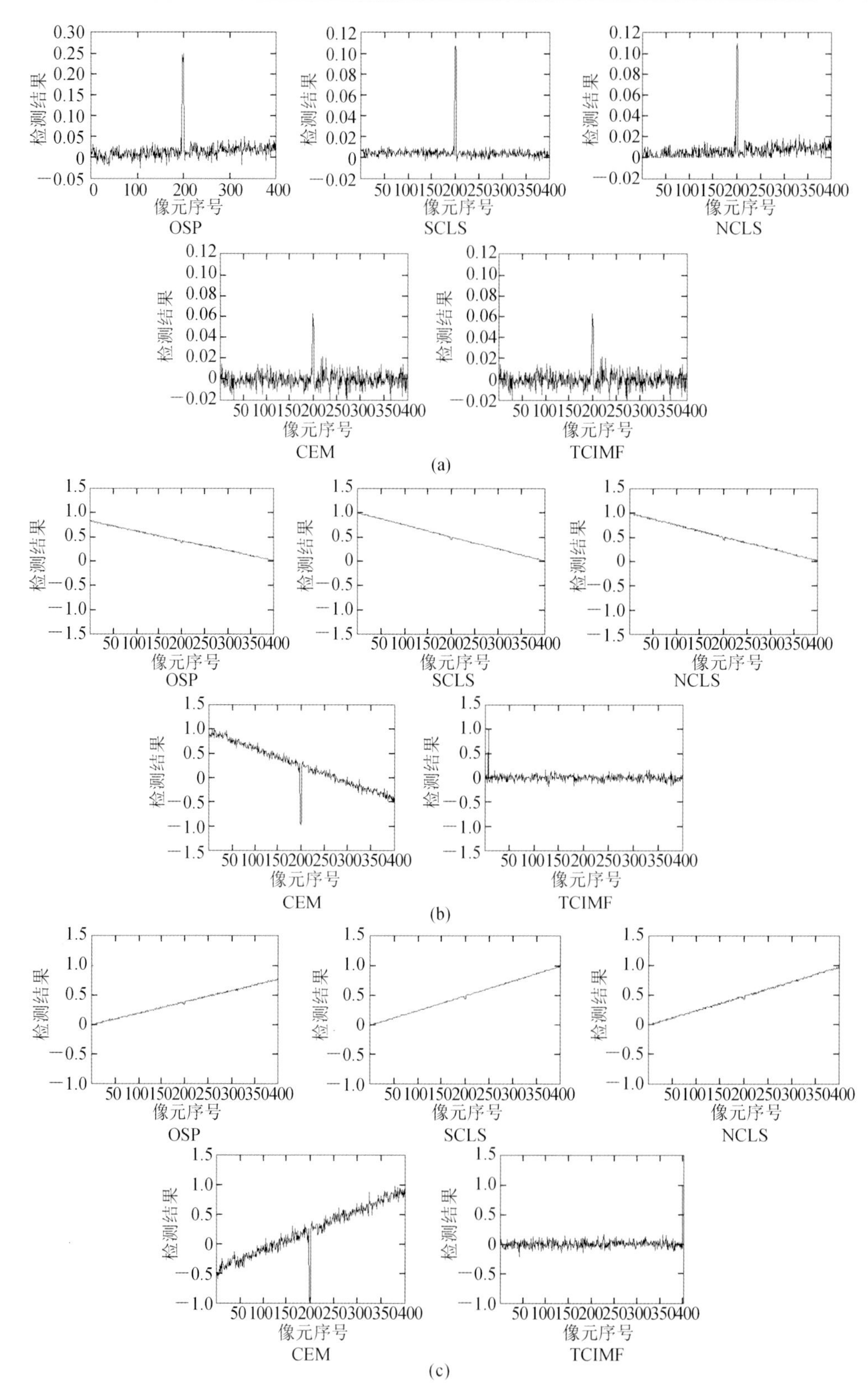

图 5.9 OSP、SCLS、NCLS、CEM 和 TCIMF **算法检测结果对比**

(a)三齿拉雷亚落木叶;(b)红土;(c)干草

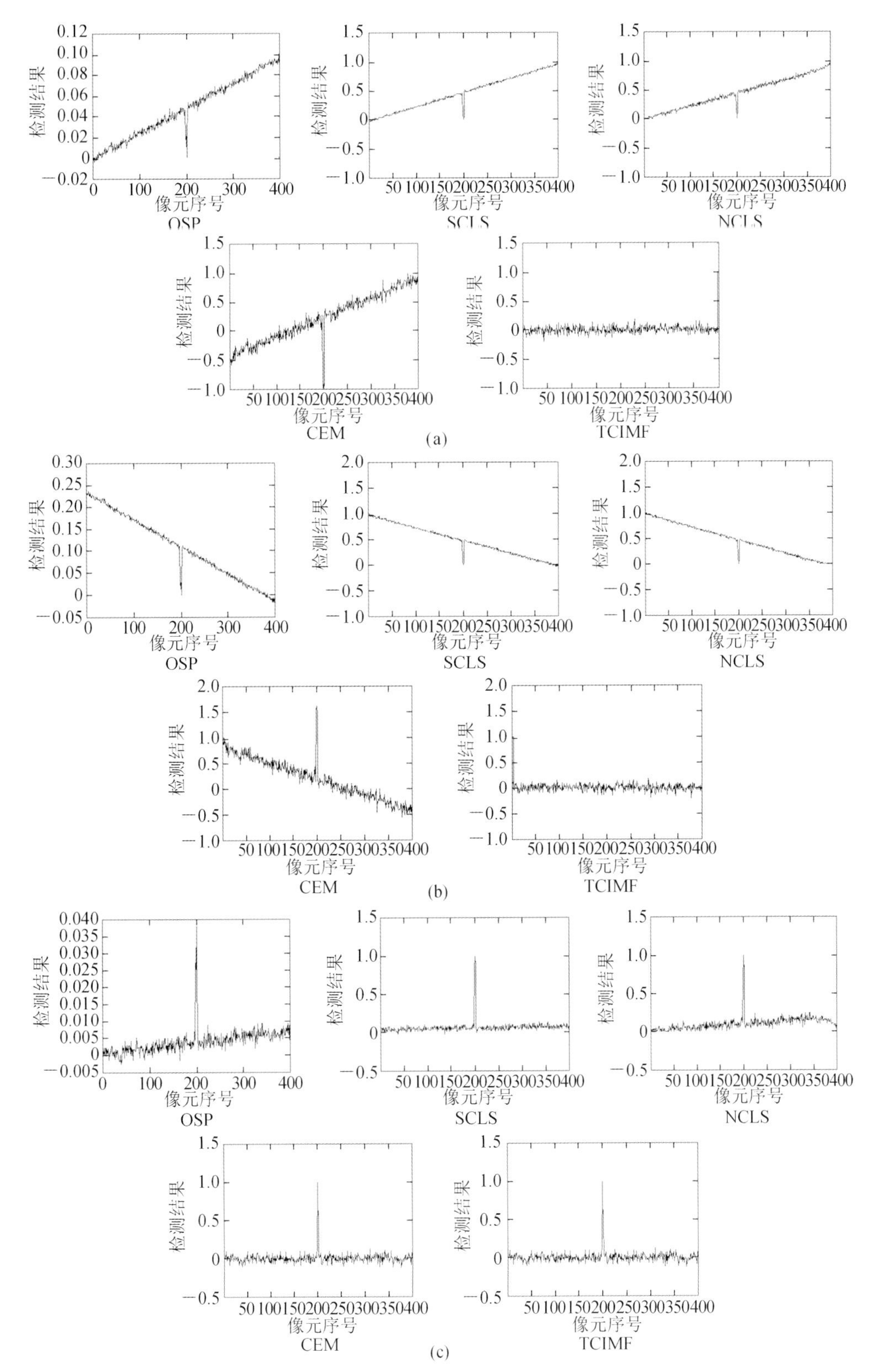

图 5.10 OSP、SCLS、NCLS、CEM 和 TCIMF **算法检测结果对比**

(a)第一个被发现目标干草的检测;(b)第二个被发现目标红土的检测;(c)第三个被发现目标三齿拉雷亚落木叶的检测

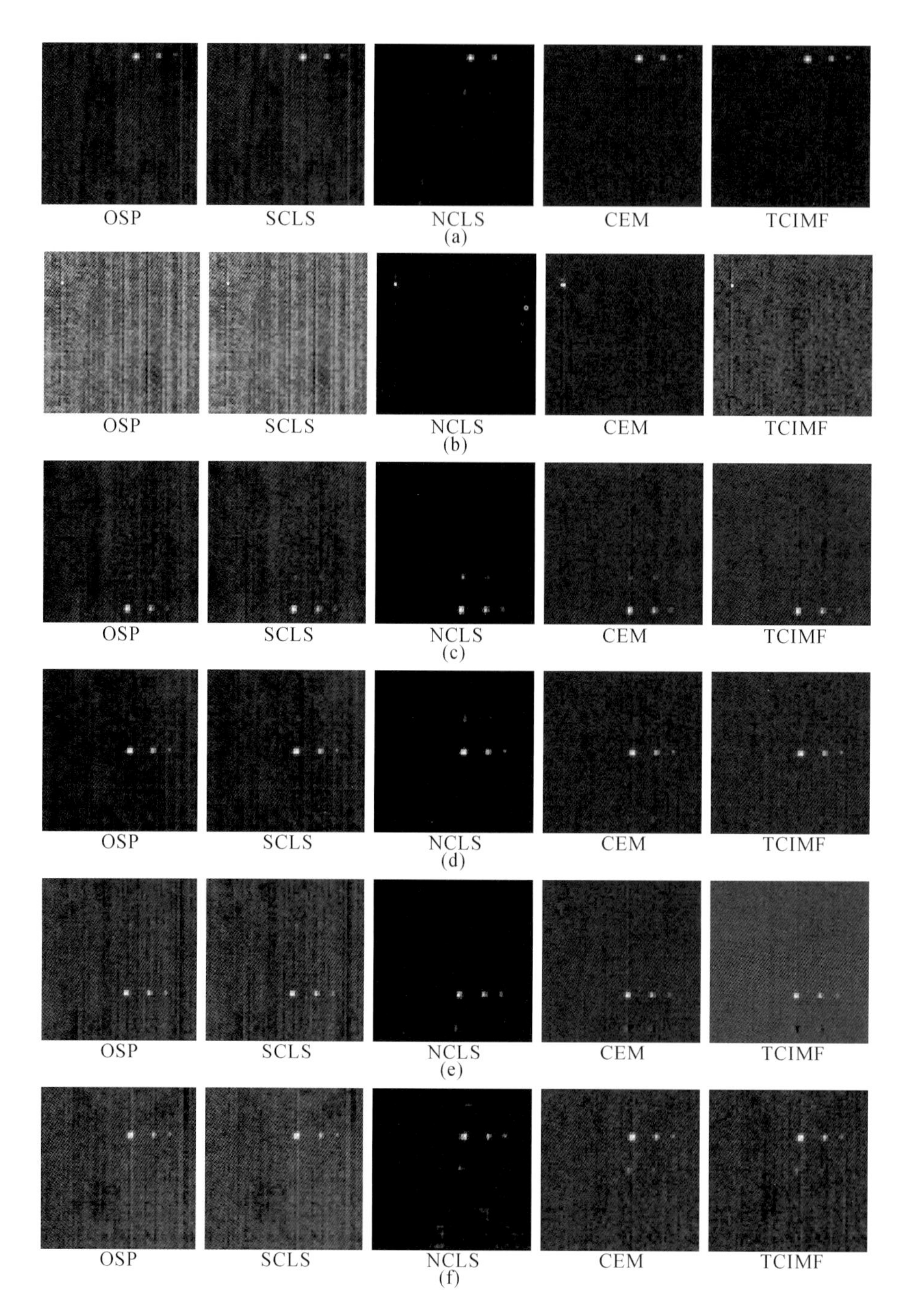

图 5.11 OSP、SCLS、NCLS、CEM 和 TCIMF 算法在 HYDICE 数据，$\boldsymbol{t}_0 = p_{11}$ 为仅有的已知条件时的检测结果

(a)$\boldsymbol{t}_0 = \boldsymbol{p}_{11}$；(b)$\boldsymbol{t}_1 =$ 干扰；(c)$\boldsymbol{t}_4 = \boldsymbol{p}_{51}$；(d)$\boldsymbol{t}_5 = \boldsymbol{p}_{31}$；(e)$\boldsymbol{t}_{21} = \boldsymbol{p}_{41}$；(f)$\boldsymbol{t}_{33} = \boldsymbol{p}_{21}$

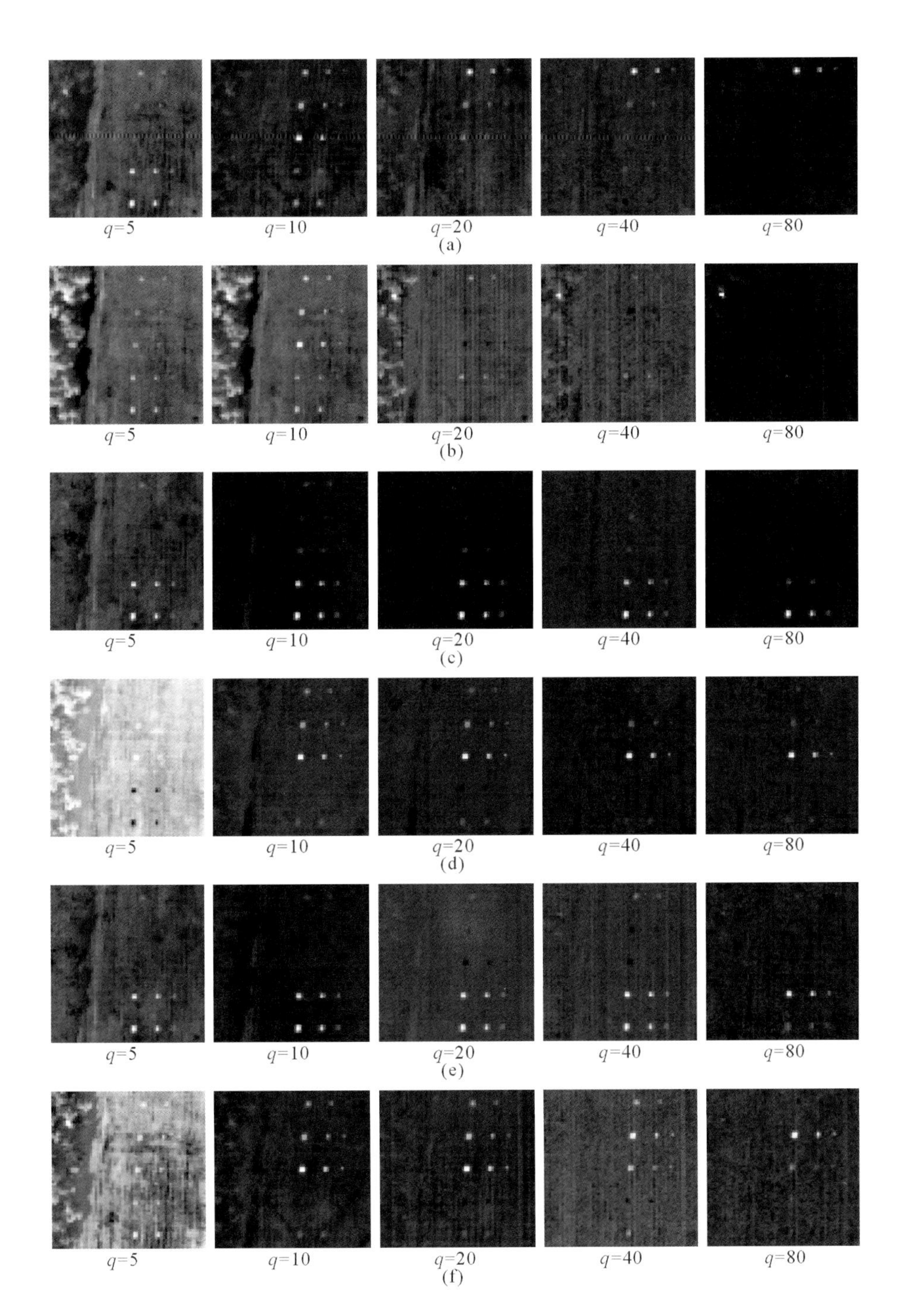

图 5.12 q=5、10、20、40、80 时，CEM 算法对 6 种目标光谱特性在 HYDICE 数据中的检测结果

(a)$\boldsymbol{t}_0=\boldsymbol{p}_{11}$；(b)$\boldsymbol{t}_1=$ 干扰；(c)$\boldsymbol{t}_4=\boldsymbol{p}_{51}$；(d)$\boldsymbol{t}_5=\boldsymbol{p}_{31}$；(e)$\boldsymbol{t}_{21}=\boldsymbol{p}_{41}$；(f)$\boldsymbol{t}_{33}=\boldsymbol{p}_{21}$

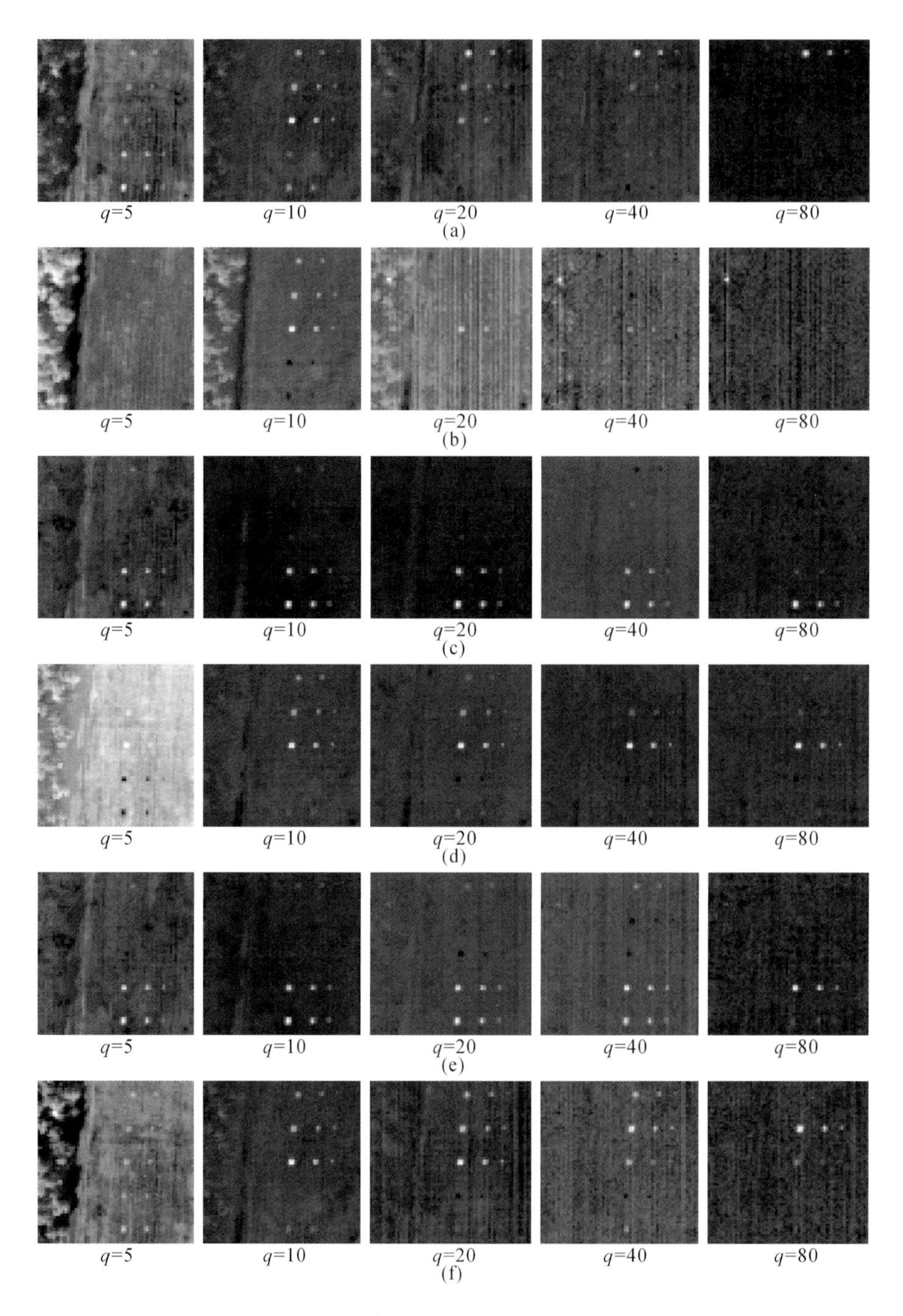

图 5.13 q=**5、10、20、40、80 时，**TCIMF **算法对 6 种目标光谱特性在** HYDICE **数据中的检测结果**

(a)$\boldsymbol{t}_0=\boldsymbol{p}_{11}$;(b)$\boldsymbol{t}_1=$ 干扰;(c)$\boldsymbol{t}_4=\boldsymbol{p}_{51}$;(d)$\boldsymbol{t}_5=\boldsymbol{p}_{31}$;(e)$\boldsymbol{t}_{21}=\boldsymbol{p}_{41}$;(f)$\boldsymbol{t}_{33}=\boldsymbol{p}_{21}$

5.6.2.3 AVIRIS 数据实验

1. 全部目标知识已知

在这部分实验中，我们假设先验知识全部已知，实验所需的 5 种目标光谱特性岩渣（cinders）、沙漠盆地（playa）、流纹岩（rhyolite）、阴影（shade）和植被（vegetation）可以直接从图中获取，获取方法同 Harsanyi 与 Chang 于 1994 年发表的文章结论一致。图 5.14 展示了 OSP、SCLS、NCLS、CEM 和 TCIMF 算法利用全部的目标光谱特性，且 TCIMF 和 OSP 算法所用到的 U 由除期望光谱特性以外的其他特性组成的情况下，5 种算法的检测结果。

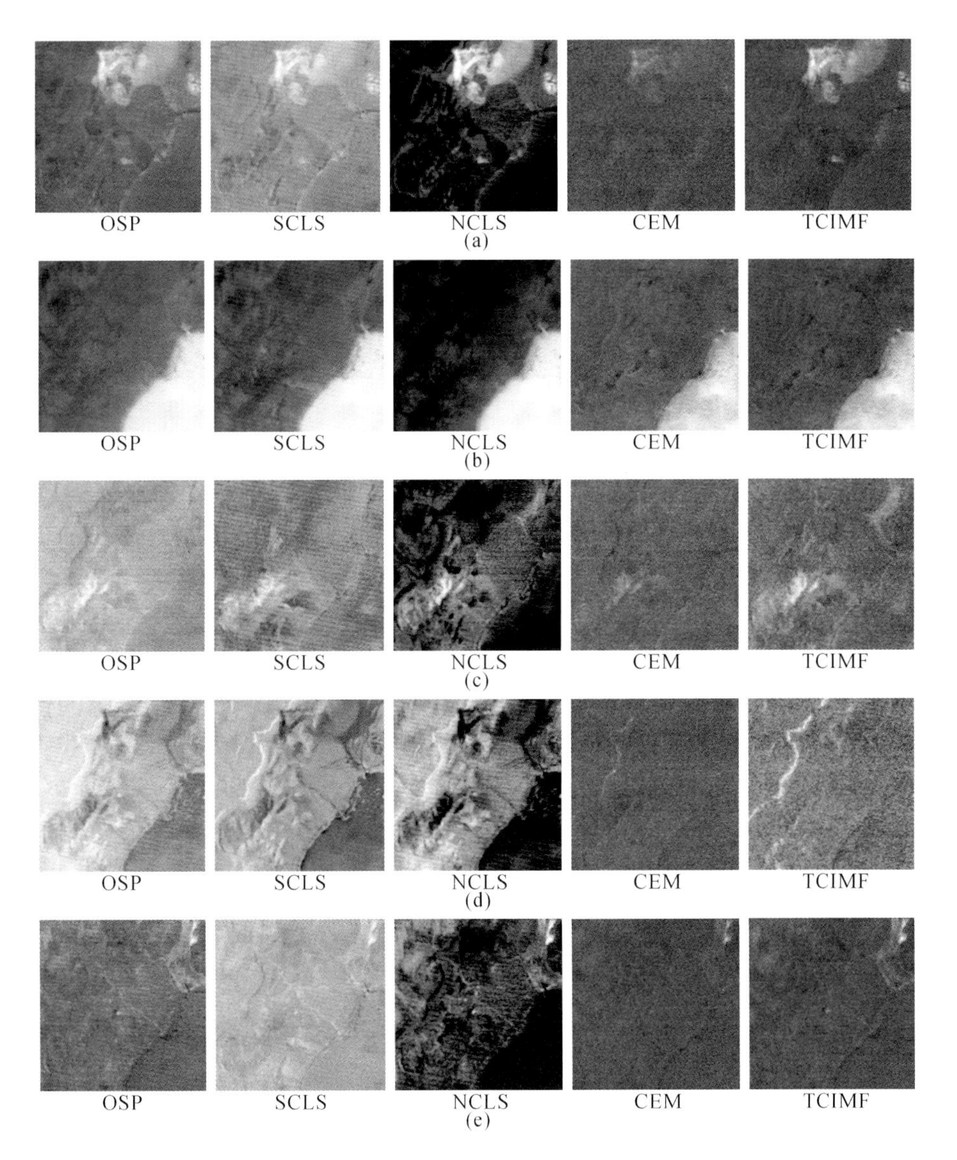

图 5.14 OSP、SCLS、NCLS、CEM 和 TCIMF 算法在 AVIRIS LCVF 先验知识全部已知时的检测结果

(a)岩渣；(b)沙漠盆地；(c)流纹岩；(d)阴影；(e)植被

从图 5.14 的实验结果中可以观测出，NCLS 算法获得了最佳的检测结果。为了展示 q 对于 CEM 和 TCIMF 算法在 AVIRIS 数据检测性能的影响，令 $q=5$、10、20、40、80，对以上我们定义的 5 种目标，CEM 和 TCIMF 算法的检测结果分别如图 5.15 和图 5.16 所示。

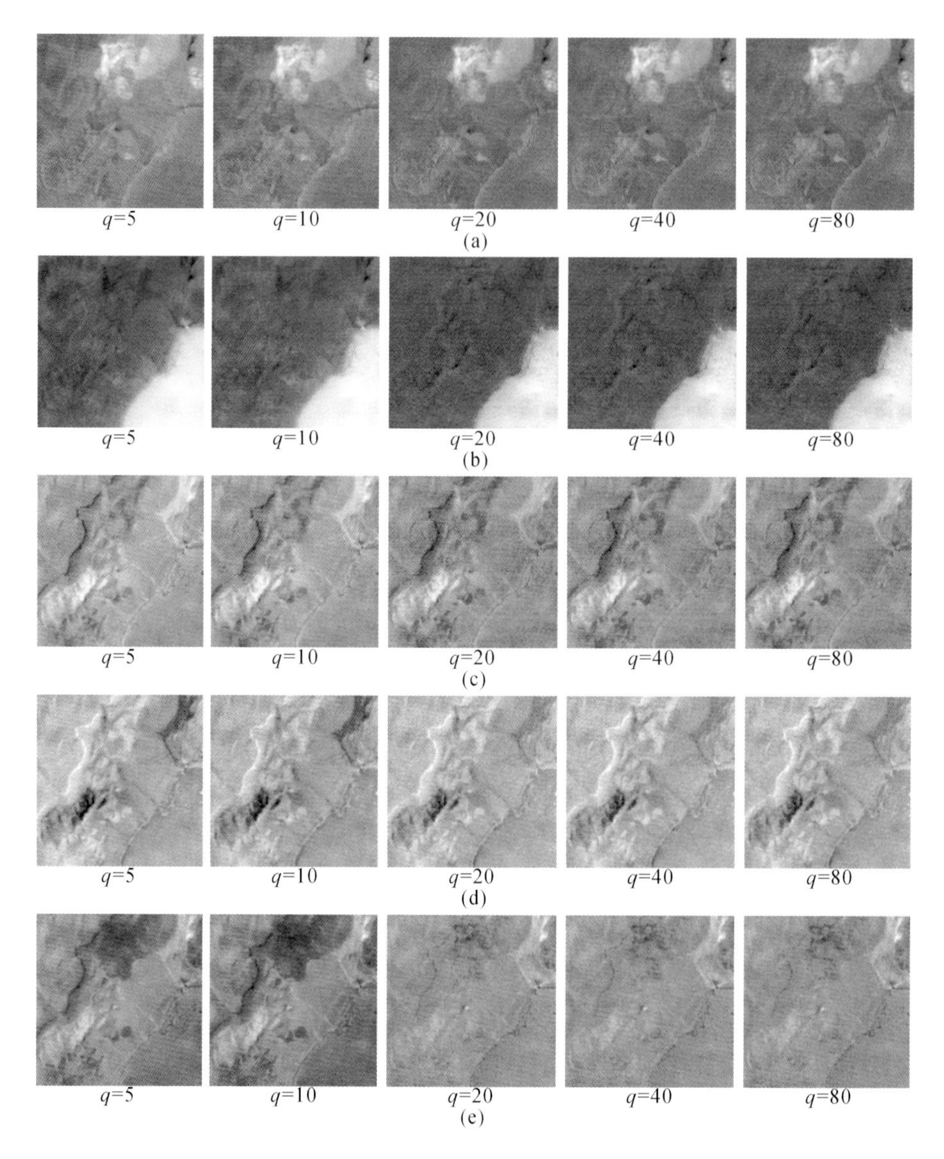

图 5.15　q=5、10、20、40、80 时，CEM 算法对 5 种目标光谱特性在 AVIRIS 数据中的检测结果

(a)岩渣；(b)沙漠盆地；(c)流纹岩；(d)阴影；(e)植被

从上述实验结果中可以观测出，在 $q=80$ 时 TCIMF 算法的检测结果优于 CEM 算法；但在 q 值比较小的情况下，CEM 的结果也会优于 TCIMF 算法。但总的来说，在 $q=5$，10，20，40，80 情况下，CEM 和 TCIMF 算法的检测结果还是要差于在利用全部光谱向量计算 $\boldsymbol{R}^{-1}$ 时的检测结果。

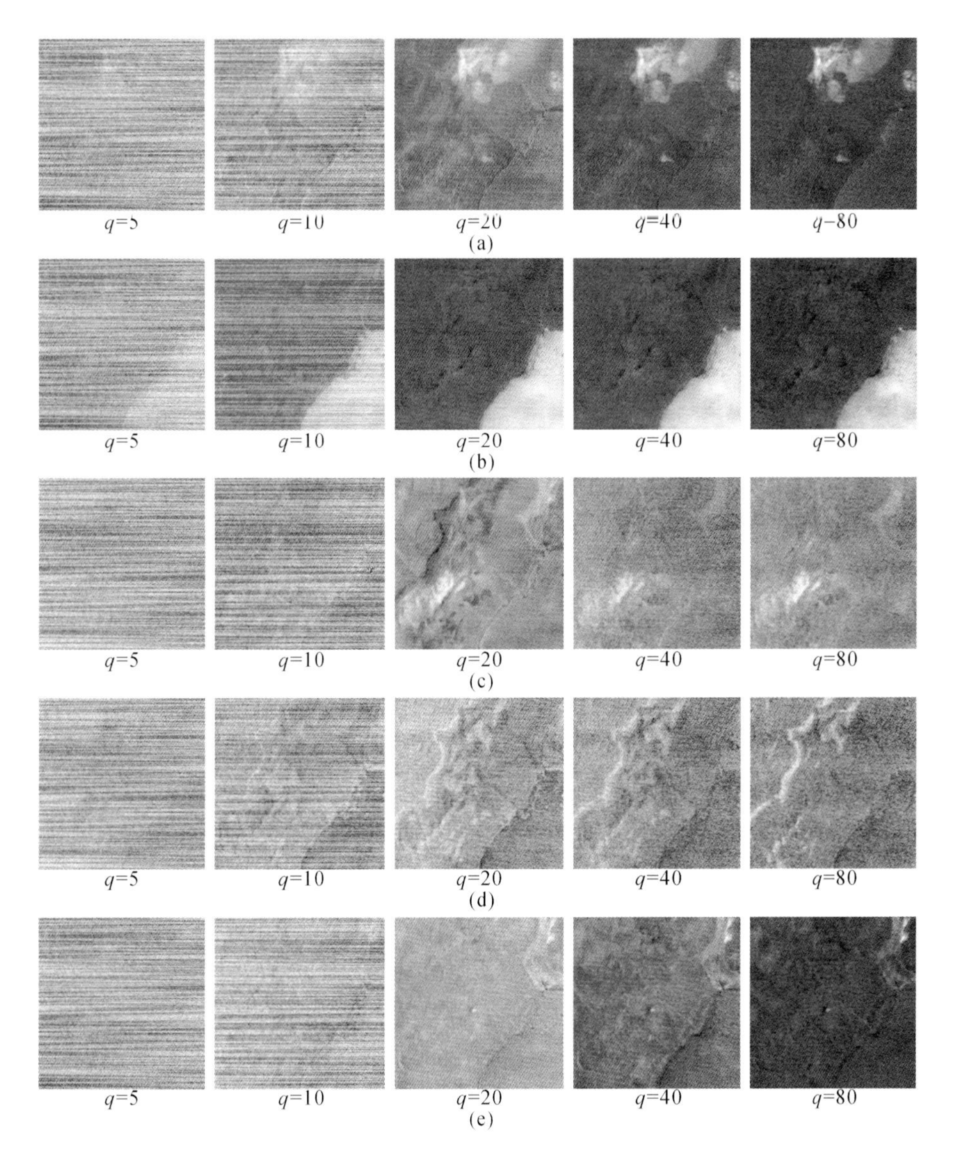

图 5.16 q=5、10、20、40、80 时，TCIMF 算法对 5 种目标特性在 AVIRIS 数据中的检测结果

(a)岩渣；(b)沙漠盆地；(c)流纹岩；(d)阴影；(e)植被

2. 仅被测目标知识已知

上面的实验中，5 种目标光谱特性作为先验知识全部已知。在这一部分的实验中，假设仅有部分目标光谱特性作为先验知识是已知的。在此，我们假设目标 playa 的光谱特性已知。

利用 UNCLS 算法生成其他 5 种未知目标特性，并鉴定它们为 $\boldsymbol{t}_1$＝岩渣，$\boldsymbol{t}_2$＝异常目标，$\boldsymbol{t}_3$＝植被，$\boldsymbol{t}_4$＝阴影，$\boldsymbol{t}_5$＝流纹岩，同时还有 UNCLS 算法的初始条件 $\boldsymbol{t}_0$＝沙漠盆地。图 5.17 展示了 OSP、SCLS、NCLS、CEM 和 TCIMF 算法利用全部的特征向量，且 TCIMF 和 OSP 算法所用到的 $\boldsymbol{U}$ 由除期望目标特性以外的其他光谱特性组成的情况下，它们的对比检测结果。

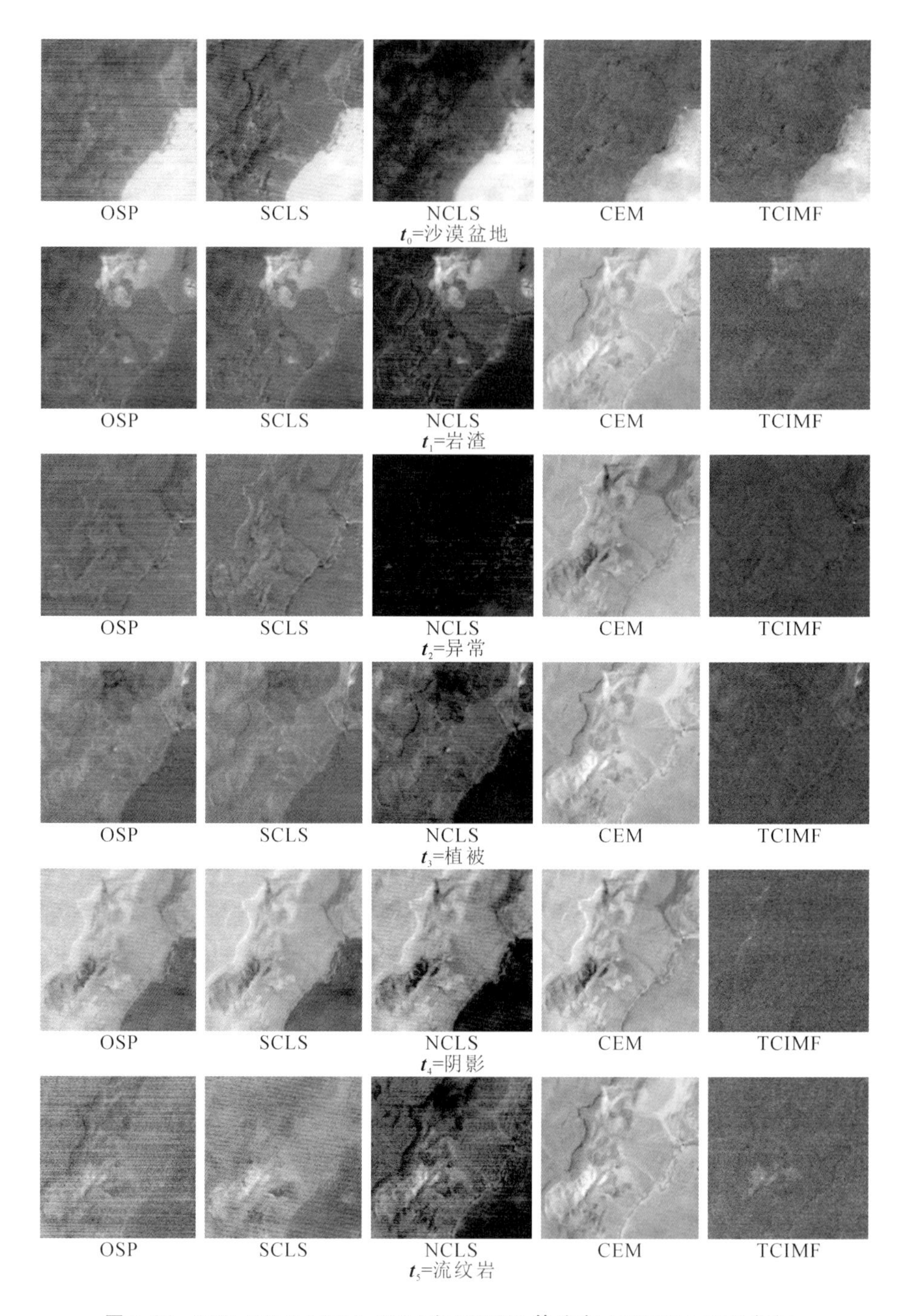

图 5.17　OSP、SCLS、NCLS、CEM 和 TCIMF 算法在 AVIRIS LCVF 数据，仅有 1 个目标光谱特性为先验知识时的检测结果

值得注意的是，在用 UNCLS 算法提取未知目标光谱特性时，第 2 个被找到的目标光谱特性 t_2 是一个沙漠盆地像元，其位于沙漠盆地的边缘左下角上。这一个像元是异常像元，由于很难在视觉上察觉并辨别这一异常，所以在上面的实验中并未包含。

对比先前目标知识全部已知的实验中图 5.14，这 5 种检测器都无法获得优于先前实验中的检测结果。但这组实验也展示了 UNCLS 算法潜在的侦测异常的能力。

接下来我们研究不同的 q 值对 CEM 和 TCIMF 算法在 AVIRIS 数据检测性能的影响。令 $q=5,10,20,40,80$，对于以上我们定义的 5 种目标，CEM 和 TCIMF 算法的检测结果分别如图 5.18 和图 5.19 所示。

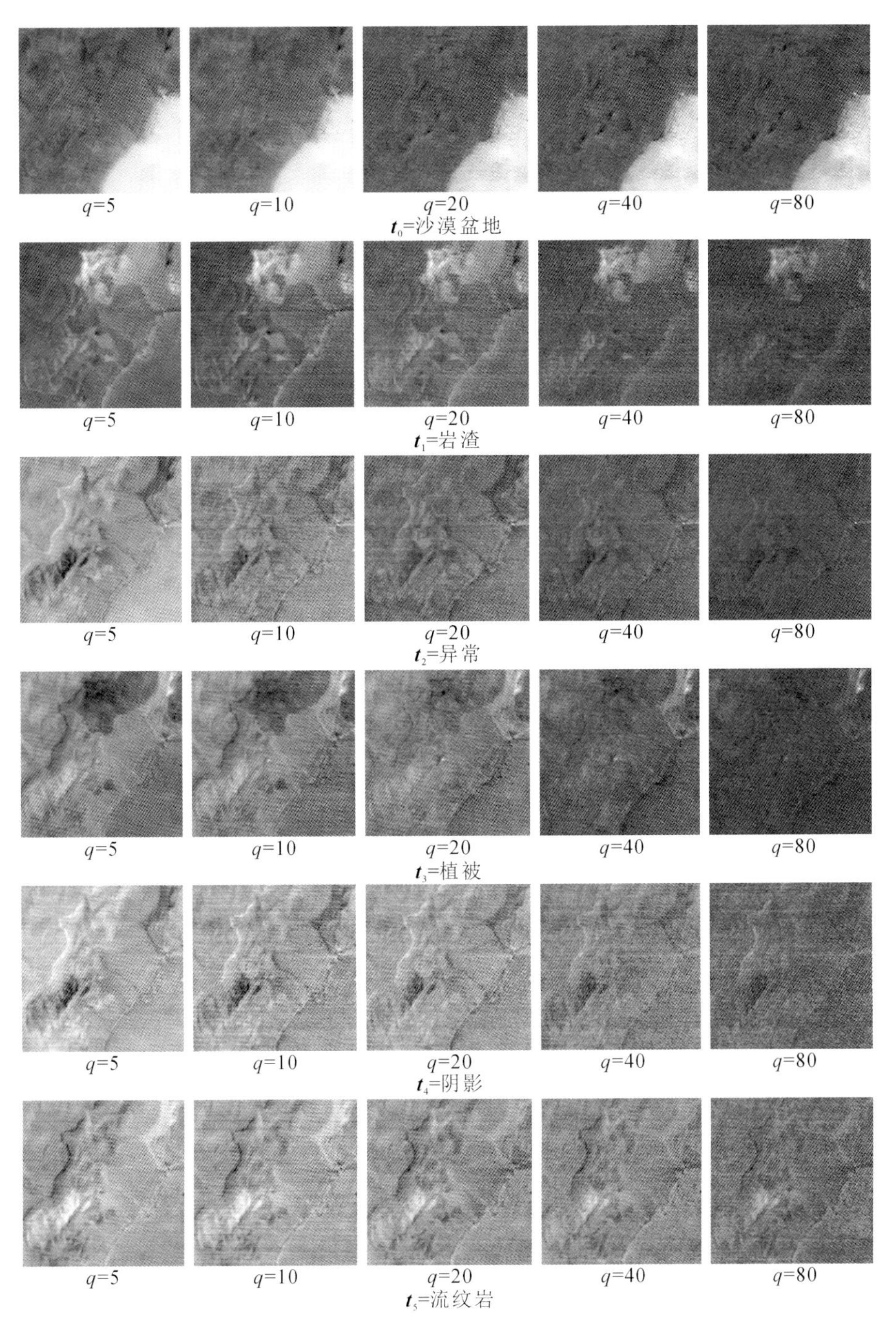

图 5.18 $q=5$、10、20、40、80 时，CEM 算法对 5 种目标光谱特性在 AVIRIS 数据中的检测结果

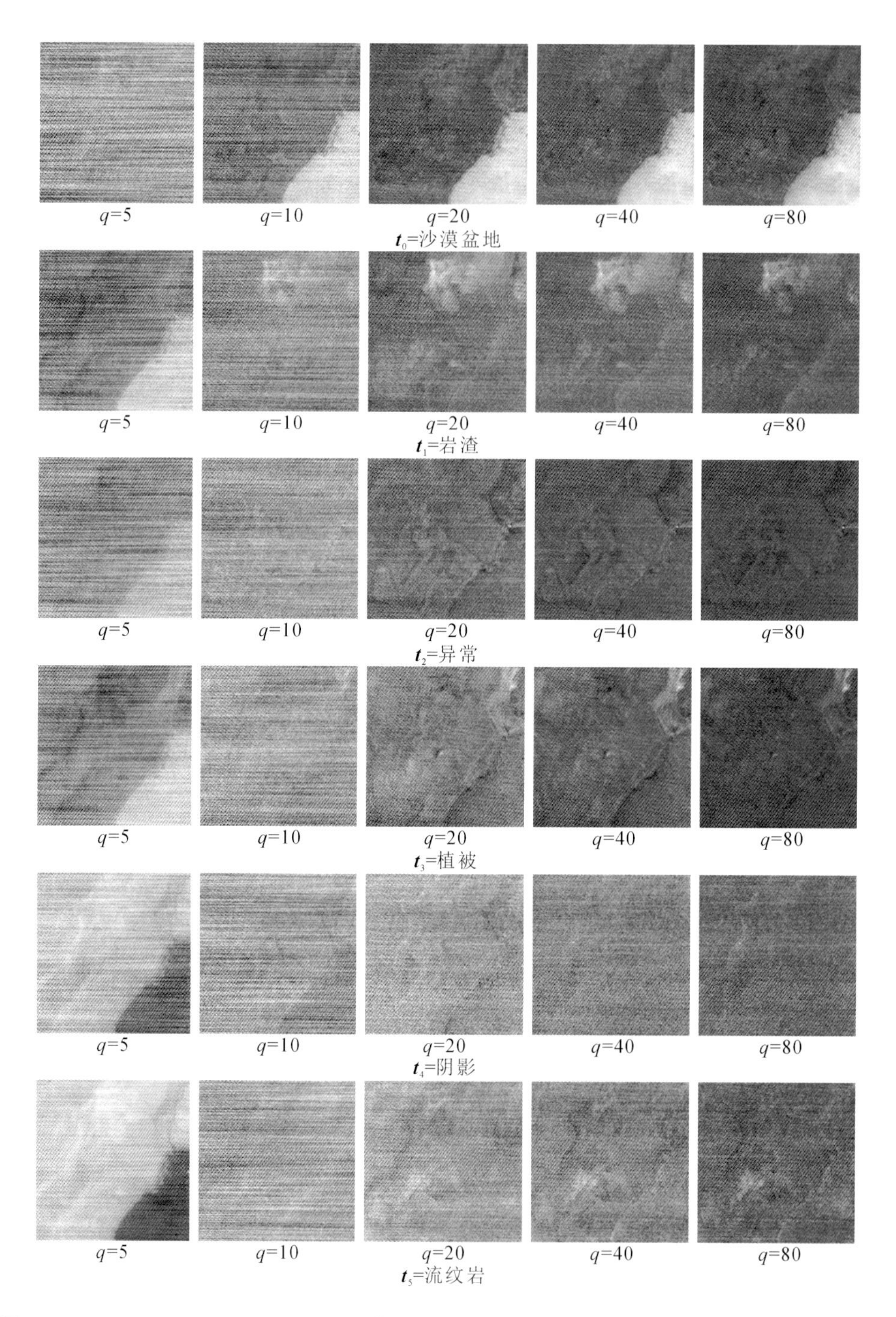

图 5.19　q=5、10、20、40、80 时，TCIMF 算法对 5 种目标光谱特性在 AVIRIS 数据中的检测结果

3. 目标知识无法先验获得

在这部分实验中，我们将研究在全部目标光谱特性先验知识无法获得的情况下，检测器的检测效果。在这种特殊的情况下，我们利用 UNCLS 算法直接从图中获得 6 个目标的光谱特性，并鉴定他们为 t_0 = 沙漠盆地，t_1 = 岩渣，t_2 = 异常，t_3 = 植被，t_4 = 阴影和 t_5 = 流纹岩。

除了 t_0 = 沙漠盆地外，其他目标光谱特性同上述实验中通过 UNCLS 算法获得的目标光谱特性相同。图 5.20 展示了 OSP、SCLS、NCLS、CEM 和 TCIMF 算法利用全部的特征向量，且 TCIMF 和 OSP 算法所用到的 $\boldsymbol{U}$ 由除期望目标光谱特性外的其他光谱组成的情况下，5 种算法的检测结果。

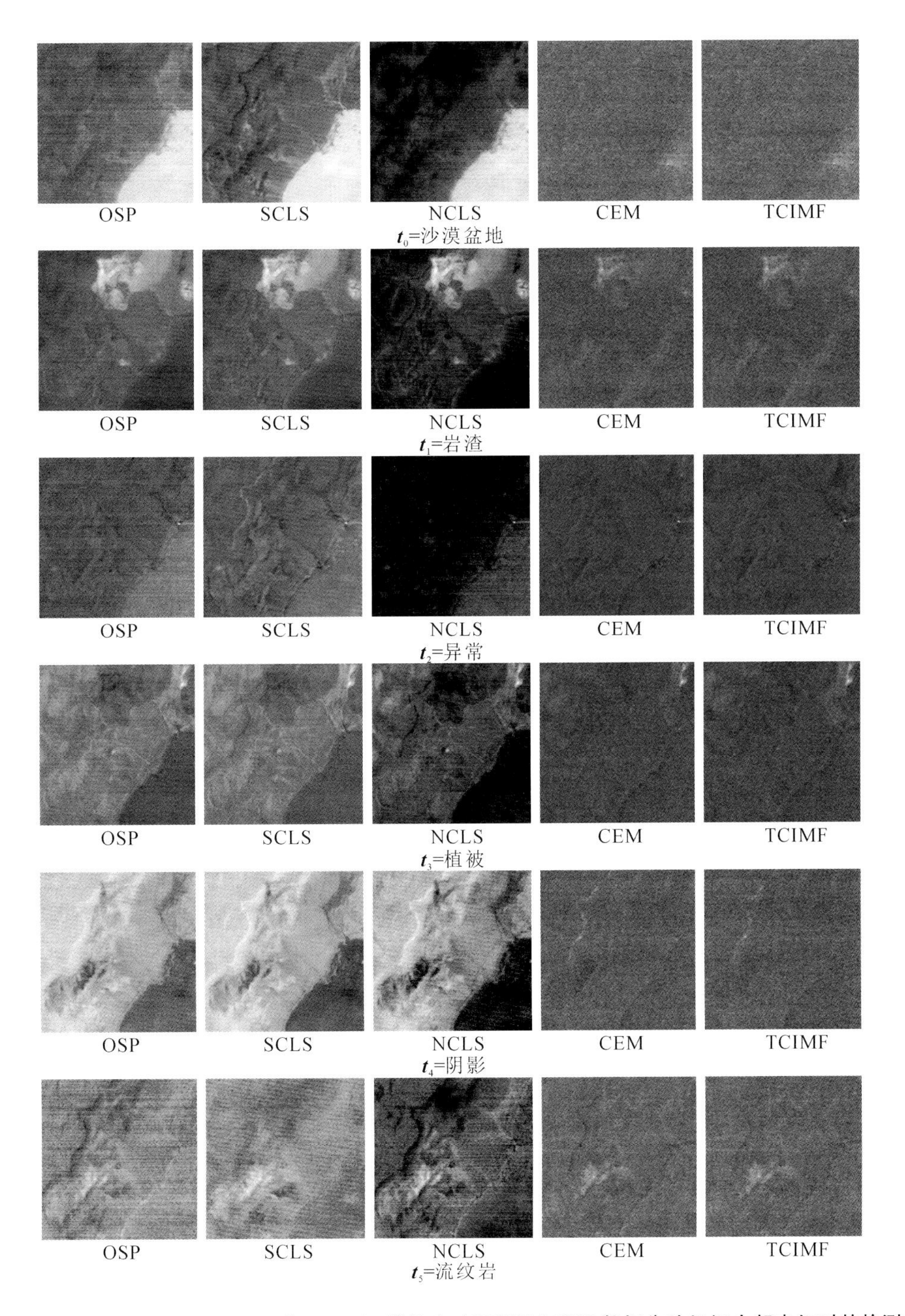

图 5.20 OSP、SCLS、NCLS、CEM 和 TCIMF 算法在 AVIRIS LCVF 数据先验知识全部未知时的检测结果

由于假设全部先验知识未知，所以在这一部分的实验中，UNCLS算法的初始条件所需的像元需要从图中提取，而不是同上一个实验一样，通过对一个较大的湖区进行取平均来获取像元。UNCLS算法的初始条件像元为湖区中提取的单一像元。从结果中看出，CEM算法仅在对playa的检测中获得了同上一个部分所述实验不同的结果。

对比之前的实验图5.14与本实验图5.20不难发现，在OSP、SCLS和NCLS算法在无法获得先验目标光谱特性知识的情况下，其检测性能将会略差于先验知识完全已知的情况，但在这种情况下产生的结果仍然值得对比。从实验中可以观察到，CEM和TCIMF算法对于岩渣、沙漠盆地、阴影和流纹岩的检测并不是很有效，但二者对植被和异常的检测却十分有效。产生这一现象的原因是因为CEM和TCIMF算法对于目标信息是非常敏感的。在图5.20所示的实验中，仅有一个目标光谱特性提供给CEM和TCIMF作为目标信息。所以，两者对于小目标，例如植被和异常的检测效果比较好，但对于大面积的目标，如岩渣、沙漠盆地、阴影和流纹岩，它们的目标光谱特性变化较大，故无法获得较好的检测结果。

为了继续评估特征向量个数 q 对检测器的影响，我们令 $q=5$、10、20、40、80。图5.21展示了上述每一个 q 值仅对沙漠盆地的检测结果，其他5种目标光谱特性的检测结果同上述图5.20所示实验相同，这是由于它们所输入的期望目标光谱特性是相同的。

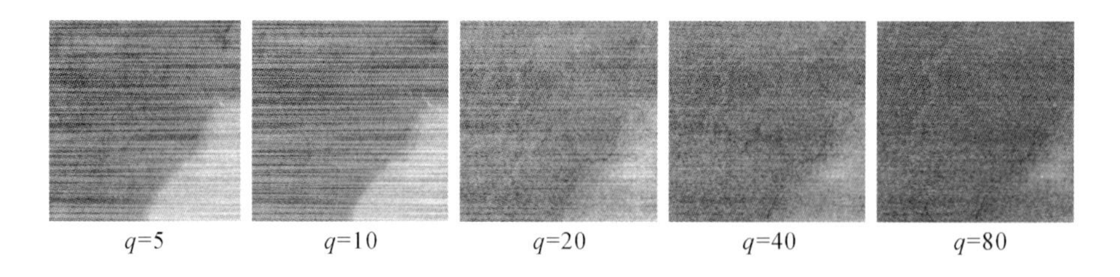

图5.21　CEM算法在 $q=5$、10、20、40、80时，对沙漠盆地特性元在AVIRIS数据中的检测结果

对比图5.20中的检测结果与图5.21中的实验结果，CEM算法在利用单一沙漠盆地像元作为期望目标光谱特性时，结果要差于利用一个较大的湖区进行取平均而获取像元作为期望目标光谱特性。

不同于CEM算法，TCIMF算法的检测结果与图5.21所示的CEM实验结果相异，这是由于组成 $\boldsymbol{U}$ 矩阵的目标光谱特性均为单一目标光谱，而非对一片区域取平均的光谱特性。图5.22展示了TCIMF算法对6种目标的检测结果。

从图5.22中可以观察到，TCIMF算法的检测结果同图5.20所示的检测结果相似，但对沙漠盆地目标的这一部分实验检测结果，要差于图5.21所示的实验结果。

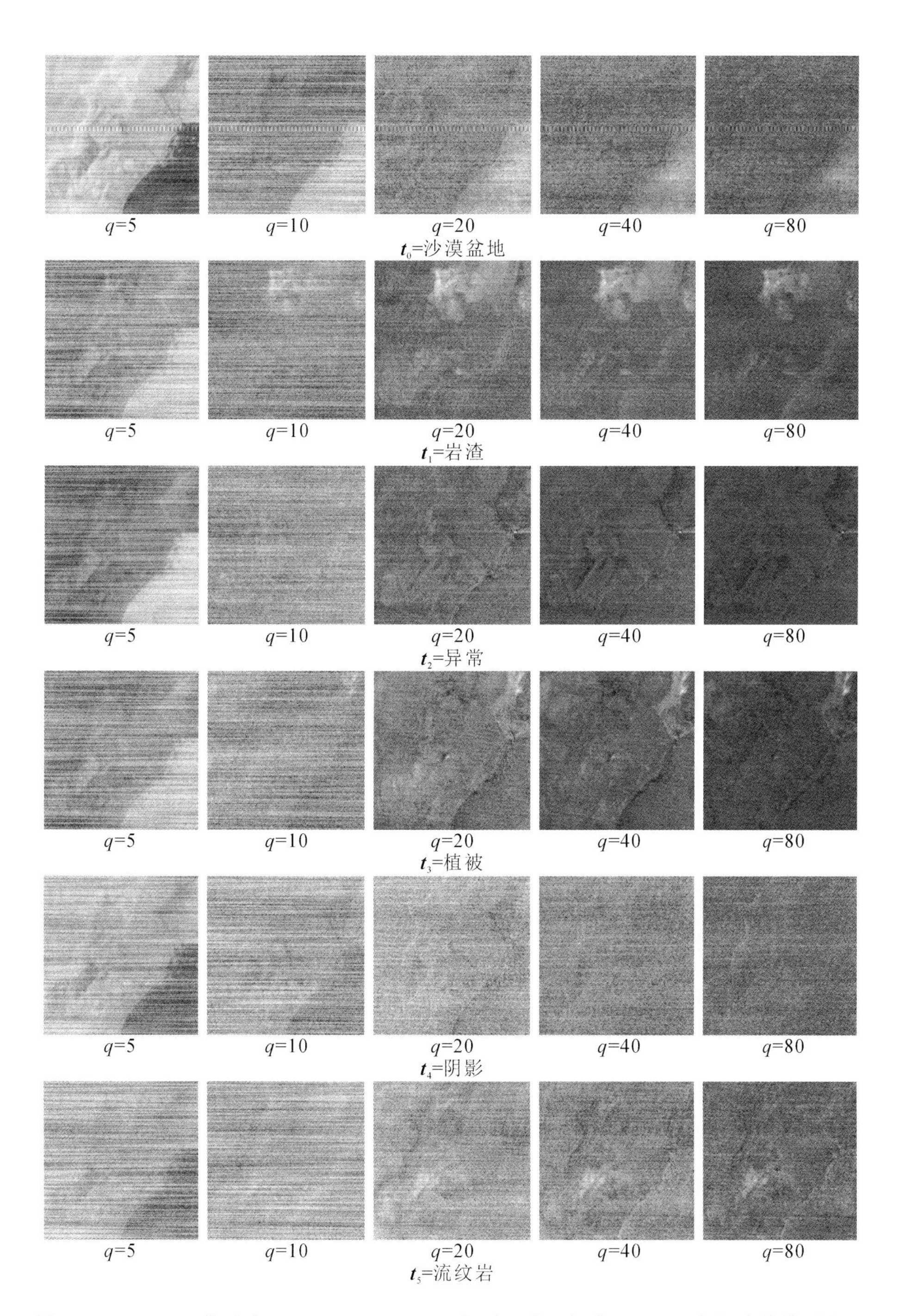

图 5.22 TCIMF 算法在 $q=5$、10、20、40、80 时，对 6 种目标在 AVIRIS 数据中的检测结果

5.6.3 目标检测实现高光谱图像分类的应用实例

本节实验中，利用 3 组高光谱数据，分别为 Indian Pine、Salinas 和 University of Pavia，对迭代式 CEM 算法的分类性能进行评价，结果如图 5.23～图 5.28 所示。

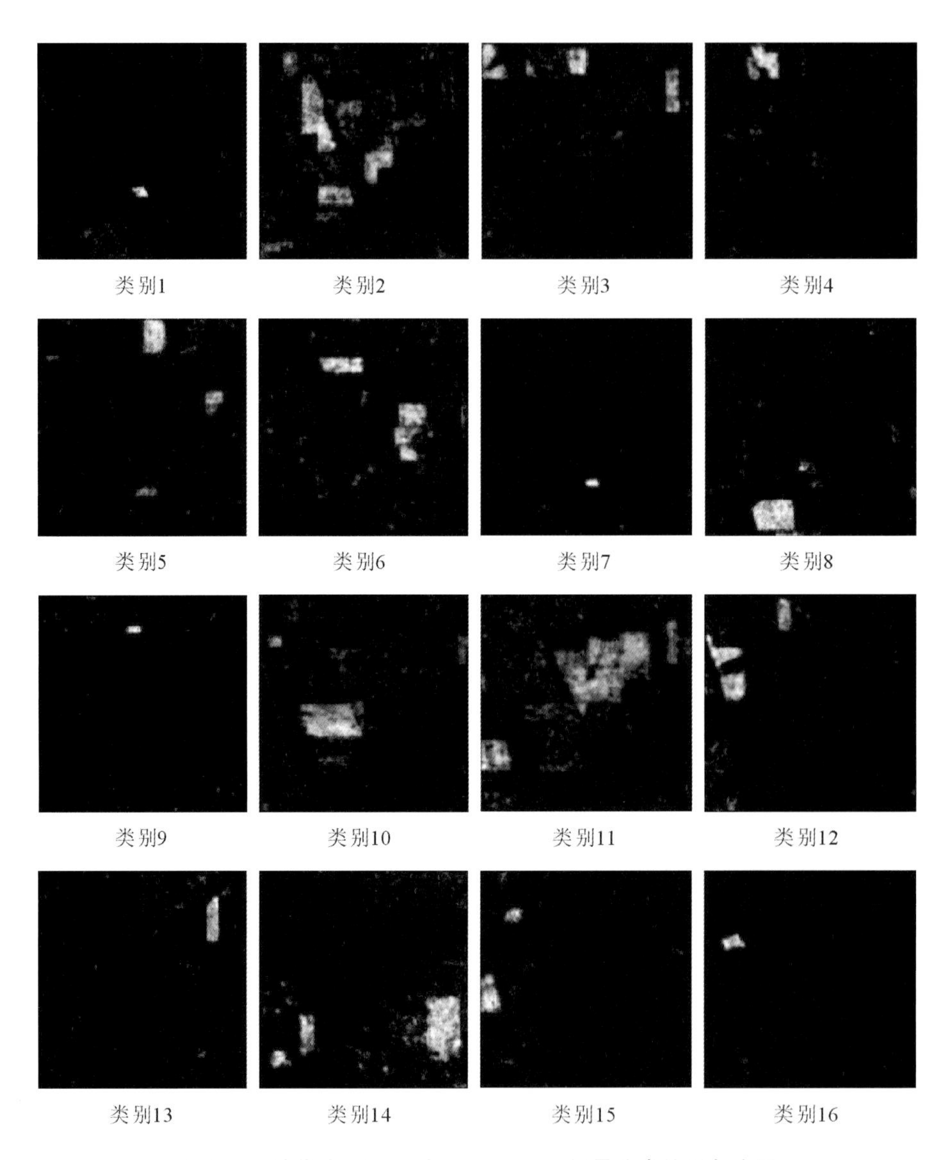

图 5.23 迭代式 ICEM 对 Indian Pines 场景分类结果灰度图

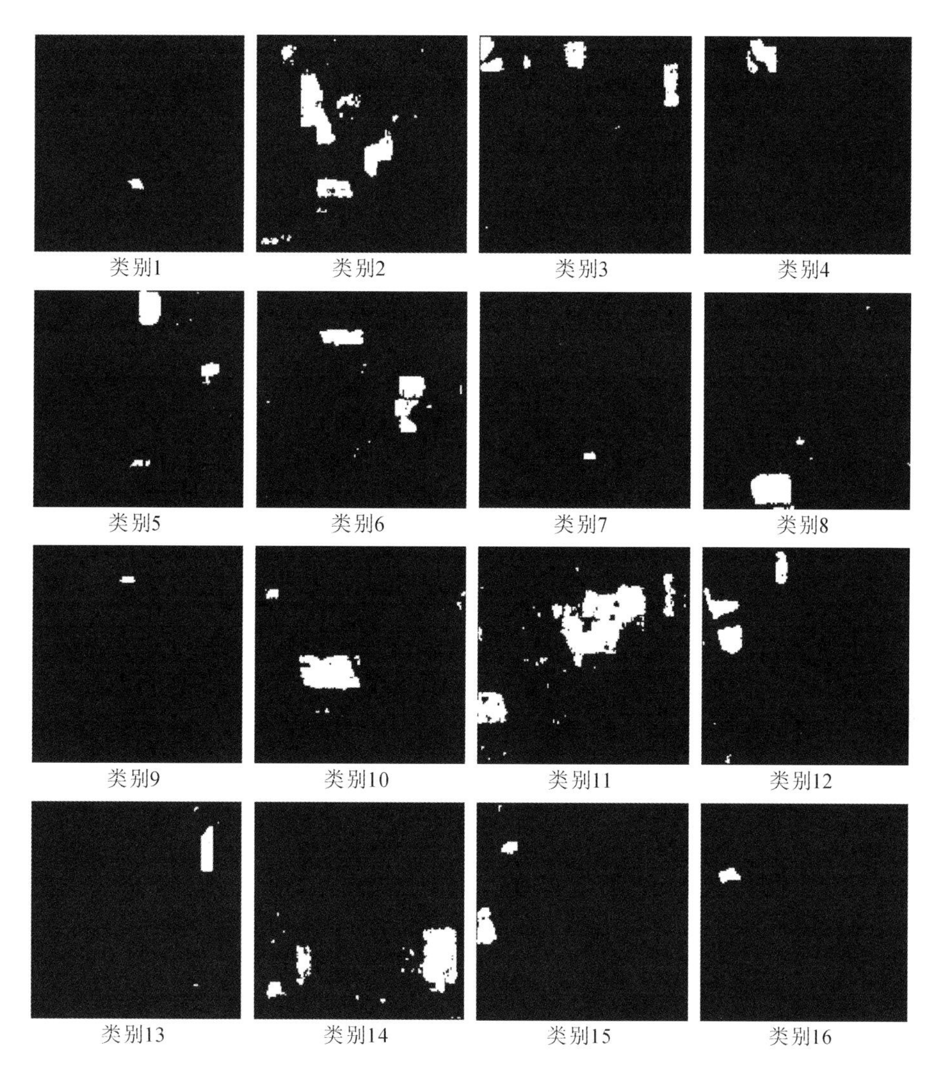

图 5.24 迭代式 ICEM 对 Indian Pines 场景分类大津法二值化图

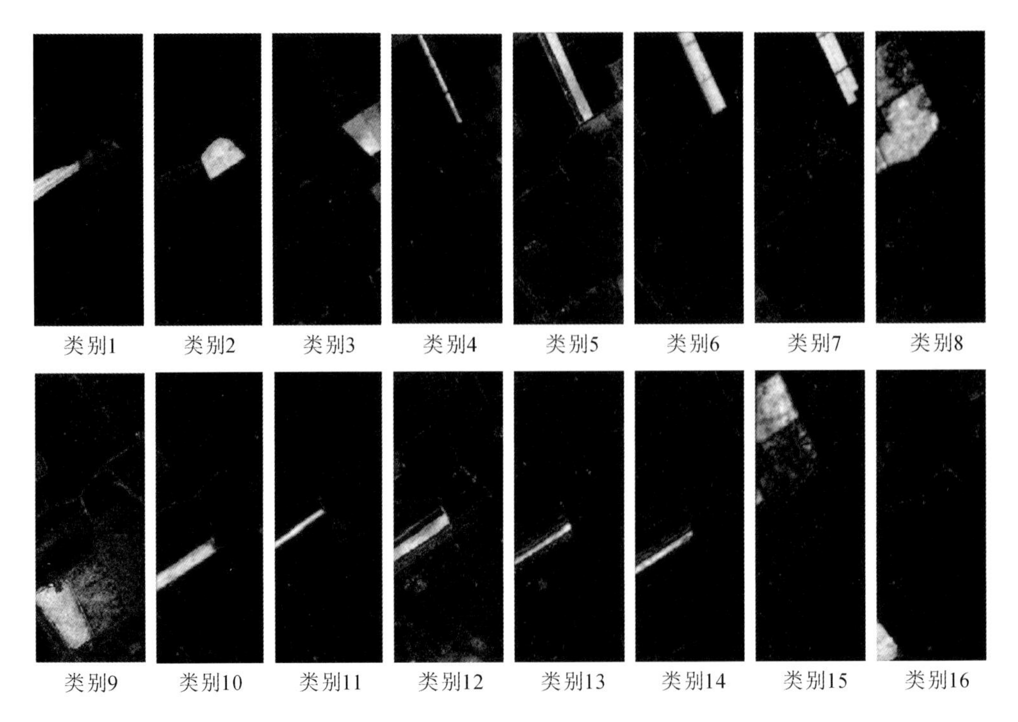

图 5.25　迭代式 ICEM 对 Salinas 场景分类结果灰度图

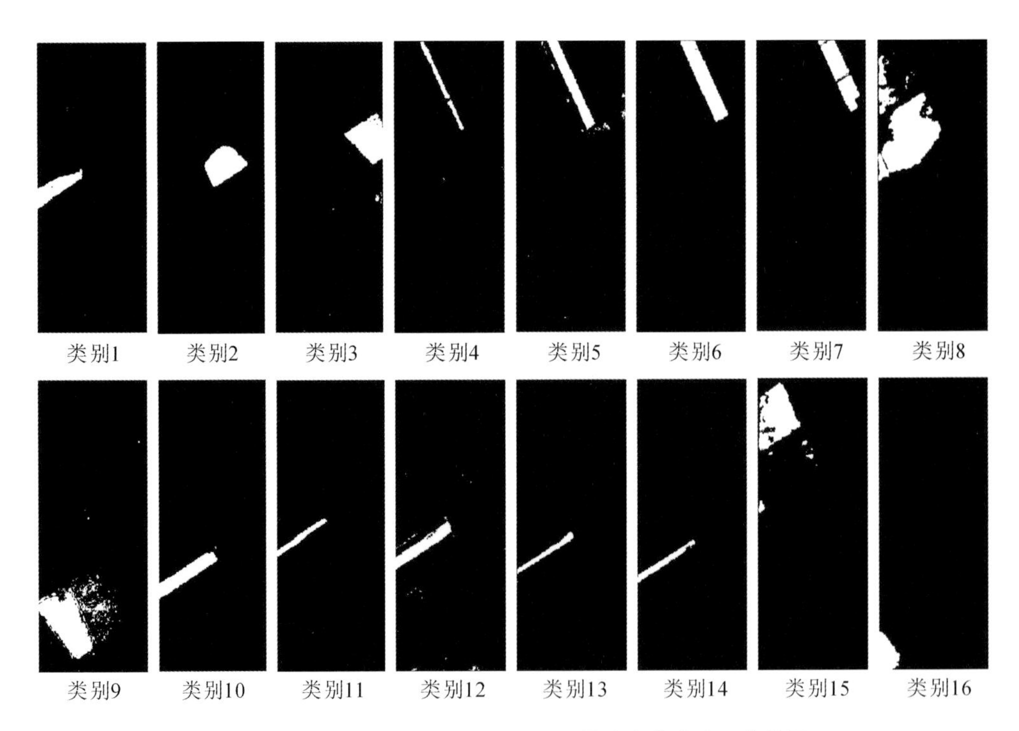

图 5.26　迭代式 ICEM 对 Salinas 场景分类大津法二值化图

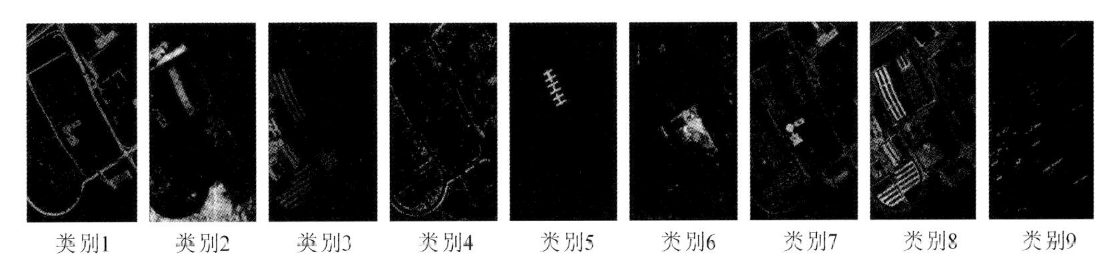

图 5.27 迭代式 ICEM 对 University of Pavia 场景分类结果灰度图

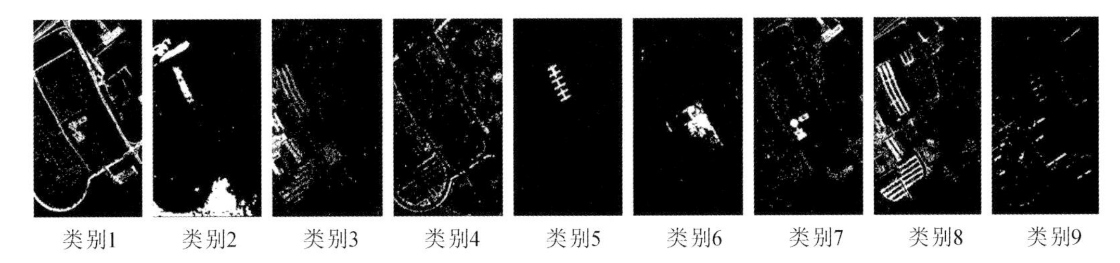

图 5.28 迭代式 ICEM 对 University of Pavia 场景分类大津法二值化图

5.7 本章小结

本章讨论分析了几种对目标约束的目标检测方法，这些方法由于需要对目标进行约束，所以这些算法均需要一定的先验知识作为前提。在本章中所讨论的方法中，CEM 和 LCMV 算法仅对期望目标进行约束，CEM 算法对单一的期望目标进行约束，LCMV 则是对多组期望目标进行约束。在上一章中，我们对基于信号分解的方法进行目标检测的手段展开了讨论，其中 OSP 算法所用到的 OSP 模型，对传统的线性混合模型进行了进一步的分解，分解成了期望目标与非期望目标，借鉴 OSP 模型所用到的分解方式，可以通过对期望目标与非期望目标分别进行约束，这也是 TCIMF 算法的基本思想，这种约束方式增强了对背景的抑制能力。更进一步，参考上一章中所讨论的 SDIN 模型，将光谱特性元分解成为期望目标、非期望目标以及干扰目标，通过对这 3 种目标分别进行约束，我们可以用 SDIA 方法对目标进行检测，同时压抑背景以及干扰。这几种方法之间的关系如图 5.29 所示。

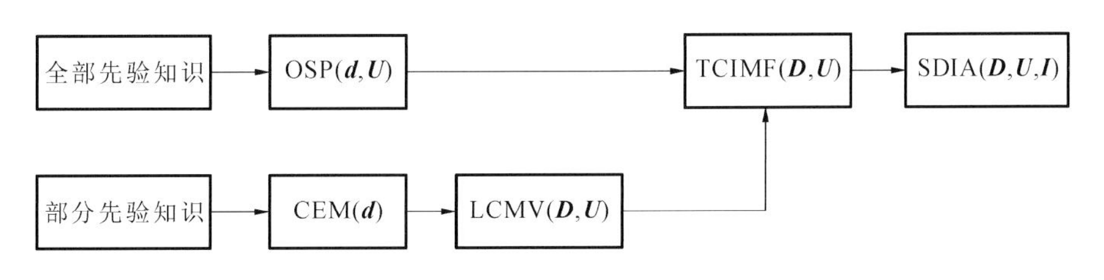

图 5.29 几种目标检测手段的相关关系

参考文献

CHANG C I, 2003. Hyperspectral Imaging: Techniques for Spectral Detection and Classification[M]. New York: Kluwer Academic/Plenum Publishers.

BISHOP C M, 2006. Pattern Recognition and Machine Learning[M]. New York: Springer-Verlag.

CHANG C I, 2013. Hyperspectral Data Processing: Algorithm Design and Analysis[M]. New Jersey: John Wiley & Sons.

CHANG C I, 2016. Real-Time Progressive Hyperspectral Image Processing[M]. New York: Springer.

CHANG, CHEIN-I, ZHAO, et al., 1998. Least squares subspace projection approach to mixed pixel classification in hyperspectral images[J]. IEEE Trans. on Geoscience and Remote Sensing, 36(5):898-912.

LIU, JIH-MING, 2000. A generalized constrained energy minimization approach to subpixel target detection for multispectral imagery[J]. Optical Engineering, 39(5): 1275.

REN H, CHANG C I, 2000. Target-constrained interference-minimized approach to subpixel target detection for hyperspectral imagery[J]. Optical Engineering, 39(12): 3138-3145.

HEINZ D, CHANG C I, 2001. Fully constrained least squares linear spectral mixture analysis for material quantification in hyperspectral imagery[J]. IEEE Trans. on Geoscience and Remote Sensing, 39(3): 529-545.

CHANG C I, 2002. Target signature-constrained mixed pixel classification for hyperspectral imagery[J]. IEEE Trans. on Geoscience and Remote Sensing, 40(5): 1065-1081.

DU Q, REN H, CHANG C I, 2003. A comparative study for orthogonal subspace projection and constrained energy minimization[J]. IEEE Trans. on Geoscience and Remote Sensing, 41(6): 1525-1529.

DU Q, CHANG C I, 2004. A signal-decomposed and interference-annihilated approach to hyperspectral target detection[J]. IEEE Trans. on Geoscience and Remote Sensing, 42(4):892-906.

JIN X PASWATERS S, CLINE H, 2009. A comparative study of target detection algorithms for hyperspectral imagery[C]. Proceedings of SPIE - The International Society for Optical Engineering: 73341W1-73341W12.

第6章　目标丰度约束亚像元目标检测

第5章主要介绍了基于目标特性约束的目标检测方法，本章主要介绍目标丰度约束的亚像元目标检测方法。由于待检测目标存在亚像元，估计其丰度含量对于检测是至关重要的。因此，不同于亚像元目标特性约束检测方法，本章提出的目标检测方法是基于待检测目标丰度约束的检测方法，主要是利用线性光谱混合分析(linear spectral mixture analysis, LSMA)方法，并且在丰度上施加约束条件，实现亚像元目标检测。在有已知先验信息的情况下，可以实现目标丰度约束的监督亚像元目标检测；在没有任何先验信息的情况下，通过寻找端元目标特征，同时在丰度上施加约束条件，实现了目标丰度约束的非监督亚像元目标检测。

6.1　引　　言

由于高光谱成像传感器提供的光谱分辨率明显提高，很多通过视觉检测或先验知识无法识别的细微未知目标信号可以通过高光谱技术进行识别，然而这种类型的目标通常被认为是非监督式目标，包括小于像元尺度的亚像元目标或者是仅在一个单独像元中存在而没有空间信息的异常目标。这类目标在实际应用中广泛存在，例如地质中的稀有物质、生态学中的特殊香料、农业中的残留农药、食品安全和检查中的食物生产和肉类污染、环境监测中的水(金属)污染、执法中的毒品贩运、军事上隐蔽或伪装的目标等。为了检测这种类型的目标，基于空间的目标检测方法通常不能取得很好的效果，其原因是这种目标的空间范围是非常有限的，导致依靠目标的空间属性进行检测可能无效。相反，利用目标的光谱特征和属性来对其进行目标检测则显得更重要和关键。本章主要讨论基于LSMA的丰度约束目标检测实现方法。

6.2 监督式丰度约束的目标检测方法

假设$\boldsymbol{m}_1,\boldsymbol{m}_2,\cdots,\boldsymbol{m}_p$ 为 p 个感兴趣的目标光谱特征，由其相应的丰度值 $\alpha_1,\alpha_2,\cdots,\alpha_p$ 线性混合而成。在这种情况下，一个混杂了噪声 $\boldsymbol{n}$ 的混合信号向量记为 $\boldsymbol{M\alpha}$，其中 $\boldsymbol{M}=[\boldsymbol{m}_1,\boldsymbol{m}_2,\cdots,\boldsymbol{m}_p]$，表示由$\boldsymbol{m}_1,\boldsymbol{m}_2,\cdots,\boldsymbol{m}_p$ 组成的目标特性矩阵，$\boldsymbol{\alpha}=(\alpha_1,\alpha_2,\cdots,\alpha_p)^{\mathrm{T}}$ 是与目标光谱对应的丰度向量，$\boldsymbol{\alpha}_j$ 表示像元 $\boldsymbol{r}$ 中第 j 个目标特性 $\boldsymbol{m}_j$ 的丰度值。线性光谱混合模型(linear mixture model，LMM)通过以下线性表示将像元 $\boldsymbol{r}$ 描述为与$\boldsymbol{m}_1,\boldsymbol{m}_2,\cdots,\boldsymbol{m}_p$ 对应的丰度向量 $\boldsymbol{\alpha}$ 的线性混合，记为

$$\boldsymbol{r}=\boldsymbol{M\alpha}+\boldsymbol{n} \tag{6.1}$$

其中，$\boldsymbol{n}$ 为模型误差或噪声或测量误差。

由式(6.1)产生的最小二乘误差 LSE(least squares error)，问题可以表示为

$$\min_{\boldsymbol{\alpha}}\{(\boldsymbol{r}-\boldsymbol{M\alpha})^{\mathrm{T}}(\boldsymbol{r}-\boldsymbol{M\alpha})\} \tag{6.2}$$

式(6.2)的经典解法为

$$\hat{\boldsymbol{\alpha}}^{\mathrm{LS}}(\boldsymbol{r})=(\boldsymbol{M}^{\mathrm{T}}\boldsymbol{M})^{-1}\boldsymbol{M}^{\mathrm{T}}\boldsymbol{r} \tag{6.3}$$

其中，$\hat{\boldsymbol{\alpha}}^{\mathrm{LS}}(\boldsymbol{r})=(\hat{\alpha}_1^{\mathrm{LS}}(\boldsymbol{r}),\hat{\alpha}_2^{\mathrm{LS}}(\boldsymbol{r}),\cdots,\hat{\alpha}_p^{\mathrm{LS}}(\boldsymbol{r}))$，$\hat{\alpha}_j^{\mathrm{LS}}(\boldsymbol{r})$是根据像元 $\boldsymbol{r}$ 估计的第 j 个目标光谱 $\boldsymbol{m}_j$ 的丰度值，已经由 Settle(1996)、Tu 等(Tu et al.，1997)和 Chang 等(Chang et al.，1998)提出：

$$\hat{\alpha}_p^{\mathrm{LS}}(\boldsymbol{r})=\hat{\alpha}_p^{\mathrm{LSOSP}}(\boldsymbol{r})=(\boldsymbol{d}^{\mathrm{T}}P_U^{\perp}\boldsymbol{d})^{-1}\hat{\alpha}_p^{\mathrm{OSP}}(\boldsymbol{r}) \tag{6.4}$$

$\hat{\alpha}_p^{\mathrm{LS}}(\boldsymbol{r})$和 $\hat{\alpha}_p^{\mathrm{OSP}}(\boldsymbol{r})$只差一个常量系数$(\boldsymbol{d}^{\mathrm{T}}P_U^{\perp}\boldsymbol{d})^{-1}$，但是含义却完全不同。$\hat{\boldsymbol{\alpha}}^{\mathrm{LS}}(\boldsymbol{r})$表示估计，而 $\hat{\alpha}_p^{\mathrm{LS}}(\boldsymbol{r})$表示检测。最重要的是，$\hat{\alpha}_p^{\mathrm{OSP}}(\boldsymbol{r})$不像$\hat{\boldsymbol{\alpha}}^{\mathrm{LS}}(\boldsymbol{r})$能假设式(6.1)所定义的 LMM 模型；此外$\hat{\boldsymbol{\alpha}}^{\mathrm{LS}}(\boldsymbol{r})$一次可以估计 p 个目标$\boldsymbol{m}_1,\boldsymbol{m}_2,\cdots,\boldsymbol{m}_p$ 的丰度值，而 $\hat{\alpha}_p^{\mathrm{LS}}(\boldsymbol{r})$一次只能通过丰度值估计检测到一种目标是否存在。

通过 LSMA 最大限度地恢复像元中的目标光谱信息，需要解决三个问题：一是需要确定 p 的值，即目标特性的数目；二是需要已知或者用非监督的方式找到目标光谱$\boldsymbol{m}_1,\boldsymbol{m}_2,\cdots,\boldsymbol{m}_p$；最后一个是需要在式(6.1)上加两个物理约束，即丰度和为一约束$\sum_{j=1}^{p}\alpha_j=1$(abundance sum-to-one constrained，ASC)和丰度非负性约束 $\alpha_j\geqslant 0$ 和 $1\leqslant j\leqslant p$(abundance nonnegative constrained，ANC)。

6.2.1 丰度和为一约束的目标检测

由式(6.3)和式(6.4)定义的目标检测方法并没有进行丰度约束，在模型上并没有式(6.1)的物理约束意义。为了保持数据的完整性以满足现实要求，必须通过 ASC 或 ANC 的方式在式(6.1)中增加相应的约束。在此，丰度约束的 LSE 问题可以从式(6.1)中推导出

来，称为丰度约束 LSMA(abundance constrained LSMA，AC-LSMA)，定义如下。

由于$\hat{\boldsymbol{\alpha}}^{\mathrm{LS}}(\boldsymbol{r})$解决方法中没有任何的物理约束，对式(6.1)增加约束的一种最简单的方式是 ASC，即和为一约束的最小二乘法(sum-to-one constrained least squares，SCLS)的定义为

$$\min_{\boldsymbol{\alpha}}\{(\boldsymbol{r}-\boldsymbol{M\alpha})^{\mathrm{T}}(\boldsymbol{r}-\boldsymbol{M\alpha})\}\ \text{s. t.}\ \sum_{j=1}^{p}\alpha_j=1 \tag{6.5}$$

为了解决式(6.5)，利用拉格朗日乘子λ_1约束 ASC，$\mathbf{1}^{\mathrm{T}}\boldsymbol{\alpha}=1$，则式(6.5)变为

$$J(\boldsymbol{\alpha},\lambda_1)=\frac{1}{2}(\boldsymbol{M\alpha}-\boldsymbol{r})^{\mathrm{T}}(\boldsymbol{M\alpha}-\boldsymbol{r})+\lambda_1(\mathbf{1}^{\mathrm{T}}\boldsymbol{\alpha}-1) \tag{6.6}$$

其中$\mathbf{1}$为单位向量，定义为$\mathbf{1}=(\underbrace{1,1,\cdots,1}_{p})^{\mathrm{T}}$，对$\boldsymbol{\alpha}$和$\lambda_1$分别求偏导得到

$$\begin{aligned}\left.\frac{\partial J(\boldsymbol{\alpha},\lambda_1)}{\partial\boldsymbol{\alpha}}\right|_{\hat{\boldsymbol{\alpha}}^{\mathrm{SCLS}}(\boldsymbol{r})}&=(\boldsymbol{M}^{\mathrm{T}}\boldsymbol{M})\hat{\boldsymbol{\alpha}}^{\mathrm{SCLS}}(\boldsymbol{r})-\boldsymbol{M}^{\mathrm{T}}\boldsymbol{r}+\lambda_1^{*}\mathbf{1}=0\\ &\Rightarrow\hat{\boldsymbol{\alpha}}^{\mathrm{SCLS}}(\boldsymbol{r})=(\boldsymbol{M}^{\mathrm{T}}\boldsymbol{M})^{-1}\boldsymbol{M}^{\mathrm{T}}\boldsymbol{r}-\lambda_1^{*}(\boldsymbol{M}^{\mathrm{T}}\boldsymbol{M})^{-1}\mathbf{1}\\ &\Rightarrow\hat{\boldsymbol{\alpha}}^{\mathrm{SCLS}}(\boldsymbol{r})=\hat{\boldsymbol{\alpha}}^{\mathrm{LS}}(\boldsymbol{r})-\lambda_1^{*}(\boldsymbol{M}^{\mathrm{T}}\boldsymbol{M})^{-1}\mathbf{1}\end{aligned} \tag{6.7}$$

及

$$\left.\frac{\partial J(\boldsymbol{\alpha},\lambda_1)}{\partial\lambda_1}\right|_{\lambda_1^{*}}=\mathbf{1}^{\mathrm{T}}\hat{\boldsymbol{\alpha}}^{\mathrm{LS}}(\boldsymbol{r})-1=0 \tag{6.8}$$

值得注意的是，式(6.7)和式(6.8)必须同时处理，使得$\hat{\boldsymbol{\alpha}}^{\mathrm{SCLS}}(\boldsymbol{r})$和$\lambda_1^{*}$同时得到最优解。

利用式(6.7)和式(6.8)可以得到：

$$\mathbf{1}^{\mathrm{T}}\hat{\boldsymbol{\alpha}}^{\mathrm{LS}}(\boldsymbol{r})-\lambda_1^{*}\mathbf{1}^{\mathrm{T}}(\boldsymbol{M}^{\mathrm{T}}\boldsymbol{M})^{-1}\mathbf{1}=1\Rightarrow\lambda_1^{*}=-[\mathbf{1}^{\mathrm{T}}(\boldsymbol{M}^{\mathrm{T}}\boldsymbol{M})^{-1}\mathbf{1}]^{-1}(1-\mathbf{1}^{\mathrm{T}}\hat{\boldsymbol{\alpha}}^{\mathrm{LS}}(\boldsymbol{r})) \tag{6.9}$$

将式(6.9)代入式(6.8)得到：

$$\begin{aligned}\hat{\boldsymbol{\alpha}}^{\mathrm{SCLS}}(\boldsymbol{r})&=\hat{\boldsymbol{\alpha}}^{\mathrm{LS}}(\boldsymbol{r})+(\boldsymbol{M}^{\mathrm{T}}\boldsymbol{M})^{-1}\mathbf{1}[\mathbf{1}^{\mathrm{T}}(\boldsymbol{M}^{\mathrm{T}}\boldsymbol{M})^{-1}\mathbf{1}]^{-1}(1-\mathbf{1}^{\mathrm{T}}\hat{\boldsymbol{\alpha}}^{\mathrm{LS}}(\boldsymbol{r}))\\&=P_{\boldsymbol{M},1}^{\perp}\hat{\boldsymbol{\alpha}}^{\mathrm{LS}}(\boldsymbol{r})+(\boldsymbol{M}^{\mathrm{T}}\boldsymbol{M})^{-1}\mathbf{1}[\mathbf{1}^{\mathrm{T}}(\boldsymbol{M}^{\mathrm{T}}\boldsymbol{M})^{-1}\mathbf{1}]^{-1}\end{aligned} \tag{6.10}$$

其中

$$P_{\boldsymbol{M},1}^{\perp}=\mathbf{I}-(\boldsymbol{M}^{\mathrm{T}}\boldsymbol{M})^{-1}\mathbf{1}[\mathbf{1}^{\mathrm{T}}(\boldsymbol{M}^{\mathrm{T}}\boldsymbol{M})^{-1}\mathbf{1}]^{-1}\mathbf{1}^{\mathrm{T}} \tag{6.11}$$

6.2.2 丰度非负约束目标检测

由于$\hat{\boldsymbol{\alpha}}^{\mathrm{LS}}(\boldsymbol{r})$方法中没有任何物理约束，会使提取到的丰度信息$\hat{\alpha}_1^{\mathrm{LS}}(\boldsymbol{r}),\hat{\alpha}_2^{\mathrm{LS}}(\boldsymbol{r}),\cdots,\hat{\alpha}_p^{\mathrm{LS}}(\boldsymbol{r})$有可能为负值。为了避免这个问题，通过 ANC 对式(6.1)进行约束，增加了基于 LSE 的目标函数：

$$J=\frac{1}{2}(\boldsymbol{M\alpha}-\boldsymbol{r})^{\mathrm{T}}(\boldsymbol{M\alpha}-\boldsymbol{r})+\boldsymbol{\lambda}^{\mathrm{T}}(\boldsymbol{\alpha}-\boldsymbol{c}) \tag{6.12}$$

其中，$\boldsymbol{\lambda}=(\lambda_1,\lambda_2,\cdots,\lambda_p)^{\mathrm{T}}$是拉格朗日乘子，约束向量$\boldsymbol{c}=(c_1,c_2,\cdots,c_p)^{\mathrm{T}}$，$c_j>0,1\leqslant j\leqslant p$。

与式(6.7)相似,可以得到:

$$\left.\frac{\partial J(\boldsymbol{\alpha},\boldsymbol{\lambda})}{\partial \boldsymbol{\alpha}}\right|_{\hat{\boldsymbol{\alpha}}^{\mathrm{NCLS}}(\boldsymbol{r})} = (\boldsymbol{M}^{\mathrm{T}}\boldsymbol{M})\hat{\boldsymbol{\alpha}}^{\mathrm{NCLS}}(\boldsymbol{r}) - \boldsymbol{M}^{\mathrm{T}}\boldsymbol{r} + \boldsymbol{\lambda} = 0$$

$$\Rightarrow \hat{\boldsymbol{\alpha}}^{\mathrm{NCLS}}(\boldsymbol{r}) = (\boldsymbol{M}^{\mathrm{T}}\boldsymbol{M})^{-1}\boldsymbol{M}^{\mathrm{T}}\boldsymbol{r} - (\boldsymbol{M}^{\mathrm{T}}\boldsymbol{M})^{-1}\boldsymbol{\lambda}$$

$$\Rightarrow \hat{\boldsymbol{\alpha}}^{\mathrm{NCLS}}(\boldsymbol{r}) = \hat{\boldsymbol{\alpha}}^{\mathrm{LS}}(\boldsymbol{r}) - (\boldsymbol{M}^{\mathrm{T}}\boldsymbol{M})^{-1}\boldsymbol{\lambda} \tag{6.13}$$

其中

$$(\boldsymbol{M}^{\mathrm{T}}\boldsymbol{M})^{-1}\boldsymbol{\lambda}^{*} = \hat{\boldsymbol{\alpha}}^{\mathrm{LS}}(\boldsymbol{r}) - \hat{\boldsymbol{\alpha}}^{\mathrm{NCLS}}(\boldsymbol{r}) \Rightarrow \boldsymbol{\lambda}^{*} = (\boldsymbol{M}^{\mathrm{T}}\boldsymbol{M})\hat{\boldsymbol{\alpha}}^{\mathrm{LS}}(\boldsymbol{r}) - (\boldsymbol{M}^{\mathrm{T}}\boldsymbol{M})\hat{\boldsymbol{\alpha}}^{\mathrm{NCLS}}(\boldsymbol{r})$$

$$\Rightarrow \boldsymbol{\lambda}^{*} = (\boldsymbol{M}^{\mathrm{T}}\boldsymbol{M})[(\boldsymbol{M}^{\mathrm{T}}\boldsymbol{M})^{-1}\boldsymbol{M}^{\mathrm{T}}\boldsymbol{r}] - (\boldsymbol{M}^{\mathrm{T}}\boldsymbol{M})\hat{\boldsymbol{\alpha}}^{\mathrm{NCLS}}(\boldsymbol{r})$$

$$\Rightarrow \boldsymbol{\lambda}^{*} = \boldsymbol{M}^{\mathrm{T}}\boldsymbol{r} - \boldsymbol{M}^{\mathrm{T}}\boldsymbol{M}\hat{\boldsymbol{\alpha}}^{\mathrm{NCLS}}(\boldsymbol{r}) \tag{6.14}$$

为了进一步使$\hat{\boldsymbol{\alpha}}^{\mathrm{LS}}(\boldsymbol{r})$满足 ANC 条件,必须执行如下定义的 Kuhn-Tucker 条件:

$$\begin{aligned} \lambda_i &= 0, i \in P \\ \lambda_i &< 0, i \in R \end{aligned} \tag{6.15}$$

其中,P 和 R 分别表示代表负的和正的丰度值。

根据式(6.13)~(6.15)设计的数值算法,称为非负约束最小二乘(nonnegative constrained least squares,NCLS)方法,该方法通过迭代的方式实现式(6.13)及式(6.14),以找到最优解 $\hat{\boldsymbol{\alpha}}^{\mathrm{NCLS}}(\boldsymbol{r})$(Chang and Heinz,2000)。具体而言,该算法的初始估计值由式(6.13)的$\hat{\boldsymbol{\alpha}}^{\mathrm{LS}}(\boldsymbol{r})$给出,当所有的丰度值为正数时,NCLS 算法结束。否则,将所有丰度值为负数及 0 的项移到负数集合 P,将所有丰度值为正数的项移到 R 集合中。根据 Kuhn-Tucker 条件,将任意 $\lambda_i(i\in P)$的值设为 0,其他的 λ 值由式(6.14)进行计算。如果所有的 λ_i 为负值时,NCLS 算法停止。否则的话,将最大负数项从 R 移到 P 中;然后根据调整之后的数据重新计算新的 λ 值,进一步地,利用新的拉格朗日乘子以便找到一组新的丰度值。通过这种方式,负的丰度值数据会从 P 移到 R 中。以下给出 NCLS 算法的详细实现步骤。

(1)初始条件:设置负数集合 $P^{(0)}=\{1,2,\cdots,p\}$,$R^{(0)}=\varnothing$,$k=0$。

(2)通过式(6.1)计算$\hat{\boldsymbol{\alpha}}^{\mathrm{LS}}(\boldsymbol{r})$,并令$\hat{\boldsymbol{\alpha}}^{\mathrm{NCLS},(k)}(\boldsymbol{r})=\boldsymbol{\alpha}^{\mathrm{LS}}(\boldsymbol{r})$。

(3)在第 k 次迭代时,如果$\hat{\boldsymbol{\alpha}}^{\mathrm{NCLS}}(\boldsymbol{r})$中所有的值都是非负的,算法结束。否则的话继续进行步骤(4)。

(4)令 $k=k+1$。

(5)将 $P^{(k-1)}$ 中$\hat{\boldsymbol{\alpha}}^{\mathrm{NCLS},(k-1)}(\boldsymbol{r})$值为负数的项移至集合 $R^{(k-1)}$ 中,生成新的集合 $S^{(k)}$,并将其设置为 $R^{(k)}$。

(6)令 $\hat{\boldsymbol{\alpha}}_{R^{(k)}}$ 表示由 $R^{(k)}$ 集合中 $\hat{\boldsymbol{\alpha}}^{\mathrm{NCLS},(k-1)}(\boldsymbol{r})$的值组成的向量。

(7)通过删除$(\boldsymbol{M}^{\mathrm{T}}\boldsymbol{M})^{-1}$矩阵中由 $P^{(k)}$ 指定的所有行和列来形成一个矩阵 $\boldsymbol{\Phi}_{\alpha}^{(k)}$。

(8)计算$\boldsymbol{\lambda}^{(k)}=[\Phi_{\boldsymbol{\alpha}}^{(k)}]^{-1}\hat{\boldsymbol{\alpha}}_{R^{(k)}}$。如果$\boldsymbol{\lambda}^{(k)}$中所有值为负值,跳到步骤(13),否则的话,算法继续进行。

(9)计算 $\lambda_{\max}^{(k)}=\arg\{\max_j \lambda_j^{(k)}\}$,并将 $\lambda_{\max}^{(k)}$在 $R^{(k)}$ 中对应的项移到 $P^{(k)}$ 中。

(10)根据 $P^{(k)}$ 删除 $(\boldsymbol{M}^{\mathrm{T}}\boldsymbol{M})^{-1}$ 指定的所有列来形成另一个矩阵 $\boldsymbol{\psi}_{\lambda}^{(k)}$。

(11)设置 $\hat{\boldsymbol{\alpha}}_{S^{(k)}} = \hat{\boldsymbol{\alpha}}^{\mathrm{NCLS},(k)} - \boldsymbol{\Psi}_{\lambda}^{(k)} \boldsymbol{\lambda}^{(k)}$。

(12)如果 $S^{(k)}$ 中 $\hat{\boldsymbol{\alpha}}_{S^{(k)}}$ 有负值,则将它们从 $P^{(k)}$ 移至 $R^{(k)}$,接着跳到步骤(6)。

(13)删除 $(\boldsymbol{M}^{\mathrm{T}}\boldsymbol{M})^{-1}$ 中由 $P^{(k)}$ 指定的列从而组成一个新的矩阵 $\boldsymbol{\psi}_{\lambda}^{(k)}$。

(14)设置 $\hat{\boldsymbol{\alpha}}^{\mathrm{NCLS},(k)} = \hat{\boldsymbol{\alpha}}^{\mathrm{LS}} - \boldsymbol{\Psi}_{\lambda}^{(k)} \lambda^{(k)}$,然后跳到步骤(3)。

6.2.3 丰度全约束目标检测

由于 NCLS 方法没有 ASC 约束,其计算的丰度值不一定总和为 1,因此算法必须解决以下约束优化问题:

$$\min_{\boldsymbol{\alpha}\in\Delta}\{(\boldsymbol{r}-\boldsymbol{M\alpha})^{\mathrm{T}}(\boldsymbol{r}-\boldsymbol{M\alpha})\}\ s.t.\ \Delta=\left\{\boldsymbol{\alpha}\mid\alpha_j\geqslant 0\ ,\forall j,\sum\nolimits_{j=1}^{p}\alpha_j=1\right\} \tag{6.16}$$

式(6.16)的最优解首先利用式(6.3)中的 LS 解 $\hat{\boldsymbol{\alpha}}^{\mathrm{LS}}(\boldsymbol{r})$ 作为初始估计值:

$$\hat{\boldsymbol{\alpha}}^{\mathrm{FCLS}}(\boldsymbol{r}) = \boldsymbol{P}_{M,1}^{\perp}\,\hat{\boldsymbol{\alpha}}^{\mathrm{LS}}(\boldsymbol{r}) + (\boldsymbol{M}^{\mathrm{T}}\boldsymbol{M})^{-1}\boldsymbol{1}\left[\boldsymbol{1}^{\mathrm{T}}(\boldsymbol{M}^{\mathrm{T}}\boldsymbol{M})\boldsymbol{1}\right]^{-1} \tag{6.17}$$

其中,

$$P_{\boldsymbol{M},1}^{\perp} = \mathbf{I}_{L\times L} - (\boldsymbol{M}^{\mathrm{T}}\boldsymbol{M})^{-1}\boldsymbol{1}\left[\boldsymbol{1}^{\mathrm{T}}(\boldsymbol{M}^{\mathrm{T}}\boldsymbol{M})\boldsymbol{1}\right]^{-1}\boldsymbol{1}^{\mathrm{T}} \tag{6.18}$$

然后,通过在 SCLS 算法中增加 ASC 约束的方式实现 NCLS 算法,具体是通过在算法中增加一个新的光谱特性矩阵 $\boldsymbol{N}$ 和一个向量 $\boldsymbol{s}$ 的方式来完成,$\boldsymbol{N}$ 和 $\boldsymbol{s}$ 的定义如下:

$$\boldsymbol{N} = \begin{bmatrix}\eta\boldsymbol{M}\\ \boldsymbol{1}^{\mathrm{T}}\end{bmatrix} \quad 及 \quad \boldsymbol{s} = \begin{bmatrix}\eta\boldsymbol{r}\\ 1\end{bmatrix} \tag{6.19}$$

其中,η 是参数,用于控制 ASC 对 NCLS 的约束程度,其值定义为矩阵 $\boldsymbol{M}$ 中最大元素的倒数,即 $\boldsymbol{M}=[m_{ij}]$,$i.e.$,$\eta=1/\max_{ij}\{m_{ij}\}$。利用式(6.19),FCLS 算法可以直接从 6.2.2 节描述的 NCLS 算法中导出,其中用 NCLS 算法中的 $\boldsymbol{N}$、$\boldsymbol{s}$ 和 $\hat{\boldsymbol{\alpha}}^{\mathrm{SCLS}}(\boldsymbol{r})$ 代替 $\boldsymbol{M}$、$\boldsymbol{r}$ 和 $\hat{\boldsymbol{\alpha}}^{\mathrm{LS}}(\boldsymbol{r})$。

6.3 非监督丰度约束的目标检测

6.3.1 非监督丰度无约束最小二乘法

前面章节中介绍的 OSP 算法用于检测所需光谱特性 $\boldsymbol{d}$ 的丰度值,不是将 $\boldsymbol{d}$ 进行解混,主要原因是它使用了信噪比来执行信号检测而不是信号估计。根据式(6.4),可以推导出最小二乘 OSP(least squares OSP,LSOSP)方法,其定义如下:

$$\delta^{\mathrm{LSOSP}}(\boldsymbol{r}) = \frac{\boldsymbol{d}^{\mathrm{T}}\boldsymbol{P}_U^{\perp}\boldsymbol{r}}{\boldsymbol{d}^{\mathrm{T}}\boldsymbol{P}_U^{\perp}\boldsymbol{d}} \tag{6.20}$$

其中，常量$(\boldsymbol{d}^{\mathrm{T}}\boldsymbol{P}_U^{\perp}\boldsymbol{d})^{-1}$表示由 OSP 造成的估计误差。根据式(6.20)，提出了一个非监督的 LSOSP(unsupervised LSOSP，ULSOSP)算法用于检测丰度约束最小二乘法指定的目标。ULSOSP 算法的步骤如下。

(1)初始条件：设置ε为误差阈值，$\boldsymbol{t}_0=\arg\{\max_r[\boldsymbol{r}^{\mathrm{T}}\boldsymbol{r}]\}$，$\boldsymbol{r}$为图像像元，且$k=0$。

(2)设置$\mathrm{LSE}^{(0)}(\boldsymbol{r})=(\boldsymbol{r}-\hat{\boldsymbol{\alpha}}_0^{(1)}(\boldsymbol{r})\boldsymbol{t}_0)^{\mathrm{T}}(\boldsymbol{r}-\hat{\boldsymbol{\alpha}}_0^{(1)}(\boldsymbol{r})\boldsymbol{t}_0)$并检查条件$\max_r \mathrm{LSE}^{(0)}(\boldsymbol{r})<\varepsilon$是否成立，如果成立，算法结束，否则继续执行。

(3)设置$k\leftarrow k+1$，计算$\boldsymbol{t}_k=\arg\{\max_r[\mathrm{LSE}^{(k-1)}(\boldsymbol{r})]\}$的值；

(4)在光谱特性矩阵$\boldsymbol{M}^{(k)}=[\boldsymbol{t}_0\ \boldsymbol{t}_1\cdots\boldsymbol{t}_{k-1}]$上利用 LSOSP 方法估计目标$\boldsymbol{t}_0,\boldsymbol{t}_1,\cdots,\boldsymbol{t}_{k-1}$的丰度值$\hat{\alpha}_1^{(k)}(\boldsymbol{r}),\hat{\alpha}_2^{(k)}(\boldsymbol{r}),\cdots,\hat{\alpha}_{k-1}^{(k)}(\boldsymbol{r})$。

(5)查找由以下公式定义的第k个最大的误差值：

$$\max_r\{\mathrm{LSE}^{(k)}(\boldsymbol{r})\}=\max_r\left\{\left(\boldsymbol{r}-\sum_{j=1}^{k-1}\hat{\alpha}_j^{(k)}\boldsymbol{t}_j\right)^{\mathrm{T}}\left(\boldsymbol{r}-\sum_{j=1}^{k-1}\hat{\alpha}_j^{(k)}\boldsymbol{t}_j\right)\right\} \tag{6.21}$$

(6)如果$\max_r \mathrm{LSE}^{(k-1)}(\boldsymbol{r})<\varepsilon$，算法结束，否则跳到步骤(3)。

6.3.2 非监督丰度非负约束最小二乘法

上述 LSOSP 和 LSE 算法都是丰度非约束算法，为了与实际情况保持一致，对式(6.1)增加两种物理约束：丰度和为一约束(ASC)和丰度非负约束(ANC)。当仅对式(6.1)施加 ANC 约束时，LSOSP 算法可以扩展到 Chang 和 Heinz(2000)设计的非负约束最小二乘(NCLS)方法。此外，当 NCLS 用于以非监督方式查找感兴趣的目标时，Chang(2013)和 Chang(2016)中进一步提出了非监督 NCLS(unsupervised NCLS，UNCLS)方法，具体描述如下。

(1)初始条件：设置ε为误差阈值，$\boldsymbol{t}_0=\arg\{\max_r[\boldsymbol{r}^{\mathrm{T}}\boldsymbol{r}]\}$，$\boldsymbol{r}$表示图像，以及$k=0$。

(2)设置$\mathrm{LSE}^{(0)}(\boldsymbol{r})=(\boldsymbol{r}-\hat{\boldsymbol{\alpha}}_0^{(1)}(\boldsymbol{r})\boldsymbol{t}_0)^{\mathrm{T}}(\boldsymbol{r}-\hat{\boldsymbol{\alpha}}_0^{(1)}(\boldsymbol{r})\boldsymbol{t}_0)$并且检查$\max_r \mathrm{LSE}^{(0)}(\boldsymbol{r})<\varepsilon$是否成立，如果成立，算法结束，否则继续执行。

(3)设置$k\leftarrow k+1$，并计算$\boldsymbol{t}_k=\arg\{\max_r[\mathrm{LSE}^{(k-1)}(\boldsymbol{r})]\}$的值。

(4)在光谱特性矩阵$\boldsymbol{M}^{(k)}=[\boldsymbol{t}_0\ \boldsymbol{t}_1\cdots\boldsymbol{t}_{k-1}]$上利用 NCLS 方法去估计目标$\boldsymbol{t}_0,\boldsymbol{t}_1,\cdots,\boldsymbol{t}_{k-1}$的丰度值$\hat{\alpha}_1^{(k)}(\boldsymbol{r}),\hat{\alpha}_2^{(k)}(\boldsymbol{r}),\cdots,\hat{\alpha}_{k-1}^{(k)}(\boldsymbol{r})$。

(5)查找由以下公式定义的第k个最大的误差：

$$\max_r\{\mathrm{LSE}^{(k)}(\boldsymbol{r})\}=\max_r\left\{\left(\boldsymbol{r}-\sum_{j=1}^{k-1}\hat{\alpha}_j^{(k)}\boldsymbol{t}_j\right)^{\mathrm{T}}\left(\boldsymbol{r}-\sum_{j=1}^{k-1}\hat{\alpha}_j^{(k)}\boldsymbol{t}_j\right)\right\} \tag{6.22}$$

(6)如果$\max_r \mathrm{LSE}^{(k-1)}(\boldsymbol{r})<\varepsilon$，算法结束，否则继续执行步骤(3)。

6.3.3 非监督丰度全约束最小二乘法

NCLS 算法是通过在式(6.1)上施加 ANC 约束,更进一步的,如果在式(6.1)中进一步强加 ANC 和 ASC,则 NCLS 可以扩展到完全约束最小二乘(FCLS)方法(Heinz 和 Chang,2001)。类似于 UNCLS,Chang(Chang,2013;Chang,2016)也设计了非监督 FCLS 算法,称为 UFCLS 算法,其实现如下。

(1)初始条件:设置 ε 为误差阈值,$\boldsymbol{t}_0=\arg\{\max_r[\boldsymbol{r}^{\mathrm{T}}\boldsymbol{r}]\}$,$\boldsymbol{r}$ 表示图像,以及 $k=0$。

(2)设置$\mathrm{LSE}^{(0)}(\boldsymbol{r})=(\boldsymbol{r}-\hat{\boldsymbol{\alpha}}_0^{(1)}(\boldsymbol{r})\boldsymbol{t}_0)^{\mathrm{T}}(\boldsymbol{r}-\hat{\boldsymbol{\alpha}}_0^{(1)}(\boldsymbol{r})t_0)$ 并检查$\max_r \mathrm{LSE}^{(0)}(\boldsymbol{r})<\varepsilon$ 是否成立,如果成立的话,算法结束,否则继续执行。

(3)设置 $k\leftarrow k+1$,计算$\boldsymbol{t}_k=\arg\{\max_r[\mathrm{LSE}^{(k-1)}(\boldsymbol{r})]\}$的值。

(4)在光谱特性矩阵$\boldsymbol{M}^{(k)}=[\boldsymbol{t}_0\ \boldsymbol{t}_1\cdots\boldsymbol{t}_{k-1}]$上利用 FCLS 方法估计目标$\boldsymbol{t}_0,\boldsymbol{t}_1,\cdots,\boldsymbol{t}_{k-1}$的丰度值 $\hat{\alpha}_1^{(k)}(\boldsymbol{r}),\hat{\alpha}_2^{(k)}(\boldsymbol{r}),\cdots,\hat{\alpha}_{k-1}^{(k)}(\boldsymbol{r})$。

(5)查找由以下公式定义的第 k 个最大的值:

$$\max_r\{\mathrm{LSE}^{(k)}(\boldsymbol{r})\}=\max_r\left\{\left(\boldsymbol{r}-\sum\nolimits_{j=1}^{k-1}\hat{\boldsymbol{\alpha}}_j^{(k)}\boldsymbol{t}_j\right)^{\mathrm{T}}\left(\boldsymbol{r}-\sum\nolimits_{j=1}^{k-1}\hat{\boldsymbol{\alpha}}_j^{(k)}\boldsymbol{t}_j\right)\right\} \tag{6.23}$$

(6)如果$\max_r \mathrm{LSE}^{(k-1)}(\boldsymbol{r})<\varepsilon$,算法结束,否则继续执行步骤(3)。

上述 3 种基于 LS 的非监督算法:ULSOSP、UNCLS 和 UFCLS,可以被认为是非监督线性光谱混合分析(ULSMA)技术。当实现时,需要根据相应应用确定的规定误差 ε 来终止算法。通常,规定误差并不好设定,因此,Chang 等(2017)提出了一种目标指定虚拟维度(TS-VD)算法,其提供了一个停止规则,以确定 ULSMA 算法需要的目标数目。

6.4 仿真实验结果与分析

图 6.1(a)所示的图像场景是 1995 年 8 月从飞行高度 3 048 m(10 000 inch)收集的机载高光谱数字图像采集实验(HYDICE)数据,地面采样距离约为 1.56 m。该图像共有 169 个波段:第 1～3 波段和第 202～210 波段为低信号和高噪声波段,第 101～112 波段及第 137～153 波段为水蒸气吸收波段。15 个面板有 3 种不同的尺寸:3 m×3 m、2 m×2 m、1 m×1 m,其真实图像如图 6.1(b)所示,其中物体的中心和边界像素分别用红色和黄色突出显示。特别地,面板像元由 p_{ij} 表示,其中 $i=1,\cdots,5$ 为行索引,$j=1,2,3$ 为列索引,除了第一行第一列之外,第二、三、四、五行的第一列都包含两个像元,记为 p_{211}、p_{221}、p_{311}、p_{312}、p_{411}、p_{412}、p_{511}、p_{521}。图像场景的1.56 m空间分辨率表明 15 个面板中的大多数是一个像元大小。这样一来,其实图像中共有 19 个面板像元,图 6.1(b)显示出了这些像元的精确空间位置,其

中红色像元（R 像元）是面板中心像元，黄色像元（Y 像元）是与 BKG 混合的面板像元。然而，这个真实图像应仅用于提供参考，场景中未表征的光谱变化可能影响真实的数据。如 Chang 等（2004）所证明的那样，由地面人员识别为面板中心像元可能实际上不是纯像元，它表明先验知识可能不如预期的那样可靠。

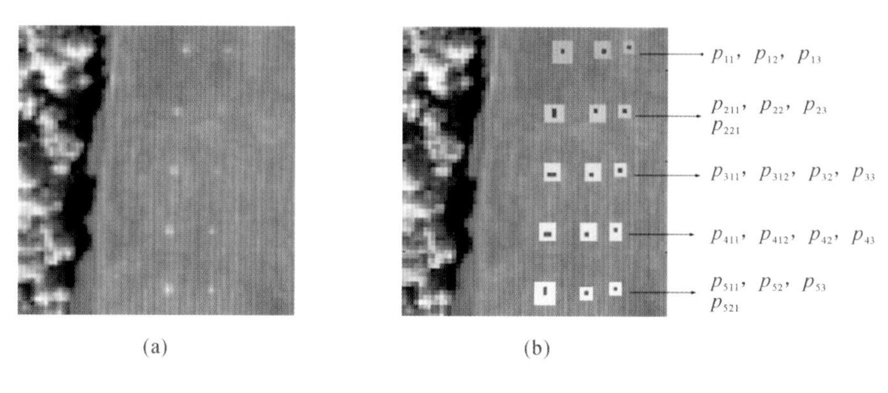

(a) (b)

图 6.1 HYDICE **高光谱数据**

(a) HYDICE 波段图；(b) 地物目标分布

首先，利用 VD 进行估计，在虚警率为 $P_F \leqslant 10^{-3}$ 时，n_{VD} 的值为 9，图 6.2(a) 显示了由 ATGP 算法直接从原始数据中提取的 9 个目标像元，可以看作是一组 BKG 像元，$\boldsymbol{S}^{BKG}=\{\boldsymbol{b}_j^{ATGP}\}_{j=1}^{9}$，其中包括来自行 1、3 和 5 的 3 个面板像元。图 6.2(b) 显示了 ATGP 从球面数据中提取的 9 个目标像元，其中包括从 5 行中的每一行中提取的 5 个面板，可以视为一组目标像元，$\boldsymbol{S}^{target}=\{\boldsymbol{t}_j^{ATGP}\}_{j=1}^{9}$。图 6.2(c) 通过使用诸如 SAM 的相似性度量去除 4 个目标像元来挑选出被识别为 BKG 像素的 5 个像元 $\tilde{\boldsymbol{S}}^{BKG}=\{\tilde{\boldsymbol{b}}_i^{ATGP}\}$，图 6.2(d) 显示了包括 $\tilde{\boldsymbol{S}}^{BKG}$ 及 $\boldsymbol{S}^{target}$ 在内的所有 14 个 BKG 像元，目标像元显示在图 6.2(b) 中，以上图中的数字表示由 ATGP 提取的像元顺序。

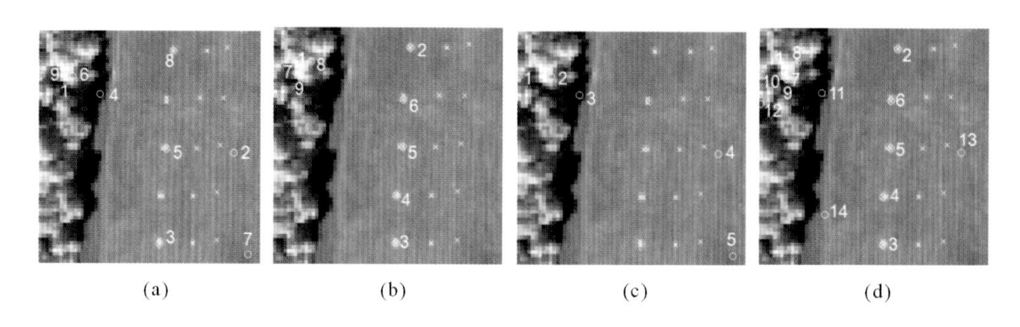

(a) (b) (c) (d)

图 6.2 ATGP **检测的** BKG **和目标像元**

(a) 原始数据中的 9 个 BKG 像元；(b) 球化数据中的 9 个目标像元；

(c) 未识别为目标像元的 5 个 BKG 像元；(d) 通过合并 (b)、(c) 中的像元获得的 14 个像元

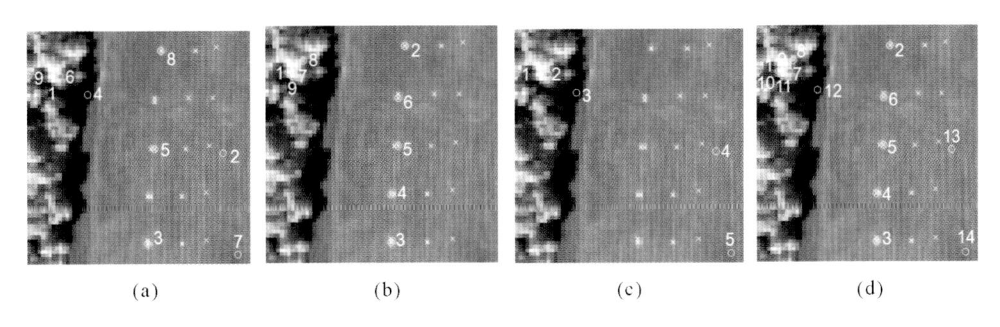

图 6.3 UNCLS 检测的 BKG 和目标像元

(a)原始数据中的 9 个 BKG 像元;(b)球化数据中的 9 个目标像元;

(c)未识别为目标像元的 5 个 BKG 像元;(d)通过合并(b)、(c)中的像元获得的 14 个像元

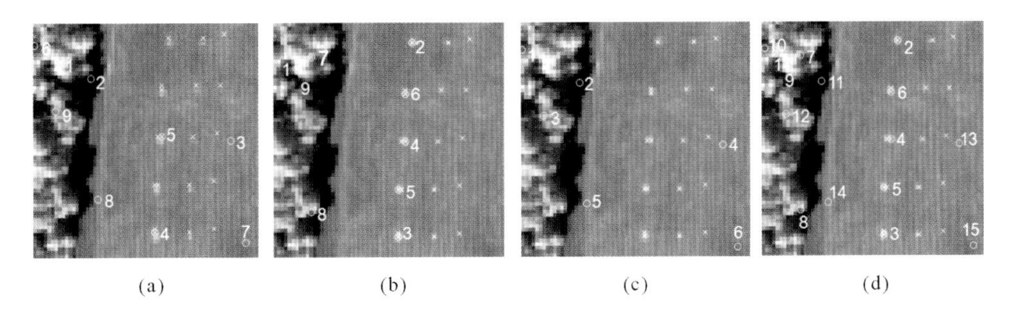

图 6.4 UFCLS 检测的 BKG 和目标像元

(a)原始数据中的 9 个 BKG 像元;(b)球化数据中的 9 个目标像元;

(c)未识别为目标像元的 6 个 BKG 像元;(d)通过合并(b)、(c)中的像元获得的 15 个像元

类似地,图 6.3(d)、6.4(d)还展示出了由 UNCLS 算法产生的 14 个像元,包括 9 个目标像元和 5 个 BKG 像元以及由 UFCLS 算法提取的 15 个像元,包括 9 个目标像元和 6 个 BKG 像元。图 6.2(b)、6.3(b)和 6.4(b)所示的是根据 3 个基于 LS 的算法提取的感兴趣目标像元,这些像元对应于真实图像的 5 个纯面板目标,p_{11}、p_{221}、p_{312}、p_{411} 和 p_{521}。另外,在这 5 个纯面板像元中,p_{11}、p_{312} 和 p_{521} 在图 6.2(a)、6.3(a)和 6.4(a)中为 BKG 像元中的 3 个像元。其原因是根据地面实况,第二行和第 4 行中的面板与第三行和第五行中的面板像元的特性非常相似,从而没有被视为端元。

6.5 本章小结

本章重点介绍了基于丰度约束的目标检测方法,尤其是当没有先验信息时,利用目标丰度作为检测感兴趣目标的手段。在没有先验信息的情况下所进行的目标检测,我们称之为非监督目标检测。无约束的非监督目标检测方法包括基于 OSP 的 ATGP、UOSP 和基于最小二乘的 ULSOSP 方法，这两种技术是不受约束的丰度检测，所以其检测到的目标丰度值并不能反映真实丰度。丰度约束的非监督目标，包括 UNCLS 算法和 UFCLS 算法，两者都是基于最小二乘原理。与非监督目标检测的 ATGP/UOSP 和 ULSOSP 不同，UNCLS 和 UFCLS 在执行非监督目标检测时利用估计方法，通过估计其检测目标中存在的真实丰度值来进行目标检测。因此，UNCLS 和 UFCLS 方法也可以用作线性光谱分离方法，而 ATGP、UOSP 和 ULSOSP 则不能。

参考文献

CHANG C I，2003. Hyperspectral Imaging：Techniques for Spectral Detection and Classification[M]. New York：Kluwer Academic/Plenum Publishers.

CHANG C I，2013. Hyperspectral Data Processing：Algorithm Design and Analysis[M]. New Jersey：John Wiley & Sons.

HARSANYI J C，1993. Detection and Classification of Subpixel Spectral Signatures in Hyperspectral Image Sequences[D]. Baltimore：University of Maryland Baltimore County.

REED I S，YU X，1990. Adaptive multiple-band CFAR detection of an optical pattern withunknown spectral distribution[J]. IEEE Trans. on Acoustic，Speech and Signal Process，38(10)：1760-1770.

CHANG C I，HEINZ D，2000. Constrained subpixel detection for remotely sensed images [J]. IEEE Trans. on Geoscience and Remote Sensing，38(3)：1144-1159.

HEINZ D，CHANG C I，2001. Fully constrained least squares linear spectral mixture analysis for material quantification in hyperspectral imagery[J]. IEEE Trans. on Geoscience and Remote Sensing，39(3)：529-545.

CHANG C I，CHIANG S S，2002. Anomaly detection and classification for hyperspectral imagery[J]. IEEE Trans. on Geoscience and Remote Sensing，40(2)：1314-1325.

CHANG C I，DU Q，2004. Estimation of number of spectrally distinct signal sources in hyperspectral imagery[J]. IEEE Trans. on Geoscience and Remote Sensing，42(3)：608-619.

CHANG C I，2010. Multiparameter receiver operating vharacteristic snalysis for signal detection and classification[J]. IEEE Sensors Journal，10(3)：423-442.

CHANG C I, XIONG W, WEN C H,2014. A theory of high order statistics-based virtual dimensionality for hyperspectral imagery[J]. IEEE Trans. on Geoscience and Remote Sensing, 52(1): 188-208.

ZHAO L,CHANG C I,CHEN S Y , et al. ,2014Endmember-specified virtual dimensionality in hyperspectral imagery[C]// IGARSS 2014-2014 IEEE International Geoscience and Remote Sensing Symposium. IEEE.

第7章 核函数目标检测

7.1 引 言

在前面的章节中，我们讨论了多种应用于高光谱目标检测问题的方法、算法，主要有无约束目标检测、目标特性约束亚像元目标检测、目标丰度约束亚像元目标检测，以及非监督目标检测几种方法。通过核函数的方法，例如核函数支持向量机(K-SVM)、核函数 Fisher 线性判别(K-FLDA)等方法，将原有的特性空间映射到高维度的空间中去，对数据进行处理，已经得到了广泛的应用，并取得了很不错的效果。

在本章中，我们将考虑利用核函数的形式，将在前面的章节中讨论的目标检测方法映射到高维空间中去，在高维空间中利用更高阶的信息对我们的期望目标进行检测。在利用核函数方法时，首先考虑一种高维空间的映射 $\boldsymbol{x}\rightarrow\Phi(\boldsymbol{x})$，其中，$\boldsymbol{x}$ 为原有的数据样本，$\Phi(\boldsymbol{x})$ 为高维度的数据样本。核函数方法的定义关系为

$$K(\boldsymbol{x},\boldsymbol{x}')=\Phi(\boldsymbol{x})^{\mathrm{T}}\Phi(\boldsymbol{x}') \tag{7.1}$$

这种定义表达了两个数据样本的高维空间投影的内积，在应用核函数方法时，将原表达式中的内积，利用如上形式替换即可。举例说明，如果数据样本为 $\boldsymbol{x}=[\boldsymbol{x}_1,\boldsymbol{x}_2]^{\mathrm{T}}$，并且定义一种多项式核函数为 $K(\boldsymbol{x},\boldsymbol{x}')=(\boldsymbol{x}^{\mathrm{T}}\boldsymbol{x}')^2$，则有

$$\begin{aligned}K(\boldsymbol{x},\boldsymbol{x})&=(\boldsymbol{x}^{\mathrm{T}}\boldsymbol{x})^2=(x_1^4+2x_1^2x_2^2+x_2^4)\\&=\begin{bmatrix}x_1^2\\\sqrt{2}x_1x_2\\x_2^2\end{bmatrix}^{\mathrm{T}}\begin{bmatrix}x_1^2\\\sqrt{2}x_1x_2\\x_2^2\end{bmatrix}=\Phi(\boldsymbol{x})^{\mathrm{T}}\Phi(\boldsymbol{x})\end{aligned} \tag{7.2}$$

式(7.2)中，样本的高维投影被定义为 $\Phi(\boldsymbol{x})=\left[x_1^2\quad\sqrt{2}x_1x_2\quad x_2^2\right]^{\mathrm{T}}$。利用核函数方法代替直接对样本进行高维投影的优势在于：第一，计算核函数的复杂度有时会比计算高维投影后再计算其内积的复杂度低；第二，有些数据样本的核函数存在，但其直接的高维投影函

数不存在，或为无穷维度，所以无法计算其直接投影。

核函数方程的形式多种多样，我们主要讨论 3 种形式：RBF 核函数、多项式核函数和 Sigmoid 核函数。如式(7.3)至式(7.5)所示：

$$K(\boldsymbol{x},\boldsymbol{x}') = \exp\left(-\frac{1}{2\sigma^2}\|\boldsymbol{x}-\boldsymbol{x}'\|^2\right) \tag{7.3}$$

$$K(\boldsymbol{x},\boldsymbol{x}') = (\boldsymbol{x}^{\mathrm{T}}\boldsymbol{x}' + \boldsymbol{d})^p \tag{7.4}$$

$$K(\boldsymbol{x},\boldsymbol{x}') = \frac{1}{1+\exp(a\,\boldsymbol{x}^{\mathrm{T}}\boldsymbol{x}')} \tag{7.5}$$

在本章中，我们将对前文中所讨论的目标检测方法的类别展开讨论，将这些算法扩展为核函数形式。无约束目标检测中的自适应匹配滤波、目标约束亚像元目标检测中的约束能量最小化以及目标约束干扰最小化方法，在扩展为核函数自适应匹配滤波(kernel match filter，KMF)、核函数约束能量最小化(kernel constraint energy minimization，KCEM)和核函数目标约束干扰能量最小化(kernel target constraint interference minimization filter，KTCIMF)的推导过程中，虽然在最终的检测器形式里不存在特征值或特征根，但是需要对相关矩阵(或协方差矩阵)进行特征值分解。在无约束目标检测中，由于其中 OSP 算子自身具有的可分解特性，基于信号分解的目标检测方法，正交子空间投影方法，在推导过程中则无需进一步分解，且最终得到的核函数正交子空间投影(kernel orthogonal subspace projection，KOSP)检测器形式相比于上述需要分解的方法的计算复杂度更低。

目标丰度约束亚像元目标检测的几种方法，其核函数形式的扩展则比较直接；非监督目标检测的几种方法中，UNCLS 和 UFCLS 的核函数形式扩展是将其迭代中的端元丰度估计部分用核函数形式的方法进行替换；而自动目标生成算法则是用核函数形式进行替代其中正交子空间投影的长度判据。

7.2 核函数无约束目标检测

在本书的第 4 章中我们介绍了多种无约束的高光谱目标检测方法，在这一节的内容中，我们将对第 4 章中所介绍的自适应匹配滤波算法，以及正交子空间投影算法的核函数形式扩展进行讨论。

7.2.1 核函数自适应匹配滤波

自适应匹配滤波器(AMF)算法在高光谱目标检测中有着广泛的应用，在如遥感软件 ENVI 的目标检测工具箱中被收录，AMF 算法的核函数形式最初由 Kwon 和 Nasrabadi 于

2006 年定义。

7.2.1.1 自适应匹配滤波与约束能量最小化

在许多实际应用的场合中，如遥感软件 ENVI 中所用到的匹配滤波(MF)和约束能量最小化(CEM)算法的表达式如式(7.6)和式(7.7)所示：

$$\delta^{\mathrm{MF}}(\boldsymbol{r})=\frac{(\boldsymbol{d}-\boldsymbol{\mu})^{\mathrm{T}}\boldsymbol{K}^{-1}(\boldsymbol{r}-\boldsymbol{\mu})}{(\boldsymbol{d}-\boldsymbol{\mu})^{\mathrm{T}}\boldsymbol{K}^{-1}(\boldsymbol{d}-\boldsymbol{\mu})} \tag{7.6}$$

$$\delta^{\mathrm{CEM}}(\boldsymbol{r})=\frac{\boldsymbol{d}^{\mathrm{T}}\boldsymbol{R}^{-1}\boldsymbol{r}}{\boldsymbol{d}^{\mathrm{T}}\boldsymbol{R}^{-1}\boldsymbol{d}} \tag{7.7}$$

以上两式中，$\boldsymbol{r}$ 为待测像元，$\boldsymbol{d}$ 为期望目标，矩阵 $\boldsymbol{K}$ 为全部像元协方差矩阵，$\boldsymbol{R}$ 为全部像元的相关矩阵，其定义如下

$$\boldsymbol{K}=\frac{1}{N}\sum_{i}^{N}(\boldsymbol{r}_i-\boldsymbol{\mu})(\boldsymbol{r}_i-\boldsymbol{\mu})^{\mathrm{T}} \tag{7.8}$$

$$\boldsymbol{R}=\frac{1}{N}\sum_{i}^{N}\boldsymbol{r}_i\boldsymbol{r}_i^{\mathrm{T}} \tag{7.9}$$

上述表达中，N 为高光谱图像场景中像元个数，$\boldsymbol{r}_i$ 为第 i 个像元，$\boldsymbol{\mu}$ 为全部像元的均值。可以发现，在实际应用场合中，MF 算法与 CEM 算法之间的关系在于输入的样本是否被全局样本的均值所中心化。

根据这种相关关系，我们可以定义：在高维空间中，核函数匹配滤波(KMF)算法是核函数约束能量最小化(KCEM)通过对全局样本均值中心化后的结果。结果如下所示：

$$\delta^{\mathrm{KMF}}(\Phi(\boldsymbol{r}))=\delta_c^{\mathrm{KCEM}}(\Phi(\boldsymbol{r}))=\frac{(\Phi(\boldsymbol{d})-\Phi(\boldsymbol{\mu}))^{\mathrm{T}}\boldsymbol{R}_{\Phi,c}^{-1}(\Phi(\boldsymbol{r})-\Phi(\boldsymbol{\mu}))}{(\Phi(\boldsymbol{d})-\Phi(\boldsymbol{\mu}))^{\mathrm{T}}\boldsymbol{R}_{\Phi,c}^{-1}(\Phi(\boldsymbol{d})-\Phi(\boldsymbol{\mu}))} \tag{7.10}$$

其中，$\boldsymbol{R}_{\Phi,c}^{-1}$ 为高维度空间中心化后的协方差矩阵。

7.2.1.2 自适应匹配滤波高维空间上的中心化

我们以下面所讨论的核函数约束能量最小化算法为例，相关矩阵的逆矩阵$\boldsymbol{R}^{-1}$，需要在高维空间中，对其进行如同下文中式(7.31)所示的分解$\boldsymbol{R}_{\Phi}^{-1}=\Phi(\boldsymbol{r})\boldsymbol{B}\boldsymbol{\Lambda}_{\boldsymbol{R}}^{-1}\boldsymbol{B}^{\mathrm{T}}\Phi(\boldsymbol{r})^{\mathrm{T}}$，可以表示为如下形式：

$$\begin{aligned}\delta^{\mathrm{KMF}}(\boldsymbol{r})&=\frac{(\Phi(\boldsymbol{d})-\Phi(\boldsymbol{\mu}))^{\mathrm{T}}\Phi(\boldsymbol{r})\boldsymbol{B}\boldsymbol{\Lambda}_{\boldsymbol{R}}^{-1}\boldsymbol{B}^{\mathrm{T}}\Phi(\boldsymbol{r})^{\mathrm{T}}(\Phi(\boldsymbol{r})-\Phi(\boldsymbol{\mu}))}{(\Phi(\boldsymbol{d})-\Phi(\boldsymbol{\mu}))^{\mathrm{T}}\Phi(\boldsymbol{r})\boldsymbol{B}\boldsymbol{\Lambda}_{\boldsymbol{R}}^{-1}\boldsymbol{B}^{\mathrm{T}}\Phi(\boldsymbol{r})^{\mathrm{T}}(\Phi(\boldsymbol{d})-\Phi(\boldsymbol{\mu}))}\\&=\frac{(\boldsymbol{K}(\boldsymbol{d},\boldsymbol{r})-\boldsymbol{K}(\boldsymbol{\mu},\boldsymbol{r}))^{\mathrm{T}}\boldsymbol{B}\boldsymbol{\Lambda}_{\boldsymbol{R}}^{-1}\boldsymbol{B}^{\mathrm{T}}(\boldsymbol{K}(\boldsymbol{r},\boldsymbol{r})-\boldsymbol{K}(\boldsymbol{r},\boldsymbol{\mu}))}{(\boldsymbol{K}(\boldsymbol{d},\boldsymbol{r})-\boldsymbol{K}(\boldsymbol{\mu},\boldsymbol{r}))^{\mathrm{T}}\boldsymbol{B}\boldsymbol{\Lambda}_{\boldsymbol{R}}^{-1}\boldsymbol{B}^{\mathrm{T}}(\boldsymbol{K}(\boldsymbol{r},\boldsymbol{d})-\boldsymbol{K}(\boldsymbol{r},\boldsymbol{\mu}))}\\&=\frac{(\boldsymbol{K}(\boldsymbol{d},\boldsymbol{r})-\boldsymbol{K}(\boldsymbol{\mu},\boldsymbol{r}))^{\mathrm{T}}\boldsymbol{C}_c^{-1}(\boldsymbol{K}(\boldsymbol{r},\boldsymbol{r})-\boldsymbol{K}(\boldsymbol{r},\boldsymbol{\mu}))}{(\boldsymbol{K}(\boldsymbol{d},\boldsymbol{r})-\boldsymbol{K}(\boldsymbol{\mu},\boldsymbol{r}))^{\mathrm{T}}\boldsymbol{C}_c^{-1}(\boldsymbol{K}(\boldsymbol{r},\boldsymbol{d})-\boldsymbol{K}(\boldsymbol{r},\boldsymbol{\mu}))}\end{aligned} \tag{7.11}$$

上式中，$\boldsymbol{C}_c^{-1}$ 为中心化后的格拉姆矩阵(Gram Matrix)，其中心化的方法为

$$\boldsymbol{C}_c^{-1}=\boldsymbol{C}^{-1}-\boldsymbol{1}_N\boldsymbol{C}^{-1}-\boldsymbol{C}^{-1}\boldsymbol{1}_N+\boldsymbol{1}_N\boldsymbol{C}^{-1}\boldsymbol{1}_N \tag{7.12}$$

其中，$\boldsymbol{1}_N$ 为一个维度为 $N\times N$ 的矩阵，且矩阵的每一个元素 $(1_N)_{i,j}=1/N$，$\boldsymbol{C}^{-1}=\boldsymbol{B}\boldsymbol{\Lambda}_{\boldsymbol{R}}^{-1}\boldsymbol{B}^{\mathrm{T}}$ 为未中心化的格拉姆矩阵。

7.2.2 核函数正交子空间投影

本书的第4章所讨论的正交子空间投影法OSP算子,是在线性混合模型的基础之上,进一步分解细化的($\boldsymbol{d}$,$\boldsymbol{U}$)模型,其广泛地应用于线性高光谱目标检测与高光谱解混问题中。利用核函数,将上述方法输入的样本向高维度空间进行映射,可以引入非线性信息,并将数据映射到高维空间中去,这种方法已经在如支持向量机等方法上得到有效的验证。

将线性的OSP算法利用核函数扩展为一种非线性的检测器,称为核函数正交子空间投影法(kernel orthogonal subspace projection,KOSP),该方法由Kwon和Nasrabadi在2005年首先提出,其方法类似核函数主成分分析(kernel principal components analysis,KPCA),利用特征分解将高维度的$P_{\Phi(U)}^{\perp}$分开,再将整个检测器化为核函数形式。但是,这一方法忽略了$P_{\Phi(U)}^{\perp}$本身具有的可分解特性。所以,2012年Liu和Chang利用$P_{\Phi(U)}^{\perp}$这一可分解特性,提出了一种新形式的KOSP算法。本书中所讨论的KOSP算法就是由Liu与Chang所提出的。

考虑第4章中所讨论的OSP检测器形式:

$$\delta^{\mathrm{OSP}}(\boldsymbol{r}) = \boldsymbol{w}^{*}\boldsymbol{r} = \boldsymbol{d}^{\mathrm{T}}P_{U}^{\perp}\boldsymbol{r} \tag{7.13}$$

将$\boldsymbol{P}_{\Phi(U)}^{\perp}$进行分解

$$\boldsymbol{P}_{\Phi(\boldsymbol{U})}^{\perp} = \mathbf{I}_{\Phi_{L\times L}} - \Phi(\boldsymbol{U})\Phi(\boldsymbol{U})^{\#} = \mathbf{I}_{\Phi_{L\times L}} - \Phi(\boldsymbol{U})\left(\Phi(\boldsymbol{U})^{\mathrm{T}}\Phi(\boldsymbol{U})\right)^{-1}\Phi(\boldsymbol{U})^{\mathrm{T}} \tag{7.14}$$

将分解后的形式代入原检测器式(7.12)中,并将OSP算法输入映射到高维空间中去可得

$$\begin{aligned}
\delta^{\mathrm{KOSP}}(\Phi(\boldsymbol{r})) &= \Phi(\boldsymbol{d})^{\mathrm{T}}P_{\Phi(\boldsymbol{U})}^{\perp}\Phi(\boldsymbol{r}) \\
&= \Phi(\boldsymbol{d})^{\mathrm{T}}\mathbf{I}_{\Phi_{L\times L}}\Phi(\boldsymbol{r}) - \Phi(\boldsymbol{d})^{\mathrm{T}}\Phi(\boldsymbol{U})\left(\Phi(\boldsymbol{U})^{\mathrm{T}}\Phi(\boldsymbol{U})\right)^{-1}\Phi(\boldsymbol{U})^{\mathrm{T}}\Phi(\boldsymbol{r}) \\
&= \Phi(\boldsymbol{d})^{\mathrm{T}}\Phi(\boldsymbol{r}) - \Phi(\boldsymbol{d})^{\mathrm{T}}\Phi(\boldsymbol{U})\left(\Phi(\boldsymbol{U})^{\mathrm{T}}\Phi(\boldsymbol{U})\right)^{-1}\Phi(\boldsymbol{U})^{\mathrm{T}}\Phi(\boldsymbol{r})
\end{aligned} \tag{7.15}$$

核函数方法则将利用一个非线性函数替代线性形式中的内积:

$$K(\boldsymbol{x},\boldsymbol{y}) = \langle\Phi(\boldsymbol{x}),\Phi(\boldsymbol{y})\rangle = \Phi(\boldsymbol{x})^{\mathrm{T}}\Phi(\boldsymbol{y}) \tag{7.16}$$

利用上面定义的核函数替代原有线性形式的内积可得

$$\begin{aligned}
\delta^{\mathrm{KOSP}}(\Phi(\boldsymbol{r})) &= \Phi(\boldsymbol{d})^{\mathrm{T}}\Phi(\boldsymbol{r}) - \Phi(\boldsymbol{d})^{\mathrm{T}}\Phi(\boldsymbol{U})\left(\Phi(\boldsymbol{U})^{\mathrm{T}}\Phi(\boldsymbol{U})\right)^{-1}\Phi(\boldsymbol{U})^{\mathrm{T}}\Phi(\boldsymbol{r}) \\
&= K(\boldsymbol{d},\boldsymbol{r}) - K(\boldsymbol{d},\boldsymbol{U})K(\boldsymbol{U},\boldsymbol{U})^{-1}K(\boldsymbol{U},\boldsymbol{r})
\end{aligned} \tag{7.17}$$

7.2.3 核函数最小二乘正交子空间投影

考虑第4章中所讨论的LSOSP算法,其形式与OSP算法的关系如下:

$$\delta(\boldsymbol{r})_{\alpha_p}^{\mathrm{LSOSP}} = (\boldsymbol{d}P_{U}^{\perp}\boldsymbol{d})^{-1}\delta^{\mathrm{OSP}}(\boldsymbol{r}) \tag{7.18}$$

从上式(7.17)中可以看出,LSOSP检测器可分解成OSP检测器与一常数项相乘的结

果，我们将上式(7.18)中的常数项进行如式(7.15)所述相似的分解，并利用式(7.17)所定义的核函数将分解后的形式中的内积进行替换，可得到 LSOSP 检测器如下：

$$\delta\left(\Phi(\boldsymbol{r})\right)_{\alpha_p}^{\mathrm{KLSOSP}}=\frac{\delta^{\mathrm{KOSP}}\left(\Phi(\boldsymbol{r})\right)}{K(\boldsymbol{d},\boldsymbol{d})-K(\boldsymbol{d},\boldsymbol{U})K\left(\boldsymbol{U},\boldsymbol{U}\right)^{-1}K(\boldsymbol{U},\boldsymbol{d})} \tag{7.19}$$

7.3 核函数目标特性约束目标检测

在本书的第 5 章中，我们讨论了几种目标特性约束的高光谱目标检测方法，其中有两种方法被扩展为核函数方法，分别为约束能量最小化和目标约束干扰最小化滤波器。值得一提的是，这两种方法都利用了像元样本的相关矩阵，推导过程中需要对相关矩阵(或协方差矩阵)进行特征值分解，但是在最终的检测器形式里，仅为几个格拉姆矩阵的乘积，并不存在特征值或特征根。

7.3.1 核函数约束能量最小化

在第 5 章中我们讨论了约束能量最小化 CEM 算法，通过限定期望目标方向的输出，并使其他方向目标输出平均能量最小化，从而获得用来进行目标检测的线性 FIR 滤波器。核函数形式下的 CEM 算法，是将输入样本通过一种非线性函数 $\Phi(\cdot)$映射到高维空间中去 $x\rightarrow\Phi(x)$。我们可以通过 CEM 算法映射到高维空间中去，有：

$$\delta^{\mathrm{KCEM}}\left(\Phi(\boldsymbol{r})\right)=\frac{\Phi\left(\boldsymbol{d}\right)^{\mathrm{T}}\boldsymbol{R}_{\Phi}^{-1}\Phi\left(\boldsymbol{r}\right)}{\Phi\left(\boldsymbol{d}\right)^{\mathrm{T}}\boldsymbol{R}_{\Phi}^{-1}\Phi\left(\boldsymbol{d}\right)} \tag{7.20}$$

其中，我们用 N 表示高光谱图像中像元个数，并用 $\boldsymbol{r}_j$ 表示第 j 个像元，则新的特征空间下的相关矩阵为

$$\boldsymbol{R}_{\Phi}=\frac{1}{N}\sum_{j=1}^{N}\Phi(\boldsymbol{r}_j)\Phi\left(\boldsymbol{r}_j\right)^{\mathrm{T}} \tag{7.21}$$

我们将上式重新写成特征向量与特征值的形式：

$$\boldsymbol{R}_{\Phi}\boldsymbol{V}=\boldsymbol{V}\boldsymbol{\Lambda}_{\boldsymbol{R}} \tag{7.22}$$

其中，$\boldsymbol{V}$ 为相关矩阵 $\boldsymbol{R}$ 的特征向量，为 $\boldsymbol{V}=[\boldsymbol{v}^1,\boldsymbol{v}^2,\cdots,\boldsymbol{v}^N]$，特征向量之间互相正交，故其外积有 $\boldsymbol{V}\boldsymbol{V}^{\mathrm{T}}=\mathbf{I}$ 特性成立。$\boldsymbol{\Lambda}$ 为矩阵 $\boldsymbol{R}$ 特征向量所对应的特征值对角矩阵。所以，在式(7.22)的左右两边同时乘以 $\boldsymbol{V}^{\mathrm{T}}$，变化为如下形式：

$$\boldsymbol{R}_{\Phi}=\boldsymbol{V}\boldsymbol{\Lambda}_{\boldsymbol{R}}\boldsymbol{V}^{\mathrm{T}} \tag{7.23}$$

对式(7.22)的求逆，可通过谱分解(spectral decomposition)实现，有如下形式：

$$\boldsymbol{R}_{\Phi}^{-1}=\boldsymbol{V}\boldsymbol{\Lambda}_{\boldsymbol{R}}^{-1}\boldsymbol{V}^{\mathrm{T}} \tag{7.24}$$

将高维空间表达的 KCEM 中相关矩阵，利用上式进行替换，此时的 KCEM 变为如下形式：

$$\delta^{\mathrm{KCEM}}(\Phi(\boldsymbol{r}))=\frac{\Phi(\boldsymbol{d})^{\mathrm{T}}(\mathbf{V}\boldsymbol{\Lambda}_{\boldsymbol{R}}^{-1}\mathbf{V}^{\mathrm{T}})\Phi(\boldsymbol{r})}{\Phi(\boldsymbol{d})^{\mathrm{T}}(\mathbf{V}\boldsymbol{\Lambda}_{\boldsymbol{R}}^{-1}\mathbf{V}^{\mathrm{T}})\Phi(\boldsymbol{d})}=\frac{(\Phi(\boldsymbol{d})^{\mathrm{T}}\mathbf{V})\boldsymbol{\Lambda}_{\boldsymbol{R}}^{-1}(\mathbf{V}^{\mathrm{T}}\Phi(\boldsymbol{r}))}{(\Phi(\boldsymbol{d})^{\mathrm{T}}\mathbf{V})\boldsymbol{\Lambda}_{\boldsymbol{R}}^{-1}(\mathbf{V}^{\mathrm{T}}\Phi(\boldsymbol{d}))} \tag{7.25}$$

高维度空间下相关矩阵与其第 i 个特征值和特征向量间关系如下：

$$\lambda_i \boldsymbol{v}_{\Phi,i}=\boldsymbol{R}_{\Phi}\boldsymbol{v}_{\Phi,i} \tag{7.26}$$

这样，特征向量间的关系如下：

$$\begin{aligned}\boldsymbol{v}_{\Phi,i}&=\frac{1}{N\lambda_i}\boldsymbol{R}_{\Phi}\boldsymbol{v}_{\Phi,i}=\frac{1}{N\lambda_i}\sum_{j=1}^{N}\Phi(\boldsymbol{r}_j)\Phi(\boldsymbol{r}_j)^{\mathrm{T}}\boldsymbol{v}_{\Phi,i}\\&=\sum_{j=1}^{N}\frac{1}{N\lambda_i}\Phi(\boldsymbol{r}_j)[\Phi(\boldsymbol{r}_j)^{\mathrm{T}}\boldsymbol{v}_{\Phi,i}]\end{aligned} \tag{7.27}$$

上式中，全部数据样本的高维空间表达同其高维空间上相关矩阵的特征向量进行内积投影：

$$\boldsymbol{v}_{\Phi,i}=\sum_{j=1}^{N}\lambda_i^{-1/2}\beta_j^i\Phi(\boldsymbol{r}_j)=\lambda_i^{-1/2}\Phi(\boldsymbol{r})\boldsymbol{B}_i \tag{7.28}$$

此处 $\boldsymbol{B}_i$ 为

$$\boldsymbol{B}_i=[\beta_1^i \quad \beta_2^i \quad \cdots \quad \beta_N^i]^{\mathrm{T}} \tag{7.29}$$

如上所示，经过特征分解得到的特征向量矩阵，可以表示为 CEM 检测器输入样本像元的线性组合。根据特征向量的性质可知，特征向量 $\boldsymbol{v}$ 在高维空间内为单位向量，相互正交且长度为 1，有如下性质：

$$\boldsymbol{v}_{\Phi,i}(\boldsymbol{v}_{\Phi,i})^{\mathrm{T}}=\sum_{j,k=1}^{N}\beta_j^i\beta_k^i(\Phi(\boldsymbol{r}_j)\Phi(\boldsymbol{r}_k)^{\mathrm{T}})=\mathbf{1} \tag{7.30}$$

此时，在新特征空间下的相关矩阵可以表示为

$$\boldsymbol{R}_{\Phi}^{-1}=\mathbf{V}\boldsymbol{\Lambda}_{\boldsymbol{R}}^{-1}\mathbf{V}^{\mathrm{T}}=\Phi(\boldsymbol{r})\boldsymbol{B}\boldsymbol{\Lambda}_{\boldsymbol{R}}^{-1}\boldsymbol{B}^{\mathrm{T}}\Phi(\boldsymbol{r})^{\mathrm{T}} \tag{7.31}$$

进而，

$$\mathbf{V}=\Phi(\boldsymbol{r})\boldsymbol{B} \tag{7.32}$$

其中 $\boldsymbol{B}=[\boldsymbol{B}_1 \quad \boldsymbol{B}_2 \quad \cdots \quad \boldsymbol{B}_i]$，现在考虑 KCEM 检测器如下：

$$\begin{aligned}\delta^{\mathrm{KCEM}}(\Phi(\boldsymbol{r}))&=\frac{(\Phi(\boldsymbol{d})^{\mathrm{T}}\mathbf{V})\boldsymbol{\Lambda}_{\boldsymbol{R}}^{-1}(\mathbf{V}^{\mathrm{T}}\Phi(\boldsymbol{r}))}{(\Phi(\boldsymbol{d})^{\mathrm{T}}\mathbf{V})\boldsymbol{\Lambda}_{\boldsymbol{R}}^{-1}(\mathbf{V}^{\mathrm{T}}\Phi(\boldsymbol{d}))}\\&=\frac{(\Phi(\boldsymbol{d})^{\mathrm{T}}\Phi(\boldsymbol{r}))\boldsymbol{B}\boldsymbol{\Lambda}_{\boldsymbol{R}}^{-1}\boldsymbol{B}^{\mathrm{T}}(\Phi(\boldsymbol{r})^{\mathrm{T}}\Phi(\boldsymbol{r}))}{(\Phi(\boldsymbol{d})^{\mathrm{T}}\Phi(\boldsymbol{r}))\boldsymbol{B}\boldsymbol{\Lambda}_{\boldsymbol{R}}^{-1}\boldsymbol{B}^{\mathrm{T}}(\Phi(\boldsymbol{r})^{\mathrm{T}}\Phi(\boldsymbol{d}))}\\&=\frac{K(\boldsymbol{d},\boldsymbol{r})\boldsymbol{B}\boldsymbol{\Lambda}_{\boldsymbol{R}}^{-1}\boldsymbol{B}^{\mathrm{T}}K(\boldsymbol{r},\boldsymbol{r})}{K(\boldsymbol{d},\boldsymbol{r})\boldsymbol{B}\boldsymbol{\Lambda}_{\boldsymbol{R}}^{-1}\boldsymbol{B}^{\mathrm{T}}K(\boldsymbol{r},\boldsymbol{d})}\end{aligned} \tag{7.33}$$

最终我们可以获得 CEM 算法的核函数扩展形式为

$$\delta^{\mathrm{KCEM}}(\Phi(\boldsymbol{r}))=\frac{K(\boldsymbol{d},\boldsymbol{r})K^{-2}(\boldsymbol{r},\boldsymbol{r})K(\boldsymbol{r},\boldsymbol{r})}{K(\boldsymbol{d},\boldsymbol{r})K^{-2}(\boldsymbol{r},\boldsymbol{r})K(\boldsymbol{r},\boldsymbol{d})} \tag{7.34}$$

7.3.2 核函数目标约束干扰最小化滤波器

利用核函数，将目标约束干扰最小化滤波器 TCIMF 由一种线性检测手段扩展为非线性的核函数目标约束干扰最小化滤波器(kernel target-constrained interference-minimized filter，KTCIMF)，是由 Wang 和 Zhang 等在 2013 首次提出的。

考虑第 5 章讨论的 TCIMF 算法：

$$\begin{aligned}\delta^{\text{TCIMF}}(\boldsymbol{r}) &= (\boldsymbol{w}^{\text{TCIMF}})^{\text{T}}\boldsymbol{r} = \boldsymbol{r}^{\text{T}}(\boldsymbol{w}^{\text{TCIMF}}) \\ &= \boldsymbol{r}^{\text{T}}\boldsymbol{R}_{L\times L}^{-1}(\boldsymbol{DU})[(\boldsymbol{DU})^{\text{T}}(\boldsymbol{DU})]^{-1}\begin{bmatrix}\boldsymbol{1}_{p\times 1}\\ \boldsymbol{0}_{q\times 1}\end{bmatrix}\end{aligned} \tag{7.35}$$

从上式可以看出，TCIMF 算法是利用线性 FIR 滤波器 $\boldsymbol{w}^{\text{TCIMF}}$，也就是 TCIMF 算子，同输入样本像元相乘，从而得到线性的检测结果。将 TCIMF 算法扩展为非线性形式的检测器，利用核函数将 TCIMF 算子映射到高维度空间，形式如下：

$$\boldsymbol{w}_{\Phi}^{\text{TCIMF}} = \boldsymbol{R}_{\Phi}^{-1}\Phi(\boldsymbol{DU})[\Phi(\boldsymbol{DU})^{\text{T}}\boldsymbol{R}_{\Phi}^{-1}\Phi(\boldsymbol{DU})]^{-1}\begin{bmatrix}\boldsymbol{1}_{p\times 1}\\ \boldsymbol{0}_{q\times 1}\end{bmatrix}_{\Phi} \tag{7.36}$$

令 $\boldsymbol{H}=\boldsymbol{DH}$，上述高维度 TCIMF 算子可以重新写成如下形式：

$$\boldsymbol{w}_{\Phi}^{\text{TCIMF}} = \boldsymbol{R}_{\Phi}^{-1}\Phi(\boldsymbol{H})[\Phi(\boldsymbol{H})^{\text{T}}\boldsymbol{R}_{\Phi}^{-1}\Phi(\boldsymbol{H})]^{-1}\begin{bmatrix}\boldsymbol{1}_{p\times 1}\\ \boldsymbol{0}_{q\times 1}\end{bmatrix}_{\Phi} \tag{7.37}$$

将上述 TCIMF 算子进行转置，两个矩阵相乘转置运算具有性质 $(\boldsymbol{AB})^{\text{T}}=\boldsymbol{B}^{\text{T}}\boldsymbol{A}^{\text{T}}$，所以上式的转置形式为：

$$\delta^{\text{KTCIMF}}(\boldsymbol{r}) = [\boldsymbol{1}_{p\times 1} \quad \boldsymbol{0}_{q\times 1}]_{\Phi}\frac{\Phi(\boldsymbol{H}^{\text{T}})\boldsymbol{R}_{\Phi}^{-1}\Phi(\boldsymbol{r})}{\Phi(\boldsymbol{H})^{\text{T}}\boldsymbol{R}_{\Phi}^{-1}\Phi(\boldsymbol{H})} \tag{7.38}$$

利用如同 7.3.1 节 KCEM 算法中用到的相关矩阵的分解形式(7.34)，可以得到 KTCIMF 检测器的最终结果：

$$\begin{aligned}\delta^{\text{KTCIMF}}(\boldsymbol{r}) &= [\boldsymbol{1}_{p\times 1} \quad \boldsymbol{0}_{q\times 1}]_{\Phi}\frac{(\Phi(\boldsymbol{H}^{\text{T}})\Phi(\boldsymbol{r}))K^{-2}(\boldsymbol{r},\boldsymbol{r})(\Phi(\boldsymbol{r}^{\text{T}})\Phi(\boldsymbol{r}))}{(\Phi(\boldsymbol{H}^{\text{T}})\Phi(\boldsymbol{r}))K^{-2}(\boldsymbol{r},\boldsymbol{r})(\Phi(\boldsymbol{r}^{\text{T}})\Phi(\boldsymbol{H}))} \\ &= [\boldsymbol{1}_{p\times 1} \quad \boldsymbol{0}_{q\times 1}]_{\Phi}\frac{K(\boldsymbol{H},\boldsymbol{r})K^{-2}(\boldsymbol{r},\boldsymbol{r})K(\boldsymbol{r},\boldsymbol{r})}{K(\boldsymbol{H},\boldsymbol{r})K^{-2}(\boldsymbol{r},\boldsymbol{r})K(\boldsymbol{r},\boldsymbol{H})}\end{aligned} \tag{7.39}$$

7.4 核函数丰度约束目标检测

丰度约束目标检测方法对最小二乘法进行约束，主要用到的约束方法有端元丰度非负约束和丰度全约束。丰度约束的方法本质是对目标特性丰度的估计，用估计的丰度值作为目标特性的被检测到的强度值。本节中，我们将对非负约束最小二乘法和全约束最小二乘法进行核函数形式的扩展。

7.4.1 核函数非负约束最小二乘法

丰度值是其所对应的端元，在待解混的像元中信号含量的一种表示，可以被广泛应用在亚像元目标检测问题中。利用最小二乘法或正交子空间投影法计算丰度值时，最大的问题是会有负丰度值产生，但是端元的丰度值理应为正。为了解决该问题，在最优化过程中应该考虑丰度非负约束（ANC），这种约束下的最小二乘法被称为非负约束最小二乘法（NCLS）。在之前的章节里，我们介绍了这种线性非负约束最小二乘法，本章我们将讨论利用核函数引入非线性信息的负约束最小二乘法，称为核函数非负约束最小二乘法（kernel nonnegative constraint least square，KNCLS）。

非负约束最小二乘法，利用拉格朗日乘子 $\boldsymbol{\lambda}=[\lambda_1,\lambda_2,\cdots,\lambda_p]^{\mathrm{T}}$ 最小化目标函数 $(\boldsymbol{M\alpha}-\boldsymbol{r})^{\mathrm{T}}(\boldsymbol{M\alpha}-\boldsymbol{r})$，并服从约束条件 $\alpha_i\geqslant 0$ 且 $j\in\{1,2,\cdots,p\}$，其约束最优化问题如下：

$$J=\frac{1}{2}(\boldsymbol{M\alpha}-\boldsymbol{r})^{\mathrm{T}}(\boldsymbol{M\alpha}-\boldsymbol{r})+\lambda(\boldsymbol{\alpha}-\boldsymbol{c}) \tag{7.40}$$

上式中 $c=[c_1,c_2,\cdots,c_p]^{\mathrm{T}}$，其中 c_j 为约束且 $1\leqslant i\leqslant p$。当 $\boldsymbol{\alpha}=\boldsymbol{c}$ 时有

$$\hat{\boldsymbol{\alpha}}=(\boldsymbol{M}^{\mathrm{T}}\boldsymbol{M})^{-1}\boldsymbol{M}^{\mathrm{T}}\boldsymbol{r}-(\boldsymbol{M}^{\mathrm{T}}\boldsymbol{M})^{-1}\boldsymbol{\lambda} \tag{7.41}$$

且有

$$\hat{\boldsymbol{\alpha}}=\boldsymbol{M}^{\mathrm{T}}\boldsymbol{r}-\boldsymbol{M}^{\mathrm{T}}\boldsymbol{M}\hat{\boldsymbol{\alpha}} \tag{7.42}$$

可以看出，最优化式(7.40)并没有解析解，这样一来我们需要依靠数值算法，通过迭代上述式(7.41)和式(7.42)获得最优丰度向量$\hat{\boldsymbol{\alpha}}^{\mathrm{NCLS}}(\boldsymbol{r})$，同时要满足如下 KKT 条件（karush-kuhn-tucker condition，KKT Condition）：

$$\begin{aligned}\lambda_i&=0,i\in P\\ \lambda_i&<0,i\in R\end{aligned} \tag{7.43}$$

此处 P 和 R 分别表示被动集合和主动集合，分别用来容纳负丰度值和正丰度值。在高维度情况下，上述迭代式(7.41)和式(7.42)变换为：

$$\hat{\boldsymbol{\alpha}}^{\mathrm{KNCLS}}(\Phi(\boldsymbol{r}))=(\Phi(\boldsymbol{M})^{\mathrm{T}}\Phi(\boldsymbol{M}))^{-1}\Phi(\boldsymbol{M})^{\mathrm{T}}\Phi(\boldsymbol{r})-(\Phi(\boldsymbol{M})^{\mathrm{T}}\Phi(\boldsymbol{M}))^{-1}\boldsymbol{\lambda} \tag{7.44}$$

$$\boldsymbol{\lambda}=\Phi(\boldsymbol{M})^{\mathrm{T}}\Phi(\boldsymbol{r})-\Phi(\boldsymbol{M})^{\mathrm{T}}\Phi(\boldsymbol{M})\hat{\boldsymbol{\alpha}}^{\mathrm{KNCLS}}(\boldsymbol{r}) \tag{7.45}$$

利用核函数替换上述迭代式的内积可得：

$$\hat{\boldsymbol{\alpha}}^{\mathrm{KNCLS}}(\boldsymbol{r})=(K(\boldsymbol{M},\boldsymbol{M}))^{-1}K(\boldsymbol{M},\boldsymbol{r})-(K(\boldsymbol{M},\boldsymbol{M}))^{-1}\boldsymbol{\lambda} \tag{7.46}$$

$$\boldsymbol{\lambda}=K(\boldsymbol{M},\boldsymbol{r})-K(\boldsymbol{M},\boldsymbol{M})\hat{\boldsymbol{\alpha}}^{\mathrm{KNCLS}}(\boldsymbol{r}) \tag{7.47}$$

7.4.2 核函数全约束最小二乘法

在前面的章节中，我们讨论了另一种丰度约束——丰度和为一约束（ASC）。为了解决

最小二乘法与正交子空间投影法出现负丰度值这一问题，又引入了非负限定条件，同时满足这两种条件，被称为全约束。在前面的章节我们讨论了一种简单实现 ASC 约束的方法，此处我们利用这种方法使最优化同时满足 ASC 和 ANC 条件，达到全约束目的。服从全约束的最小二乘法被称为 FCLS。

在 ANC 的基础上，我们引入 ASC 有特性矩阵与辅助向量分别如下：

$$\boldsymbol{N}=\begin{bmatrix}\delta\boldsymbol{M}\\ \boldsymbol{1}^{\mathrm{T}}\end{bmatrix} \tag{7.48}$$

$$\boldsymbol{s}=\begin{bmatrix}\delta\boldsymbol{r}\\ 1\end{bmatrix} \tag{7.49}$$

其中，$\boldsymbol{1}=(1,1,\cdots,1)^{\mathrm{T}}$ 为 p 维度的向量，δ 控制 FCLS 算法的收敛速度。将 NCLS 算法中的 $\boldsymbol{M}$ 矩阵与 $\boldsymbol{r}$ 向量用上述特性矩阵与辅助向量替换，并将迭代式(7.41)和式(7.42)中的内积替换为核函数。此时，全约束最小二乘法的迭代式如下：

$$\hat{\boldsymbol{\alpha}}^{\mathrm{KFCLS}}(\Phi(\boldsymbol{r}))=(K(\boldsymbol{N},\boldsymbol{N}))^{-1}K(\boldsymbol{N},\boldsymbol{s})-(K(\boldsymbol{N},\boldsymbol{N}))^{-1}\boldsymbol{\lambda} \tag{7.50}$$

$$\boldsymbol{\lambda}=K(\boldsymbol{N},\boldsymbol{s})-K(\boldsymbol{N},\boldsymbol{N})\hat{\boldsymbol{\alpha}}^{\mathrm{KFCLS}}(\boldsymbol{s}) \tag{7.51}$$

7.5 核函数非监督目标检测

在这一小节中，我们将讨论自动目标生成算法(automatic target generation process, ATGP)、UNCLS 和 UFCLS 这 3 种非监督目标检测算法的核函数扩展形式 K-ATGP、K-UNCLS 和 K-UFCLS 算法。原有的非监督 ATGP、UNCLS 和 UFCLS 算法，不仅能有效地非监督检测目标，还可以为需要先验知识的检测器提供目标特性先验信息；并且，这 3 种算法也可以作为有效的端元寻找方法，在高光谱解混领域这 3 种算法也同样得到广泛应用。

7.5.1 核函数自动目标生成算法

ATGP 在非监督的高光谱目标检测问题中应用广泛，其主要思想是将正交子空间投影方法以一种无先验目标知识的形式实现的。下面我们将介绍 ATGP 的核函数扩展及其流程。

K-ATGP 算法流程：

(1)初始条件。选择高光谱图像场景中，向量长度最长的像元$\boldsymbol{t}_0=\arg\{\max_{\boldsymbol{r}}\boldsymbol{r}^{\mathrm{T}}\boldsymbol{r}\}$作为初始像元，设置迭代次数 $p=1$，同时令初始非期望特性矩阵$\boldsymbol{U}_0=[\boldsymbol{t}_0]$包含算法初始像元$\boldsymbol{t}_0$。

(2)第 p 次迭代。找寻第 p 个目标，则需要满足条件

$$
\begin{aligned}
t_p &= \arg\{\max_r[\Phi^{\mathrm{T}}(\boldsymbol{r})(\mathbf{I}-\Phi(\boldsymbol{U}_{p-1})((\Phi^{\mathrm{T}}(\boldsymbol{U}_{p-1})\Phi(\boldsymbol{U}_{p-1}))^{-1}\Phi^{\mathrm{T}}(\boldsymbol{U}_{p-1}))\Phi(\boldsymbol{r})]\} \\
&= \arg\{\max_r[\Phi^{\mathrm{T}}(\boldsymbol{r})\Phi(\boldsymbol{r})-\Phi^{\mathrm{T}}(\boldsymbol{r})\Phi(\boldsymbol{U}_{p-1})((\Phi^{\mathrm{T}}(\boldsymbol{U}_{p-1})\Phi(\boldsymbol{U}_{p-1}))^{-1}\Phi^{\mathrm{T}}(\boldsymbol{U}_{p-1}))]\} \\
&= \arg\{\max_r[K(\boldsymbol{r},\boldsymbol{r})-K(\boldsymbol{r},\boldsymbol{U}_{p-1})\ (K(\boldsymbol{U}_{p-1},\boldsymbol{U}_{p-1}))^{-1}K(\boldsymbol{U}_{p-1},\boldsymbol{r})]\} \qquad (7.52)
\end{aligned}
$$

上式中，$\boldsymbol{U}_{p-1}=[\boldsymbol{t}_0,\boldsymbol{t}_1,\cdots,\boldsymbol{t}_{p-1}]$为第$(p-1)$次迭代所产生的非期望特性矩阵，而第 p 次迭代将会重新计算生成。从上式也可以看出，核函数项 $K(\boldsymbol{r},\boldsymbol{r})$为一个 $N\times N$ 维度的矩阵，这一矩阵同迭代的次数 p 无关，故而在初始步骤计算此项后，每次迭代此项无需更新。这样一来，每次迭代仅需要更新 $K(\boldsymbol{r},\boldsymbol{U}_{p-1})(K(\boldsymbol{U}_{p-1},\boldsymbol{U}_{p-1}))^{-1}K(\boldsymbol{U}_{p-1},\boldsymbol{r})$项。此项中的三个矩阵，其维度分别为 $N\times p$、$p\times p$ 和 $p\times N$，所以这一项所需的计算量并不大。

(3)迭代停止条件。同原 ATGP 算法相似。

(4)最终步骤。在这一阶段，ATGP 算法的迭代已经停止，此时算法迭代步骤所选择出的目标像元向量集合为$\{\boldsymbol{t}_0,\boldsymbol{t}_1,\boldsymbol{t}_2,\cdots,\boldsymbol{t}_{p-1}\}=\{\boldsymbol{t}_0\}\cup\{\boldsymbol{t}_1,\boldsymbol{t}_2,\boldsymbol{t}_{p-1}\}$。

K-ATGP 算法，不仅仅利用了核函数将非线性高阶信息引入了数据处理，同时还打破了原有 ATGP 算法受高光谱数据波段维度的限制，原有的 ATGP 算法仅能选出同波段数量一致的目标，而 KATGP 算法所选目标数则可以超过这一数量，这是该算法的一个优点。

7.5.2 核函数非监督非负约束最小二乘法

非监督非负约束最小二乘法(UNCLS)利用 LSMA 作为目标判据找寻目标，并遵循丰度非负约束，实现目标检测。寻找目标过程中利用现有先验知识(或之前步骤所估计的后验知识)，对目标特性的丰度进行估计，再利用目标特性和所得丰度进行像元重构，选取高光谱图像场景中重构最小二乘方误差最大的像元作为新选取目标特性。在以往章节中的实验部分，UNCLS 算法多次为需要先验知识的检测器提供先验目标特性，作为一种非监督式的目标检测算法，该算法在为其他检测器提供先验信息方面具有其独特价值。下面我们将介绍 UNCLS 算法的核函数扩展核函数非负约束最小二乘法(kernel unsupervised nonnegativity constrained least square，K-UNCLS)及其流程。

K-UNCLS 算法流程：

(1)初始条件。选择一个参数 ε 用来规定阈值，并令迭代初始的像元向量为$\boldsymbol{t}_0=\arg\{\max_r\boldsymbol{r}^{\mathrm{T}}\boldsymbol{r}\}$，也就是高光谱图像场景中向量长度最长的像元，同时设置迭代次数 $p=0$。

(2)第 p 次迭代(1)。利用 K-NCLS 算法估计$\boldsymbol{t}_0,\boldsymbol{t}_1,\boldsymbol{t}_2,\cdots,\boldsymbol{t}_{p-1}$特性的丰度值 $\hat{\alpha}_0^{(p)}(\boldsymbol{r})$，$\hat{\alpha}_1^{(p)}(\boldsymbol{r}),\cdots,\hat{\alpha}_{p-1}^{(p)}(\boldsymbol{r})$，此时 K-NCLS 所用的特性矩阵为 $\boldsymbol{M}=[\boldsymbol{t}_0,\boldsymbol{t}_1,\cdots,\boldsymbol{t}_{p-1}]$。

(3)第 p 次迭代(2)与停止条件。计算场景中所有像元与重构像元的最小二乘方误差(least square error，LSE)，LSE 定义如下：

$$
\max_r \mathrm{LSE}^{p-1}(\boldsymbol{r})=\max_r\left\{\left(\boldsymbol{r}-\left[\sum_{i=1}^{p-1}\hat{\alpha}_i^{(p)}(\boldsymbol{r})\,\boldsymbol{t}_i\right]\right)^{\mathrm{T}}\left(\boldsymbol{r}-\left[\sum_{i=1}^{p-1}\hat{\alpha}_i^{(p)}(\boldsymbol{r})\,\boldsymbol{t}_i\right]\right)\right\} \qquad (7.53)
$$

当对场景中全部像元 $\boldsymbol{r}$ 的$\mathrm{LSE}^{p-1}(\boldsymbol{r})<\varepsilon$，算法迭代停止，否则迭代继续。

(4)第 p 次迭代(3)。找寻场景中 LSE 最大的像元$\boldsymbol{t}_p=\arg\{\max_r \mathrm{LSE}^{p-1}(\boldsymbol{r})\}$作为第 p 次迭代选出的目标特性。转至第(2)步。

7.5.3 核函数非监督全约束最小二乘法

上一小节所介绍的 K-UNCLS 为 UNCLS 算法的核函数扩展。UNCLS 算法在利用现有先验知识(或之前步骤所估计的后验知识)进行丰度估计时,遵循丰度非负约束。在这一小节,我们将介绍另一种相似的非监督目标算法 UFCLS 的核函数扩展,核函数非监督全约束最小二乘法(kernel unsupervised fully constrained least square,K-UFCLS),这种算法同 K-UNCLS 的区别在于,进行丰度估计时,遵循约束为全约束。下面我们将介绍 K-UFCLS 算法及其流程。

K-UFCLS 算法流程:

(1)初始条件。选择一个参数 ε 用来规定阈值,并令迭代初始的像元向量为$\boldsymbol{t}_0=\arg\{\max_r \boldsymbol{r}^{\mathrm{T}}\boldsymbol{r}\}$,也就是高光谱图像场景中向量长度最长的像元,同时设置迭代次数 $p=0$。

(2)第 p 次迭代(1)。利用 KFCLS 算法估计$\boldsymbol{t}_0,\boldsymbol{t}_1,\boldsymbol{t}_2,\cdots,\boldsymbol{t}_{p-1}$特性的丰度值 $\hat{\alpha}_0^{(p)}(\boldsymbol{r}),\hat{\alpha}_1^{(p)}(\boldsymbol{r}),\cdots,\hat{\alpha}_{p-1}^{(p)}(\boldsymbol{r})$,此时 KFCLS 所用的特性矩阵为 $\boldsymbol{M}=[\boldsymbol{t}_0,\boldsymbol{t}_1,\cdots,\boldsymbol{t}_{p-1}]$。

(3)第 p 次迭代(2)与停止条件。计算场景中所有像元与重构像元的最小二乘方误差(least square error,LSE),LSE 定义如下:

$$\begin{aligned}&\max_r \mathrm{LSE}^{p-1}(\boldsymbol{r})\\&=\max_r\left\{\left(\boldsymbol{r}-\left[\sum_{i=1}^{p-1}\hat{\alpha}_i^{(p)}(\boldsymbol{r})\,\boldsymbol{t}_i\right]\right)^{\mathrm{T}}\left(\boldsymbol{r}-\left[\sum_{i=1}^{p-1}\hat{\alpha}_i^{(p)}(\boldsymbol{r})\,\boldsymbol{t}_i\right]\right)\right\}\end{aligned} \tag{7.54}$$

当对场景中全部像元 $\boldsymbol{r}$ 的$\mathrm{LSE}^{p-1}(\boldsymbol{r})<\varepsilon$,算法迭代停止,否则迭代继续。

(4)第 p 次迭代(3)。找寻场景中 LSE 最大的像元$\boldsymbol{t}_p=\arg\{\max_r \mathrm{LSE}^{p-1}(\boldsymbol{r})\}$作为第 p 次迭代选出的目标特性。转至第(2)步。

7.6 仿真实验结果与分析

7.6.1 AVIRIS 数据 KLSMA 实验

本节选取 1.5.2 节的数据进行实验。以下实验,首先从 16 类中的每一类选出 10%的数据样本作为训练样本,并取每一类训练样本的均值进一步作为混合模型的端元 $\boldsymbol{m}_1,\boldsymbol{m}_2,\cdots,\boldsymbol{m}_{16}$。

图 7.1 对比展示了利用 LSOSP 和 KLSOSP 在 RBF 核函数且 $\sigma=3\ 000$，16 个类的分类结果。从视觉的观察可以看出，KLSOSP 对比 LSOSP 在分类性能上有着明显的提升。被图 7.1(a)所忽略的类，在图 7.1(b)中都得到了分类。这里需要说明的是，核函数所用参数的选择是经验性的，这里所用的参数是选取可以获得较好的分类效果时的核函数参数，但这些参数并不是最优参数。选择最优的核函数参数难度非常大，因此，本部分不对其进行讨论。

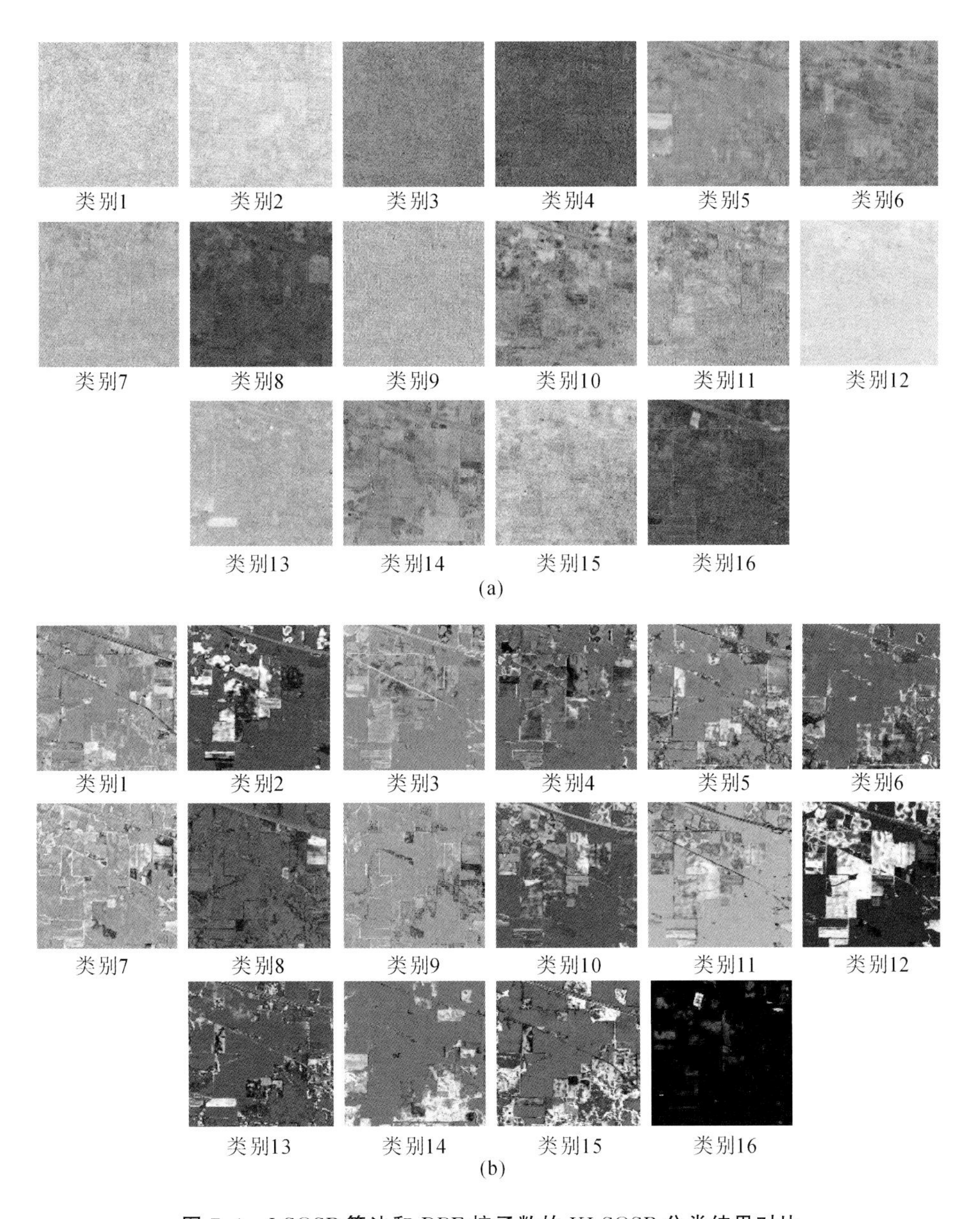

图 7.1　LSOSP 算法和 RBF 核函数的 KLSOSP 分类结果对比

(a)LSOSP 分类结果；(b)KLSOSP 采用 RBF 核且 $\sigma=3\ 000$

相似的对比实验也会在 NCLS 和 FCLS 及其各自的核函数对照组之间展开。其结果在

图 7.2 和图 7.3 中展示。图 7.2(b)和图 7.3(b)为利用 RBF 核函数的分类结果，可以看出其与它们的对照组如图 7.2(a)和图 7.3(a)中所示的分类结果相比较有着很大的提升。特别是 FCLS 和 KFCLS 之间，如图 7.3(a)和图 7.3(b)所示，在进行核函数变换后，分类结果在视觉上有着很大的提升。但值得注意的是，对比 NCLS 和 KNCLS 的结果，如图 7.2(a)和图 7.2(b)所示，在视觉上二者也有着很大的不同，这一不同也表示着 NCLS 算法在不使用核函数时有着更好的分类能力。

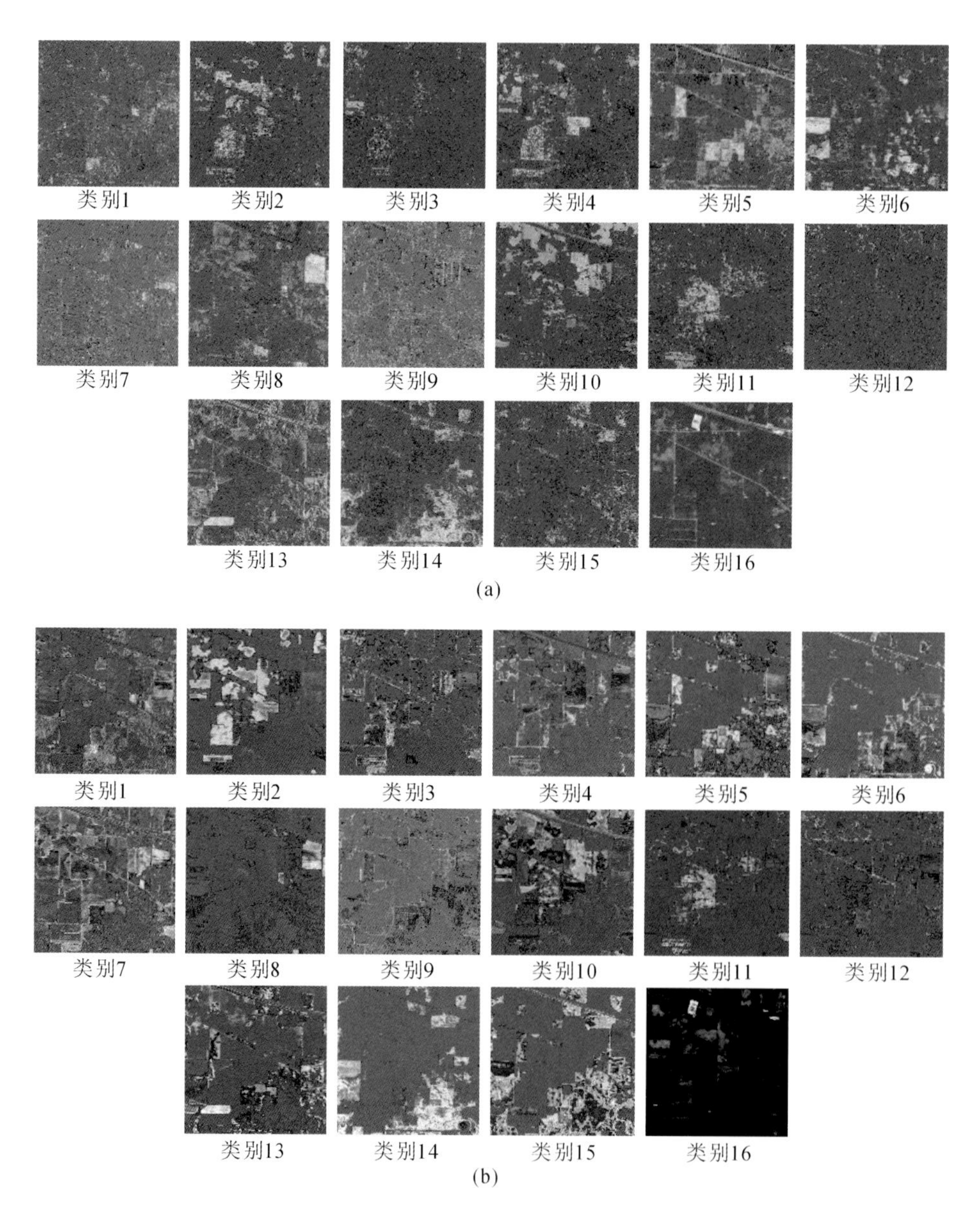

图 7.2　NCLS 算法和 RBF 核函数的 KNCLS 分类结果对比

(a)NCLS 分类结果；(b)KNCLS 采用 RBF 且 $\sigma=3\ 000$

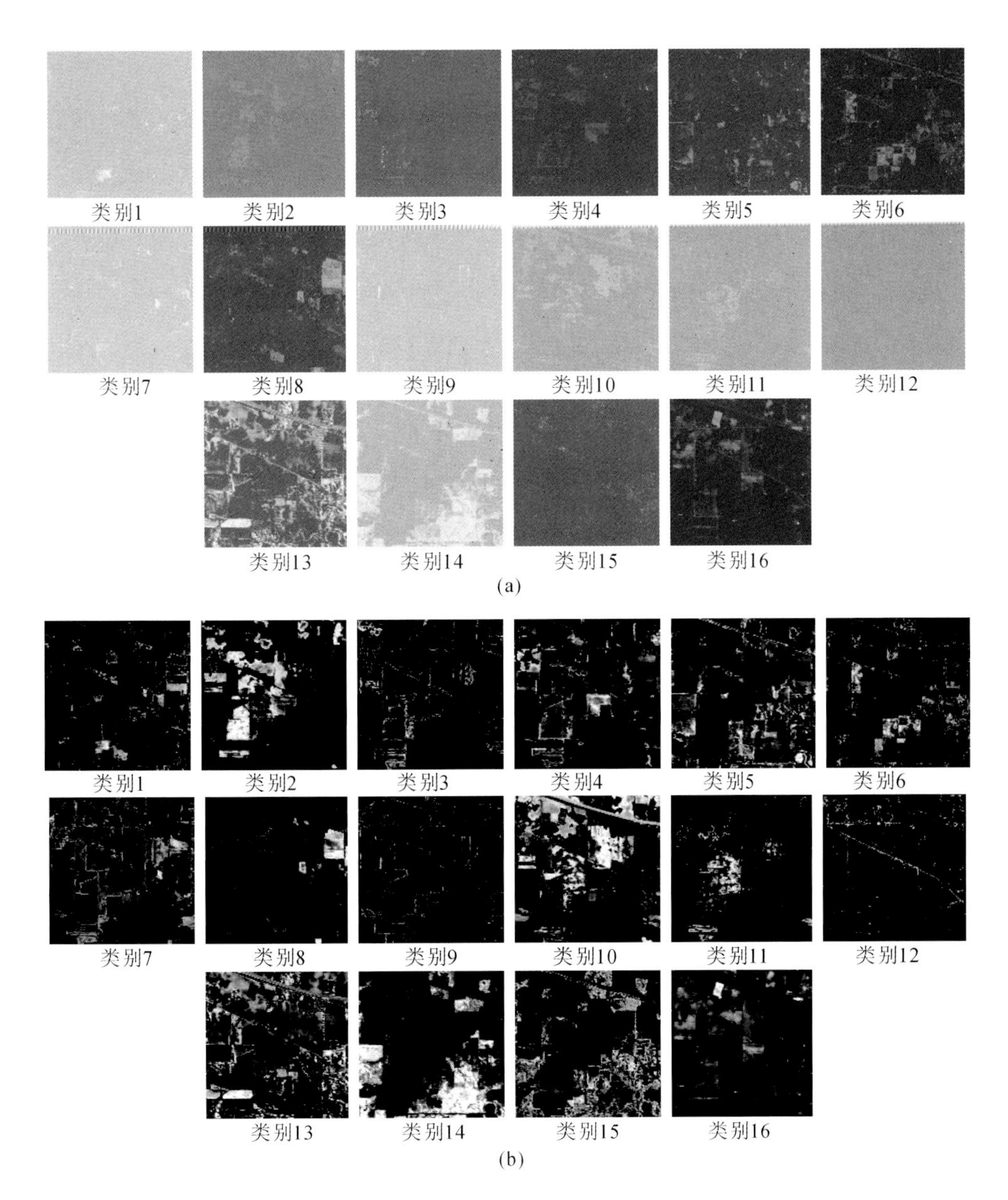

图 7.3　FCLS 算法和 RBF 核函数的 KFCLS 分类结果对比

(a)FCLS 分类结果;(b)KFCLS 采用 RBF 核且 $\sigma=0.1$

图 7.1～图 7.3 所示均是对分类性能的视觉分析。LSMA 最初是被设计用于解决解混问题,将一个像元分解成数个端元及其对应的丰度值,所以 LSMA 是一种软决策检测和分类的手段,需要将软决策所给出的丰度值,转化成为二元决策,也就是硬决策分类,我们可以利用 3D-ROC 分析手段解决该问题。

如第 3 章所述,3D-ROC 曲线是一种由 3 种参数(检测概率 P_D,虚警概率 P_F 和阈值 τ)决定的曲线,通过对常用的基于 P_D-P_F 的 2D-ROC 手段进行扩展,在其基础上增加第 3 个维度阈值 τ。通过阈值 τ 来对检测器输出的丰度二值化,从而达到最终的判决。这样一来,一个软决策的 LSMA 分类器，可以产生一条 3D-ROC（P_D-P_F-τ）曲线，同时也可以产生原有的 P_D-P_F、P_F-τ 和 P_D-τ 3 种 2D-ROC 曲线。

7.6.1.1 径向基核函数实验

径向基核函数（radial basis function kernel，RBF kernel）是一种目前在多种领域中应用最为广泛的核函数方法。许多文献都指出，相对于其他核函数，RBF 核函数会有比较好的效果。同样，在我们这一组实验中，相比较于其他核函数方法，RBF 核函数也能够给出最好的效果。RBF 核函数中的系数为高斯核的宽度 σ。图 7.4 至图7.6所展示的为 LSOPS、NCLS 和 FCLS 及其所对应的核函数方法 KLSOSP、KNCLS 和 KFCLS 利用径向基核函数时的 3D-ROC 曲线(a)和 2D-ROC 曲线[(b)、(c)、(d)]。我们凭经验选取 5 组高斯核宽度 σ（仿真图中用 d 表示 σ）作为核函数方法所用到的参数，并分别对比其间的性能差异。同时，我们计算了 2D-ROC 曲线的曲线下面积（用 A_z 表示），用以量化评价与分析方法的性能。

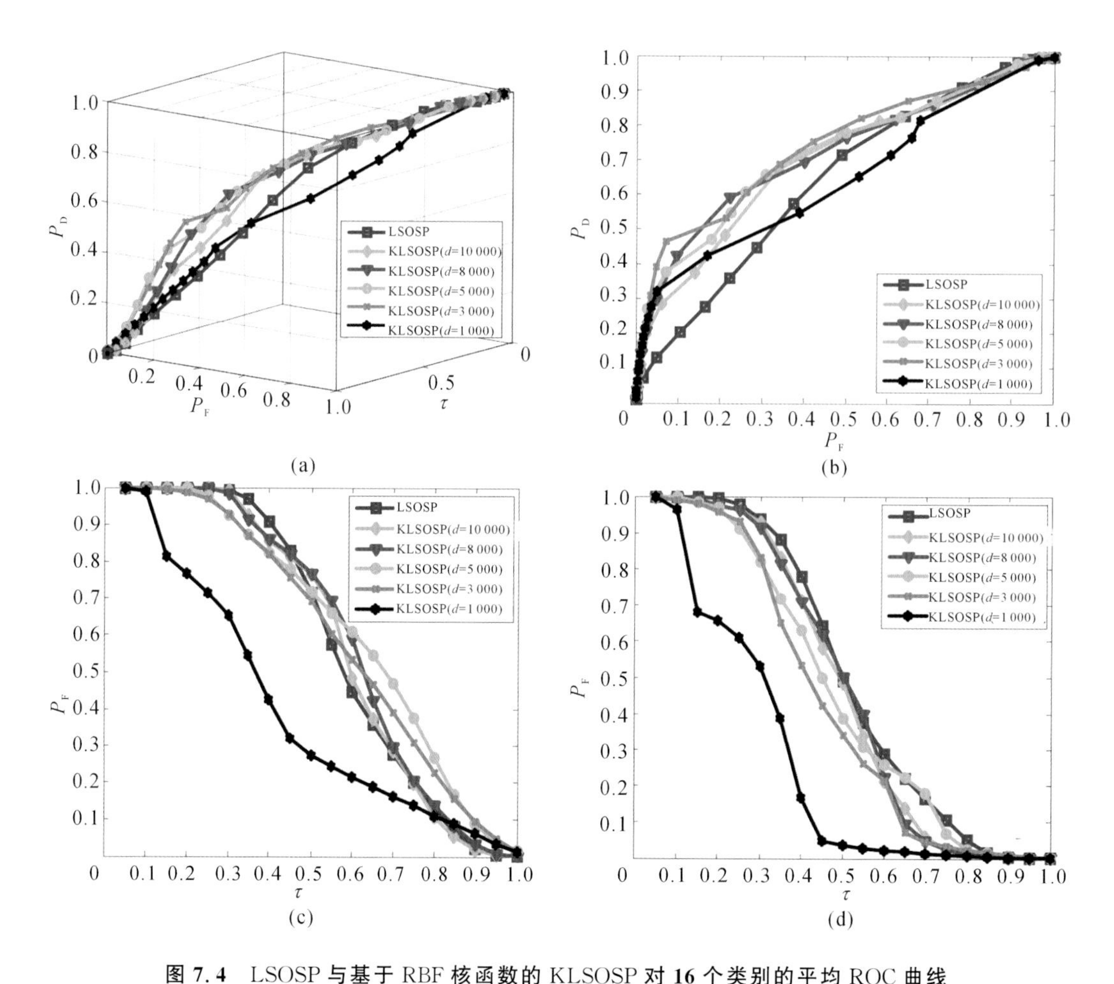

图 7.4 LSOSP 与基于 RBF 核函数的 KLSOSP 对 16 个类别的平均 ROC 曲线

(a)3D-ROC 曲线（P_D-P_F-τ）；(b)2D-ROC 曲线（P_D-P_F）；(c) 2D-ROC 曲线（P_D-τ）；(d)2D-ROC 曲线（P_F-τ）

表 7.1 图 7.4 所示 2D-ROC 曲线的曲线下面积 A_z 值

	P_D-P_F	P_D-τ	P_F-τ
LSOSP	0.6406	0.5498	0.4714
KLSOSP(σ=10 000)	0.7030	0.5524	0.4376
KLSOSP(σ=8 000)	0.7209	0.5658	0.4402
KLSOSP(σ=5 000)	0.7228	0.5916	0.4254
KLSOSP(σ=3 000)	0.7412	0.5675	0.3909
KLSOSP(σ=1 000)	0.6465	0.3626	0.2346

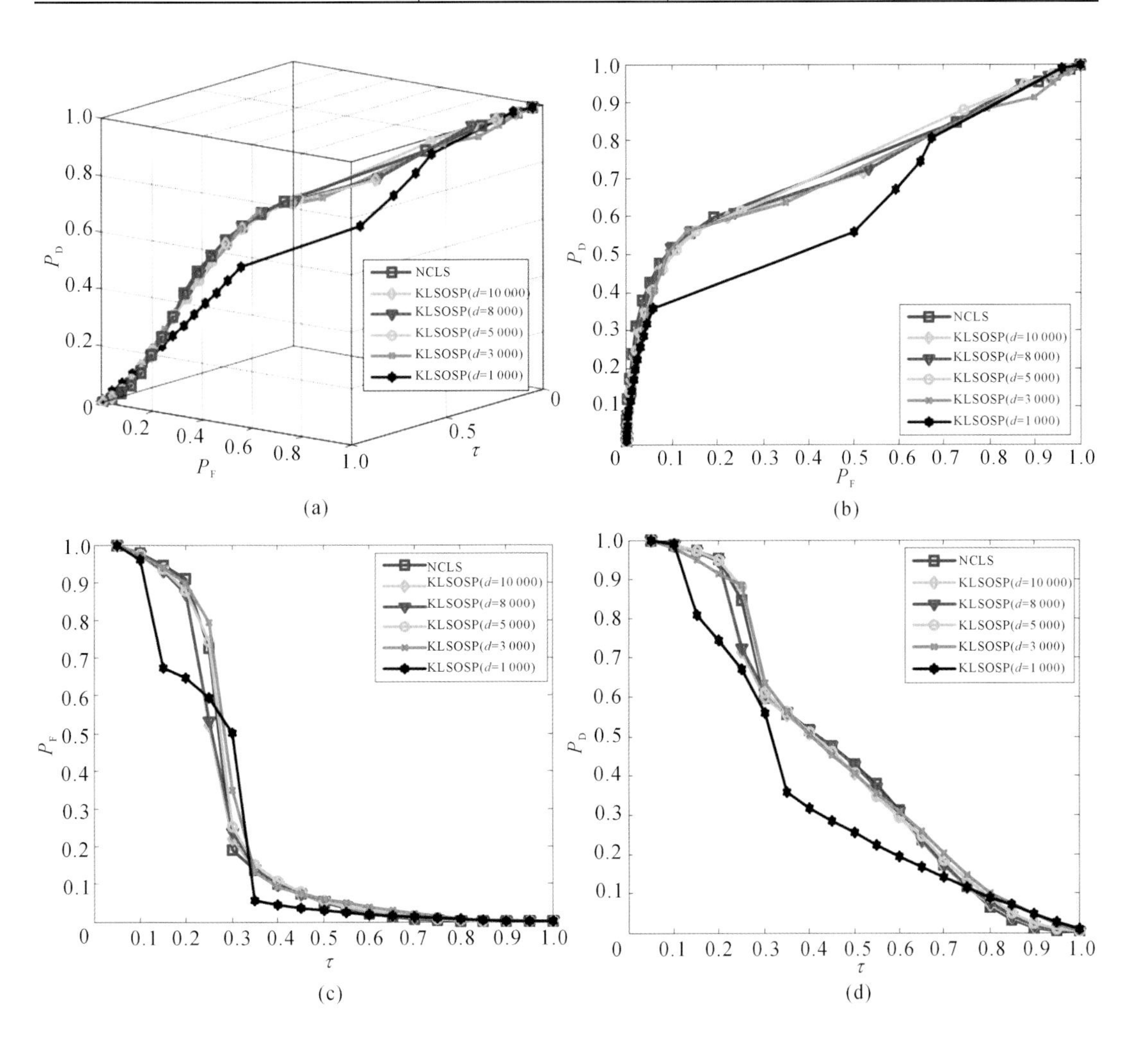

图 7.5 NCLS 与基于 RBF 核函数的 KNCLS 对 16 个类别的平均 ROC 曲线

(a)3D-ROC 曲线(P_D-P_F-τ);(b)2D-ROC 曲线(P_D-P_F);(c) 2D-ROC 曲线(P_D-τ);(d)2D-ROC 曲线(P_F-τ)

表 7.2 图 7.5 所示 2D-ROC 曲线的曲线下面积 A_z 值

	P_D-P_F	P_D-τ	P_F-τ
NCLS	0.7285	0.4083	0.2354
KNCLS(σ=10 000)	0.7161	0.3973	0.2245
KNCLS(σ=8 000)	0.7198	0.4036	0.2267
KNCLS(σ=5 000)	0.7296	0.4115	0.2409
KNCLS(σ=3 000)	0.7091	0.4152	0.2495
KNCLS(σ=1 000)	0.6286	0.3286	0.2073

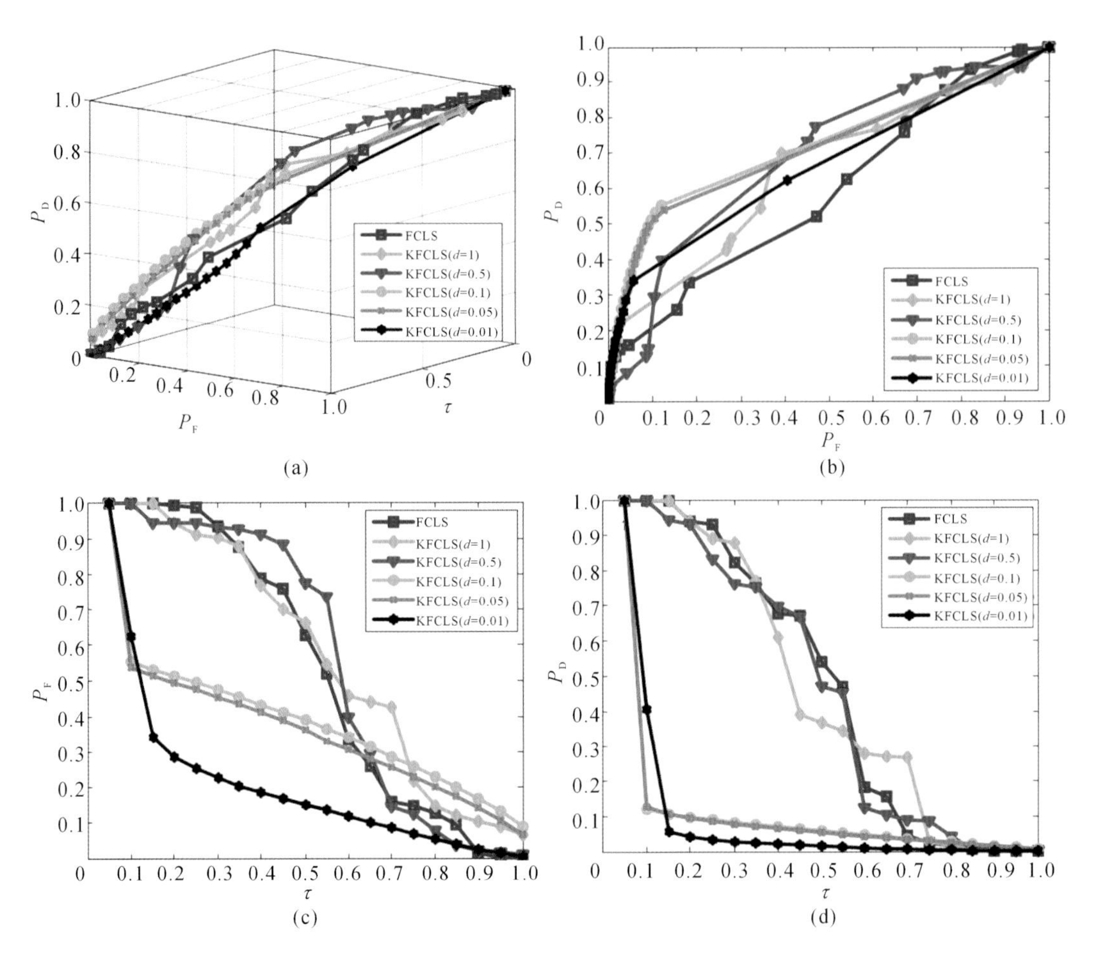

图 7.6　FCLS 与基于 RBF 核函数的 KFCLS 对 16 个类别的平均 ROC 曲线

(a)3D-ROC 曲线(P_D-P_F-τ);(b)2D-ROC 曲线(P_D-P_F);(c) 2D-ROC 曲线(P_D-τ);(d)2D-ROC 曲线(P_F-τ)

表 7.3　图 7.6 所示 2D-ROC 曲线的曲线下面积 A_z 值

	P_D-P_F	P_D-τ	P_F-τ
FCLS	0.5933	0.5064	0.4376
KFCLS(σ=1)	0.6526	0.5425	0.4295
KFCLS(σ=0.5)	0.6919	0.5303	0.4231
KFCLS(σ=0.1)	0.7258	0.3545	0.0783
KFCLS(σ=0.05)	0.7163	0.3310	0.0758
KFCLS(σ=0.01)	0.6636	0.1792	0.0597

从上述结果中可以观察到,为了使核函数方法的性能超过其所对照的原始方法,核函数所用的参数的选取是至关重要的,当然,实验结果同时也显示了不同的检测器利用核函数对混合像元的检测有效性不尽相同。例如,KLSOSP 和 KFCLS 的最差情况分别在 σ=1 000 和 σ=1 的时候,此时 KLSOSP 性能接近 LSOSP,KFCLS 的性能在所有的对照组中最差。但是,KNCLS 算法的实验结果则与以上现象大相径庭,NCLS 算法在不利用核函数时的性

能要优于 KNCLS 实验在取 $\sigma=5\ 000$ 时达到的最佳性能。以上实验现象说明，一般的 LS-MA 算法性能可以超过其对应的基于核函数的 KLSMA 算法的只有 NCLS。同时，实验结果也表明，利用合适的径向基核函数的确能够有效地增强混合像元在高度混合时的检测性能。

7.6.1.2 多项式核函数实验

多项式核函数(polynomial kernel)的参数为所用多项式的次数 p。图 7.7 至图 7.9 所示为 LSOPS、NCLS 和 FCLS 及其所对应的核函数方法 KLSOSP、KNCLS 和 KFCLS 利用多项式核函数时的 3D-ROC 曲线(a)和 2D-ROC 曲线[(b)、(c)、(d)]。我们凭经验选取 5 组数值 $p=2$、3、5、8、10 作为 KLSOSP、KNCLS 的参数，$p=10$、20、30、40、50 作为 KFCLS 的参数，用以对比和分析几种方法的性能。我们同时计算了这几种方法的曲线下面积(用 A_z 表示)，用以量化评价与分析几种方法的性能(参见表 7.4 至表 7.6)。

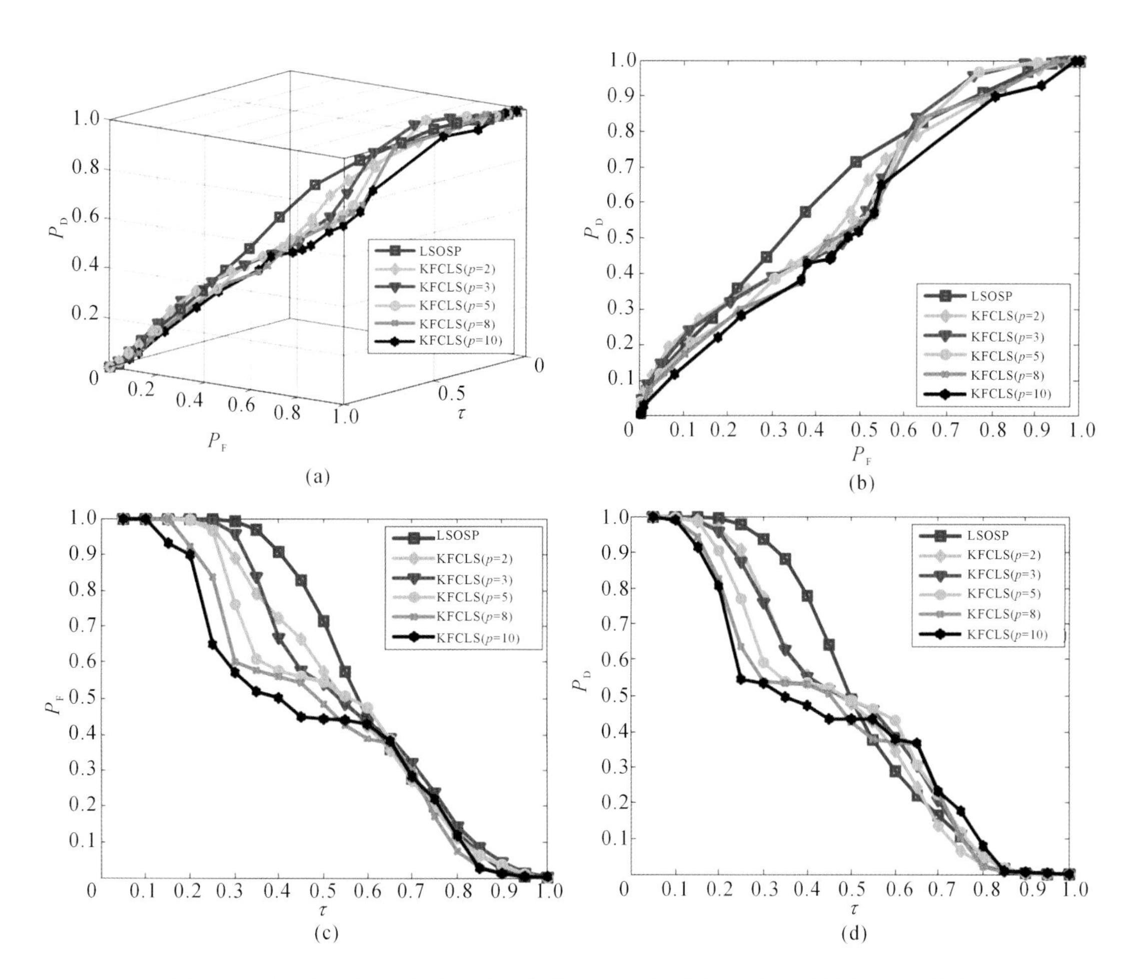

图 7.7 LSOSP 与基于多项式核函数的 KLSOSP 对 16 个类别的平均 ROC 曲线

(a)3D-ROC 曲线(P_D-P_F-τ)；(b)2D-ROC 曲线(P_D-P_F)；(c) 2D-ROC 曲线(P_D-τ)；(d)2D-ROC 曲线(P_F-τ)

表 7.4 图 7.7 所示 2D-ROC 曲线的曲线下面积 A_z 值

	P_D-P_F	P_D-τ	P_F-τ
LSOSP	0.6406	0.5498	0.4714
KLSOSP(p=2)	0.6069	0.5042	0.4286
KLSOSP(p=3)	0.6110	0.5116	0.4396
KLSOSP(p=5)	0.5981	0.4806	0.4221
KLSOSP(p=8)	0.5790	0.4401	0.3955
KLSOSP(p=10)	0.5511	0.4193	0.3910

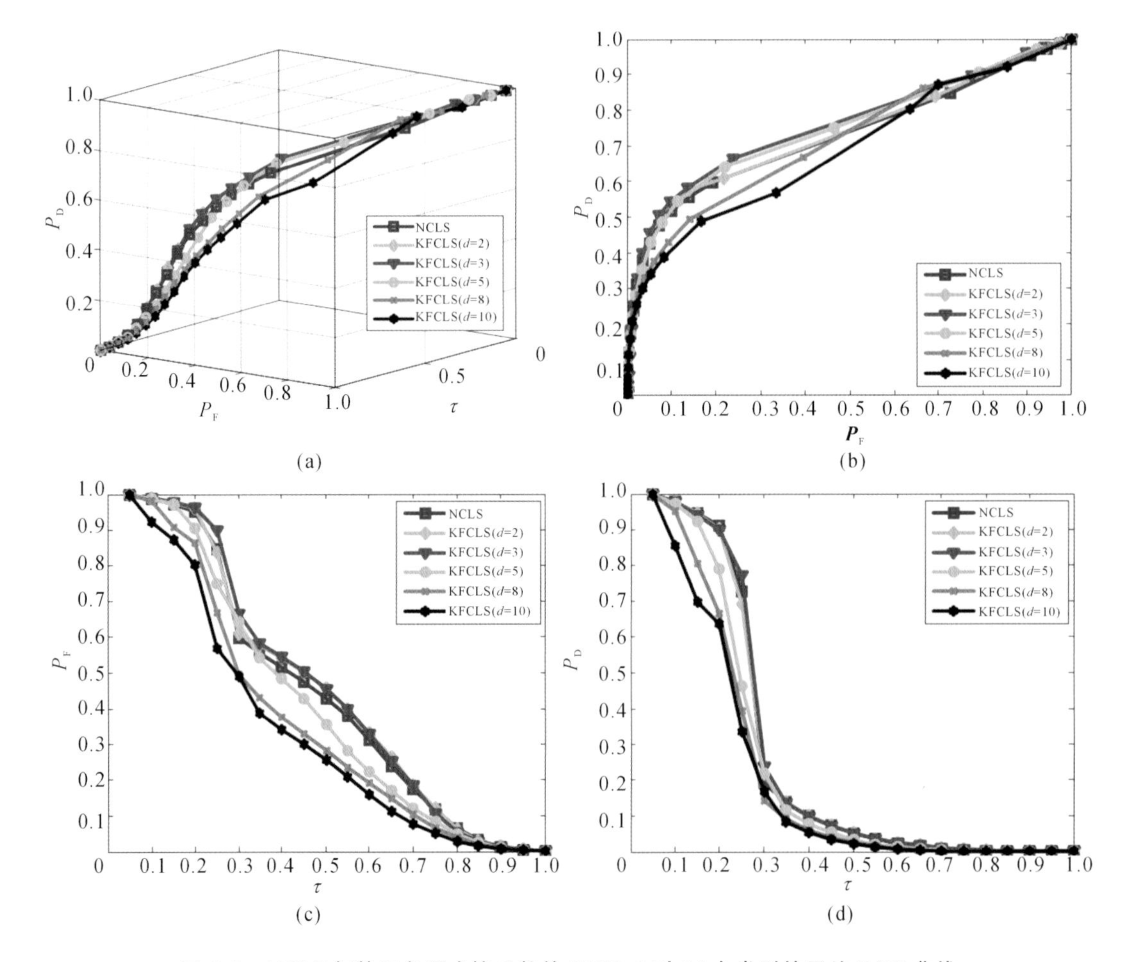

图 7.8 NCLS 与基于多项式核函数的 KNCLS 对 16 个类别的平均 ROC 曲线

(a)3D-ROC 曲线(P_D-P_F-τ);(b)2D-ROC 曲线(P_D-P_F);(c) 2D-ROC 曲线(P_D-τ);(d)2D-ROC 曲线(P_F-τ)

表 7.5 图 7.8 所示 2D-ROC 曲线的曲线下面积 A_z 值

	P_D-P_F	P_D-τ	P_F-τ
NCLS	0.7285	0.4083	0.2354
KNCLS(p=2)	0.7364	0.4186	0.2352
KNCLS(p=3)	0.7584	0.4229	0.2396
KNCLS(p=5)	0.7489	0.3770	0.2099
KNCLS(p=8)	0.7176	0.3326	0.1855
KNCLS(p=10)	0.6884	0.3053	0.1709

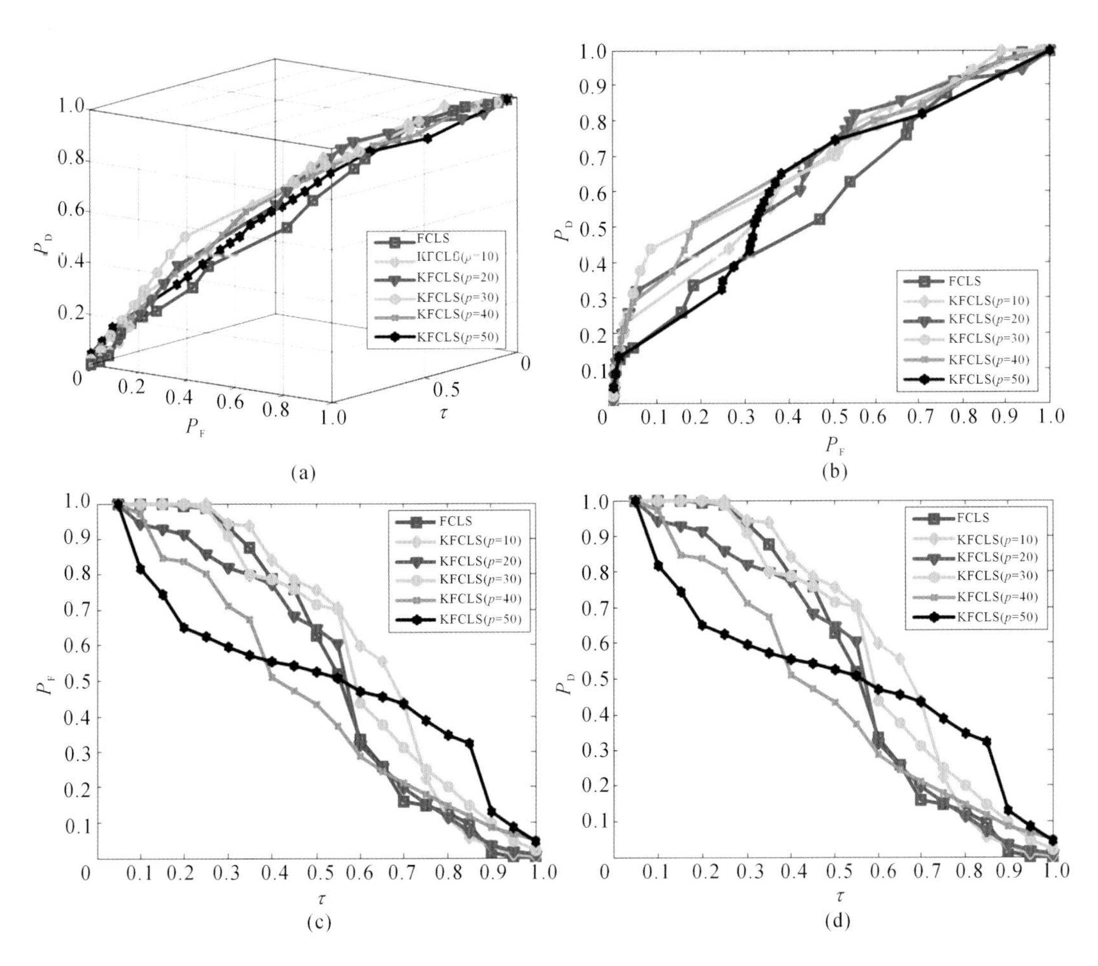

图 7.9 FCLS 与基于多项式核函数的 KFCLS 对 16 个类别的平均 ROC 曲线

(a)3D-ROC 曲线(P_D-P_F-τ);(b)2D-ROC 曲线(P_D-P_F);(c) 2D-ROC 曲线(P_D-τ);(d)2D-ROC 曲线(P_F-τ)

表 7.6 图 7.9 所示 2D-ROC 曲线的曲线下面积 A_z 值

	P_D-P_F	P_D-τ	P_F-τ
FCLS	0.5933	0.5064	0.4376
KFCLS(p=10)	0.6702	0.5749	0.4625
KFCLS(p=20)	0.6773	0.4825	0.3429
KFCLS(p=30)	0.6963	0.5519	0.4130
KFCLS(p=40)	0.6948	0.4255	0.2556
KFCLS(p=50)	0.6288	0.4643	0.3103

从实验的结果(图 7.7 至图 7.9,表 7.4 至表 7.6)可以看出,除 NCLS 算法外,利用多项式核函数的 KLSMA 算法性能并没有优于利用径向基核函数的 KLSMA,相比之下,KNCLS 在使用多项式核函数时可以获得比使用径向基核函数更佳的性能。但这也是唯一一次,KNCLS 的结果优于 NCLS 的结果。我们认为,实验结果所示的这种性能提升源自于

NCLS 算法本身，而非 KNCLS 所使用的核函数的种类。相似的现象同样发生在下一小节所述的 Sigmoid 核函数实验中。另外，图 7.4 和表 7.7 所示的实验结果显示出，无论基于多项式核函数的 KLSOSP 选取什么参数，LSOSP 都要优于 KLSOSP 的性能。

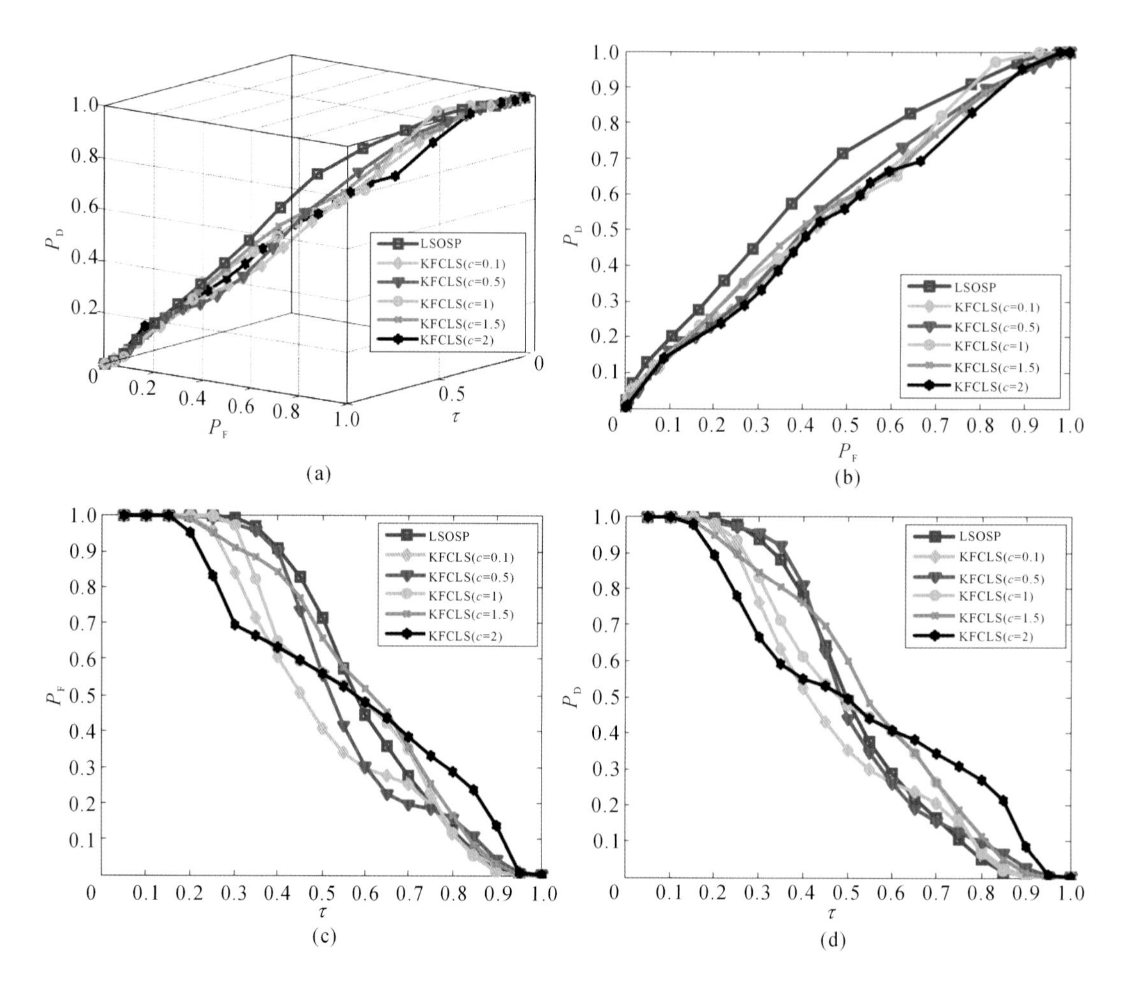

图 7.10 LSOSP 与基于 Sigmoid 核函数的 KLSOSP 对 16 个类别的平均 ROC 曲线

(a)3D-ROC 曲线(P_D-P_F-τ)；(b)2D-ROC 曲线(P_D-P_F)；(c) 2D-ROC 曲线(P_D-τ)；(d)2D-ROC 曲线(P_F-τ)

7.6.1.3 Sigmoid 核函数实验

表 7.7 图 7.10 所示 2D-ROC 曲线的曲线下面积 A_z 值

	P_D-P_F	P_D-τ	P_F-τ
LSOSP	0.6406	0.5498	0.4714
KLSOSP(c=0.1)	0.5581	0.4552	0.4174
KLSOSP(c=0.5)	0.5719	0.5135	0.4740
KLSOSP(c=1)	0.5754	0.5146	0.4649
KLSOSP(c=1.5)	0.5707	0.5481	0.4958
KLSOSP(c=2)	0.5457	0.5131	0.4720

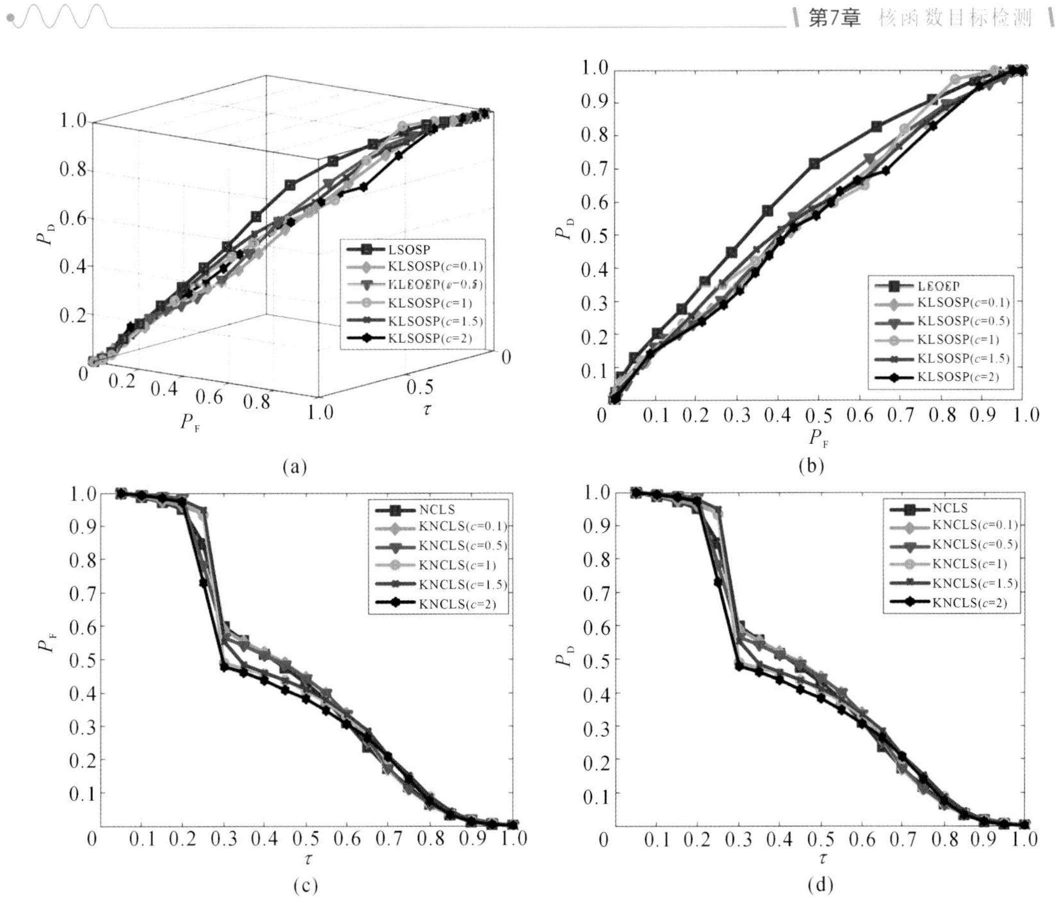

图 7.11 NCLS 与基于 Sigmoid 核函数的 KNCLS 对 16 个类别的平均 ROC 曲线

(a)3D-ROC 曲线(P_D-P_F-τ);(b)2D ROC 曲线(P_D-P_F);(c) 2D-ROC 曲线(P_D-τ);(d)2D-ROC 曲线(P_F-τ)

表 7.8　图 7.11 所示 2D-ROC 曲线的曲线下面积 A_z 值

	P_D-P_F	P_D-τ	P_F-τ
NCLS	0.7285	0.4083	0.2354
KNCLS(c=0.1)	0.7321	0.4178	0.2449
KNCLS(c=0.5)	0.7313	0.4112	0.2306
KNCLS(c=1)	0.6899	0.4061	0.2495
KNCLS(c=1.5)	0.7083	0.4139	0.2512
KNCLS(c=2)	0.6528	0.3872	0.2436

表 7.9　图 7.12 所示 2D-ROC 曲线的曲线下面积 A_z 值

	P_D-P_F	P_D-τ	P_F-τ
FCLS	0.5933	0.5064	0.4376
KFCLS($c=10e^7$)	0.6327	0.4980	0.4407
KFCLS($c=20e^8$)	0.6193	0.5360	0.4774
KFCLS($c=3\times10e^8$)	0.5531	0.5220	0.4898
KFCLS($c=5\times10e^8$)	0.6327	0.5128	0.4545
KFCLS($c=10e^9$)	0.4826	0.5722	0.5720

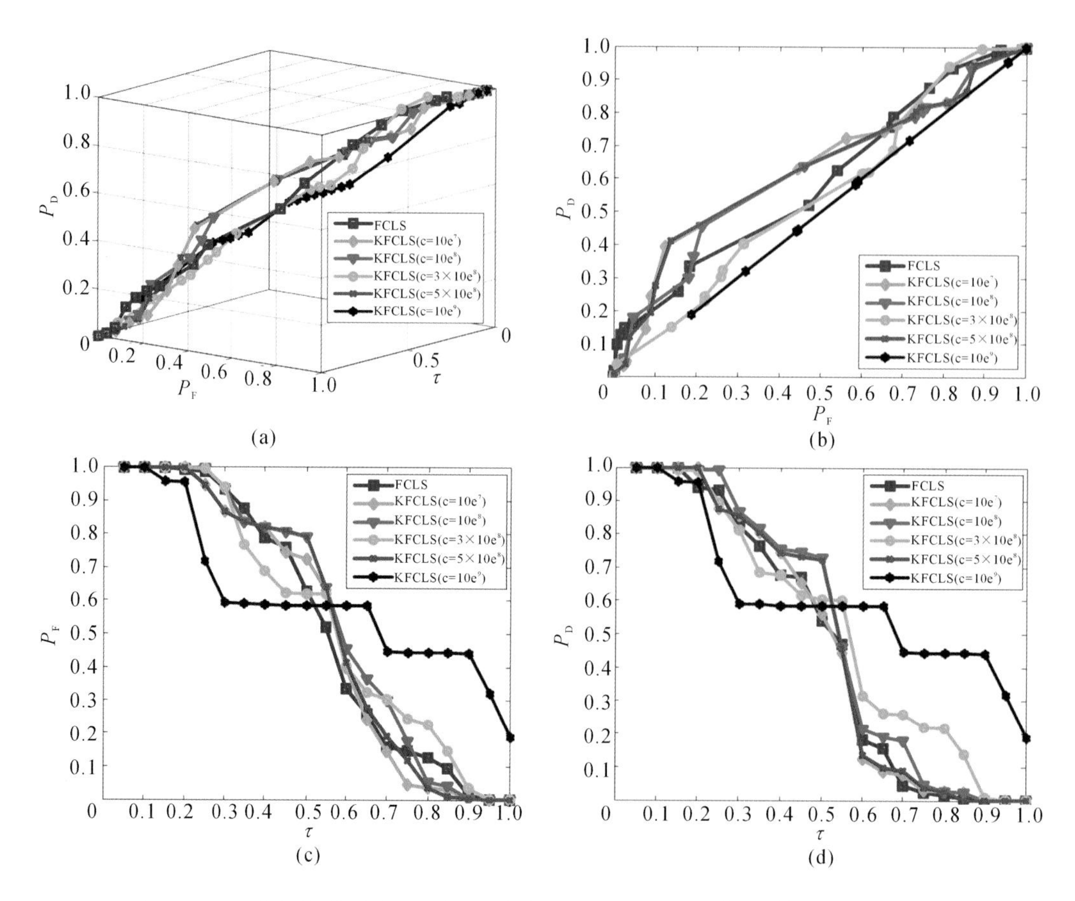

图 7.12　FCLS 与基于 Sigmoid 核函数的 KFCLS 对 16 个类别的平均 ROC 曲线

(a)3D-ROC 曲线(P_D-P_F-τ);(b)2D-ROC 曲线(P_D-P_F);(c) 2D-ROC 曲线($\boldsymbol{P}_D$-τ);(d)2D-ROC 曲线(P_F-τ)

表 7.10　图 7.13 所示 2D-ROC 曲线的曲线下面积 A_z 值

	P_D-P_F	P_D-τ	P_F-τ
LSOSP	0.6406	0.5498	0.4714
KLSOSP(RBF,σ=3 000)	0.7412	0.5675	0.3909
KLSOSP(polynomial,p=3)	0.6110	0.5116	0.4396
KLSOSP(sigmoid,c=1)	0.5581	0.4552	0.4174

表 7.11　图 7.14 所示 2D-ROC 曲线的曲线下面积 A_z 值

	P_D-P_F	P_D-τ	P_F-τ
NCLS	0.7285	0.4083	0.2354
KNCLS(RBF,σ=5 000)	0.7296	0.4115	0.2409
KNCLS(polynomial,p=3)	0.7584	0.4229	0.2396
KNCLS(sigmoid,c=0.5)	0.7313	0.4112	0.2306

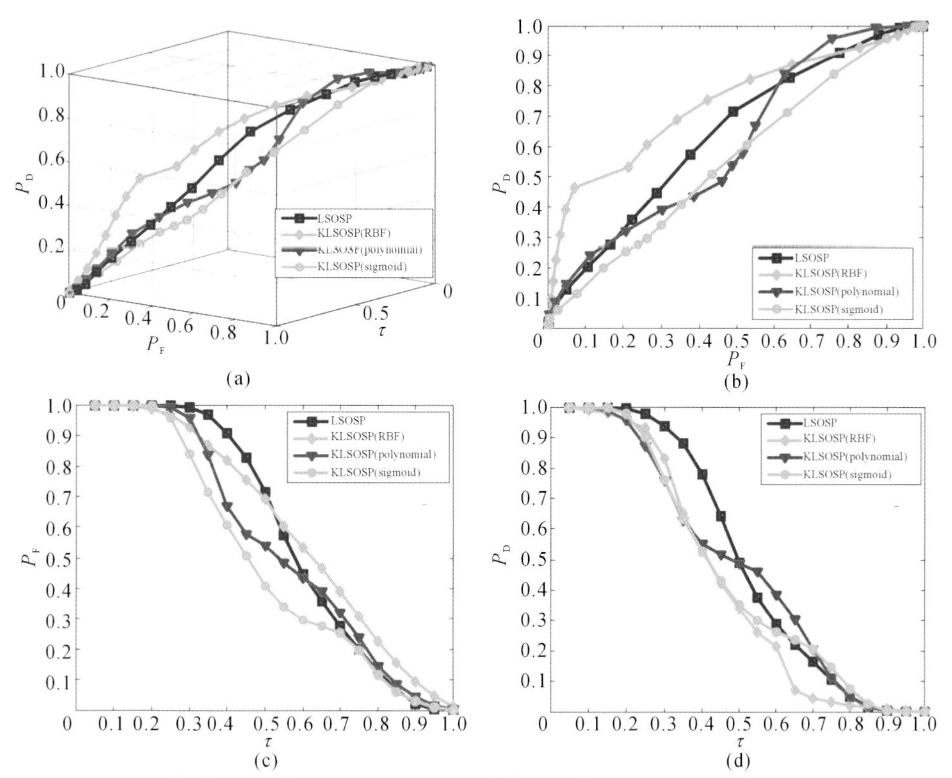

图 7.13 LSOSP 与基于三种核函数的 KLSOSP 在合适的参数时,对 16 个类别的平均 ROC 曲线

(a)3D-ROC 曲线(P_D-P_F-τ);(b)2D-ROC 曲线(P_D-P_F);(c) 2D-ROC 曲线(P_D-τ);(d)2D-ROC 曲线(P_F-τ)

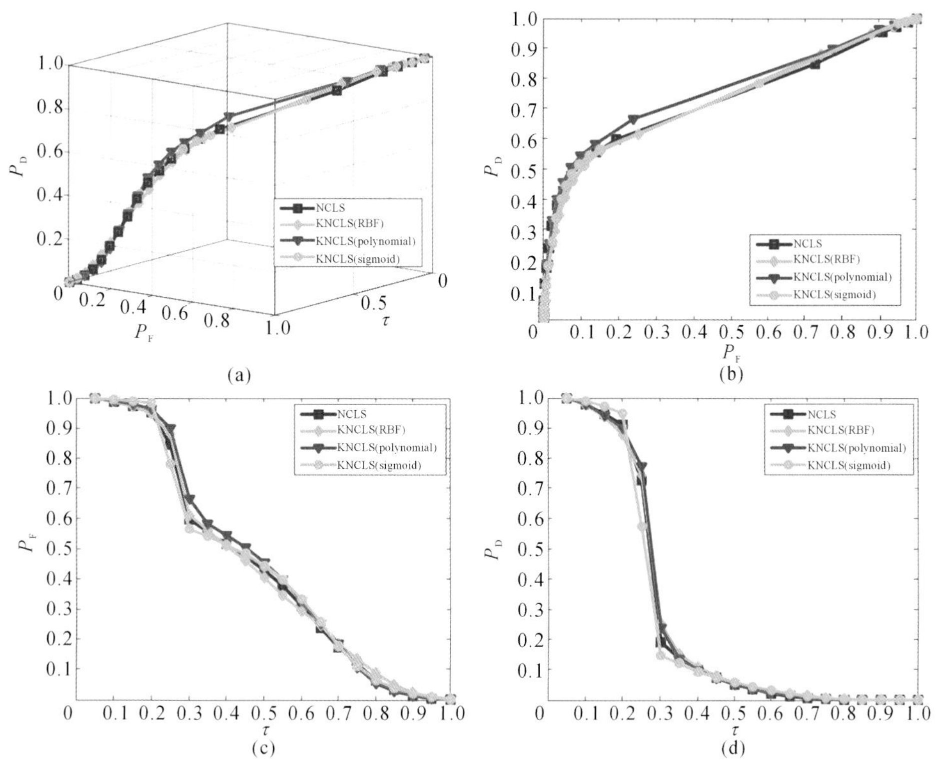

图 7.14 NCLS 与基于三种核函数的 KNCLS 在合适的参数时,对 16 个类别的平均 ROC 曲线

(a)3D-ROC 曲线(P_D-P_F-τ);(b)2D-ROC 曲线(P_D-P_F);(c)2D-ROC 曲线(P_D-τ);(d)2D-ROC 曲线(P_F-τ)

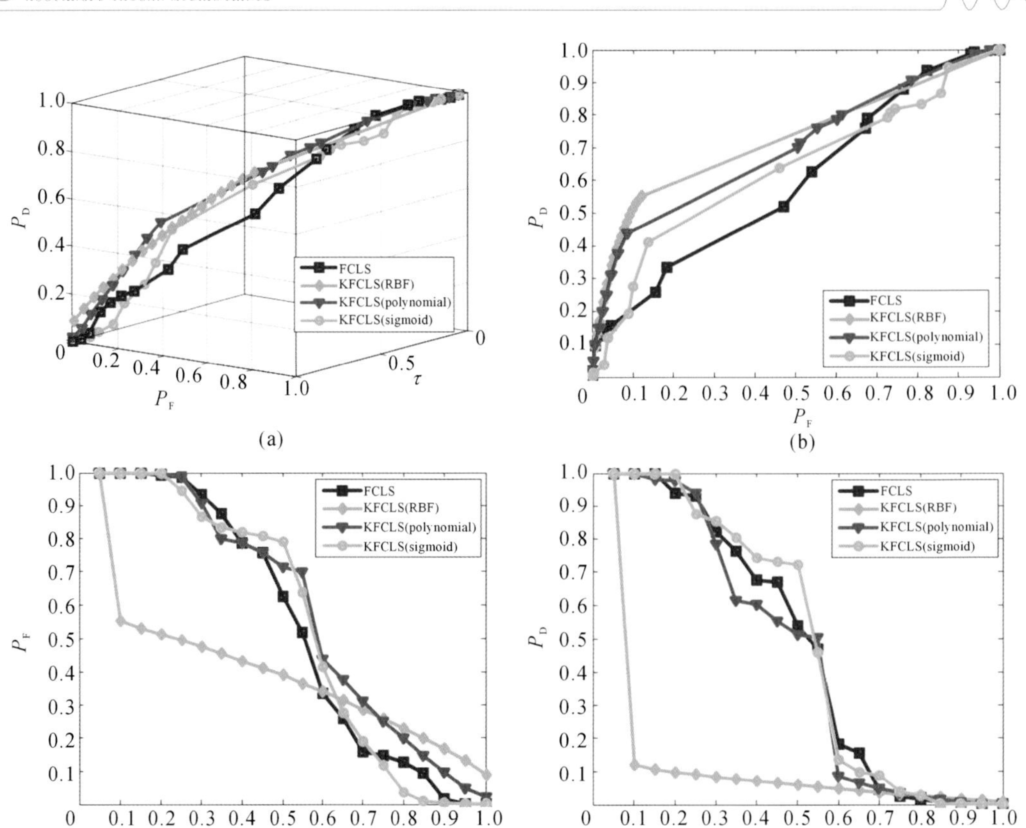

图 7.15 FCLS 与基于三种核函数的 KFCLS 在合适的参数时，对 16 个类别的平均 ROC 曲线

(a)3D-ROC 曲线(P_D-P_F-τ)；(b)2D-ROC 曲线(P_D-P_F)；(c)2D-ROC 曲线(P_D-τ)；(d)2D-ROC 曲线(P_F-τ)

表 7.12　图 7.15 所示 2D-ROC 曲线的曲线下面积 A_z 值

	P_D-P_F	P_D-τ	P_F-τ
FCLS	0.5933	0.5064	0.4376
KFCLS(RBF, σ=0.1)	0.7258	0.3545	0.0783
KFCLS(polynomial, p=30)	0.6963	0.5519	0.4130
KFCLS(sigmoid, $c=5\times10e^{8}$)	0.6327	0.5128	0.4545

7.6.2　HYDICE 数据 KLSMA 实验

在这一小节中，我们利用另一种真实高光谱图像数据 HYDICE 数据进行实验，其数据描述可参考 1.5.1 节。

首先利用 VD 对这一数据进行估计，在虚警概率为 $P_F \leqslant 10^{-3}$ 时其估计值 $p=9$。因此，9 种不同的特性将会被用于我们的实验。在这 9 种用于实验的特性中，包括 5 个嵌板的光谱特性与其他 4 种非期望目标特性，分别为草地、道路、树木与干扰。

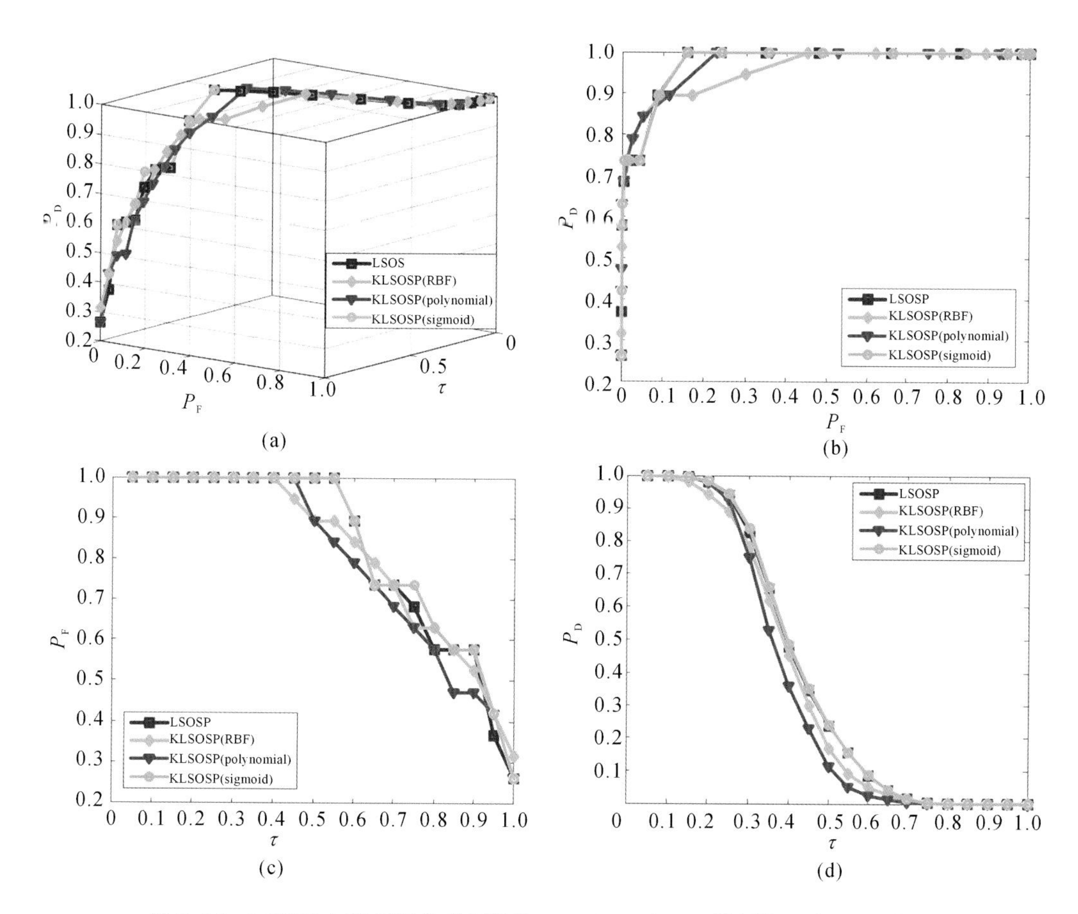

图 7.16 LSOSP 与基于三种核函数的 KLSOSP 对 19R 嵌板的平均 ROC 曲线

(a)3D-ROC 曲线(P_D-P_F-τ);(b)2D-ROC 曲线(P_D-P_F);(c) 2D-ROC 曲线(P_D-τ);(d)2D-ROC 曲线(P_F-τ)

表 7.13 图 7.16 所示 2D-ROC 曲线的曲线下面积 A_z 值

	P_D-P_F	P_D-τ	P_F-τ
LSOSP	0.9760	0.7895	0.3637
KLSOSP (RBF,σ=100 000)	0.9602	0.7776	0.3408
KLSOSP (polynomial,p=2)	0.9739	0.7579	0.3237
KLSOSP (sigmoid,c=0.1)	0.9763	0.7974	0.3661

表 7.14 图 7.17 所示 2D-ROC 曲线的曲线下面积 A_z 值

	P_D-P_F	P_D-τ	P_F-τ
NCLS	0.9851	0.7711	0.2896
KNCLS(RBF,σ=100 000)	0.9616	0.7250	0.2807
KNCLS(polynomial,p=2)	0.9878	0.7447	0.2559
KNCLS(sigmoid,c=0.1)	0.9863	0.7763	0.2896

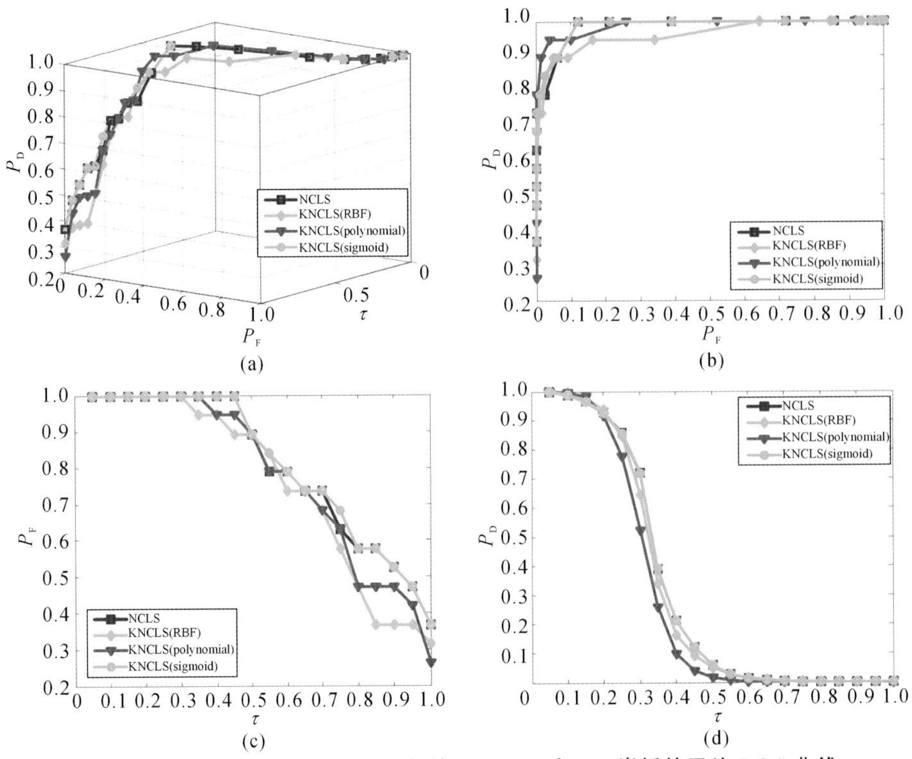

图 7.17 NCLS 与基于三种核函数的 KNCLS 对 **19**R 嵌板的平均 ROC 曲线

(a)3D-ROC 曲线(P_D-P_F-τ);(b)2D-ROC 曲线(P_D-P_F);(c)2D-ROC 曲线(P_D-τ);(d)2D-ROC 曲线(P_F-τ)

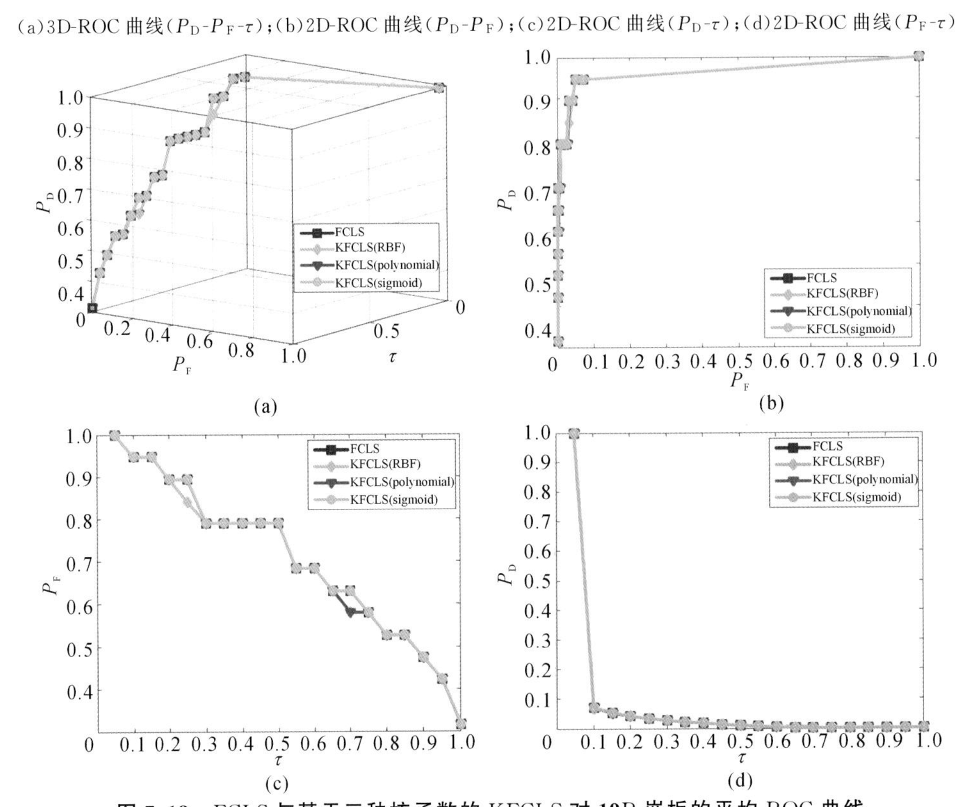

图 7.18 FCLS 与基于三种核函数的 KFCLS 对 **19**R 嵌板的平均 ROC 曲线

(a)3D-ROC 曲线(P_D-P_F-τ);(b)2D-ROC 曲线(P_D-P_F);(c)2D-ROC 曲线(P_D-τ);(d)2D-ROC 曲线(P_F-τ)

表 7.15　图 7.18 所示 2D-ROC 曲线的曲线下面积 A_z 值

	P_D-P_F	P_D-τ	P_F-τ
FCLS	0.9646	0.6724	0.0406
KFCLS(RBF,$\sigma=1$)	0.9643	0.6671	0.0404
KFCLS(polynomial,$p=2$)	0.9642	0.6697	0.0411
KFCLS(sigmoid,$c=10e^6$)	0.9646	0.6724	0.0406

7.7　本章小结

本章介绍了核函数方法在高光谱目标检测问题中的应用。前面的章节中,已经介绍讨论的高光谱目标检测算法,在本章被扩展为核函数形式的检测方法。

参考文献

赵春晖,王立国,齐滨,2016. 高光谱遥感图像处理方法及应用[M]. 北京:电子工业出版社.

梅锋,2009. 基于核机器学习的高光谱异常目标检测算法研究[D]. 哈尔滨:哈尔滨工程大学.

BISHOP C M,2006. Pattern Recognition and Machine Learning[M]. New York: Springer-Verlag.

CHANG C I,2013. Hyperspectral Data Processing: Algorithm Design and Analysis[M]. New Jersey: John Wiley & Sons.

KWON H, NASRABADI N,2005. Kernel RX-algorithm: a nonlinear anomaly detector for hyperspectral imagery[J]. IEEE Trans. on Geoscience and Remote Sensing, 43(2): 388-397.

KWON H, NASRABADI N,2005. Kernel orthogonal subspace projection for hyperspectral signalclassification[J]. IEEE Transa. on Geoscience and Remote Sensing, 43(12): 2952-2962.

KWON H, NASRABADI N,2007. A comparative analysis of kernel subspace target detectors for hyperspectral imagery[J]. EURASIP Journal on Advances in Signal Processing，2007(1)：29250.

LIU K H，ET AL. ,2012. Kernel-based linear spectral mixture analysis[J]. IEEE Geoscience andRemote Sensing Letters，9(1):129-133.

TING W，DU B，ZHANG L,2013. A kernel-based target-constrained interference-minimized filter for hyperspectral sub-pixel target detection[J]. IEEE Journal of Selected Topics in Applied Earth Observations and Remote Sensing，6(2)：626-637.

NASRABADI N,2014. Hyperspectral target detection：an overview of current and future challenges[J]. IEEE Signal Processing Magazine，31(1):34-44.

JIAO X，CHANG C I,2008. Kernel-based constrained energy minimization[C]. Proceedings of SPIE - The International Society for Optical Engineering:69661S-69661S.

第 8 章　高光谱异常目标检测

高光谱图像携带的光谱信息提供了区别地物光谱细微差别的能力，使人们可以识别诸如树木的种类、道路的类型、不同湿润度的土壤等地物，以及鉴别伪装和诱饵目标。不同地物反射、吸收或者发射的辐射能量(或辐射强度)都是随着波长变化而变化的，成像光谱仪能够在几乎连续的光谱波段上测量地物的辐射强度，从而能够更加精确地区分不同的地物。高光谱遥感目标检测方法众多，可以从不同的角度对其进行分类，按照是否需要先验信息，高光谱遥感目标检测可以分为光谱匹配检测和异常目标检测(简称为异常检测)。前者即通常意义上所说的目标检测，它需要使用目标光谱信号的先验信息，在有约束或没有任何约束信息的情况下进行光谱匹配。异常检测则不需要目标的任何先验信息，主要有两类：一类不从图像数据中获取目标的后验信息，而直接将与局部或全局统计特性不同的光谱信息判定为异常目标；另一类则在运算过程中先以无监督的方式，从图像中获取目标或背景光谱特征的后验信息，再使用类似于光谱匹配的方法进行检测，这种获取后验信息的方法扩展了监督检测方法的实用性。

8.1　引　言

随着光谱分辨率的逐渐提高，高光谱成像仪能够检测许多未知的目标，这些目标通常在整个图像数据中作为异常信息出现，因此异常检测得到了越来越多的关注。所谓的异常目标，一般应具有以下特点：①它的出现是意想不到的；②即使出现，它出现的概率也非常低；③异常目标样本数很少，在整个数据中微不足道；④最重要的是，异常目标的光谱信息与周围像元的光谱差异很大。为了有效识别这类目标，最常用的算法是经典的 RX 算法。本章将着重介绍 RX 算法的基本理论以及由其所发展的各种变异算法。

8.2 异常检测理论基础

高光谱图像目标检测是指在高光谱数据立方体中搜索已知或未知光谱形状的稀疏的像素，后者一般称为异常检测。在实际应用中，由于缺少完备的光谱数据库和准确的反射率反演算法，先验光谱信息的获取非常困难，而异常检测由于不需要背景或目标的先验光谱信息，具有较强的实用性，同时减少了因不准确的反射率反演算法带来的误差，降低了标准光谱数据对真实观测数据的"污染"，因而成为高光谱遥感应用的重点研究内容。

异常检测是在对图像一无所知的情况下，从信息量的角度对图像中"小目标"的"盲"检测，这里的"小目标"不一定是实际地物，更多地表现为一种数据的异常。异常检测主要包含背景模型的选择和检测似然比的构造两个方面。一般地，背景模型是通过从图像中选取合适的区域作为参考数据来确定的，根据区域选择的不同，可以分为全局异常检测和局部异常检测。在得到背景模型后，可以将异常检测看作一个二元信号检测的问题。二元信号假设检测理论基本模型如图 8.1 所示。

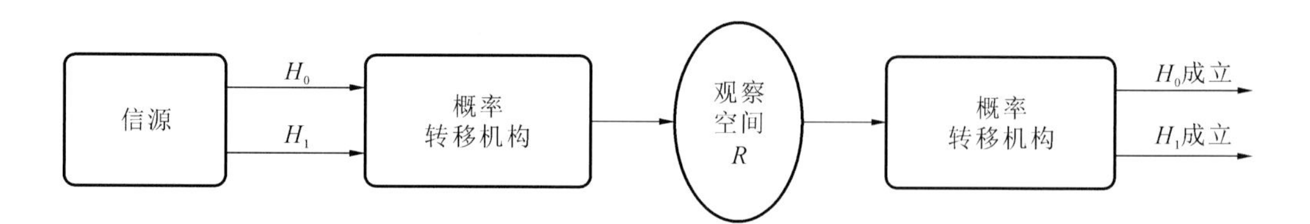

图 8.1　二元信号假设检验理论模型

第一部分是信源，信源在某一时刻输出一种信号，而在另一时刻输出的可能是另一种信号。在接收端，事先并不知道信源在某一特定时刻输出的是哪种信号，因此需要进行判决。

为了分析方便，把信源的输出称为假设，分别记为 H_0 假设和 H_1 假设。在高光谱图像目标检测理论中，具有 L 个波段的高光谱图像目标检测问题转化为在一个 $L\times 1$ 的观测像元 $\boldsymbol{x}=[x_1,x_2,\cdots,x_L]^{\mathrm{T}}$ 中判定目标信号 $\boldsymbol{s}=[s_1,s_2,\cdots,s_L]^{\mathrm{T}}$ 的存在性问题。这样，可以将其视为二元假设检验问题，因此可将观测像元视为符合式(8.1)二元假设。

$$
\begin{aligned}
H_0: \boldsymbol{x} &= \boldsymbol{n} \\
H_1: \boldsymbol{x} &= \boldsymbol{as} + \boldsymbol{n}
\end{aligned}
\tag{8.1}
$$

其中，H_0代表目标不存在，H_1代表目标存在，$\boldsymbol{a}=[a_1,a_2,\cdots,a_L]^{\mathrm{T}}$是信号丰度，$\boldsymbol{n}$ 为背景杂波信号。因此，在 H_0 假设中，观测向量可视为仅由背景杂波信号组成；在 H_1 假设中，观测向量由目标信号和背景杂波混合而成。

在高光谱遥感目标检测中，假设观测像元为 $\boldsymbol{x}$，如果 $p(\boldsymbol{x}|H_0)$ 和 $p(\boldsymbol{x}|H_1)$ 分别表示观测像元 $\boldsymbol{x}$ 在两种假设下的条件概率密度函数，则检测目标是否存在的似然比函数由条件概率密度给出，如式(8.2)所示。

$$\Lambda(\boldsymbol{x}) = \frac{p(\boldsymbol{x} \mid H_1)}{p(\boldsymbol{x} \mid H_0)} \tag{8.2}$$

当似然比 $\Lambda(\boldsymbol{x})$ 超过一定的阈值 η，则认为目标存在，否则目标不存在。然而，怎样设置阈值 η 才能保证一个较小的检测错误率（虚警概率与漏警概率）？实际上，虚警概率和漏警概率总是相互矛盾的，即较低的阈值 η 将产生较小的漏警概率和较大的虚警概率，而较高的阈值 η 会产生较小的虚警概率和较大的漏警概率。一般来说，式(8.2)中的条件概率是依赖于目标和背景参数的，通常来说参数都是未知的。在这种情况下，可以通过最大似然估计来代替式(8.2)中的未知参数，得到的检测算子被称作广义似然比 GLRT 检测算子，其表达式为式(8.3)。

$$\Lambda_{\mathrm{G}}(\boldsymbol{x}) = \frac{\sup\limits_{\theta_1} L(\boldsymbol{x} \mid \theta_1,\ H_1)}{\sup\limits_{\theta_0} L(\boldsymbol{x} \mid \theta_0,\ H_0)} \tag{8.3}$$

其中，$L(\cdot)$ 代表似然函数，sup 指上界。

8.3 经典 RX 异常检测算法

RX 算法是由 Reed 和 Xiaoli Yu 提出的，它在多光谱及高光谱图像异常目标检测方面均取得了显著的成功，是目前较为广泛使用的异常检测方法之一。由多光谱图像发展而来的 RX 异常检测算法是利用最大似然检测得到的恒虚警检测算法，在满足算法假设条件的前提下，适合于背景分布比较简单的情形下的目标检测。因为高斯分布便于处理，多数视觉图像的统计模型都被认为服从高斯分布，尽管实际情况并不是这样。算法的假设前提是：背景服从空间均值快变、方差慢变的多维高斯随机过程。

8.3.1 K-AD 算子

设观测向量服从多元正态分布，其均值为 $\boldsymbol{\mu}$，协方差矩阵为 $\boldsymbol{K}$，则其分布可以表述为式(8.4)。

$$p(\boldsymbol{x}) = \frac{1}{(2\pi)^{L/2}\ |\boldsymbol{K}|^{1/2}} e^{-\frac{1}{2}(\boldsymbol{x}-\boldsymbol{\mu})^{\mathrm{T}}\boldsymbol{K}(\boldsymbol{x}-\boldsymbol{\mu})} \tag{8.4}$$

其中，L 代表随机向量的元数，$|\boldsymbol{K}|$ 代表 $\boldsymbol{K}$ 的行列式。

当目标和背景的统计特性差异较大时，利用奈曼-皮尔逊(Neyman-Pearson)准则计算似然比函数的自然对数，如式(8.5)所示。

$$\begin{aligned} y &= D(\boldsymbol{x}) \\ &= \frac{1}{2}(\boldsymbol{x}-\boldsymbol{\mu}_b)^{\mathrm{T}}\boldsymbol{K}_b^{-1}(\boldsymbol{x}-\boldsymbol{\mu}_b)-\frac{1}{2}(\boldsymbol{x}-\boldsymbol{\mu}_t)^{\mathrm{T}}\boldsymbol{K}_t^{-1}(\boldsymbol{x}-\boldsymbol{\mu}_t) \end{aligned} \tag{8.5}$$

其中，$\boldsymbol{\mu}_b$代表背景的统计均值，$\boldsymbol{K}_b$代表背景协方差矩阵，$\boldsymbol{\mu}_t$ 为目标的统计均值，$\boldsymbol{K}_t$ 为目标协方差矩阵，式(8.5)实际上可以看作计算背景与目标的马氏距离。

对于式(8.1)的假设检验模型，RX 算法的广义似然比检测为式(8.6)。

$$\mathrm{RX}(\boldsymbol{x}) = (\boldsymbol{x}-\boldsymbol{\mu})^{\mathrm{T}}\left(\frac{N}{N+1}\hat{\boldsymbol{K}}_x+\frac{1}{N+1}(\boldsymbol{x}-\boldsymbol{\mu})(\boldsymbol{x}-\boldsymbol{\mu})^{\mathrm{T}}\right)^{-1}(\boldsymbol{x}-\boldsymbol{\mu}) \underset{H_0}{\overset{H_1}{\gtrless}} \eta \tag{8.6}$$

经过一系列简化，RX 算法可以进一步简化为式(8.7)，经典的 RX 算法是基于协方差矩阵 $\boldsymbol{K}$ 计算而得，故简记为 K-AD，表达为式(8.7)。

$$\delta^{\mathrm{K\text{-}AD}}(\boldsymbol{x}) = (\boldsymbol{x}-\boldsymbol{\mu})^{\mathrm{T}}\boldsymbol{K}^{-1}(\boldsymbol{x}-\boldsymbol{\mu}) \underset{H_0}{\overset{H_1}{\gtrless}} \eta \tag{8.7}$$

其中，$\boldsymbol{x}$ 是 $L\times 1$ 的待检测像元光谱向量，L 是高光谱图像数据的波段维数，$\boldsymbol{\mu}$ 是高光谱图像数据的样本均值向量，$\boldsymbol{K}$ 是高光谱图像数据样本协方差矩阵，η 为算子检测阈值。

8.3.2 R-AD 算子

式(8.7)的 RX 算法实际上是计算待检测像元光谱与采样均值光谱的马氏距离，因为 $\boldsymbol{K}$ 是非负矩阵，可以写作 $\boldsymbol{K}=\boldsymbol{K}^{1/2}\boldsymbol{K}^{1/2}$，因此式(8.7)可以如式(8.8)所表示。

$$\begin{aligned} \delta^{\mathrm{K\text{-}AD}}(\boldsymbol{x}) &= (\boldsymbol{x}-\boldsymbol{\mu})^{\mathrm{T}}\boldsymbol{K}^{-1/2}\boldsymbol{K}^{-1/2}(\boldsymbol{x}-\boldsymbol{\mu}) \\ &= (\boldsymbol{K}^{-1/2}\boldsymbol{x}-\boldsymbol{K}^{-1/2}\boldsymbol{\mu})^{\mathrm{T}}(\boldsymbol{K}^{-1/2}\boldsymbol{x}-\boldsymbol{K}^{-1/2}\mu) = \tilde{\boldsymbol{x}}^{\mathrm{T}}\tilde{\boldsymbol{x}} = \|\tilde{\boldsymbol{x}}\|^2 \end{aligned} \tag{8.8}$$

其中，$\tilde{\boldsymbol{x}}=\boldsymbol{K}^{-1/2}(\boldsymbol{x}-\boldsymbol{\mu})$，式(8.8)显示 RX 实际上计算 $\tilde{\boldsymbol{x}}$ 的灰度强度 $\|\tilde{\boldsymbol{x}}\|^2$，从信号处理的角度来说，$\boldsymbol{K}^{-1/2}(\boldsymbol{x}-\boldsymbol{\mu})$可以看作通过球化抑制背景的一个过程。然而，由于采用样本协方差矩阵去除了一阶统计信息，影响了 RX 算法的检测效果。Chein-I Chang 等人用样本的相关矩阵替代协方差矩阵，给出了采用相关矩阵的 R-AD 异常算子，检测算子表示如(8.9)所示。

$$\delta^{\mathrm{R\text{-}AD}}(\boldsymbol{x}) = \boldsymbol{x}^{\mathrm{T}}\boldsymbol{R}^{-1}\boldsymbol{x} \underset{H_0}{\overset{H_1}{\gtrless}} \eta \tag{8.9}$$

其中，$\boldsymbol{R}$ 是高光谱图像数据的相关矩阵$\boldsymbol{R} = (1/N)\sum_{i=1}^{N}\boldsymbol{x}_i\boldsymbol{x}_i^{\mathrm{T}}$，$N$ 是高光谱图像数据总共的像元数。实际上，等式(8.9) 可以分解为两个主要部分：首先，将$\boldsymbol{R}^{-1}\boldsymbol{x}$ 看作一个整体，这部分

用于抑制背景进而突出异常目标，然后，用同一像元$\boldsymbol{x}^{\mathrm{T}}$ 作为匹配矢量信号对抑制后的数据$\boldsymbol{R}^{-1}\boldsymbol{x}$ 进行匹配滤波。因此 R-AD 实际上是计算当前待检测像元 $\boldsymbol{x}$ 与背景抑制后的$\boldsymbol{R}^{-1}\boldsymbol{x}$ 的内积，是一个光谱匹配的过程，为了避免出现负值，式(8.9) 应取其绝对值作为检测结果，表示如式(8.10) 。

$$\delta^{\text{R-AD}}(\boldsymbol{x}) = \left|\boldsymbol{x}^{\mathrm{T}} \boldsymbol{R}^{-1} \boldsymbol{x}\right| \underset{H_0}{\overset{H_1}{\gtrless}} \eta \tag{8.10}$$

8.4 基于核映射的异常检测算法

8.4.1 核学习理论

核方法的基本原理是：在非线性可分的情况下，使用一个非线性变换 $\Phi(\cdot)$将输入模式空间 $\boldsymbol{R}$ 中的数据映射到高维特征空间 $\boldsymbol{F}$ 中，即 $\boldsymbol{R}\to\boldsymbol{F}$，在 $\boldsymbol{F}$ 中基于准则构造新的分类函数，达到线性可分的目的，而不必明确知道非线性变换的具体表达式，只要用核函数 $k(\boldsymbol{x},\boldsymbol{y})=\Phi(\boldsymbol{x})\cdot\Phi(\boldsymbol{y})$替代内积运算即可，过程如图 8.2 所示。

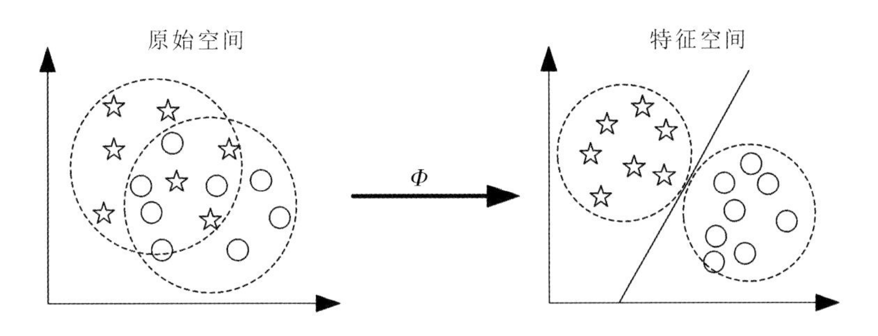

图 8.2 输入空间到特征空间的非线性映射

通常情况下，非线性映射函数往往比核函数更为复杂，即简单的核函数往往对应着复杂的映射函数。因此，核函数的引入可以大大降低非线性变换的计算量。基于核方法的学习方式分为有监督学习和无监督学习，其中，有监督学习以支持向量机(support vector machine，SVM)为代表，而无监督学习以核主成分分析(kernel principal component analysis，KPCA)为代表。

8.4.2 核函数

核函数在核方法中具有非常重要的作用，它是有效地解决非线性和克服维数灾难的关键因素。

所谓核函数就是把向量 $\boldsymbol{x}$ 和 $\boldsymbol{y}$ 经过非线性映射在非线性特征空间上的内积 $\langle\Phi(\boldsymbol{x}),\Phi(\boldsymbol{y})\rangle$ 用原始输入空间的两个向量的一个函数来表示，以实现非线性映射。其数学表达式为：

$$k(\boldsymbol{x},\boldsymbol{y})=\langle\Phi(\boldsymbol{x}),\Phi(\boldsymbol{y})\rangle \tag{8.11}$$

上述定义是从函数表达式上进行的，从矩阵的角度，核还有另外一种定义方式。该定义式基于 Gram 矩阵和正定矩阵提出来的，Gram 矩阵和正定矩阵分别定义为：

(1)Gram 矩阵。给定一个函数 k：$\boldsymbol{X}^2\rightarrow\boldsymbol{K}$($\boldsymbol{K}=\boldsymbol{R}$ 或 $\boldsymbol{C}$，$\boldsymbol{R}$ 为实数集，$\boldsymbol{C}$ 为复数集)，以及样本 $\boldsymbol{x}_1,\cdots,\boldsymbol{x}_m\in\boldsymbol{X}$，那么，大小为 $m\times m$ 的矩阵 $\boldsymbol{K}:\boldsymbol{K}_{i,j}=k(\boldsymbol{x}_i,\boldsymbol{x}_j)$ 称为函数 k 关于 $\boldsymbol{x}_1,\cdots,\boldsymbol{x}_m$ 的 Gram 矩阵。

(2) 正定矩阵。对于该 $m\times m$ 的复矩阵 $\boldsymbol{K}$，若对于任意 $c_i\in\boldsymbol{C}$ 都有 $\sum\limits_{i,j}c_ic_j\boldsymbol{K}\geqslant 0$ 成立，则称该矩阵 $\boldsymbol{K}$ 为正定矩阵。

则核函数的另一定义可以表述为：令 $\boldsymbol{X}$ 为一非空集合，一个定义在 $\boldsymbol{X}\times\boldsymbol{X}$ 的函数 k，如果满足对所有的 $m\in\boldsymbol{N}$($\boldsymbol{N}$ 为自然数集)和 $\boldsymbol{x}_1,\cdots,\boldsymbol{x}_m\in\boldsymbol{X}$ 都产生一个正定的 Gram 矩阵，则称 k 为正定核，简称为核。

设 k_1 和 k_2 是 $\boldsymbol{X}\times\boldsymbol{X}$ 上的核函数，其中 $\boldsymbol{X}\subseteq\boldsymbol{R}^d$，$d\in\boldsymbol{R}^+$ 是 $\boldsymbol{X}$ 上的实函数，f 是 $\boldsymbol{X}$ 上的实函数，$\boldsymbol{x},\boldsymbol{y}\in\boldsymbol{X}$，$\beta\in\boldsymbol{R}$，映射：$\boldsymbol{X}\rightarrow F$，$k_3$ 为 $\boldsymbol{R}^d\times\boldsymbol{R}^d$ 上的核函数，$\boldsymbol{B}$ 为 $n\times n$ 阶的半正定对称矩阵，则下面核函数的组合仍为核函数：

(1)$k(\boldsymbol{x},\boldsymbol{y})=k_1(\boldsymbol{x},\boldsymbol{y})+k_2(\boldsymbol{x},\boldsymbol{y})$。

(2)$k(\boldsymbol{x},\boldsymbol{y})=\alpha k_1(\boldsymbol{x},\boldsymbol{y})$。

(3)$k(\boldsymbol{x},\boldsymbol{y})=k_1(\boldsymbol{x},\boldsymbol{y})k_2(\boldsymbol{x},\boldsymbol{y})$。

(4)$k(\boldsymbol{x},\boldsymbol{y})=f(\boldsymbol{x})f(\boldsymbol{y})$。

(5)$k(\boldsymbol{x},\boldsymbol{y})=k_3(\Phi(\boldsymbol{x}),\Phi(\boldsymbol{y}))$。

(6)$k(\boldsymbol{x},\boldsymbol{y})=\boldsymbol{x}^{\mathrm{T}}\boldsymbol{B}\boldsymbol{y}$。

由核函数的性质可知，如果某个核满足 Merce 核的条件，就可以根据上面的性质，即加法和乘法的封闭性构造出更为复杂的核函数以满足特定的应用需要。

8.4.3 常用核函数

核函数的选择对核机器学习算法的性能非常重要，核函数的选取包括核函数形式的确定和参数的确定两个方面。目前已有一些研究者对利用先验知识限制核函数的选择进行了研究，但如何对特定问题选择最佳核函数仍是一个难以解决的问题，核函数的选取至今尚无完善的理论指导。核函数的作用相当于将样本投影到一个高维的空间中，然后再构造最优判决面。因此，核函数的选取直接影响到学习机器的推广能力。常用的核函数如表 8.1 所示。实际采用和研究最多的是前三种核函数形式，尤其是高斯径向基核函数。

表 8.1 常用的核函数

核函数名称	表达式	说明
多项式核函数	$k(\boldsymbol{x},\boldsymbol{y})=(\boldsymbol{x}\cdot\boldsymbol{y}+1)^d$	$d\in\mathbf{N}$
高斯径向基核函数	$k(\boldsymbol{x},\boldsymbol{y})=\exp(-\Vert\boldsymbol{x}-\boldsymbol{y}\Vert^2/c)$	$c\in\boldsymbol{R}^+$
Sigmoid 核函数	$k(\boldsymbol{x},\boldsymbol{y})=\tanh(k\boldsymbol{x}\cdot\boldsymbol{y}+\delta)$	k、δ 为常数
B—样条核函数	$k(\boldsymbol{x},\boldsymbol{y})=\boldsymbol{B}_{2p+1}(\boldsymbol{x}-\boldsymbol{y})$	$\boldsymbol{B}_{(2p+1)}(\cdot)$为$(2p+1)$阶 $\boldsymbol{B}$—样条函数

8.4.4 核 AD 算子

经典的 AD 异常检测只考虑到数据的二阶统计特性，且未利用数据的非线性特性，限制了算法的检测性能。故本章将原采样数据通过非线性的映射函数 Φ 映射到高维(可能是无限维)的特征空间中，在高维的特征空间中采用核 AD 异常检测算法，充分地挖掘数据的高阶统计特性和非线性特性。本节我们以 K-AD 算子为例，推广其对应的核 K-AD 算子的表达形式，简记为 K-K-AD(kernel K-AD,K-K-AD)算子。

同经典的 K-AD 算法相同，在高维的特征空间中也有这样的两种假设：

$H_{0\varphi}:\varphi(\boldsymbol{x})=\varphi(\boldsymbol{n})$ 目标不存在

$H_{1\varphi}:\varphi(\boldsymbol{x})=a_\varphi\varphi(\boldsymbol{s})+\varphi(\boldsymbol{n})$ 目标存在

相应地，在特征空间中核 K-AD 算法可表示为：

$$\delta^{\text{K-K-AD}}(\varphi(\boldsymbol{r}))=(\varphi(\boldsymbol{r})-\hat{\boldsymbol{\mu}}_{b\varphi})^{\mathrm{T}}\hat{\boldsymbol{C}}_{b\varphi}^{-1}(\varphi(\boldsymbol{r})-\hat{\boldsymbol{\mu}}_{b\varphi}) \tag{8.12}$$

其中，$\hat{\boldsymbol{\mu}}_{b\phi}$ 和$\hat{\boldsymbol{C}}_{b\phi}\boldsymbol{C}_{b\phi}\boldsymbol{\mu}_{b\phi}$ 分别为特征空间中均值和背景协方差矩阵的估计，其表达式分别为：

$$\hat{\boldsymbol{\mu}}_{b\varphi}=\frac{1}{N}\sum_{i=1}^{N}\varphi(\boldsymbol{x}_i)$$

$$\hat{\boldsymbol{C}}_{b\varphi}=\frac{1}{N}\sum_{i=1}^{N}(\varphi(\boldsymbol{x}_i)-\hat{\boldsymbol{\mu}}_{b\varphi})(\varphi(\boldsymbol{x}_i)-\hat{\boldsymbol{\mu}}_{b\varphi})^{\mathrm{T}}$$

式(8.12)给出了非线性特征空间中核 K-AD 算法的表达式，但是由于数据的维数很高(甚至是无限维的)，不能直接通过非线性映射函数 ϕ 将原始数据映射到高维特征空间中来实现该算法。为了避免直接计算式(8.12)，我们采用核技术，即

$$(K)_{ij}=(\varphi(\boldsymbol{x}_i)\cdot\varphi(\boldsymbol{x}_j))=k(\boldsymbol{x}_i,\boldsymbol{x}_j) \tag{8.13}$$

来间接地计算式(8.12)。

将估计的背景协方差矩阵$\hat{\boldsymbol{C}}_{b\phi}$进行特征值分解为：

$$\hat{\boldsymbol{C}}_{b\varphi}=\boldsymbol{V}_{\varphi}\boldsymbol{\Lambda}_{\varphi}\boldsymbol{V}_{\varphi}^{\mathrm{T}} \tag{8.14}$$

其中，Λ_{ϕ} 的对角元素为特征空间中背景协方差矩阵$\hat{\boldsymbol{C}}_{b\phi}$的非零特征值，$\boldsymbol{v}_{\phi}$ 为非零特征值所对应的特征向量，而每个特征向量都可以表示为特征空间中心化输入向量的线性组合，即

$$\boldsymbol{V}_{\varphi}=\sum_{i=1}^{N}\beta_i\varphi_c(\boldsymbol{x}_i)=\boldsymbol{X}_{b\varphi}\boldsymbol{\beta} \tag{8.15}$$

其中$\boldsymbol{X}_{b\varphi}=[\varphi_c(\boldsymbol{x}_1),\varphi_c(\boldsymbol{x}_2),\cdots,\varphi_c(\boldsymbol{x}_N)]$，$\boldsymbol{\beta}=(\beta^1,\beta^2,\cdots,\beta^N)^{\mathrm{T}}$ 为经过核矩阵 $\boldsymbol{K}$ 相应特征值的平方根归一化之后的特征向量。

将式(8.15)代入式(8.14)中并求逆得到：

$$\hat{\boldsymbol{C}}_{b\varphi}^{-1}=\boldsymbol{X}_{b\varphi}\boldsymbol{\beta}\boldsymbol{\Lambda}_{\varphi}^{-1}\boldsymbol{\beta}^{\mathrm{T}}\boldsymbol{X}_{b\varphi}^{\mathrm{T}} \tag{8.16}$$

则非线性核 K-AD 算法可表示为

$$\delta^{\text{K-K-AD}}(\varphi(\boldsymbol{r}))=(\varphi(\boldsymbol{r})-\hat{\boldsymbol{\mu}}_{b\varphi})^{\mathrm{T}}\boldsymbol{X}_{b\varphi}\boldsymbol{\beta}\boldsymbol{\Lambda}_{\varphi}^{-1}\boldsymbol{\beta}^{\mathrm{T}}\boldsymbol{X}_{b\varphi}^{\mathrm{T}}(\varphi(\boldsymbol{r})-\hat{\boldsymbol{\mu}}_{b\varphi}) \tag{8.17}$$

利用式(8.13)，上式可表示为

$$\begin{aligned}\phi(\boldsymbol{r})^{\mathrm{T}}X_{b\varphi}&=\varphi(\boldsymbol{r})^{\mathrm{T}}[\varphi(\boldsymbol{x}_1),\varphi(\boldsymbol{x}_2),\cdots,\varphi(\boldsymbol{x}_N)]-\frac{1}{N}\sum_{i=1}^{N}\varphi(\boldsymbol{x}_i)\\&=(k(\boldsymbol{x}_1,\boldsymbol{r}),k(\boldsymbol{x}_2,\boldsymbol{r}),\cdots,k(\boldsymbol{x}_N,\boldsymbol{r}))-\frac{1}{N}\sum_{i=1}^{N}k(\boldsymbol{x}_i,\boldsymbol{r})\\&=k(\boldsymbol{X}_b,\boldsymbol{r})-\frac{1}{N}\sum_{i=1}^{N}k(\boldsymbol{x}_i,\boldsymbol{r})\\&\equiv\boldsymbol{K}_r^{\mathrm{T}}\end{aligned} \tag{8.18}$$

相似地，

$$\begin{aligned}\boldsymbol{\mu}_{b\varphi}^{\mathrm{T}}\boldsymbol{X}_{b\varphi}&=\frac{1}{N}\sum_{i=1}^{N}\varphi(\boldsymbol{x}_i)^{\mathrm{T}}([\varphi(\boldsymbol{x}_1),\varphi(\boldsymbol{x}_2),\cdots,\varphi(\boldsymbol{x}_N)]-\frac{1}{N}\sum_{i=1}^{N}\varphi(\boldsymbol{x}_i))\\&=\frac{1}{N}\sum_{i=1}^{N}k(\boldsymbol{x}_i,\boldsymbol{X}_b)-\frac{1}{N^2}\sum_{i=1}^{N}\sum_{j=1}^{N}k(\boldsymbol{x}_i,\boldsymbol{x}_j)\equiv\boldsymbol{K}_{\mu b}^{\mathrm{T}}\end{aligned} \tag{8.19}$$

利用 KPCA 中的关系，我们得到式(8.20)：

$$\boldsymbol{K}_b^{-1}=\frac{1}{N}\boldsymbol{\beta}\boldsymbol{\Lambda}_{\phi}^{-1}\boldsymbol{\beta}^{\mathrm{T}} \tag{8.20}$$

其中，N 为背景采样的数目，是常数，可以忽略。

这样将式(8.18)、(8.19)、(8.20)代入式(8.17)，得到核 K-AD 算法的形式为：

$$\delta^{\text{K-K-AD}}(\boldsymbol{r})=(\boldsymbol{K}_r^{\mathrm{T}}-\boldsymbol{K}_{\mu b}^{\mathrm{T}})^{\mathrm{T}}\boldsymbol{K}_b^{-1}(\boldsymbol{K}_r^{\mathrm{T}}-\boldsymbol{K}_{\mu b}^{\mathrm{T}}) \tag{8.21}$$

同理，可以推导得到核 R-AD(kernel R-AD，K-R-AD)的算法。

8.5 实验分析

为了验证经典 K-AD/R-AD 算子和基于核的 K-K-AD/K-R-AD 算子的有效性，本章给出了 HYDICE 高光谱图像数据的仿真实验，并通过 ROC 曲线特性分析进一步比较了不同算法的性能。

8.5.1 经典 AD 算子实验分析

8.5.1.1 检测结果分析

本节利用 HYDICE 数据，给出了两种 AD 算子——K-AD 和 R-AD 的检测结果分析。图 8.3 给出了 HYDICE 高光谱数据及其目标分布情况。HYDICE 高光谱数据的具体参数在第 1 章 1.5 节中已有描述，在此不进行赘述。

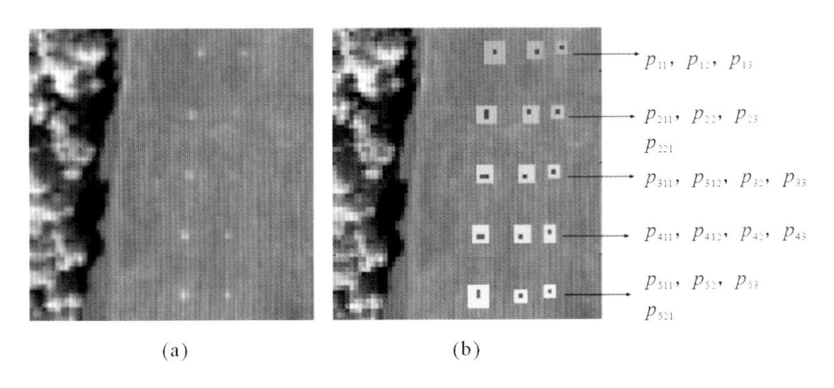

图 8.3 HYDICE **高光谱数据**

(a) HYDICE 波段图；(b) 地物目标分布

图 8.4 给出了两种经典 AD 算法的检测结果，其中(a)、(b)分别为 K-AD 和 R-AD 算子检测结果的灰度图，可以看出，两种算子的检测结果非常接近。检测结果图中左侧最亮的目标是树丛中的异常(石头)，而图中比较规则的两列为设定的面板目标，是待检测的异常目标。从检测结果中可以看出，两种经典 AD 算子对前两列尺寸略大的面板目标都可以得到较好的检测效果，然而从检测结果灰度图中却很难观察到第三列的亚像元目标，这是由于亚像元目标的异常性比较弱，由于左侧异常非常突出，使得第三列的亚像元目标被压抑而无法观测到。

为了更进一步观察或突出两种经典 AD 算子对第三列亚像元目标的检测效果，图 8.5

(a)

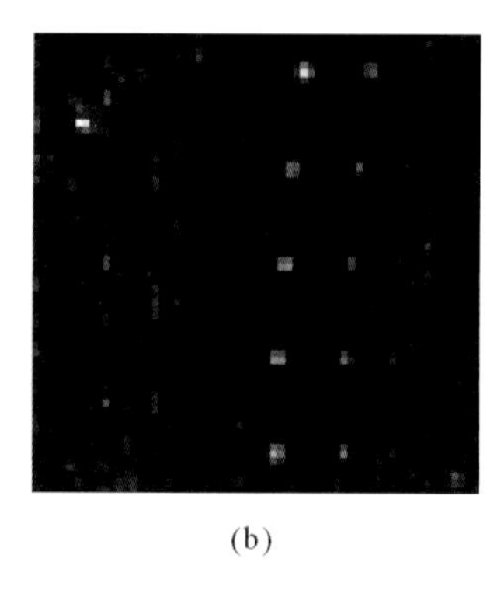
(b)

图 8.4　两种经典 AD 算子检测结果灰度图

(a)K-AD 算子检测结果灰度图;(b)R-AD 算子检测结果灰度图

给出了两种算子检测结果的 db 值图显示,可以看出,通过 db 计算处理后,第三列的亚像元目标得以微弱显示,并且 K-AD 和 R-AD 两种算子对亚像元目标的检测效果视觉上也是几乎一致的。

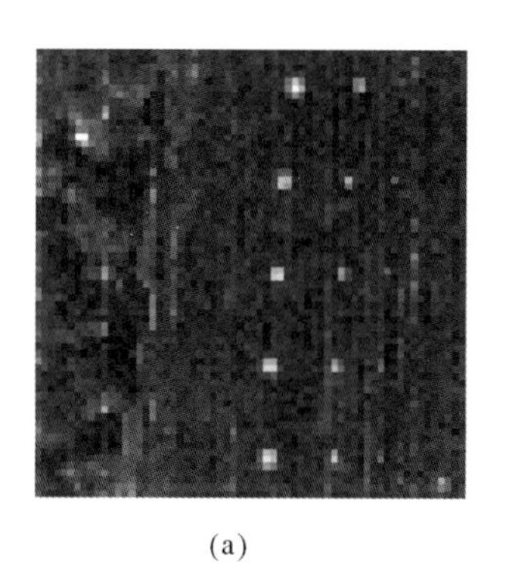
(a)

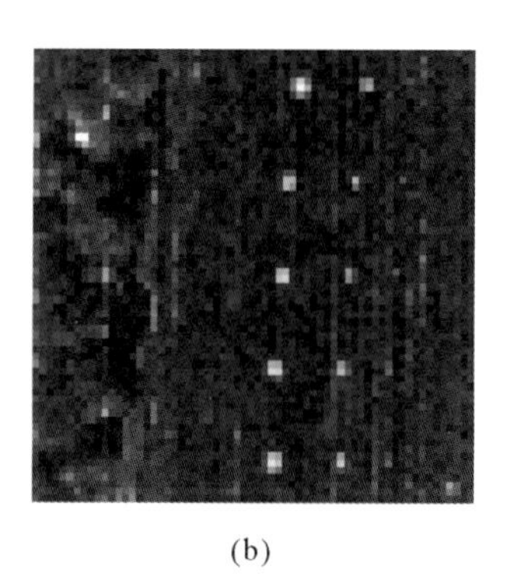
(b)

图 8.5　两种经典 AD 算子检测结果 db 值图

(a)K-AD 算子检测结果 db 值图;(b)R-AD 算子检测结果 db 值图

8.5.1.2　检测性能比较

为了定量比较 K-AD 算子和 R-AD 算子的检测性能,本节绘制了两种检测结果的 3D-ROC 曲线,并且计算了曲线下面积 AUCROC 对两种算法进行定量的比较。

图 8.6(a)～(d)分别绘制了图 8.4 对应的两种 AD 算子的 3D-ROC 曲线和对应的三组 2D-ROC 曲线,从曲线中也可以看出,两种经典 AD 算子检测结果 ROC 曲线几乎是重合的。

为了更进一步精确比较几乎重合 ROC 曲线的两种经典 AD 算子的性能,表 8.2 给出了图 8.6(b)～(d)中 3 种 2D-ROC 曲线的曲线下面积计算结果。

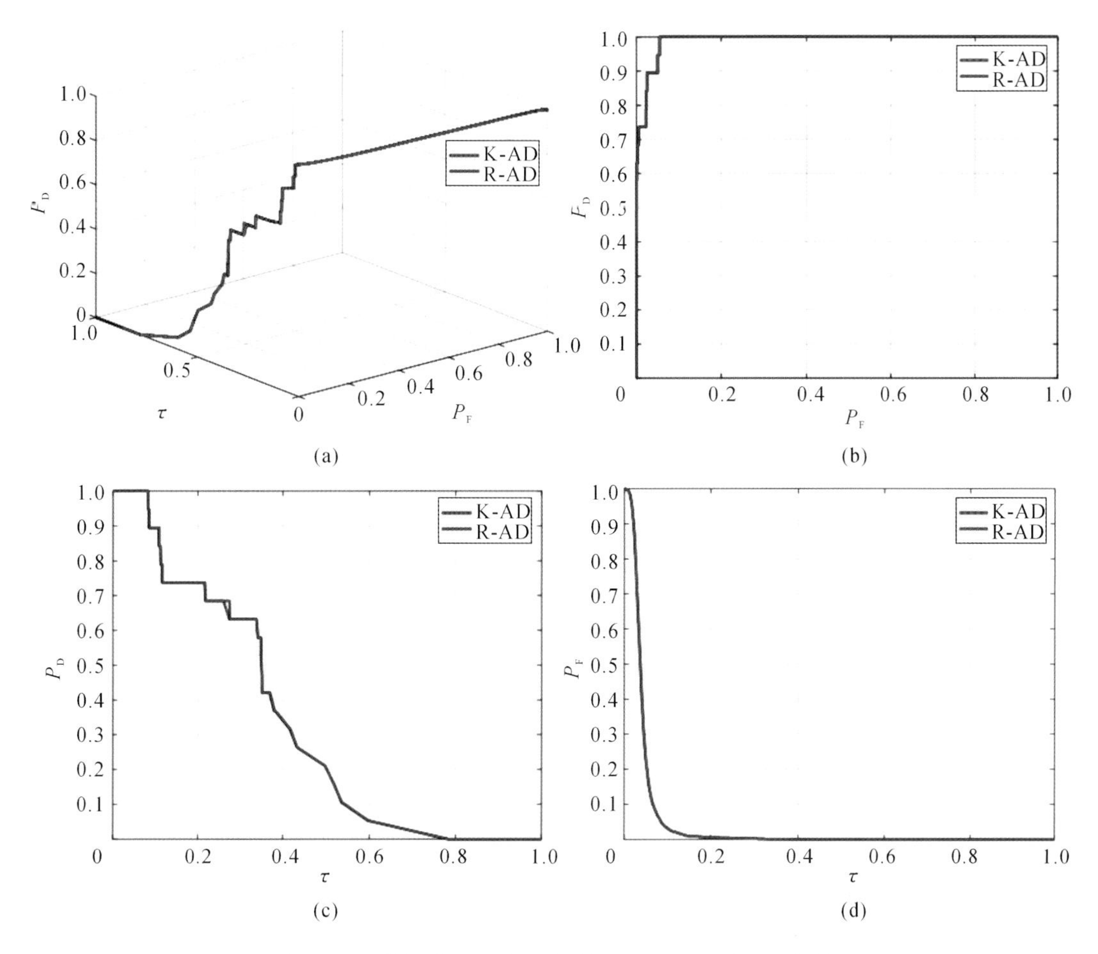

图 8.6 两种经典 AD 算子检测结果 ROC 曲线性能比较

(a)3D-ROC 曲线(P_D-P_F-τ);(b)2D-ROC 曲线(P_D-P_F);(c)2D-ROC 曲线(P_D-τ)(d)2D-ROC 曲线(P_F-τ)

表 8.2 两种经典 AD 算子对 HYDICE 数据的 AUCROC

HYDICE 数据	AUC(P_D-P_F)	AUC(P_D-τ)	AUC(P_F-τ)
K-AD 算子	0.9898	0.3330	0.0428
R-AD 算子	0.9900	0.3342	0.0434

从表 8.2 可以看出,两种算子的检测性能的确很接近,在 P_D-P_F 检测能力方面,R-AD 算子性能略优,代表检测能力略强;然而在 P_F-τ 所代表的背景抑制能力方面,K-AD 算子的性能略优,代表背景抑制能力稍好一些。

8.5.2 核 AD 算子实验分析

本节采用与上一节实验相同的 HYDICE 数据,用基于核映射的 K-K-AD 和 K-R-AD 算子进行了仿真实验。本节中所采用的核函数为多项式核函数。采用不同的核函数，对应的核 AD 算子的检测性能是不同的，本书并未对多种核函数的性能进行比较分析。

8.5.2.1 检测结果分析

图 8.7 给出了两种核 AD 算法的检测结果，其中(a)、(b)分别为 K-K-AD 和 K-R-AD 算子检测结果的灰度图，可以看出，与经典的 AD 算子结论不同，两种核 AD 算子的检测结果不再接近，而是有一定的区别。图 8.7(b)的基于相关矩阵的 K-R-AD 算子检测效果要更好，与图 8.7(a)的基于协方差矩阵的 K-K-AD 算子结果相比，K-R-AD 算子对目标的识别能力更强，尤其是对第二行和第三行的稍弱的目标来说，图 8.7(b)显然得到更好的检测效果。与此同时，除了对目标的检测能力，通过观察两组灰度结果图可以发现，左侧的 K-K-AD 算子结果图的虚警更多，图中由于很多的背景被检测为弱目标，而(b)图中的背景中显然更为干净，除了左侧的异常目标(岩石)和右侧真正的目标面板外，背景中几乎没有灰色目标点，背景抑制能力更好。图 8.8 给出了图 8.7 中两种核 AD 算子检测结果对应的 db 值显示结果，同样证明了 K-R-AD 算子的检测效果要明显优于 K-K-AD 算子。

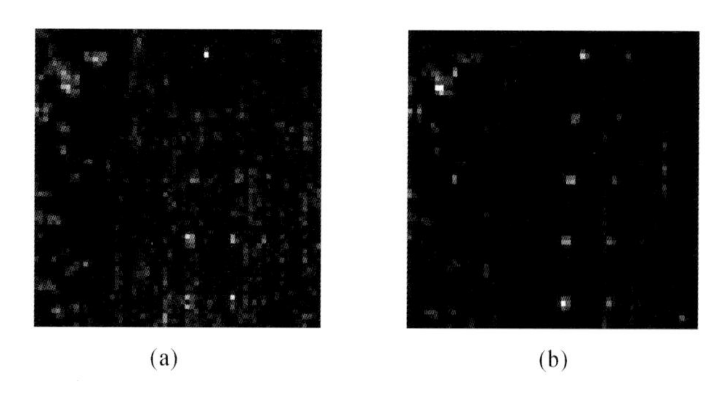

(a) (b)

图 8.7 两种核 AD 算子检测结果灰度图

(a)K-K-AD 算子检测结果灰度图；(b)K-R-AD 算子检测结果灰度图

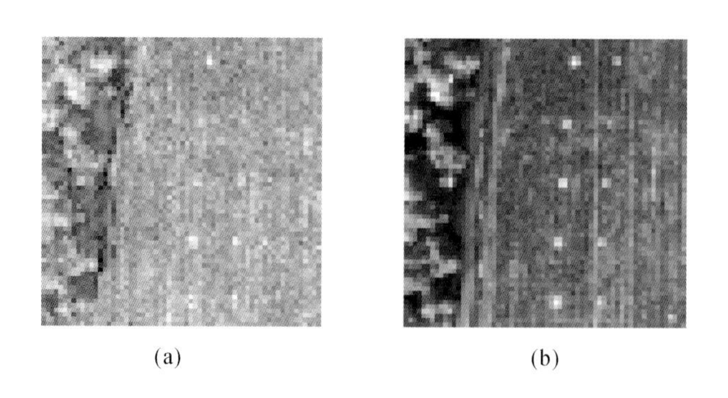

(a) (b)

图 8.8 两种核 AD 算子检测结果 db 值图

(a)K-K-AD 算子检测结果 db 值图；(b)K-R-AD 算子检测结果 db 值图

8.5.2.2 检测性能比较

为了定量比较两种核 AD 算子的检测性能，本节绘制了两种检测结果的 3D-ROC 曲线，并且计算了曲线下面积 AUROC 对两种算法进行定量的比较。

图 8.9(a)～(d)分别绘制了图 8.7 对应的两种核 AD 算子的 3D-ROC 曲线和对应的三组 2D ROC 曲线，从曲线中也可以看出，与经典 AD 算子结论不同，两种核 AD 算子检测结果 ROC 曲线并不重合，也就是说两种核 AD 算子的检测性能是不同的，这与上一节的检测结果图所得到的结论是一致的。从图 8.9(b)的(P_D,P_F)传统 2D-ROC 曲线可知，K-R-AD 算子的检测性能要优于 K-K-AD 算子。

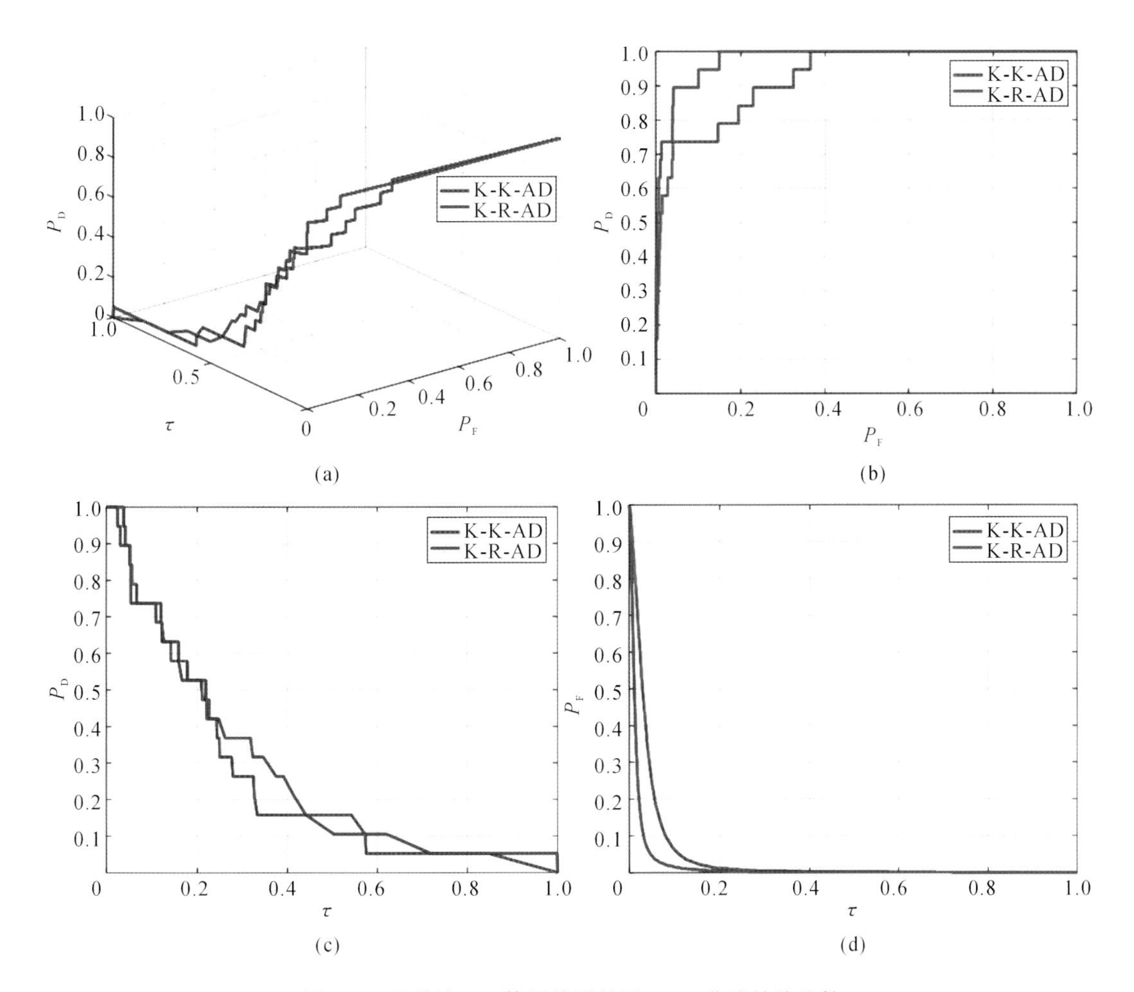

图 8.9 两种核 AD 算子检测结果 ROC 曲线性能比较

(a)3D-ROC 曲线(P_D-P_F-τ)；(b)2D-ROC 曲线(P_D-P_F)；(c)2D-ROC 曲线(P_D-τ)；(d)2D-ROC 曲线(P_F-τ)

为了更进一步比较两种核 AD 算子的性能，表 8.3 给出了图 8.9(b)～(d)中 3 种 2D-ROC 曲线的曲线下面积计算结果。

表 8.3　两种核 AD 算子对 HYDICE 数据的 AUCROC

HYDICE 数据	AUC(P_D-P_F)	AUC(P_D-τ)	AUC(P_F-τ)
K-K-AD 算子	0.9247	0.2491	0.0406
K-R-AD 算子	0.9778	0.2694	0.0175

从表 8.3 可以看出，两种核 AD 算子的检测性能有所不同，在 P_D-P_F 检测能力方面，K-R-AD 算子性能明显优于 K-K-AD 算子，代表检测能力强，同样在 P_F-τ 所代表的背景抑制能力方面，K-R-AD 算子对应的 AUCROC 的值明显较低，代表背景抑制能力更好，因此，表 8.3 的数据可以证明，对于 HYDICE 数据来说，K-R-AD 算子无论在检测能力还是在背景抑制能力都明显优于 K-K-AD 算子。

同样，如果对比表 8.2 和表 8.3 可以看出，P_D-P_F 检测能力方面，核算子 K-R-AD 算子的性能与传统 AD 算子性能接近，而 K-K-AD 算子性能则不如传统 AD 算子性能，这是为什么呢？正常而言，核 AD 算子由于采用非线性映射，其检测效果一般要优于传统 AD 算子，但是由于 HYDICE 数据比较简单，其目标和背景并没有很复杂的非线性混合，因此传统的 AD 算子检测效果已经很好。当实际应用中数据比较复杂，尤其是背景环境复杂时，一般核 AD 算子的检测性能会较好。另一方面，如果比较 P_F-τ 曲线所代表的背景抑制能力方面，核算子 K-R-AD 的背景抑制能力明显比其他算法优越。

8.6　本章小结

高光谱图像由于具有较高的光谱分辨率，能够检测在传统图像及多光谱图像中无法识别的物质，当物质的信息不能通过先验信息获取时，这种物质或目标的检测被称为异常检测。随着光谱分辨率的逐渐提高，异常检测得到了越来越多的关注。本章介绍了两种经典的异常检测 AD 算子，并在此基础上介绍了基于核映射的两种核 AD 算子。经典的 AD 算子在常规数据上可以得到较好的检测效果，但是当数据的背景比较复杂，且各种物质之间混合关系为非线性时，经典的 AD 算子不能得到很好的检测异常目标的效果，此时，应采用核 AD 算子进行异常检测。本章给出了经典 AD 算子和其对应的核函数形式的检测实验分析。然而，核 AD 算子的检测性能受两个因素的影响：①不同核函数的选择；②核函数中的参数设置，这两个因素的不同设置将对核 AD 算子的检测性能有非常大的影响，本书中并未涉及不同核函数对异常检测性能的影响分析，以及核函数中参数的不同对检测性能的影响，感兴趣的读者可以进行相关的实验分析。

第9章　异常目标分类

上一章我们探讨了经典异常目标检测及其核形式，本章将继续研究异常目标的识别与分类问题。众所周知，异常检测是发现与周围像元光谱数据迥异的信号，遗憾的是它并不能区分所检测到的异常目标的种类。区别于异常目标检测，异常目标分类不仅仅要求检测到场景中的异常，还要求对检测到的异常进行归类。一种通用的做法是测量检测到的目标之间的光谱相似性，以确定其是否属于同一类目标，但是如何决定判决相似性的阈值是一件具有挑战性的任务。本章不采用光谱相似性来区分异常目标，而是采用特定的非监督的自动目标生成算法联合异常目标检测器来分析检测到的异常目标，并进一步对其归类。

9.1　引　　言

高光谱数据处理的主要任务之一是发现无先验知识，且不能通过视觉观测而探知的稀少目标。这些目标包括异常目标、亚像元目标、端元等，每一种目标都有其独特的光谱特性。例如，异常目标是那些光谱特征与周围像元迥然不同的目标；亚像元目标是空间上嵌入像元信号里，不能直观观测的目标；端元是纯的光谱目标。过去几十年里，这3种目标已经被大量研究，每一种目标都可以独立成为一个研究领域。本章则聚焦在异常目标分类这一以往很少关注的话题。

异常目标分类中有两个问题：①如何检测到异常目标；②如何将检测到的不同异常目标进行分类。其中第一个问题得到了广泛研究，大量文献中介绍了多种异常目标检测器，例如RXD(Reed and Yu,1990)及其变形(Chang and Chiang,2001;Chang,2003)等。然而这些输出结果为丰度值的检测器都需要一个恰当的阈值来判定待检测像元是否为异常目标。为解决该问题，文献(Chang,2010;Chang,2013,第3章)发展了3D-ROC(3 dimensional receiver operating characteristics,3D-ROC)分析。该方法将阈值看作决定检测概率和虚警概率的参数,通过变动阈值绘出检测结果的 ROC 曲线。至于第二个问题,目前没有较成熟的研究方法。

异常检测是没有先验知识的盲检测,但实际上先验知识是进行目标识别的关键。以往的做法是通过光谱相似性测量,例如 SAM(spectral angle mapper,SAM)或者 SID(spectral information divergence,SID)(Chang,2003)来区别不同的异常目标。这些做法的关键是需要确定衡量两个异常目标光谱相似性的阈值,这与上述异常识别的第一个问题类似。本章所讨论的内容即为解决以上困境,使读者既能从检测结果中确定异常目标,又能进一步区分不同目标,对其进行归类。需注意此处归类(category)不同于一般意义上的分类(classification),因为后者通常意味着具有一个类标识库。这种类标识是由先验知识提供的,例如,用于确定不同类别的光谱数据库。然而异常识别中没有类似的先验知识,这种情况下,我们只能在没有特定类标识的前提下对检测到的异常目标进行分组归类。

如图 9.1 所示,本章提出的解决方法可分为 4 个步骤:异常目标检测、迥异光谱信号产生、异常目标识别和异常目标归类。

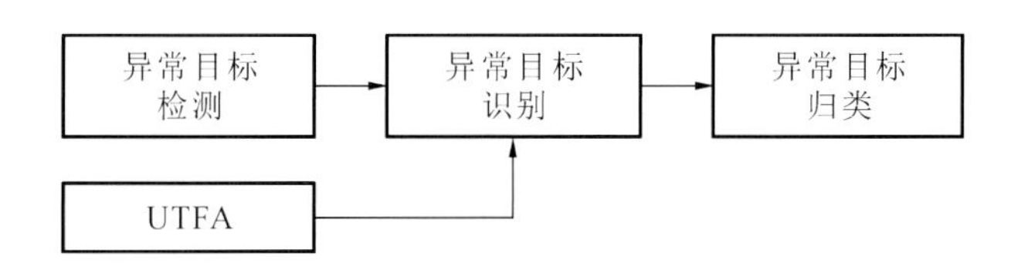

图 9.1 异常目标识别与归类

首先,使用一个异常检测器产生检测丰度图,同时,使用非监督的目标寻找算法(unsupervised target finding algorithm,UTFA),例如自动目标生成算法(automatic target generation process,ATGP)得到一组迥异光谱信号;然后在 UTFA 产生的信号上执行异常目标识别,以区分检测到的异常目标;最后,将迥异光谱信号作为 CEM 中的感兴趣光谱信号,对不同类的异常信号分组归类,同一类中的异常目标代表同一种类型的目标。其中,前两步的异常检测和 UTFA 已有很多研究成果,后两步的异常目标识别和归类则是新概念,未有文献涉及。

9.2 异常目标识别

异常检测算法,比如 RXD 算法,其结果一般为真实丰度值。为了确定检测结果图中的异常目标,需要一个合适的阈值来决定一个光谱像元是否为异常目标像元。然而确定这样的阈值较难，目前缺乏性能良好的确定准则和自适应方法。本节中，我们放弃寻找这样的阈值，而是采用一个完全不同的替代做法，设计一个非监督算法产生一组光谱迥异的目标，根据其光谱特性来指明异常目标。设 L 为高光谱图像的总波段数。根据（Chang，2003）和（Chang and Du，2004）中所提出的 VD 算法的思想，迥异光谱信号可由特定的光谱波段来描述。因此 L 个波段的高光谱图像最多有 L 个不同类型的迥异光谱信号。在这种情况下，异常目标识别和归类中感兴趣的数据向量也就仅仅是异常检测产生的强度最大的 L 个目标。

9.2.1 K-AD

K-AD，即著名的 RXD 算法，标识为 $\delta^{\text{K-AD}}(\boldsymbol{r})$，其公式为

$$\delta^{\text{K-AD}}(\boldsymbol{r}) = (\boldsymbol{r}-\boldsymbol{\mu})^{\mathrm{T}} \boldsymbol{K}^{-1} (\boldsymbol{r}-\boldsymbol{\mu}) \tag{9.1}$$

其中，$\boldsymbol{\mu}$ 是数据向量的均值，$\boldsymbol{\mu} = (1/N)\sum_{i=1}^{N} \boldsymbol{r}_i$；$\boldsymbol{K}$ 是数据向量的协方差矩阵，$\boldsymbol{K} = (1/N)\sum_{i=1}^{N} (\boldsymbol{r}_i-\boldsymbol{\mu})(\boldsymbol{r}_i-\boldsymbol{\mu})^{\mathrm{T}}$。

由其公式可知，K-AD 中去除了数据的全局平均值，即 K-AD 是一个二阶统计量的异常目标检测器。在这种情况下，所使用的 UTFA 不应再含有一阶统计量数据均值。一种解决的方法是使用特征向量去寻找非监督的目标向量，这些目标向量相互正交，可用来识别 K-AD 检测到的异常目标。

设 $\{\boldsymbol{v}_l\}_{l=1}^{L}$ 是协方差矩阵 $\boldsymbol{K}$ 的 L 个特征值 $\{\lambda_l\}_{l=1}^{L}$ 对应的的特征向量，这些不同的特征值产生的特征向量相互正交。理论上，这些特征向量可用来发现迥异光谱目标以及正交数据向量。我们可以找那些在每个特征向量 $\{\boldsymbol{v}_l\}_{l=1}^{L}$ 方向上投影最长的数据向量：

$$\boldsymbol{t}_l^{\mathrm{EV}} = \arg\{\max_{\boldsymbol{r}} \boldsymbol{r}^{\mathrm{T}} \boldsymbol{v}_l\} \tag{9.2}$$

将其作为 $1 \leqslant l \leqslant L$ 上每个波段的迥异光谱目标 $\boldsymbol{t}_l^{\mathrm{UTFA}}$。

9.2.2 R-AD

设 $\{\boldsymbol{r}_i\}_{i=1}^{N}$ 为一组待处理的光谱数据向量，R-AD 算法，记为 $\boldsymbol{\delta}^{\text{R-AD}}(\boldsymbol{r})$，公式为：

$$\delta^{\text{R-AD}}(\boldsymbol{r}) = \boldsymbol{r}^{\mathrm{T}} \boldsymbol{R}^{-1} \boldsymbol{r} \tag{9.3}$$

其中，$\boldsymbol{r}$ 为当前光谱数据向量，$\boldsymbol{R}$ 是数据的自相关矩阵，$\boldsymbol{R} = (1/N)\sum_{i=1}^{N} \boldsymbol{r}_i \boldsymbol{r}_i^{\mathrm{T}}$。

那么对于 R-AD，上述特征向量分析的方法是否也适用于异常目标识别呢？从算子公式中可以看出，R-AD 并没有移除数据的全局平均值，在这种情况下，特征向量分析的方法就不再适用。但我们可以考虑用三个非监督型算法进行替代——ATGP、UNCLS（unsupervised non-negativity least square，UNCLS）和 UFCLS（unsupervised fully constrained least squares，UFCLS），我们把这些方法在本章里统称为 UTFA。

1. 使用 ATGP 的 UTFA 算法步骤

(1)通过下式，发现第一个初始目标：

$$\boldsymbol{t}_1^{\text{ATGP}} = \arg\{\max_r \boldsymbol{r}^{\text{T}}\boldsymbol{r}\} \tag{9.4}$$

(2)对于每一个 l，$2 \leqslant l \leqslant L$，令

$$\boldsymbol{t}_l^{\text{ATGP}} = \arg\{\max_r \boldsymbol{r}^{\text{T}} P_{\boldsymbol{U}_{l-1}}^{\perp} \boldsymbol{r}\} \tag{9.5}$$

其中，$\boldsymbol{U}_{l-1} = [\boldsymbol{t}_1^{\text{ATGP}}, \boldsymbol{t}_2^{\text{ATGP}}, \cdots, \boldsymbol{t}_{l-1}^{\text{ATGP}}]$，$P_{\boldsymbol{U}_{l-1}}^{\perp} = \mathbf{I} - \boldsymbol{U}_{l-1}(\boldsymbol{U}_{l-1}^{\text{T}}\boldsymbol{U}_{l-1})^{-1}\boldsymbol{U}_{l-1}^{\text{T}}$。

2. 使用 UNCLS 的 UTFA 算法步骤

(1)通过下式，发现第一个初始目标：

$$\boldsymbol{t}_1^{\text{UNCLS}} = \arg\{\max_r \boldsymbol{r}^{\text{T}}\boldsymbol{r}\} \tag{9.6}$$

(2)对于每一个 l，$2 \leqslant l \leqslant L$，令

$$\boldsymbol{t}_l^{\text{UNCLS}} = \arg\left\{\max_r \left(\boldsymbol{r} - \sum_{j=1}^{l-1} \hat{\alpha}_j^{\text{NCLS}} \boldsymbol{t}_j^{\text{NCLS}}\right)^2\right\} \tag{9.7}$$

产生最大的 NCLS 解混误差。

3. 使用 UFCLS 的 UTFA 算法步骤

(1)通过下式，发现第一个初始目标：

$$\boldsymbol{t}_1^{\text{UFCLS}} = \arg\{\max_r \boldsymbol{r}^{\text{T}}\boldsymbol{r}\} \tag{9.8}$$

(2)对于每一个 l，$2 \leqslant l \leqslant L$，令

$$\boldsymbol{t}_l^{\text{UFCLS}} = \arg\left\{\max_r \left(\boldsymbol{r} - \sum_{j=1}^{l-1} \hat{\alpha}_j^{\text{FCLS}} \boldsymbol{t}_j^{\text{FCLS}}\right)^2\right\} \tag{9.9}$$

产生最大的 FCLS 解混误差。

9.2.3 异常目标识别

通过使用以上 UTFA 算法，我们提出以下异常目标识别的新方法：

(1)采用任意一种异常检测算法，如式(9.1)的 K-AD 或式(9.3)的 R-AD，检测得到 L 个像素点的异常目标 $\{\boldsymbol{t}_l^{\text{AD}}\}_{l=1}^{L}$，$L$ 是总波段数。将这些目标数据根据向量长度按降序排列，即：$\|\boldsymbol{t}_1^{\text{AD}}\| \geqslant \|\boldsymbol{t}_2^{\text{AD}}\| \geqslant \cdots \geqslant \|\boldsymbol{t}_L^{\text{AD}}\|$；

(2)使用上述描述的 UTFA 算法，产生 L 个目标像素，记为 $\{\boldsymbol{t}_l^{\text{UTFA}}\}_{l=1}^{L}$；

(3)寻找 $\{\boldsymbol{t}_l^{\text{AD}}\}_{l=1}^{L}$ 与 $\{\boldsymbol{t}_l^{\text{UTFA}}\}_{l=1}^{L}$ 的交集，即 $\{\boldsymbol{t}_l^{\text{AD}}\}_{l=1}^{L} \cap \{\boldsymbol{t}_l^{\text{UTFA}}\}_{l=1}^{L} = \{\boldsymbol{t}_j^{\text{A}}\}_{j=1}^{\tilde{L}}$，其中 $\tilde{L} \leqslant L$，是不同类型异常目标的数目。

9.3 异常目标分类

异常目标 $\{\boldsymbol{t}_j^{\text{A}}\}_{j=1}^{\tilde{L}}$，经上述方法发现并识别后，只是异常检测器检测到的目标 $\{\boldsymbol{t}_j^{\text{AD}}\}_{j=1}^{L}$ 中

参考文献

童庆禧,张兵,郑兰芬,2006. 高光谱遥感[M]. 北京:高等教育出版社.

赵春晖,王立国,齐滨,2016. 高光谱遥感图像处理方法及应用[M]. 北京:电子工业出版社.

王玉磊,2015. 高光谱实时目标检测算法研究[D]. 哈尔滨:哈尔滨工程大学.

POORH,1994. An Introduction to Signal Detection and Estimation[M]. New York: Springer-Verlag.

CHANG C I,2003. Hyperspectral Imaging: Techniques for Spectral Detection and Classification[M]. New York: Kluwer Academic/Plenum Publishers.

CHANG C I,2013. Hyperspectral Data Processing: Algorithm Design and Analysis[M]. New Jersey: John Wiley & Sons.

REED I S,YU X,1990. Adaptive multiple-band CFAR detection of an optical pattern with-unknown spectral distribution[J]. IEEE Trans. on Acoustic, Speech and Signal Process, 38(10): 1760-1770.

KWON H,DER S Z,NASRABADI N,2003. Adaptive anomaly detection using subspace separation for hyperspectral imagery[J]. Optical Engineering, 42(11): 3342-3351.

KWON H,NASRABADI N,2005. Kernel RX-algorithm: a nonlinear anomaly detector for hyperspectral imagery[J]. IEEE Trans. on Geoscience and Remote Sensing, 43(2): 388-397.

KWON H,NASRABADI N,2007. A comparative analysis of kernel subspace target detectors for hyperspectral imagery[J]. EURASIP Journal on Advances in Signal Processing, 2007(1): 29250.

ZHAO C , WANG Y , FENG M,2012. Kernel ICA Feature Extraction for Anomaly Detection in Hyperspectral Imagery[J]. Chinese Journal of Electronics, 76(1):26-34.

的一个子集。$\{\boldsymbol{t}_j^{\mathrm{A}}\}_{j=1}^{\widetilde{L}}$中的每个目标代表一种类型的异常目标。本节我们将完成这套算法的最后一步:异常目标分类。我们需要将余下的目标$\{\boldsymbol{t}_j^{\mathrm{AD}}\}_{j=1}^{L}-\{\boldsymbol{t}_j^{\mathrm{A}}\}_{j=1}^{\widetilde{L}}$分别归入$\{\boldsymbol{t}_j^{\mathrm{A}}\}_{j=1}^{\widetilde{L}}$各个类中。具体方法设计如下:

当$1\leqslant l\leqslant L$时,对每一个$\boldsymbol{t}_l^{\mathrm{AD}}$有:

$$\boldsymbol{t}_l^{\mathrm{AD}} \in C(\boldsymbol{t}_{l^*}^{\mathrm{A}}) \Leftrightarrow l^* = \arg\left\{\max_{1\leqslant j\leqslant \widetilde{L}}\left[\frac{(\boldsymbol{t}_j^{\mathrm{A}})^{\mathrm{T}}\boldsymbol{R}^{-1}\boldsymbol{t}_l^{\mathrm{AD}}}{(\boldsymbol{t}_j^{\mathrm{A}})^{\mathrm{T}}\boldsymbol{R}^{-1}\boldsymbol{t}_j^{\mathrm{A}}}\right]\right\} \tag{9.10}$$

其中,$C(\boldsymbol{t}_{l^*}^{\mathrm{A}})$是由$\boldsymbol{t}_{l^*}^{\mathrm{A}}$所确定的异常目标类。

需要指出的是,上式括号中的:

$$\frac{(\boldsymbol{t}_j^{\mathrm{A}})^{\mathrm{T}}\boldsymbol{R}^{-1}\boldsymbol{t}_l^{\mathrm{AD}}}{(\boldsymbol{t}_j^{\mathrm{A}})^{\mathrm{T}}\boldsymbol{R}^{-1}\boldsymbol{t}_j^{\mathrm{A}}} \tag{9.11}$$

实质是由 Harsanyi 于 1993 年所提出的 CEM 算法。其中$\boldsymbol{d}=\boldsymbol{t}_j^{\mathrm{A}}$,$\boldsymbol{r}=\boldsymbol{t}_l^{\mathrm{AD}}$,数据的自相关矩阵$\boldsymbol{R}=(1/N)\sum_{i=1}^{N}\boldsymbol{r}_i\boldsymbol{r}_i^{\mathrm{T}}$,$\{\boldsymbol{r}_i\}_{i=1}^{N}$是所有的光谱数据向量。

图 9.2 对整套异常目标识别及分类算法流程进行了描述。

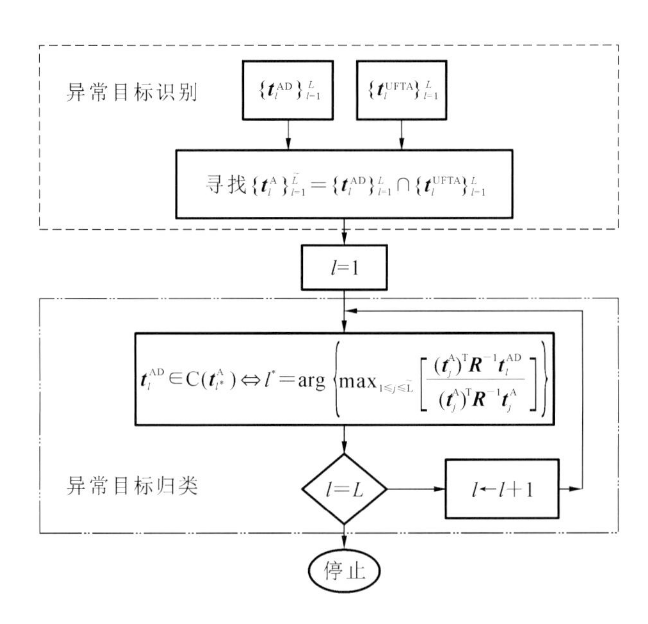

图 9.2 异常目标识别及分类流程图

9.4 仿真实验结果与分析

为了验证本章算法的有效性,本节通过模拟高光谱数据和真实高光谱图像数据进行实验,并对实验结果进行分析。

9.4.1 模拟高光谱数据实验

本节我们首先使用图 9.3 所示的模拟高光谱数据对以上方法进行实验验证。

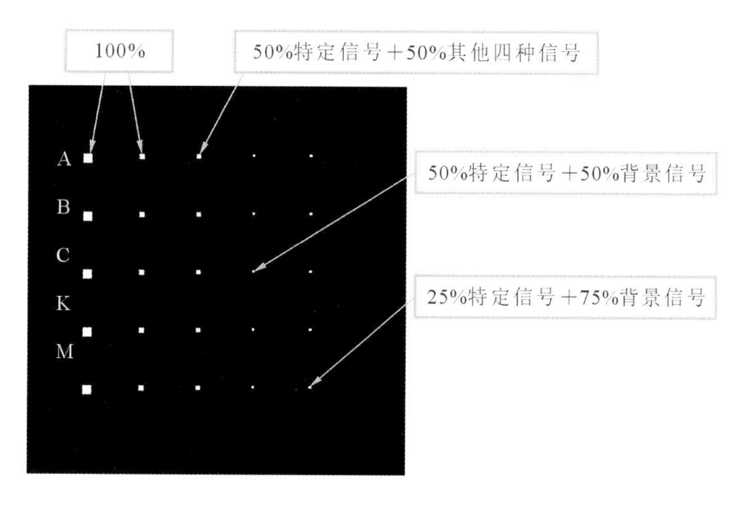

图 9.3 25 个不同尺寸目标的模拟高光谱图像

图 9.3 为大小是 200×200，总波段数为 189，包含 25 个不同尺寸目标的模拟高光谱图像。其中，第一列的 5 个目标是大小为 4×4 像素的纯光谱目标，第二列的 5 个目标是大小为 2×2 像素的纯光谱目标，第三列的 5 个目标是大小为 2×2 像素的混合光谱目标，第四列和最后一列均是大小为 1×1 像素的亚像元目标，混合比例如图所示。整个图中，纯像元像素共 100 个(第一列 80 个，第二列 20 个)称为端元，由 5 种物质的光谱(标记为 A、B、C、K、M，详见 Cuprite AVIRIS 数据)构成。背景区域是选取左上角区域的数据的平均值模拟构成。

根据目标光谱在背景中嵌入的方式不同，该模拟数据分为两种：TI(target implantation，TI)和 TE(target embeddedness，TE)。前者是将以上所述的光谱信号附加信噪比(signal-to-noise ratio，SNR)为 20∶1 的加性高斯噪声构成的目标光谱取代相应位置的背景像素，后者则是将相同的目标光谱叠加在背景像素光谱之上。

9.4.1.1 TI 数据实验分析

图 9.4(a)～(d)是 TI 数据经过异常目标检测、迥异光谱信号产生、异常目标识别、异常目标归类 4 个步骤处理的结果图。图 9.4(a)～(b)展示了 R-AD 产生的 189 个异常目标$\{\boldsymbol{t}_j^{\text{R-AD}}\}_{j=1}^{189}$以及 ATGP 产生的 189 个迥异光谱目标$\{\boldsymbol{t}_j^{\text{ATGP}}\}_{j=1}^{189}$。观察可知 9.4(a)中已经检测到了全部 130 个测试板像素中的 123 个，仅除第四列的亚像元像素 p_{24}、p_{34} 和全部第五列亚像元像素外。图 9.4(c)中目标为以上两者的交集，共 28 个目标 $\tilde{L}=28$，$\{\boldsymbol{t}_j^{A}\}_{j=1}^{28}=\{\boldsymbol{t}_j^{\text{R-AD}}\}_{j=1}^{189}\cap\{\boldsymbol{t}_j^{\text{ATGP}}\}_{j=1}^{189}$。将这 28 个目标作为依据，对图 9.4(a)中的目标进行归类，上述

123 个目标全部归类到图 9.4(d)所示的 5 类异常目标中。图 9.4(d)下的 x/y 标注类的情况，y 表示异常目标类的数目，即图 9.4(c)中发现的类，x 表示将检测到的测试板像素归到的类的总数。根据图 9.4(d)，TI 中第一、二列中所有的纯像元像素都正确地归到了相应的 5 个类中，对应 5 种矿物质光谱。第三列中的所有混合像元也被成功检测为异常目标，但仅有第三行的 4 个混合像元被正确地归到了 4 类，第五行像素被归到 3 类，而第二、四行归到 2 类。同时，第四列仅有 3 个亚像元像素被检测为异常目标，而第五列则未检测出任何一个。

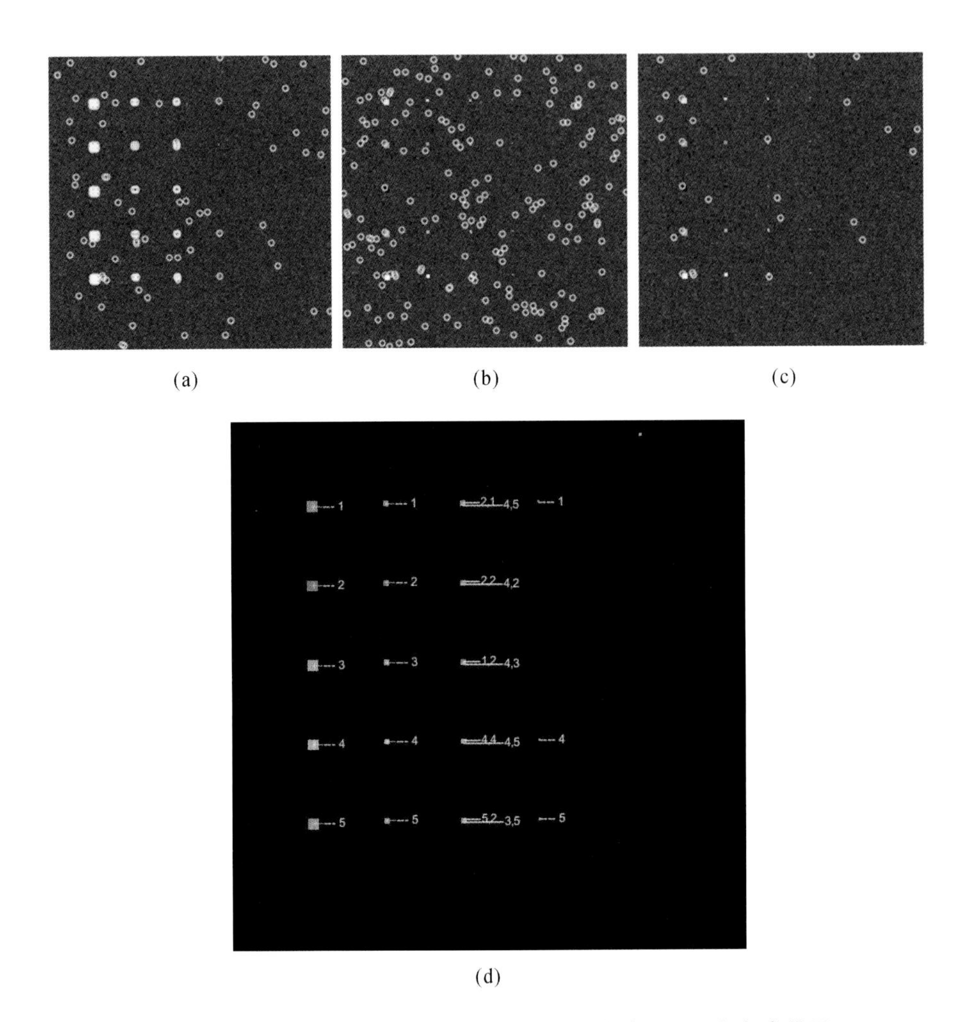

图 9.4　TI 模拟数据上 R-AD 联合 ATGP 异常检测、识别、归类结果

(a) $\{t_j^{\text{R-AD}}\}_{j=1}^{189}$；(b) $\{t_j^{\text{ATGP}}\}_{j=1}^{189}$；(c) $\{t_j^{\text{A}}\}_{j=1}^{28}$；(d)5/28 异常目标归类

图 9.5(a)～(d)展示了使用 K-AD 联合特征向量投影法在 TI 上进行异常检测、识别、归类的处理结果。图 9.5(a)、(b)分别为 K-AD 检测到的 189 个异常目标 $\{t_j^{\text{K-AD}}\}_{j=1}^{189}$ 和特征向量投影法(EV)得到的 189 个特征向量 $\{t_j^{\text{EV}}\}_{j=1}^{189}$。同样的，图 9.5(a)中检测到了全部 130 个测试板像素中的 123 个，仅除第四列的亚像元像素 p_{24}、p_{34} 和全部第五列亚像元像

素外(p_{15}、p_{25}、p_{35}、p_{45}和 p_{55})。图 9.5(c)为以上两者交集$\{t_j^{\mathrm{A}}\}_{j=1}^{6}=\{t_j^{\mathrm{K\text{-}AD}}\}_{j=1}^{189}\cap\{t_j^{\mathrm{EV}}\}_{j=1}^{189}$，被用来对图 9.5(a)的异常目标归类。根据图 9.5(c)，以上 123 个目标被归类为 4 类。x/y标注定义同上。

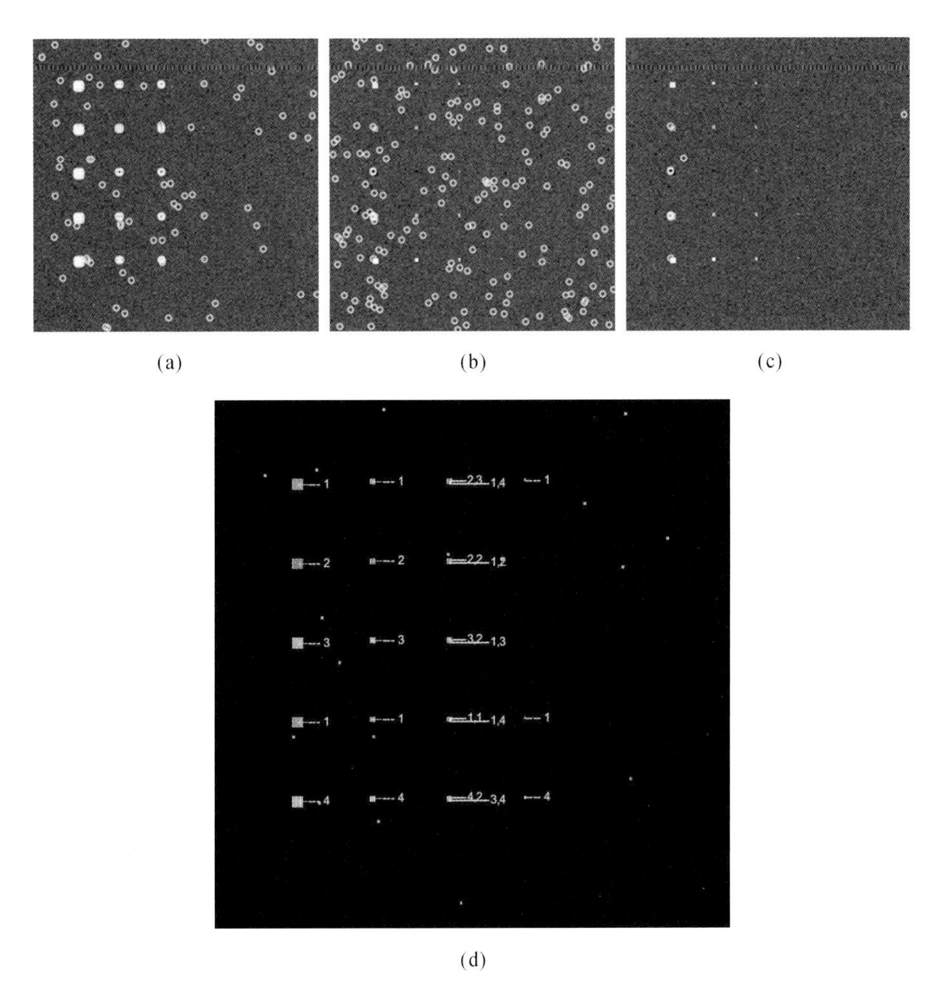

图 9.5 TI 模拟数据上 K-AD 联合特征向量(EV)投影法的异常检测、识别、归类结果

(a) $\{t_j^{\mathrm{K\text{-}AD}}\}_{j=1}^{189}$；(b) $\{t_j^{\mathrm{EV}}\}_{j=1}^{189}$；(c) $\{t_j^{\mathrm{A}}\}_{j=1}^{6}$；(d)4/6 异常目标归类

观察可知，EV 方法下，K-AD 检测到的异常目标仅被归为 4 类，其中第四行的所有纯像元像素以及第四列的一个亚像元像素都被归到了第一类。此外，仅有第一行第三列的一个混合像元被正确地归到第四类，而第三、第五行的两个混合像元被归到了第三类，第二、第四行的两个混合像元则仅被归为两类。第四列中仅有 3 个像元(1、4、5 行)被检测为异常目标，且被归为 1、4 两类。与 R-AD 联合 ATGP 一样，最后一列的亚像元目标均未被检测出来。

对比图 9.5 和图 9.4，可发现图 9.5 中 K-AD 联合 EV 的方法将检测到的异常目标归类为 4 类，丢了 1 类，即图 9.3 中矿物成分标记为 K 的一类。其中，不同类别的第一行与第四行被归为一类，主要原因应是其通过最大特征向量投影发现的像素数据可能相同。相比之下，通过 ATGP 产生的像素数据相互正交，因此也就完全不同。

因为 ATGP 是一种非监督型且无丰度约束的目标检测算法，下面的例子中我们用两种非监督型的约束型算法代替 ATGP，即本章前面提到的 UNCLS 和 UFCLS 算法。采用 R-AD 联合以上两种算法的实验结果如图 9.6 和图 9.7 所示。

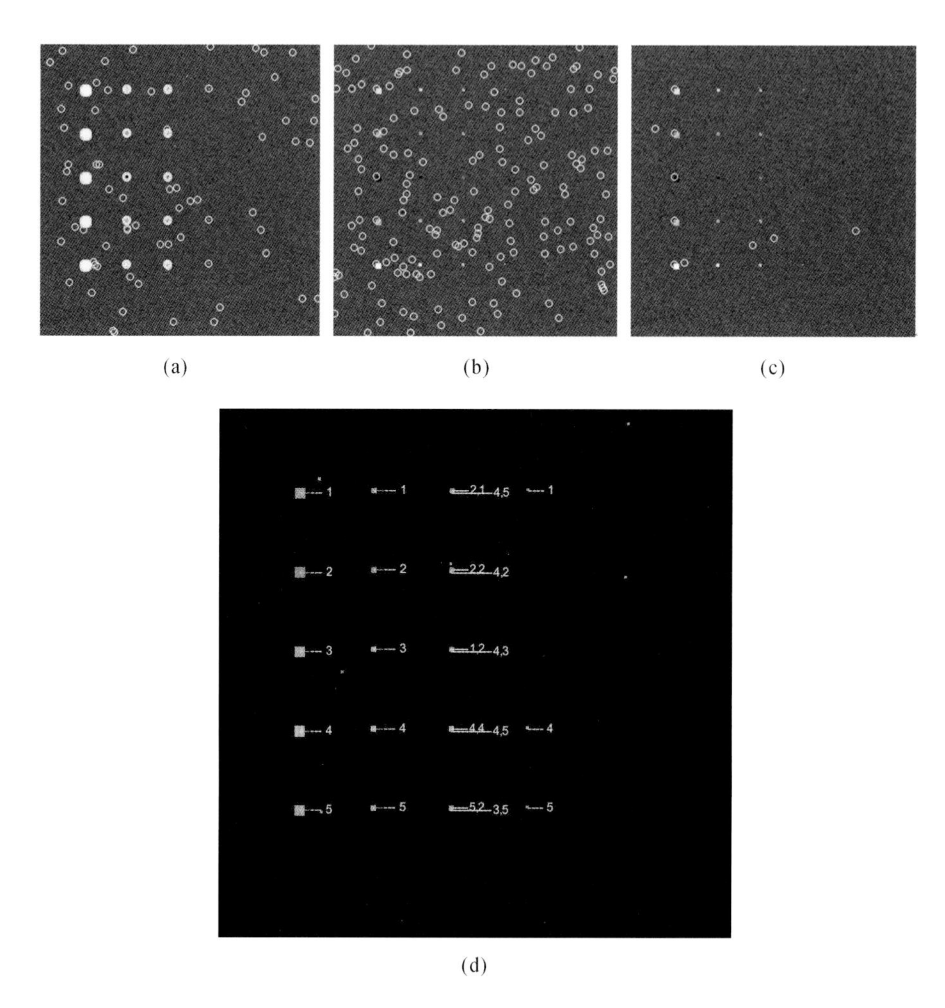

(a)　　(b)　　(c)

(d)

图 9.6　TI 模拟数据上 R-AD 联合 UNCLS 的异常检测、识别、归类结果

(a) $\{t_j^{\text{R-AD}}\}_{j=1}^{189}$；(b) $\{t_j^{\text{UNCLS}}\}_{j=1}^{189}$；(c) $\{t_j^{\text{A}}\}_{j=1}^{10}$；(d)5/10 异常目标归类

对比图 9.4、图 9.6 和图 9.7，可见 TI 模拟数据下，UNCLS 产生了 10 个光谱类，为 ATGP、UNCLS、UFCLS 三个方法中最少的光谱类数目，而 UFCLS 产生了 51 个光谱类，为三者中最多的。ATGP 在 TI 模拟数据下产生的光谱类为 28 个，类别数目介于两者之间。然而，3 种算法都能正确的将所有检测到的 123 个测试目标像元归为 5 类，且结果非常类似。

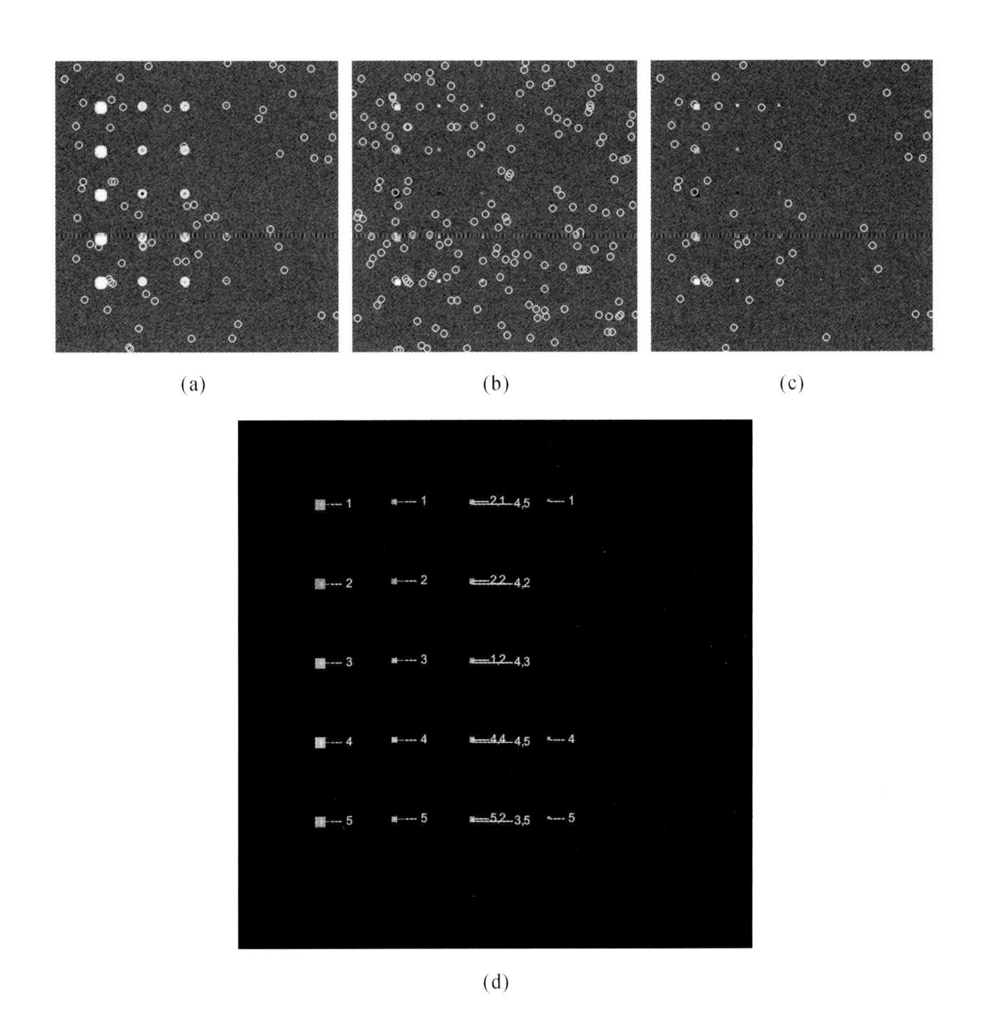

(a) (b) (c)

(d)

图 9.7 TI 模拟数据上 R-AD 联合 UFCLS 的异常检测/识别/归类结果

(a) $\{\boldsymbol{t}_j^{\text{R-AD}}\}_{j=1}^{189}$；(b) $\{\boldsymbol{t}_j^{\text{UFCLS}}\}_{j=1}^{189}$；(c) $\{\boldsymbol{t}_j^{\text{A}}\}_{j=1}^{51}$；(d) 5/51 异常目标归类

9.4.1.2 TE 数据实验分析

同样的实验被运行于 TE 模拟数据上。图 9.8(a)～(d)展示了使用 TE 模拟数据进行异常检测、识别、归类在不同阶段的实验结果，其中图 9.8(d)与图 9.4(d)具有一样的识别结果。x/y 的标识定义同前，即 y 表示异常目标类的数目，即图 9.8(c)中发现的类，x 表示将检测到的测试板像素归到的类的总数。

图 9.9(d)中得到更好的实验结果，不但将第一列和第二列的所有测试像元正确归入 5 类，并且将第四列和第五列的 10 个亚像元归于与第一列和第二列一致的 5 类中。

同样地，图 9.10 和图 9.11 展示了 R-AD 联合 UNCLS 以及 UFCLS 的实验结果。其中，由图 9.10(c)，得到 6 个异常目标类，即 $\{\boldsymbol{t}_j^{\text{A}}\}_{j=1}^{6}=\{\boldsymbol{t}_j^{\text{R-AD}}\}_{j=1}^{189}\cap\{\boldsymbol{t}_j^{\text{UNCLS}}\}_{j=1}^{189}$，由图 9.11(c)，得到 46 个异常目标类，即 $\{\boldsymbol{t}_j^{\text{A}}\}_{j=1}^{46}=\{\boldsymbol{t}_j^{\text{R-AD}}\}_{j=1}^{189}\cap\{\boldsymbol{t}_j^{\text{UFCLS}}\}_{j=1}^{189}$。但两组结果均与图 9.4(d)中 K-AD 联合 ATGP 一样，将检测到的 123 个测试像元归入 5 类。

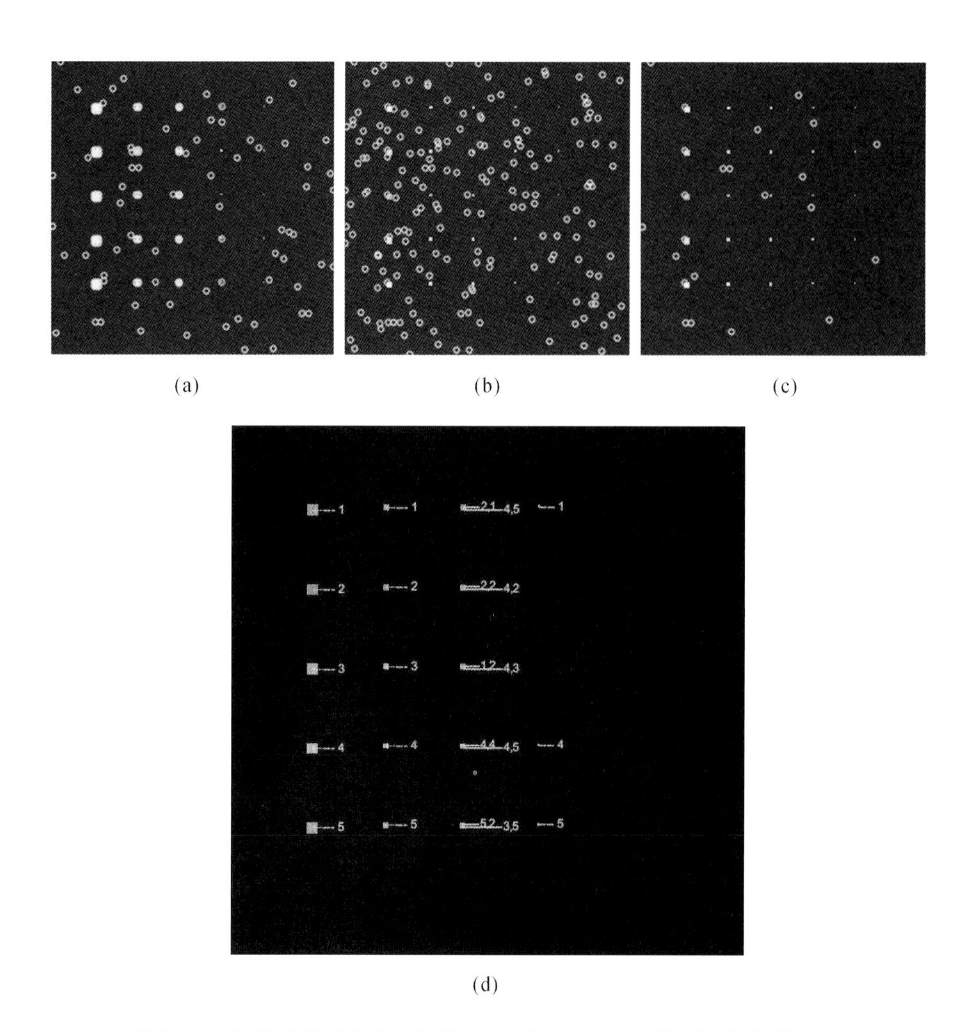

图 9.8 TE 模拟数据上 R-AD 联合 ATGP 的异常检测、识别、归类结果

(a) $\{t_j^{\text{R-RXD}}\}_{j=1}^{189}$；(b) $\{t_j^{\text{ATGP}}\}_{j=1}^{189}$；(c) $\{t_j^{\text{A}}\}_{j=1}^{23}$；(d) 5/23 异常目标归类

根据图 9.8、图 9.10 和图 9.11 所示结果，我们在 TI 模拟数据上得到的结论也适用于 TE 模拟数据，即 UNCLS 在 TE 模拟数据上产生了数目最少的异常目标的 6 类，而 UFCLS 则产生了数目最多的异常目标的类 46，同时，ATGP 在 TE 模拟数据上产生的异常目标类的数目 23，介于两者之间。以上 3 种算法都能正确地将 123 个检测到的测试目标像元归为 5 类，且结果非常类似。

如图 9.4～图 9.11 所示，K-AD 联合特征向量投影的方法在 TI 模拟数据上产生了最差的结果，但在 TE 模拟数据上却最好，而 R-AD 联合 ATGP、UNCLS、UFCLS 的方法则在 TI 和 TE 上实验结果相当一致。此外，K-AD 联合特征向量投影的方法通常来说产生的异常目标类的数目较少。这些模拟数据上的实验证明 R-AD 联合 ATGP、UNCLS、UFCLS 等非监督目标检测算法的方法能产生相对一致的异常目标识别、归类结果，性能优于 K-AD 联合特征向量投影的方法。

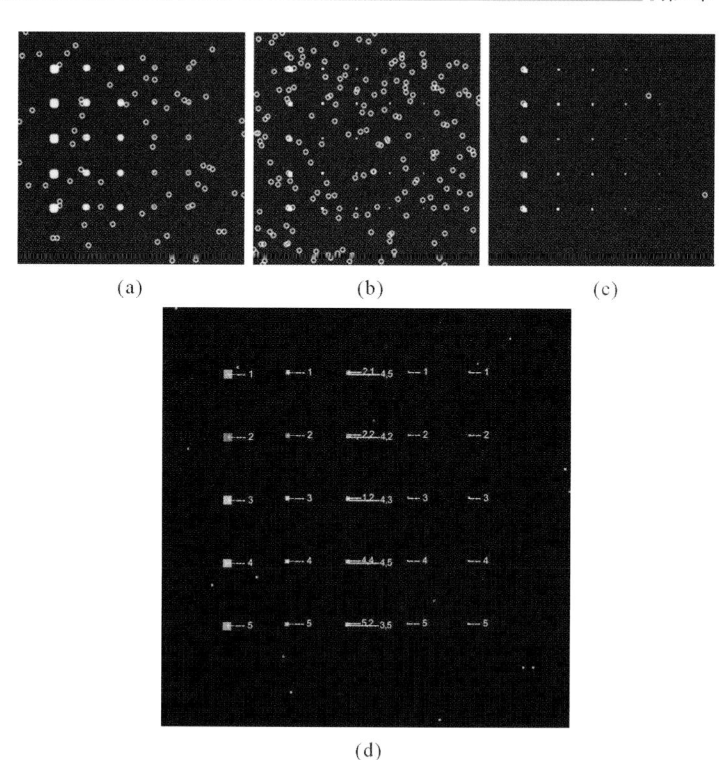

图 9.9 TE 模拟数据上 K-AD 联合特征向量(EV)投影法的异常检测、识别、归类结果

(a) $\{t_j^{\text{K-AD}}\}_{j=1}^{189}$;(b) $\{t_j^{\text{EV}}\}_{j=1}^{189}$;(c) $\{t_j^{\text{A}}\}_{j=1}^{7}$;(d)5/7 异常目标归类

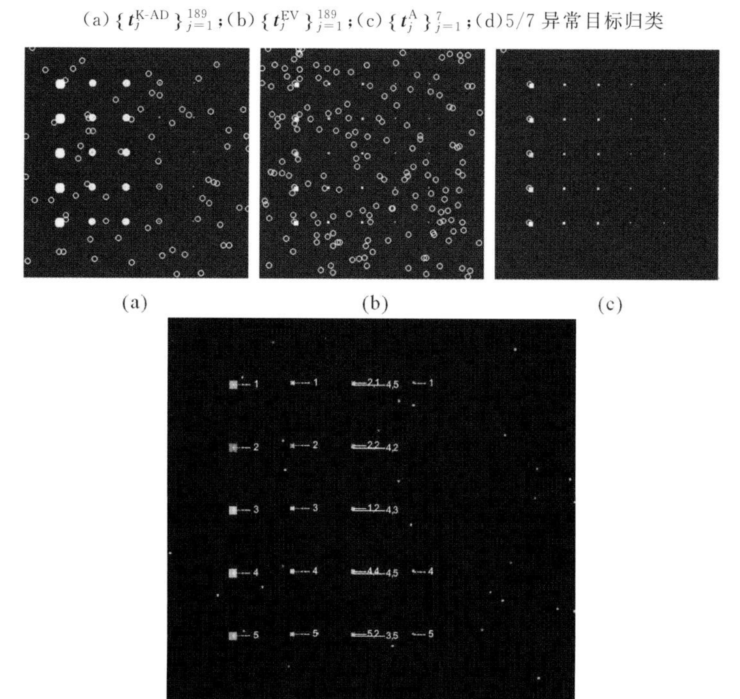

图 9.10 TE 模拟数据上 R-AD 联合 UNCLS 的异常检测、识别、归类结果

(a) $\{t_j^{\text{R-AD}}\}_{j=1}^{189}$;(b) $\{t_j^{\text{UNCLS}}\}_{j=1}^{189}$;(c) $\{t_j^{\text{A}}\}_{j=1}^{6}$;(d)5/6 异常目标归类

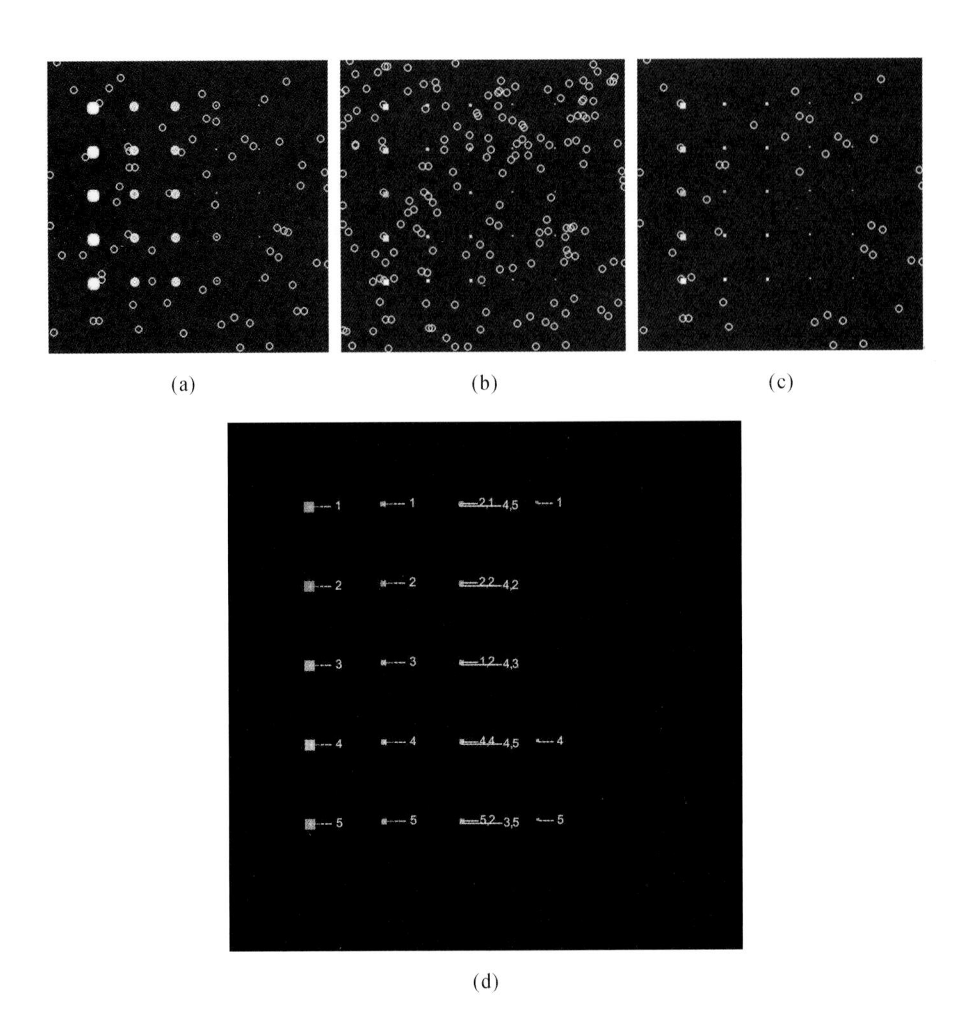

图 9.11 TE 模拟数据上 R-AD 联合 UFCLS 的异常检测、识别、归类结果

(a) $\{t_j^{\text{R-AD}}\}_{j=1}^{189}$；(b) $\{t_j^{\text{UFCLS}}\}_{j=1}^{189}$；(c) $\{t_j^{\text{A}}\}_{j=1}^{46}$；(d)5/46 异常目标归类

最后需要指出的是，因为 K-AD 是一个基于二阶统计量的异常目标检测器，而一般的非监督型目标检测器，比如本章用到的 ATGP、UNCLS 和 UFCLS，都不是基于二阶统计量的算法，因此没有非监督型检测算法可以和 K-AD 联合使用来完成异常目标的识别和分类。

9.4.2 真实高光谱数据实验

为了更进一步地验证本章算法的有效性，本节使用真实场景的高光谱图像对以上研究进行实验验证。图 9.12 是通过航空高光谱数字图像收集实验(airborne hyperspectral digital imagery collection experiment，HYDICE)得到的数据。尺寸为 64×64。图 9.12(c)中，标识为 $\boldsymbol{p}_i$ 的光谱信号是根据图 9.12(b)中所示的真值图中第 i 行红色样本像素的均值所绘。这些像元将被用来代表场景中每一行的未知目标。

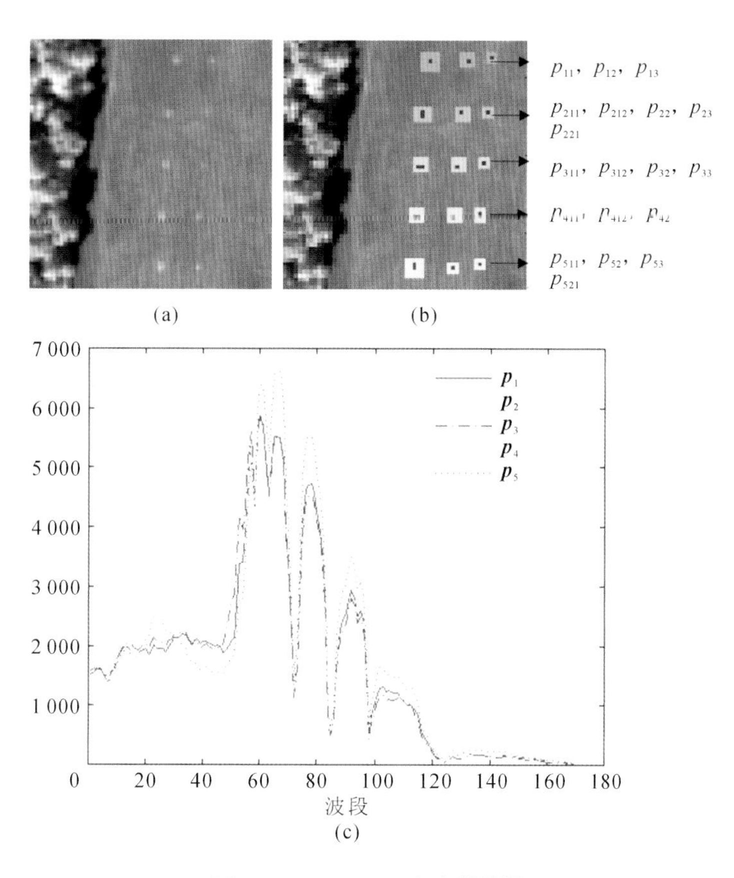

图 9.12 HYDICE 高光谱数据

(a)包含15个目标的HYDICE数据；(b)目标真实分布；(c)$\boldsymbol{p}_1$、$\boldsymbol{p}_2$、$\boldsymbol{p}_3$、$\boldsymbol{p}_4$和$\boldsymbol{p}_5$的光谱曲线

图9.12(b)的真值图中，15个测试点占据了19个像素，以红色显示，分别用p标注其具体位置，除此之外，黄色的p_{212}是一个特殊的像素点。根据真实分布图所示，p_{212}并不是一个纯的红色的测试点而是黄色的邻域像素。然而根据以往实验分析，p_{212}比p_{211}、p_{221}的光谱更显著，在很多实例中，p_{212}取代p_{221}被提取出来代表第二行目标的光谱。同时，也正是因为第二行测试目标的这种混合的特性，致使第二行目标总是很难被端元提取算法发现。这表明纯的信号并不等于是光谱迥异的信号。

图9.13(a)～(d)展示了HYDICE数据经异常目标检测、识别、归类等不同阶段的实验结果。其中，图9.13(d)显示的是HYDICE中光谱迥异的异常目标归类的情况。

HYDICE数据共有169个波段，根据前面分析，令R-AD联合ATGP检测产生169个目标。图9.13(a)、(b)显示了R-AD和ATGP分别产生的目标$\{\boldsymbol{t}_j^{\text{R-AD}}\}_{j=1}^{169}$以及$\{\boldsymbol{t}_j^{\text{ATGP}}\}_{j=1}^{169}$。图9.13(c)为两者交集，共64个目标，$\{\boldsymbol{t}_j^{\text{A}}\}_{j=1}^{64}=\{\boldsymbol{t}_j^{\text{R-AD}}\}_{j=1}^{169}\cap\{\boldsymbol{t}_j^{\text{ATGP}}\}_{j=1}^{169}$，$\tilde{L}=64$。图9.13(d)中显示了测试目标和两个特殊目标的归类情况，它们被归入64个类中的16个类。其中，HYDICE里的19个纯的测试像素中的17个像素被归类，而两个像素点p_{13}和p_{53}没有被ATGP和R-AD检

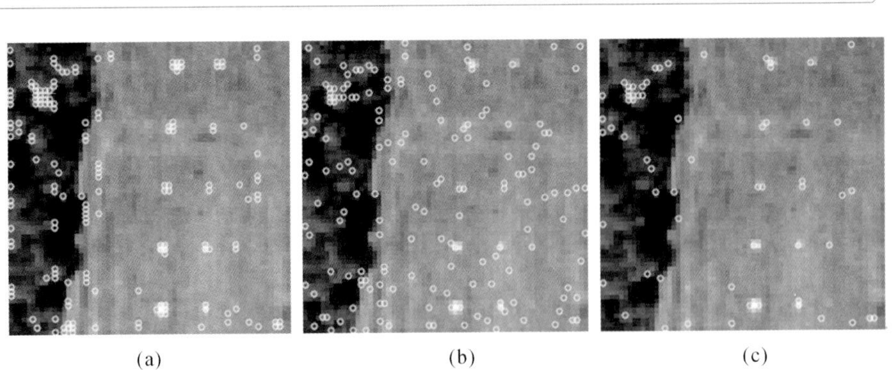

(a) (b) (c)

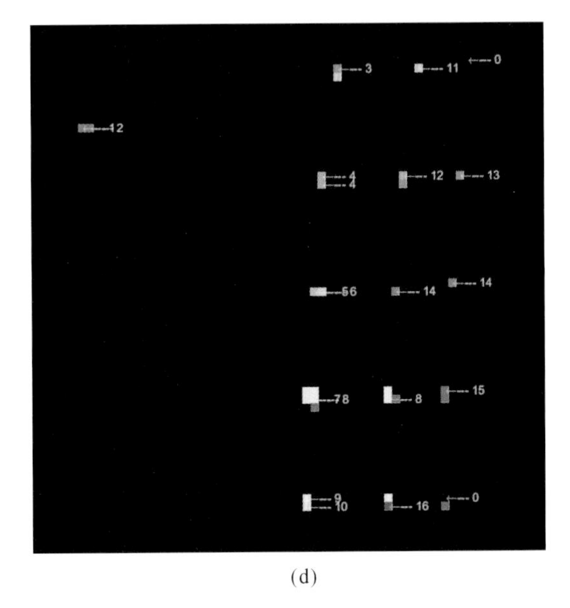

(d)

图 9.13 HYDICE 数据上 R-AD 联合 ATGP 的异常检测、识别、归类结果

(a) $\{\boldsymbol{t}_j^{\text{R-AD}}\}_{j=1}^{169}$；(b) $\{\boldsymbol{t}_j^{\text{ATGP}}\}_{j=1}^{169}$；(c) $\{\boldsymbol{t}_j^{\text{A}}\}_{j=1}^{64}$；(d) 16/64 异常目标归类

测出来进行归类，我们用 0 表示。观察该图还可发现，图 9.13(d)有两个干扰目标像素的光谱非常强烈，被提取出来归入前两类。图 9.13(d)中的 p_{211} 和 p_{221} 被归入一类，p_{32} 和 p_{33} 也被归入一类。除了这 4 个目标像素外，其余 13 个像素分别被归入不同的类。

图 9.14(a)～(d)展示了 K-AD 联合特征向量投影的方法对 HYDICE 数据进行异常目标检测、识别、归类的实验结果。其中，图 9.14(a)中是 K-AD 发现的 169 个异常目标 $\{\boldsymbol{t}_j^{\text{K-AD}}\}_{j=1}^{169}$，图 9.14(b)是 EV 发现的 169 个目标 $\{\boldsymbol{t}_j^{\text{EV}}\}_{j=1}^{169}$，两者交集为图 9.14(c)中的 43 个目标，$\{\boldsymbol{t}_j^{\text{A}}\}_{j=1}^{43}=\{\boldsymbol{t}_j^{\text{R-AD}}\}_{j=1}^{169}\cap\{\boldsymbol{t}_j^{\text{ATGP}}\}_{j=1}^{169}$，$\widetilde{L}=43$。由图 9.14(d)，异常目标归类的结果与图 9.13(d)非常接近，17 个测试点像素及两个特殊像素被归入 43 个类中的 16 个类。p_{13} 和 p_{53} 同样未被检测到，标注为 0，但与图 9.13(d)中 R-AD 联合 ATGP 的归类结果不同的是，p_{521} 和 p_{52} 被归为同一类。

类似地，以 UNCLS 和 UFCLS 算法为非监督目标检测算法取代 ATGP，联合 R-AD 的实验也在 HYDICE 上进行了测试，结果如图 9.15 和图 9.16 所示。

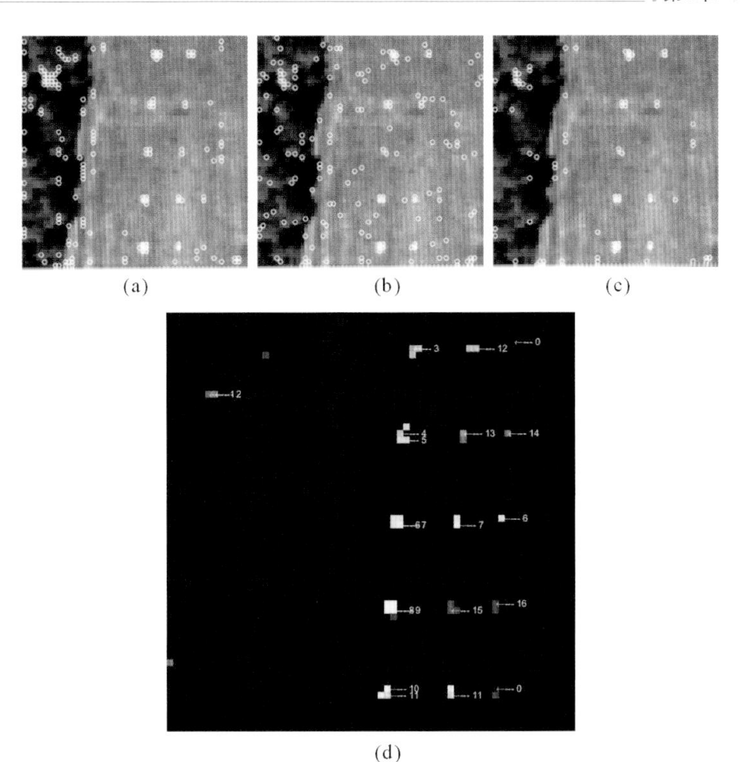

图 9.14　HYDICE 数据上 K-AD 联合特征向量(EV)投影法的异常检测、识别、归类结果

(a) $\{t_j^{\text{K-AD}}\}_{j=1}^{169}$；(b) $\{t_j^{\text{EV}}\}_{j=1}^{169}$；(c) $\{t_j^{\text{A}}\}_{j=1}^{43}$；(d)16/43 异常目标归类

(a)　(b)　(c)

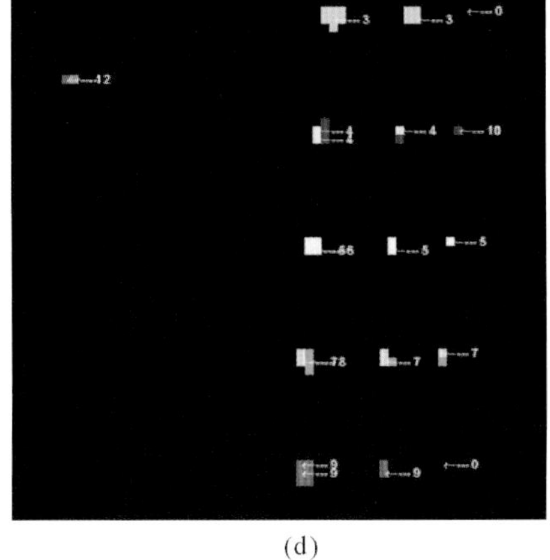

(d)

图 9.15　HYDICE 数据上 R-AD 联合 UNCLS 的异常检测、识别、归类结果

(a) $\{t_j^{\text{R-RXD}}\}_{j=1}^{169}$；(b) $\{t_j^{\text{UNCLS}}\}_{j=1}^{169}$；(c) $\{t_j^{\text{A}}\}_{j=1}^{44}$；(d)10/44 异常目标归类

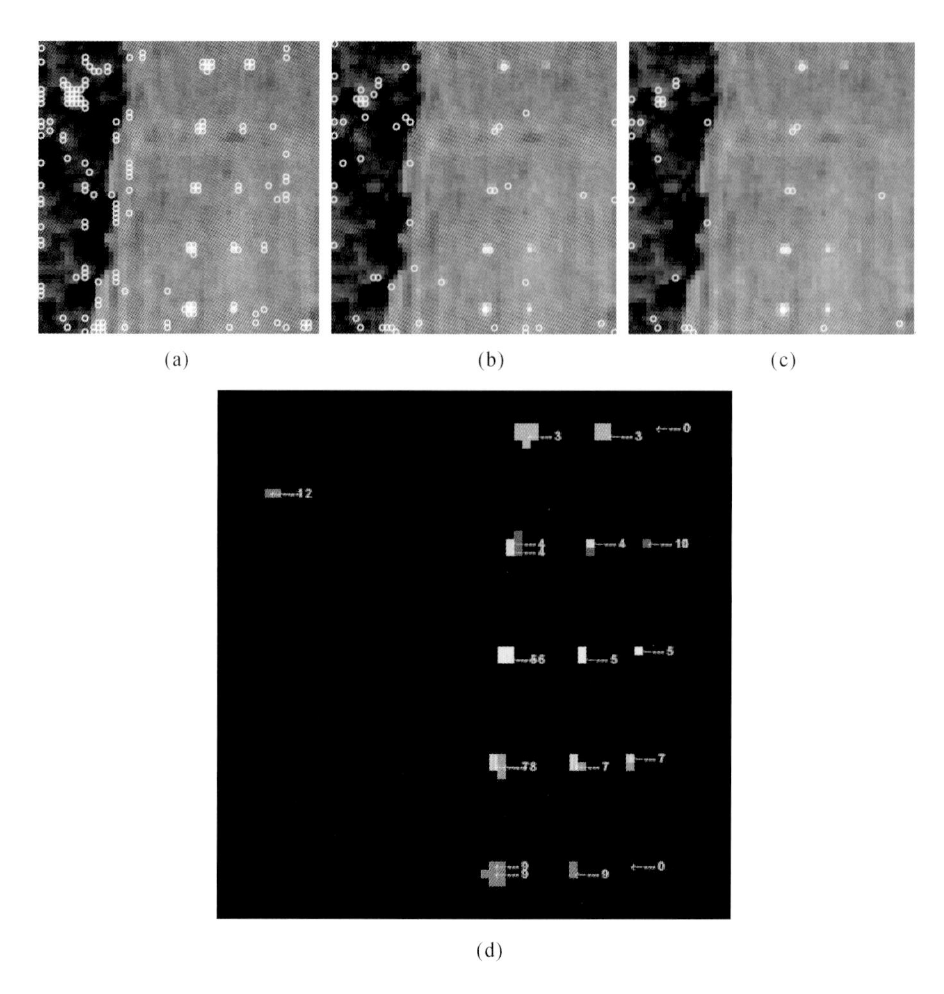

图 9.16　HYDICE 数据上 R-AD 联合 UFCLS 的异常检测、识别、归类结果

(a) $\{t_j^{\text{R-AD}}\}_{j=1}^{169}$；(b) $\{t_j^{\text{UFCLS}}\}_{j=1}^{169}$；(c) $\{t_j^{\text{A}}\}_{j=1}^{34}$；(d) 10/34 异常目标归类

将图 9.15 和图 9.16 与图 9.13 对比可发现，UFCLS 产生了最少的异常目标类 34 个，以及最少的测试目标类 10 个。ATGP 则产生了最多的异常目标类 64 个，以及最多的测试目标类 16 个。UNCLS 则介于两者之间。然而，3 种方法均检测到两个测试点 p_{13} 和 p_{53}，并且将左上角两个干扰目标归于前两类。有意思的是，UFCLS 和 UNCLS 均将 p_{511} 和 p_{521} 归于同一类，与此相反，ATGP 则将此两点归于两个不同的类。如果进一步将图 9.15、图 9.16 和图 9.13 与图 9.14 比较，前 3 种基于 UTFA 的方法均将 p_{211} 和 p_{221} 归于同一类，而 K-AD 联合特征向量投影的方法则将这两点归于不同的两类。以上实验结果证明，研究异常目标识别与归类算法是十分必要和关键的，因为对于异常目标检测算法，如 R-AD 检测到的丰度分布图，仅凭视觉观测并不能给出能够对目标进行识别的信息，因而也无法正确地对其归类。

9.4.3 分析讨论

我们将本章 9.4.1 节和 9.4.2 节的实验结果通过表 9.1 进行总结，包含了 TI、TE、HYDICE 三种数据上 R-AD 联合非监督型目标检测算法 ATGP、UNCLS 和 UFCLS 以及 K-AD 联合特征向量投影等方法下异常目标的识别与归类结果。

表 9.1 R-AD 联合 ATGP、UNCLS、UFCLS 以及 K-AD 联合特征向量投影法进行异常目标识别与归类

高光谱数据	ATGP-R-AD	UNCLS-R-AD	UFCLS-R-AD	EV-K-AD
TI	5/28	5/10	5/51	4/6
TE	5/23	5/6	5/46	6/7
HYDICE	16/64	10/44	10/34	16/43

通常来说，因为很多光谱显著的异常目标会被投影到相同的特征向量上，例如同样的投影方向，因此 K-AD 相比 R-AD 在异常目标的识别上性能略差。同样的事实在 Chang (2003、2013)和 Du 等(2004)发表的文献中提出的 VD(virtual dimensionality，VD)算法上也有反映，VD 算法里基于特征分析的方法通常估值比使用实际目标进行估值的算法数值偏小，这一点已由 Chang 等(2014)证明。对于 R-AD，不同的 UTFA 算法表现略有不同。在模拟数据 TI 和 TE 中，所有的 3 种 UTFA 算法都能正确地将 R-AD 检测到的测试点像素作为异常目标正确归为 5 类，仅在对背景中被检测为异常目标的像素进行归类时，类的数目出现较大的差异。其中，无论是模拟数据 TI 还是 TE，对于背景中被 R-AD 检测到的异常目标，UFCLS 都产生了最多的类的数目，而 UNCLS 则产生了最少的类的数目。主要原因是 UFCLS 找的是大量能够代表整个图像的数据向量，而与此相反，正如 Chang 和 Heinz(2000)设计的那样，UNCLS 找的是光谱迥异的数据向量，这种情况下，只有少量像素向量会被认为是光谱迥异的信号。至于 ATGP，则主要找的是相互正交的数据向量，而不必是满足光谱线性混合模型的信号或数据向量。

有趣的是，当以上问题出现在真实高光谱数据上时，UFCLS 和 UNCLS 上得到的结论正好相反，而 ATGP 则产生了最多的异常目标类的数目。根据 Heinz 和 Chang(2001)以及 Chang(2003)结论，数据解混的应用中，34 个非监督目标是个合适的数目。不同于人工设计的模拟数据，真实高光谱数据通常有很多未知目标。在这种情况下，UNCLS 可被期望检测到更多的未知目标作为异常目标。对于 HYDICE 数据，UNCLS 和 UFCLS 都将 R-AD 检测到的 17 个测试像素归为同样的 10 类。相比 UNCLS 和 UFCLS，ATGP 的结果则很不一样，它将上述 17 个测试像素归为更多的光谱迥异的异常目标的类(16 类)。该数目比 VD 通过特征分析的方法(Chang，2003、2013)和真实目标的方法(Chang et al.，2014)估计的数目都要大。但这个数目是有意义的，因为 R-AD 被设计成发现异常目标而并非端元，而被认为是相同端元的两个数据向量可能被检测为两个不同的异常目标，当这两个数据向量丰度相

对较小并且有一定空间距离时。根据这个事实,实质上我们可针对异常目标进行 VD 估值算法的进一步研究。

最后需要指出的是,为了对实验结果进行分析比较,我们需要了解感兴趣目标的所有信息和真值图。尽管文献中有很多高光谱数据,例如著名的 Indian Pines 数据,以及 Cuprite 数据等,但很遗憾的是这些数据并不适合定量分析,因为这些数据中场景里有很多未知信号。TI 和 TE 这类人工设计的模拟数据使得我们能够对 K-AD 和 R-AD 等异常检测算法在异常目标检测、识别、归类中的特性和有效性进行定量分析和细节分析,而 HYDICE 则是极少数能够提供完整感兴趣目标信息和真实地物分布的高光谱数据之一。此外,根据以上讨论,模拟数据和真实高光谱数据上的实验实际上让我们洞察到一个异常检测器该如何与 UTFA 算法联合作用在异常目标的识别与归类应用上。

9.5 本章小结

异常目标检测是一个被广泛研究的课题,但如何进行目标的识别和归类则没有被太多文献关注。本章对该问题进行了详细讨论并提出了相应的解决方案,主要思想是联合使用特定的非监督目标检测算法来产生一组光谱迥异的目标,然后用这些目标来对已检测到的异常目标进行归类。为了进行异常目标识别,著名的亚像元检测算法 CEM 被用于将检测到的异常目标归入不同类型的类,由此发展出一套异常目标识别归类的方法。实验结果证明了方法的有效性,可将人眼无法分辨的目标进行区分归类。

参考文献

CHANG C I,2003. Hyperspectral Imaging: Techniques for Spectral Detection and Classification[M]. New York: Kluwer Academic/Plenum Publishers.

CHANG C I,2013. Hyperspectral Data Processing: Algorithm Design and Analysis[M]. New Jersey: John Wiley & Sons.

HARSANYI J C,1993. Detection and Classification of Subpixel Spectral Signatures in Hyperspectral Image Sequences[D]. Baltimore: University of Maryland Baltimore County.

REED I S, YU X,1990. Adaptive multiple-band CFAR detection of an optical pattern withunknown spectral distribution[J]. IEEE Trans. on Acoustic, Speech and Signal Process, 38(10): 1760-1770.

CHANG C I, HEINZ D,2000. Constrained subpixel detection for remotely sensed images [J]. IEEE Trans. on Geoscience and Remote Sensing, 38(3):1144-1159.

HEINZ D, CHANG C I,2001. Fully constrained least squares linear spectral mixture analysis for material quantification in hyperspectral imagery[J]. IEEE Trans. on Geoscience and Remote Sensing, 39(3): 529-545.

CHANG C I, CHIANG S S,2002. Anomaly detection and classification for hyperspectral imagery[J]. IEEE Trans. on Geoscience and Remote Sensing, 40(2): 1314-1325.

CHANG C I, DU Q,2004. Estimation of number of spectrally distinct signal sources in hyperspectral imagery[J]. IEEE Trans. on Geoscience and Remote Sensing, 42(3): 608-619.

CHANG C I,2010. Multiparameter receiver operating vharacteristic snalysis for signal detection and classification[J]. IEEE Sensors Journal, 10(3): 423-442.

CHANG C I, XIONG W, WEN C H,2014. A theory of high order statistics-based virtual dimensionality for hyperspectral imagery[J]. IEEE Trans. on Geoscience and Remote Sensing, 52(1): 188-208.

ZHAO L,CHANG C I,CHEN S Y,et al. , 2014. Endmember-specified virtual dimensionality in hyperspectral imagery[C]// IGARSS 2014-2014 IEEE International Geoscience and Remote Sensing Symposium. IEEE.

WANG Y , LEE L C , XUE B , et al. ,2018. A Posteriori Hyperspectral Anomaly Detection for Unlabeled Classification[J]. IEEE Transactions on Geoscience and Remote Sensing:1-16.

第10章　异常检测中的背景抑制

实际应用中,研究者往往很难获得足够的先验知识来表征目标类别的统计信息。在这种未知目标和背景的情况下,根据信息量的分布进行异常目标检测是常用的处理手段。然而,因为真实地物分布是未知的,即使背景能够提供一些供研究者分析使用的信息,检测器性能的评估通常也只能借助人眼去观察与衡量。前面几章我们详细讲述了异常检测的基础原理,并在实验中提出背景抑制的问题,需要指出的是,背景抑制作为异常检测中的一个重要问题在以往的研究中几乎被忽略,本章将对此概念进行深入探讨,通过实例来证明背景抑制对异常检测性能有重要影响。实际上,异常检测的过程可被分解成两个步骤:第一步抑制背景以突出目标与背景的对比度;第二步通过匹配滤波器增强异常信号的强度以提高信号的可检测性。为了观察背景抑制效果随像元信号的变化过程,我们采用因果异常检测(causal anomaly detection,CAD)的方法来展示检测器是如何根据光谱随像元的变化从而进行背景的逐像素抑制。此外,3D-ROC分析将作为一种有效的评价手段,用来剖析异常检测中背景抑制的效果。

10.1　引　　言

高光谱成像是成像技术与光谱技术相结合的多维信息获取技术,它的快速发展使得原本在多光谱或其他技术手段下无法有效检测的地物得以检测。这对某些实际应用至关重要,例如,生态系统中的濒危物种、地质探测中的稀有矿藏、环境监测里的有害物质污染、犯罪监控中的毒品种植与走私、战场里的军用车辆,以及食品安全监控等。我们把这些情况下的目标称为异常目标,虽然数量少但却能提供极为重要的关键信息。因为异常目标通常被认为是未知目标,研究者无从获得其相关信息,因此异常检测需在缺少先验知识的情况下进行无监督检测。这种情况下,检测性能只能从人眼观测的角度进行定性评价,其中,背景所提供的有效信息是评价的重要依据之一。然而,以往异常检测的结果通常是根据检测结果的目标丰度值来表征的,这使得结果取决于目标的强度值而忽略背景的影响。事实上,正如亮度和对比度是影响普通图像质量评价的两个相辅相成的关键因素,信号强度和背景效应也同样影响着异常检测性能。如果我们把异常目标检测到的丰度值和背景抑制分别解释为亮度和对比度的概念,那么异常检测就不能简单地仅由信号强度来决定,而必须考虑背景效应。

为深入研究该问题,我们以经典的RXD(RX detector,RXD)算法为例。一般来讲,异常目标检测都是基于概率统计模型,用到高光谱图像数据的自相关矩阵 $\boldsymbol{R}$ 或协方差矩阵 $\boldsymbol{K}$,然后对当前访问数据进行匹配滤波处理。RXD算子表达式为 $(\boldsymbol{r}-\boldsymbol{\mu})^{\mathrm{T}}\boldsymbol{K}^{-1}(\boldsymbol{r}-\boldsymbol{\mu})$,$\boldsymbol{r}$ 为当前访问数据,$\boldsymbol{\mu}$ 和 $\boldsymbol{K}$ 分别是全局均值和协方差矩阵。其中,$\boldsymbol{K}^{-1}(\boldsymbol{r}-\boldsymbol{\mu})$ 的作用就是进行背景抑制,之后通过内积对 $(\boldsymbol{r}-\boldsymbol{\mu})$ 所指定的信号进行匹配滤波。也就是说,RXD由两个步骤完成,先进行背景抑制,然后匹配滤波。这个例子启示我们,要进行有效的异常检测,背景抑制和匹配滤波这前后两个步骤缺一不可,利用光谱的相关性进行背景抑制是设计检测器时十分关键的一环。事实上,对异常检测而言,背景抑制甚至比匹配滤波更为重要,因为有效的背景抑制可增强异常目标与背景的对比,从而使后续的匹配滤波器能够通过增加检测到的目标的强度来从背景中突显目标。在此意义上,我们可以把异常目标的对比度定义为异常信号的强度值与周围背景像素的强度值之比。异常检测中的背景抑制也就是增强异常目标的对比度。

异常目标的对比度随数据的位置而变化。因此在检测较弱的异常目标时,需要采取随目标位置而变的背景抑制,这样才能在弱目标被后续检测到的强目标淹没之前从背景中突显出来。这种弱目标也只有在刚出现时能被检测到,很难出现在最终的检测结果中。过去数年间,背景抑制这个问题从未被研究过,首要原因是研究者并没有意识到背景抑制的重要性;其次,异常检测通常根据奈曼-皮尔逊检测理论,使用ROC曲线分析来评估检测性能,然而ROC曲线是根据检测概率 P_{D} 和虚警概率 P_{F} 设计的,并没有涉及背景抑制;最后,也是最关键的一点,即使意识到背景抑制对异常检测十分重要,如何从检测的观点去利用这一点目前还没有确定的方法。

本章中,我们将通过实验对异常检测中的背景抑制问题进行全面探讨。虽然利用滑动窗口进行自适应的局部异常检测是一种被广泛研究的通用方法,但本章另辟蹊径,重点研究以下两个问题:①如何利用光谱相关矩阵达到更好的背景抑制效果?②如何动态地实现不同程度的背景抑制进行异常检测?对此,我们提出因果异常检测的方法,获取背景信息并像逐素地根据异常目标对比度的变化进行背景抑制。

传统的ROC分析是根据检测概率 P_{D} 和虚警概率 P_{F} 的对应变化曲线来评价目标检测的性能,不涉及背景抑制。然而,P_{F} 却与背景抑制紧密关联。为了说明这一点,我们采用Chang(2010)所提出的3D-ROC来分析动态的背景变化对异常检测性能的影响。3D-ROC使用 P_{D}、P_{F} 和 τ 这3个参数来描述检测器的性能,其中,τ 是似然比检验中由成本决定的阈值，通过 τ 的分割决定 P_D 和 P_F，而非通常使用的奈曼-皮尔逊检测中 P_D 是 P_F 的函数。将 τ 作为独立变量，将 P_D 和 P_F 作为 τ 的函数，在三维坐标中，除了 P_D-P_F 曲线，还可根据 P_D-τ 和 P_F-τ 得到两条新的 ROC 曲线，分别代表由 τ 所决定的检测概率和虚警概率。这两个与 τ 直接相关的概率可用来评估背景抑制的效果以及背景抑制对异常检测性能的影响。

10.2 异常信号强度和对比度

前面章节中我们已经对异常检测的一些关键问题进行了探讨，本章我们将换个角度研究。图像及视频处理中，信号的亮度和对比度是两个重要的特性，因此图像处理的主要任务之一就是对这两个特性进行增强处理。异常检测中也有相似的概念，我们称之为异常目标强度和对比度。异常目标的强度能够通过异常目标的丰度值来代表，对比度能够用异常目标相对于周围信号的强度值之比来描述。如此定义之后，异常检测的性能就可以用这两个特性来评价。在此基础上，本章将通过发展一套异常检测中背景抑制相关的理论与方法，对异常目标的对比度进行深入挖掘。

我们以 RXD 为例，采用其改进算法 R-AD：

$$\delta^{\text{R-AD}}(\boldsymbol{r}) = \boldsymbol{r}^{\text{T}} \boldsymbol{R}^{-1} \boldsymbol{r} \tag{10.1}$$

类似地，我们也可以把 R-AD 分解为两个步骤。第一步是使用 $\boldsymbol{R}^{-1}$ 对当前访问的信号 $\boldsymbol{r}$ 进行背景抑制预处理。与通信系统中使用白化矩阵对二阶信号统计量去相关相似，使用光谱自相关矩阵 $\boldsymbol{R}$ 的逆矩阵可以解释为对异常信号的对比度进行处理。第二步采用匹配滤波器对 $\boldsymbol{R}^{-1}\boldsymbol{r}$ 和 $\boldsymbol{r}$ 取内积。因为匹配滤波的目的是以当前信号为指定匹配信号来放大其丰度值，因此相当于增强异常信号的对比度。

由此，我们定义一个异常目标对比度滤波器(anomaly contrast filter，ACF)$\delta^{\text{R-AD,ACF}}$：

$$\delta^{\text{R-AD,ACF}}(\boldsymbol{r}) = \boldsymbol{R}^{-1} \boldsymbol{r} \tag{10.2}$$

同时定义一个异常目标强度增强滤波器(anomaly intensity enhancement filter，AIEF) $\delta_{\boldsymbol{d}}^{\text{R-AD,AIFE}}(\boldsymbol{r})$：

$$\delta_{d}^{\text{R-AD,AIEF}}(\boldsymbol{r}) = \boldsymbol{d}^{\text{T}} \boldsymbol{r} \tag{10.3}$$

其中 $\boldsymbol{d}$ 为匹配信号。

将式(10.2)、式(10.3)与式(10.1)结合，可得如下先 ACF 后 AIEF 的两步滤波：

$$\begin{aligned} \delta^{\text{R-AD}}(\boldsymbol{r}) &= \delta_{\boldsymbol{r}}^{\text{R-AD,AIEF}} \cdot \delta^{\text{R-AD,ACF}}(\boldsymbol{r}) \\ &= \delta_{\boldsymbol{r}}^{\text{R-AD,AIEF}}(\delta^{\text{R-AD,ACF}}(\boldsymbol{r})) \\ &= \delta_{\boldsymbol{r}}^{\text{R-AD,AIEF}}(\boldsymbol{R}^{-1}\boldsymbol{r}) = \boldsymbol{r}^{\text{T}} R^{-1} \boldsymbol{r} \end{aligned} \tag{10.4}$$

为方便区分，我们将通用的 RXD 定义为 K-AD：

$$\delta^{\text{K-AD}}(\boldsymbol{r}) = (\boldsymbol{r}-\boldsymbol{\mu})^{\mathrm{T}}\boldsymbol{K}^{-1}(\boldsymbol{r}-\boldsymbol{\mu}) \tag{10.5}$$

类似地,K-AD也可分解为如下两步滤波:

$$\begin{aligned}\delta^{\text{K-AD}}(\boldsymbol{r}) &= \delta^{\text{K-AD,AIEF}}_{(\boldsymbol{r}-\boldsymbol{\mu})}\cdot\delta^{\text{K-AD,ACF}}(\boldsymbol{r})\\ &= \delta^{\text{K-AD,AIEF}}_{(\boldsymbol{r}-\boldsymbol{\mu})}(\delta^{\text{K-AD,ACF}}(\boldsymbol{r}))\\ &= \delta^{\text{K-AD,AIEF}}_{(\boldsymbol{r}-\boldsymbol{\mu})}(\boldsymbol{K}^{-1}(\boldsymbol{r}-\boldsymbol{\mu})) = (\boldsymbol{r}-\boldsymbol{\mu})^{\mathrm{T}}\boldsymbol{K}^{-1}(\boldsymbol{r}-\boldsymbol{\mu})\end{aligned} \tag{10.6}$$

其中:

$$\delta^{\text{K-AD,ACF}}(\boldsymbol{r}) = \boldsymbol{K}^{-1}(\boldsymbol{r}-\boldsymbol{\mu}) \tag{10.7}$$

$$\delta^{\text{K-AD,AIEF}}_{(\boldsymbol{r}-\boldsymbol{\mu})}(\boldsymbol{r}) = (\boldsymbol{r}-\boldsymbol{\mu})^{\mathrm{T}}\boldsymbol{r} \tag{10.8}$$

不同于传统上把异常检测式(10.1)和式(10.5)看作一步操作,式(10.4)和式(10.6)从新的视角把异常检测分解成ACF和AIEF两步滤波。通过这样的分解,ACF和AIEF两步操作实质上可以分别单独设计以实现更好的检测性能。

10.3 背景抑制问题

根据Chang(2005)和Chang(2013),混合像素分类算法LSOSP(least squares-based orthogonal subspace projection)、亚像元检测算法CEM(constrained energy minimization)和异常检测算法R-AD这三者之间相互关联。三者的算子表达式如下所示:

$$\delta^{\text{LSOSP}}(\boldsymbol{r}) = \frac{\boldsymbol{d}^{\mathrm{T}}P_U^{\perp}\boldsymbol{r}}{\boldsymbol{d}^{\mathrm{T}}P_U^{\perp}\boldsymbol{d}} \tag{10.9}$$

$$\delta^{\text{CEM}}(\boldsymbol{r}) = \frac{\boldsymbol{d}^{\mathrm{T}}\boldsymbol{R}^{-1}\boldsymbol{r}}{\boldsymbol{d}^{\mathrm{T}}\boldsymbol{R}^{-1}\boldsymbol{d}} \tag{10.10}$$

$$\delta^{\text{R-AD}}(\boldsymbol{r}) = \boldsymbol{r}^{\mathrm{T}}\boldsymbol{R}^{-1}\boldsymbol{r} \tag{10.11}$$

式(10.9)中,矩阵$\boldsymbol{U}$由不感兴趣信号组成,$\boldsymbol{d}$为感兴趣信号。

值得注意的是,式(10.11)中没有绝对值,在这种情况下R-AD可能取得负值。在线性光谱混合分析中,$\boldsymbol{U}$中的信号和$\boldsymbol{d}$共同用于式(10.9)进行光谱信号解混。亚像元目标检测中,式(10.10)中的$\boldsymbol{d}$作为指定信号用于识别出数据中的目标信号。然而异常检测中,因先验知识的缺乏,除了当前信号,其他信号均未知,在此情况下,式(10.11)中的$\boldsymbol{r}$被用于起到式(10.10)中$\boldsymbol{d}$的作用。但是,相比式(10.10)、式(10.11)中并不存在分母,否则整个式子将恒等于1。审视式(10.9)～(10.11),我们发现它们具有以下相似之处:①都是通过$P_U^{\perp}$或$\boldsymbol{R}^{-1}$来进行背景抑制,以增强检测目标相对于背景的对比度;②都采用了匹配滤波器,指定感兴趣信号$\boldsymbol{d}$或信号矢量$\boldsymbol{r}$为想匹配的信号,从而增强检测目标的强度。不同之处仅在于所需先验知识的多少。式(10.9)因用于混合像元分解,故需要全部的先验知识,包括所有的$\boldsymbol{d}$

以及 $\boldsymbol{U}$ 中的信号;CEM 仅需要部分先验知识,即感兴趣信号光谱 $\boldsymbol{d}$;对于异常检测,因无法获知任何先验知识,故 R-AD 是完全非监督的算法。为适应以上对先验知识的不同需求,各算法的背景抑制方法也不尽相同。式(10.9)中 LSOSP 使用 $P_U^{\perp}$ 在 $\boldsymbol{U}$ 的正交空间上进行操作;式(10.10)、式(10.11)中则因为先验知识的缺失,CEM 和 R-AD 利用从光谱自相关矩阵 $\boldsymbol{R}$ 中获取的后验知识进行背景抑制。对比式(10.9)和式(10.10)、式(10.11),我们会很有趣地发现,$\boldsymbol{R}^{-1}$ 与 $P_U^{\perp}$ 的功能大抵相同,即式(10.9)中由 $\boldsymbol{U}$ 提供的先验知识所形成的 $P_U^{\perp}$ 完成的背景抑制也能由式(10.10)中的 $\boldsymbol{R}^{-1}$ 在没有先验知识的情况下完成。从这个意义上讲,式(10.10)中的 $\boldsymbol{R}^{-1}$ 并不必由所有的信号矢量所构成的自相关矩阵 $\boldsymbol{R}$ 来得到,仅需由除感兴趣信号 $\boldsymbol{d}$ 以外的信号矢量所构成的自相关矩阵 $\boldsymbol{R}$ 得出。这点已由 Chang(2003)所证实。同理,式(10.11)中的 $\boldsymbol{R}$ 也应由除当前访问的信号矢量 $\boldsymbol{r}$ 外的其余信号矢量所构成。更进一步,以 $\{\boldsymbol{r}_i\}_{i=1}^{N}$ 代表所有的信号矢量,$\Delta\boldsymbol{t}$ 代表由目标信号 $\boldsymbol{t}$ 所指定的一组信号矢量,那么 $\{\boldsymbol{r}_i\}_{i=1}^{N}-\Delta\boldsymbol{t}$ 则包含除 $\Delta\boldsymbol{t}$ 中信号外所有的信号矢量。由此,式(10.10)、式(10.11)中的 $\boldsymbol{R}$ 实际为

$$\boldsymbol{R}_{\boldsymbol{d}}^{\mathrm{CEM}} = \sum\nolimits_{x \in \{\boldsymbol{r}_i\}_{i=1}^{N}-\Delta_{\boldsymbol{d}}} \boldsymbol{x}\boldsymbol{x}^{\mathrm{T}} \tag{10.12}$$

$$\boldsymbol{R}_{\boldsymbol{r}}^{\mathrm{R\text{-}AD}} = \sum\nolimits_{x \in \{\boldsymbol{r}_i\}_{i=1}^{N}-\Delta_{\boldsymbol{r}}} \boldsymbol{x}\boldsymbol{x}^{\mathrm{T}} \tag{10.13}$$

其中,$\boldsymbol{t}$ 分别为 $\boldsymbol{d}$ 和 $\boldsymbol{r}$。对于式(10.12)所述方法,Chang(2003、2013)、Hsueh 等(2006)已有研究,但式(10.13)除了近期文献之外几乎无人涉及。一个重要原因是 $\Delta\boldsymbol{r}$ 会随信号矢量 $\boldsymbol{r}$ 而逐像素改变,因此,$\boldsymbol{R}_{\boldsymbol{r}}^{\mathrm{R\text{-}AD}}$ 作为 $\boldsymbol{r}$ 的函数必须每访问一个新的信号矢量就重新计算一遍,这极大地增加了计算的复杂度。另一原因则是异常检测中的背景抑制问题长期以来一直被研究者所忽视。随后,我们将在本章中通过实验证明式(10.13)的有效使用会极大影响并决定背景抑制的效果。

10.4 因果异常检测进行背景抑制

为了了解检测器如何通过背景抑制来增强异常目标相对于背景的对比度,我们需选用一种合适的算法通过实验来验证。然而,前述的 K-AD 和 R-AD 都不适合该目标,因为式(10.1)中的协方差矩阵 $\boldsymbol{K}$ 和式(10.5)中的自相关矩阵 $\boldsymbol{R}$ 都是由所有信号矢量所构成。其他常用的方法,如各种基于滑动窗口的异常检测方法,也只是聚焦于目标检测而并没有充分利用到式(10.9)~(10.11)中所述的概念。此外,所有这些方法都不是因果的处理算法,需要在检测前进行预处理,如先计算出信号的均值或窗口中数据的相关矩阵等,这些步骤都需要用到当前处理信号出现之后才访问到的数据,但因果异常检测只能用到当前信号之前被访问过的数据,未访问到的信号未知而不能使用。

因此，在这一节中，我们从 K-AD 和 R-AD 出发，设计了一种新的异常检测器——因果异常检测器。相对于 K-AD 和 R-AD 的固定，因果异常检测器能够动态地调节 $\boldsymbol{K}$ 和 $\boldsymbol{R}$，逐像素捕捉背景的变化，从而进行随像素而变的背景抑制。

设 $\boldsymbol{r}_n$ 为当前处理的信号矢量，$\{\boldsymbol{r}_i\}_{i=1}^{n-1}$ 表示 $\boldsymbol{r}_n$ 之前被访问过的所有信号。因果 R-AD (Causal R-AD，CR-AD)检测器以 $\delta^{\text{CR-AD}}(\boldsymbol{r})$ 来表示，可由式(10.4)推导得出如下形式：

$$\delta_n^{\text{CR-AD}}(\boldsymbol{r}_n)=|\boldsymbol{r}_n^{\mathrm{T}}\boldsymbol{R}(n-1)^{-1}\boldsymbol{r}_n| \tag{10.14}$$

其中，$\boldsymbol{R}(n-1)=(1/(n-1))\sum_{i=1}^{n-1}\boldsymbol{r}_i\boldsymbol{r}_i^{\mathrm{T}}$ 是由已访问过的$(n-1)$个信号$\{\boldsymbol{r}_i\}_{i=1}^{n-1}$所构成的“因果”自相关矩阵。$\boldsymbol{r}_n$ 是当前正在处理的第 n 个信号矢量。需要注意的是，$\boldsymbol{r}_n$ 并未包含在 $\boldsymbol{R}(n-1)$中，因为如果包含 $\boldsymbol{r}_n$ 则会造成背景中的 $\boldsymbol{r}_n$ 被抑制。$\boldsymbol{R}(n-1)$是式(10.13)的简写形式。

同理，我们可定义式(10.1)中的 K-AD 的“因果”检测器为：

$$\delta_n^{\text{CK-AD}}(\boldsymbol{r}_n)=(\boldsymbol{r}_n-\boldsymbol{\mu}(n-1))^{\mathrm{T}}\boldsymbol{K}(n-1)^{-1}(\boldsymbol{r}_n-\boldsymbol{\mu}(n-1)) \tag{10.15}$$

其中，$\boldsymbol{\mu}(n-1)=(1/(n-1))\sum_{i=1}^{n-1}\boldsymbol{r}_i$ 是$\{\boldsymbol{r}_i\}_{i=1}^{n-1}$ 上的“因果”均值，由$\{\boldsymbol{r}_i\}_{i=1}^{n-1}$ 中所有信号所构成的“因果”协方差矩阵记为$\boldsymbol{K}(n-1)=(1/(n-1))\sum_{i=1}^{n-1}(\boldsymbol{r}_i-\boldsymbol{\mu}(n-1))(\boldsymbol{r}_i-\boldsymbol{\mu}(n-1))^{\mathrm{T}}$。从式(10.15)可看出，K-AD 是 CK-AD 的特例，是当检测器访问到最后一个信号 $\boldsymbol{r}_N$ 时的 CK-AD。

我们对式(10.12)继续进行讨论。如果把式(10.12)中的 R 改写为：

$$\boldsymbol{R}_{\boldsymbol{d}}^{\text{C-CEM}}(n)=\sum_{x\in\{\boldsymbol{r}_i\}_{i=1}^{n}-\Delta_d}\boldsymbol{x}\boldsymbol{x}^{\mathrm{T}} \tag{10.16}$$

式(10.10)中的 $\boldsymbol{r}$ 用 $\boldsymbol{r}_n$ 代替，得：

$$\delta^{\text{C-CEM}}(\boldsymbol{r}_n)=\frac{\boldsymbol{d}^{\mathrm{T}}(\boldsymbol{R}_{\boldsymbol{d}}^{\text{C-CEM}}(n))^{-1}\boldsymbol{r}_n}{\boldsymbol{d}^{\mathrm{T}}(\boldsymbol{R}_{\boldsymbol{d}}^{\text{C-CEM}}(n))^{-1}\boldsymbol{d}} \tag{10.17}$$

此即为 CEM 的“因果”检测形式。此处，$R_{\boldsymbol{d}}^{\text{C-CEM}}(n)$并未抑制当前信号矢量 $\boldsymbol{r}_n$，除非 $\boldsymbol{r}_n$ 正好是 $\boldsymbol{d}$。

因为“因果”检测是实时处理的前提，本书第 14 章将对 CR-AD 和 CK-AD 在实时处理中的应用进行讨论，Chen 等(2014)在文献中首次对可递归更新信息的相关公式进行了推导，我们称之为 RT-CR-AD 和 RT-CK-AD。在第 14 章中我们也将看到 CR-AD 和 CK-AD 正如 Poor(1991)所描述的那样，可以类似于卡尔曼滤波的形式来完成。

10.5 3D-ROC 分析

ROC 曲线是分析检测器性能的传统评估工具，是检测概率 P_{D} 和虚警概率 P_{F} 的相对曲线。计算曲线下面积，可对检测性能进行定量分析。然而，传统的 ROC 曲线并不能对背景抑制效果进行评估，这是因为背景抑制是由异常目标的对比度而非由与 P_D 相关的异常目标的强度所决定。为了解决这个问题，Chang(2010)和 Chang(2013，第 3 章)提出了 3D-ROC 的概念。

二元假设检验理论中，H_0 和 H_1 表示两个可能的假设，可由随机观测量 Y 确定，分别对应观测空间中可能的两种概率分布 $p_0(y)$ 和 $p_1(y)$。则二元假设检验问题可以描述为

$$H_0: Y \approx p_0(y)$$
$$与 \tag{10.18}$$
$$H_1: Y \approx p_1(y)$$

由上式，检测率 P_D 是假设 H_1 成立而 H_1 实则成立的概率，P_F 是假设 H_1 成立而 H_0 实则成立的概率。当保持 P_F 为一指定常数 α 时，使 P_D 取得最大值的检测器即为奈曼-皮尔逊检测器。其似然比检测(likelihood ratio test，LRT)公式定义如下：

$$\delta^{NP}(\boldsymbol{r}) = \begin{cases} 1, \Lambda(\boldsymbol{r}) > \tau \\ 1, 以概率\ \gamma\ 当\ \Lambda(\boldsymbol{r}) = \tau \\ 0, 当\ \Lambda(\boldsymbol{r}) < \tau \end{cases} \tag{10.19}$$

其中，$\Lambda(\boldsymbol{r}) = p_0(\boldsymbol{r})/p_1(\boldsymbol{r})$，阈值 τ 由常数 α 决定，γ 是当 $\Lambda(\boldsymbol{r}) = \tau$ 时 H_1 成立的概率。

由 $\delta^{NP}(\boldsymbol{r})$ 可推导出 P_D 和 P_F 的公式：

$$P_D = \int_{\Lambda(\boldsymbol{r})>\tau} p_1(\boldsymbol{r})\mathrm{d}\boldsymbol{r} + \gamma P(\{\boldsymbol{r} \mid \Lambda(\boldsymbol{r}) = \tau\}) \tag{10.20}$$

$$P_F = \int_{\Lambda(\boldsymbol{r})>\tau} p_0(\boldsymbol{r})\mathrm{d}\boldsymbol{r} + (1-\gamma)P(\{\boldsymbol{r} \mid \Lambda(\boldsymbol{r}) = \tau\}) \tag{10.21}$$

指定 P_F 取常数 α 不变，则 τ 即可确定。

通过式(10.20)、式(10.21)，根据检测概率 P_D 和虚警概率 P_F 的相对关系在直角坐标系里画一曲线，即 ROC 曲线，可用来评估 $\delta^{NP}(\boldsymbol{r})$ 的检测性能(Poor，1994)。曲线下的面积 AUC(area under curve，AUC)，作为 ROC 曲线的一个表征，也被广泛用于医学诊断(Metz，1978)。

根据式(10.18)所描述的二元假设检验问题，使用阈值 τ 对异常检测器 $\delta^{AD}(\boldsymbol{r})$ 所测到的丰度值进行判决，可得到异常检测的一个单一决策。此处似然比检测式(10.19)中的 $\Lambda(\boldsymbol{r})$ 为 $\delta^{AD}(\boldsymbol{r})$ 所替代，因此，检测器的性能实质是由 $\delta^{AD}(\boldsymbol{r})$ 和 τ 两个参数所决定的，其均为真实值(real values)。式(10.20)和式(10.21)中的 P_D 和 P_F 是 $\delta^{AD}(\boldsymbol{r})$ 和 τ 的函数。令阈值 τ 在 [0,1]之间变化，可以得到一种新型奈曼-皮尔逊检测器，称为 τ 型奈曼-皮尔逊检测器，表示为 $\delta_\tau^{AD}(\boldsymbol{r})$：

$$\delta_\tau^{AD}(\boldsymbol{r}) = \begin{cases} 1, \delta_{\text{normalized}}^{AD}(\boldsymbol{r}) \geqslant \tau \\ 0, \delta_{\text{normalized}}^{AD}(\boldsymbol{r}) < \tau \end{cases} \tag{10.22}$$

其中 $\delta_{\text{normalized}}^{AD}(\boldsymbol{r})$ 定义为

$$\delta_{\text{normalized}}^{AD}(\boldsymbol{r}) = \frac{\delta^{AD}(\boldsymbol{r}) - \min_r \delta^{AD}(\boldsymbol{r})}{\max_r \delta^{AD}(\boldsymbol{r}) - \min_r \delta^{AD}(\boldsymbol{r})} \tag{10.23}$$

通过与阈值 τ 比较，$\delta_\tau^{AD}(\boldsymbol{r})$ 取得非 0 即 1 的二元判决。改变 τ 的取值，检测器 $\delta_\tau^{AD}(\boldsymbol{r})$ 会

随之产生一系列相应的判决值$\{\delta_{\tau}^{AD}(\boldsymbol{r})\}_{\tau}$，每一个$\tau$处也对应产生一对检测概率和虚警概率$(P_{D},P_{F})$；将$\tau$和$(P_{D},P_{F})$在三维坐标里绘制对应曲线，即为3D-ROC。

奈曼-皮尔逊检测理论中，虚警概率P_{F}被看作代价函数。当保持P_{F}恒为α时，阈值τ可由P_{F}决定。这点与检测问题的初始设计，即由阈值τ决定虚警概率P_{F}正好相反。因此，在仅描述P_{D}和P_{F}相对关系的传统2D-ROC曲线里，阈值τ被隐含在P_{F}里，无法展示出τ与P_{D}和P_{F}之间的相互关联。为解决此问题，3D-ROC在2D-ROC的基础上扩展加入第3个维度的变量τ，根据P_{D}、P_{F}和τ三个变量的随变关系，即根据式(10.22)，在三维曲线上全面描述检测器$\delta_{\tau}^{AD}(\boldsymbol{r})$的性能表现。相关内容可参考Chang(2010)和Chang(2013，第3章)的相关研究成果。

10.6 仿真实验结果与分析

本节通过在真实高光谱数据上的实验对异常检测中的背景抑制问题进行讨论。我们选择两组图像进行实验验证。

10.6.1 AVIRIS数据实验

1. AVIRIS数据

图10.1所示的是机载可见光/红外成像光谱仪(airborne visible infrared imaging spectrometer，AVIRIS)系列数据中的一组，拍摄的是位于美国内华达州北奈县(northern nye county)的火山区环形山口(lunar crater volcanic field，LCVF)。所有224个波段中的水吸收和低SNR波段已被移除，剩余158个波段。光谱分辨率10 nm，空间分辨率20 m。数据中有5个感兴趣目标，分别是红色氧化玄武岩烬、流纹岩、干盐湖、植被和阴影。之所以选择该场景，是因为在火山口的左上方有一个2像素宽的异常目标。

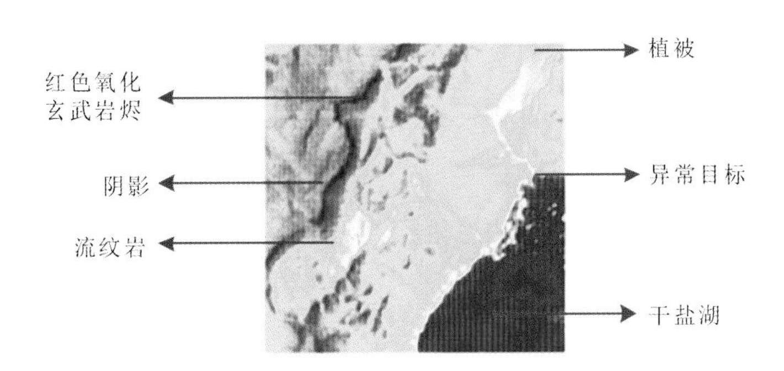

图10.1 AVARIS LCVF图像场景

2. 实验结果与分析

对该场景高光谱数据使用K-AD、R-AD、CK-AD、CR-AD、RT-CK-AD和RT-CR-AD六种异常检测方法进行检测，均能检测出2像素宽的异常目标。为方便观测，结果图使用检测到的丰度值的db值（$20\log_{10}x$，x为检测到的丰度值）显示，如图10.2所示。其中CK-AD、CR-AD、RT-CK-AD和RT-CR-AD算法的具体推导过程将在本书第13章给出。

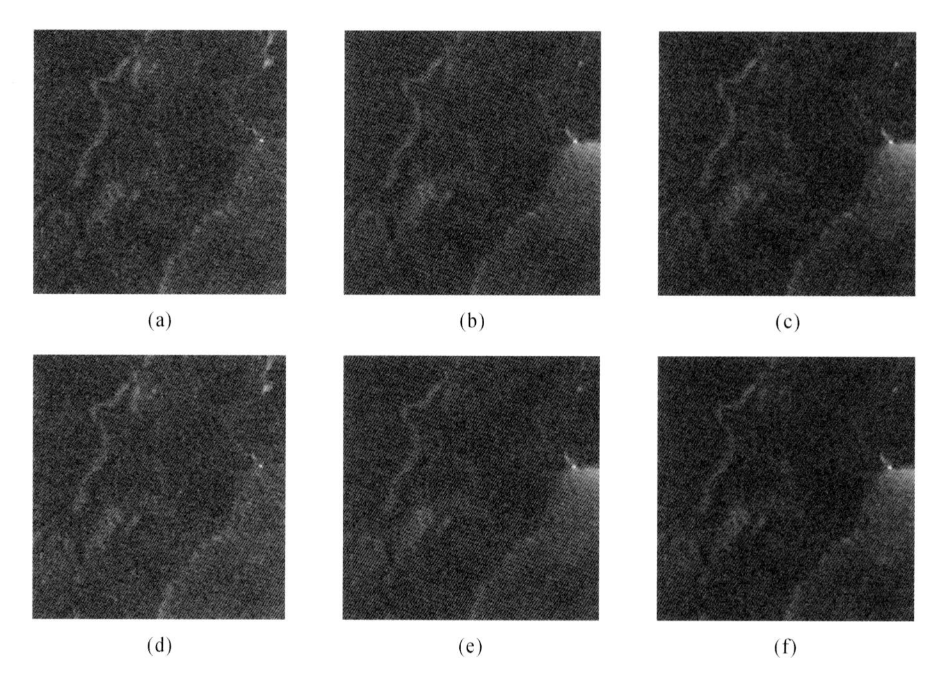

图 10.2 LCVF异常检测结果（结果以丰度值db显示）

(a)K-AD；(b)CK-AD；(c)RT-CK-AD；(d)R-AD；(e)CR-AD；(f)RT-CR-AD

图10.3～图10.6展示了CK-AD、CR-AD、RT-CK-AD和RT-CR-AD 4种异常检测方法在6个不同阶段的渐进(progressive)处理结果。检测结果同样以检测到的丰度值的db值显示以便更好地观察。有趣的是，当检测过程渐进进行时，不同阶段的背景抑制效果也不同，特别是一旦异常目标被检测到，背景被明显抑制。这是因为检测到的异常目标的丰度非常强，以至于背景被其抑制。

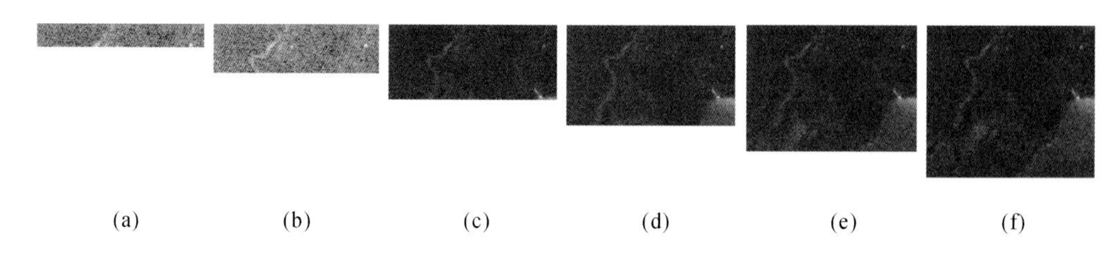

图 10.3 CK-AD检测结果（结果以丰度值db显示）

(a)植被；(b)火山岩烬；(c)干盐湖和检测到的异常目标；(d)阴影；(e)流纹岩；(f)异常目标

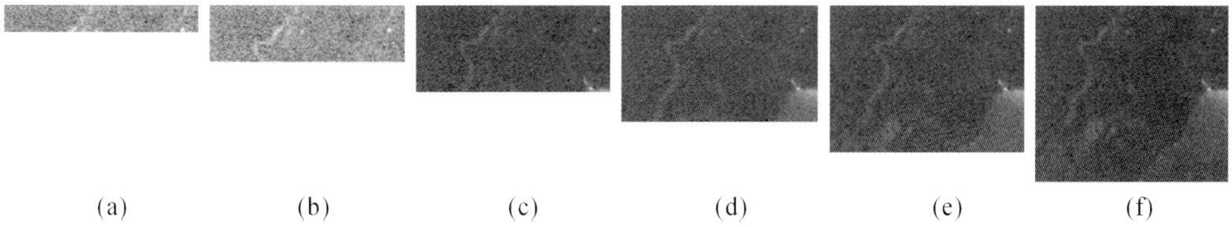

(a) (b) (c) (d) (e) (f)

图 10.4 CR-AD **检测结果(结果以丰度值** db **显示)**

(a)植被;(b)火山岩烬;(c)干盐湖和检测到的异常目标;(d)阴影;(e)流纹岩;(f)异常目标

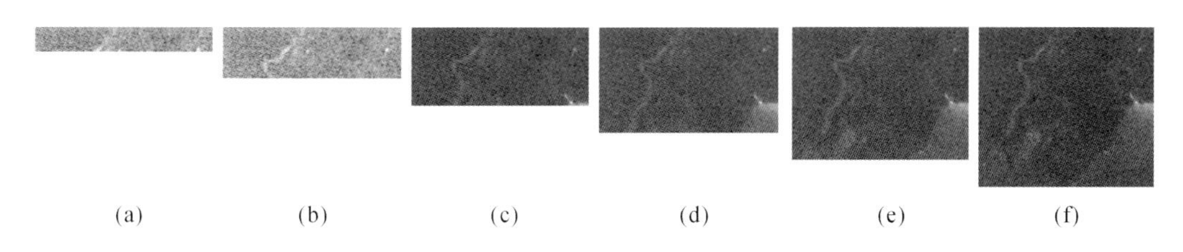

图 10.5 RT-CK-AD **检测结果(结果以丰度值** db **显示)**

(a)植被;(b)火山岩烬;(c)干盐湖和检测到的异常目标;(d)阴影;(e)流纹岩;(f)异常目标

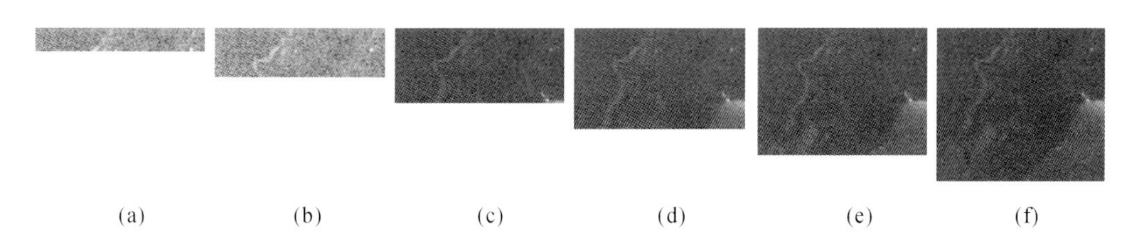

图 10.6 RT-CR-AD **检测结果(结果以丰度值** db **显示)**

(a)植被;(b)火山岩烬;(c)干盐湖和检测到的异常目标;(d)阴影;(e)流纹岩;(f)异常目标

10.6.2 HYDICE 数据实验

1. HYDICE 数据

图 10.7(a)所示的 HYDICE 数据由 200×74 像素组成,真实地物分布中的目标及其邻域像素分别由红色和黄色显示。图 10.7(b)包括 3 列尺寸分别为 3 m^2、2 m^2、和 1 m^2 的面板目标。该数据的空间分辨率是 1.56 m,因此可认为第 3 列目标为亚像元异常目标。图 10.7(c)包括 4 辆尺寸为 4 m×8 m 的车辆(第一列前 4 个目标)和一辆尺寸为 6 m×3 m 的车辆(第一列最后一个目标),以及第二列三个目标(前两个目标占 2 像素,最后一个目标占 3 像素)。

这三类不同尺寸的人造目标中,尺寸为 3 m^2、2 m^2 和 1 m^2 的面板目标为小尺寸目标,车辆等下面目标为大目标,均用来测试和验证异常检测器的性能。

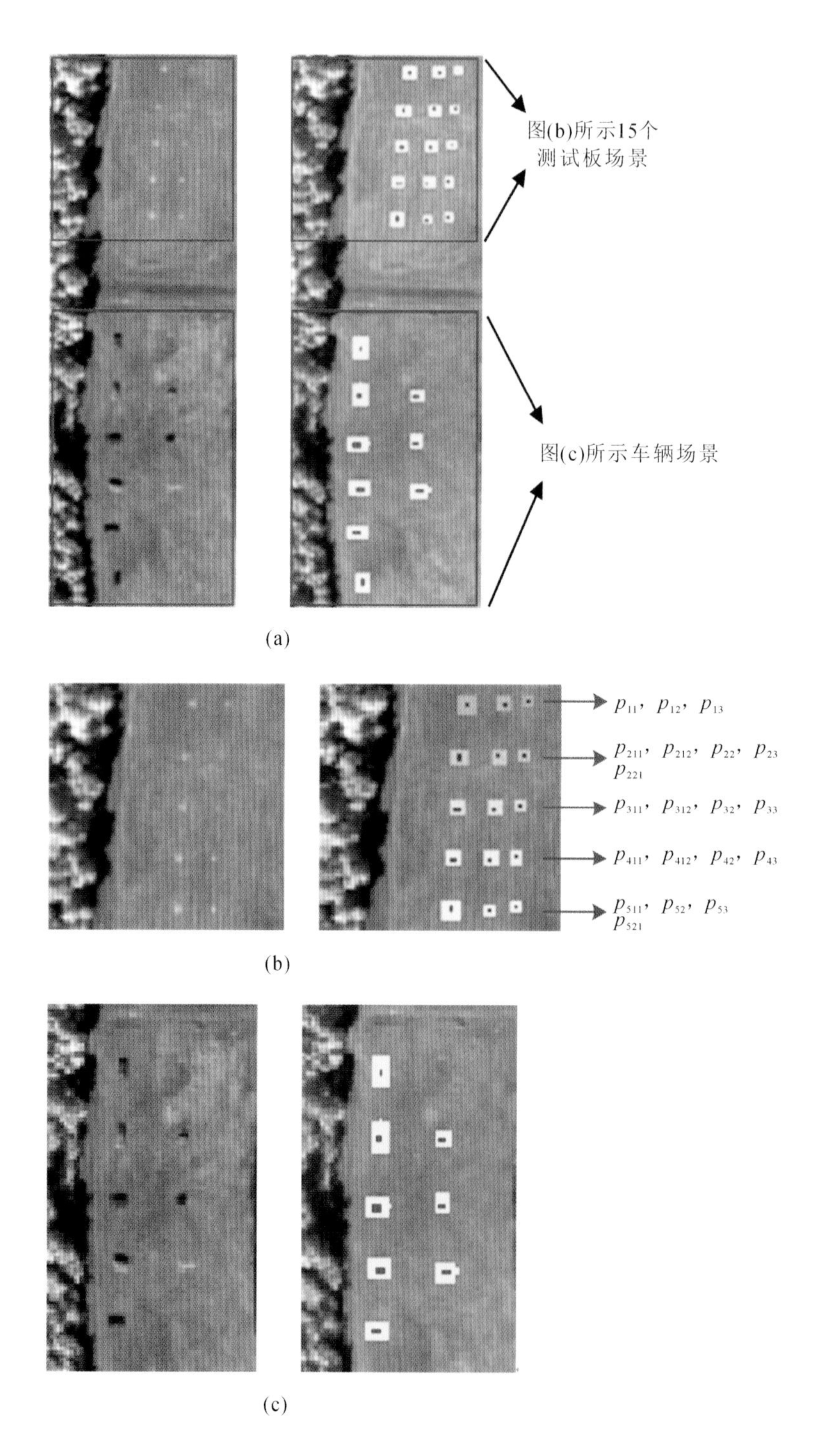

图 10.7　HYDICE 数据各种类目标及其分布

(a)HYDICE 全图场景；(b)15 个面板目标及其真实分布；(c)车辆目标图及其真实分布

使用 HYDICE 图像的优点是:①所有人造目标空间真实地物分布十分精确,因此我们可用它来测试逐像素进行的实时处理异常检测;②根据真实地物分布图,可画出检测概率 P_D 相对虚警概率 P_F 的 ROC 曲线,从而使用 ROC 分析来评价异常检测性能;③该图像中尺寸不一的目标可用来评估异常检测对不同大小异常目标的检测能力,这一点现有文献并没有真正讨论;④如图 10.7(a)～(c),该图像可分为 15 个面板目标的上半段场景、车辆+目标的下半段场景以及全场景这三个场景图,丰富的目标类型可用来测试同一检测器对不同场景目标的检测性能;⑤最后也是最重要的,该图像背景简单、目标明确,便于视觉上评估异常检测中背景抑制的效果。

2. 实验结果与分析

为了讨论实时因果异常检测器的背景抑制效果,图 10.8～图 10.11 展示了 CK-AD、CR-AD、RT-CK-AD 和 RT-CR-AD 四种异常检测器对图 10.7(a)的实时因果检测过程。结果以检测到的丰度值的 db 形式显示,不同阶段的图像展示了不同目标的实时检测结果。因为图 10.7(b)和图 10.7(c)是图 10.7(a)的一部分,此处没有展示两个分场景的检测结果。需要注意的是,在计算图像自相关/协方差矩阵的逆矩阵时,为避免出现奇异情况,异常检测器只有在收集到足够数目的初始数据后才开始进行计算,即收集到待处理图像总波段数个数据后开始计算。本实验中不涉及 K-AD 和 R-AD,因为它们既非实时也非因果的检测方式。

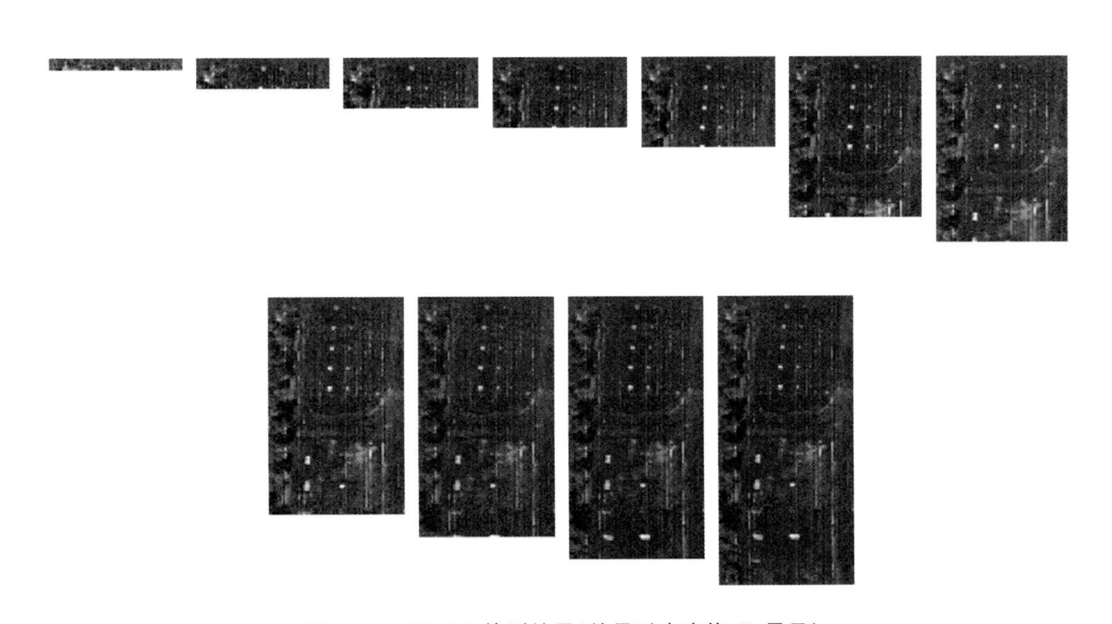

图 10.8 CK-AD 检测结果(结果以丰度值 db 显示)

目测可见,图 10.8～图 10.11 中,从上半部分 15 个面板目标的检测结果判断,基于自相关矩阵 $\boldsymbol{R}$ 的实时因果异常检测结果略优于基于协方差矩阵 $\boldsymbol{K}$ 的结果。然而有趣的是,如果从车辆的检测结果判断,结论正好相反。这个观测结论也与下面的 ROC 分析结论相符。

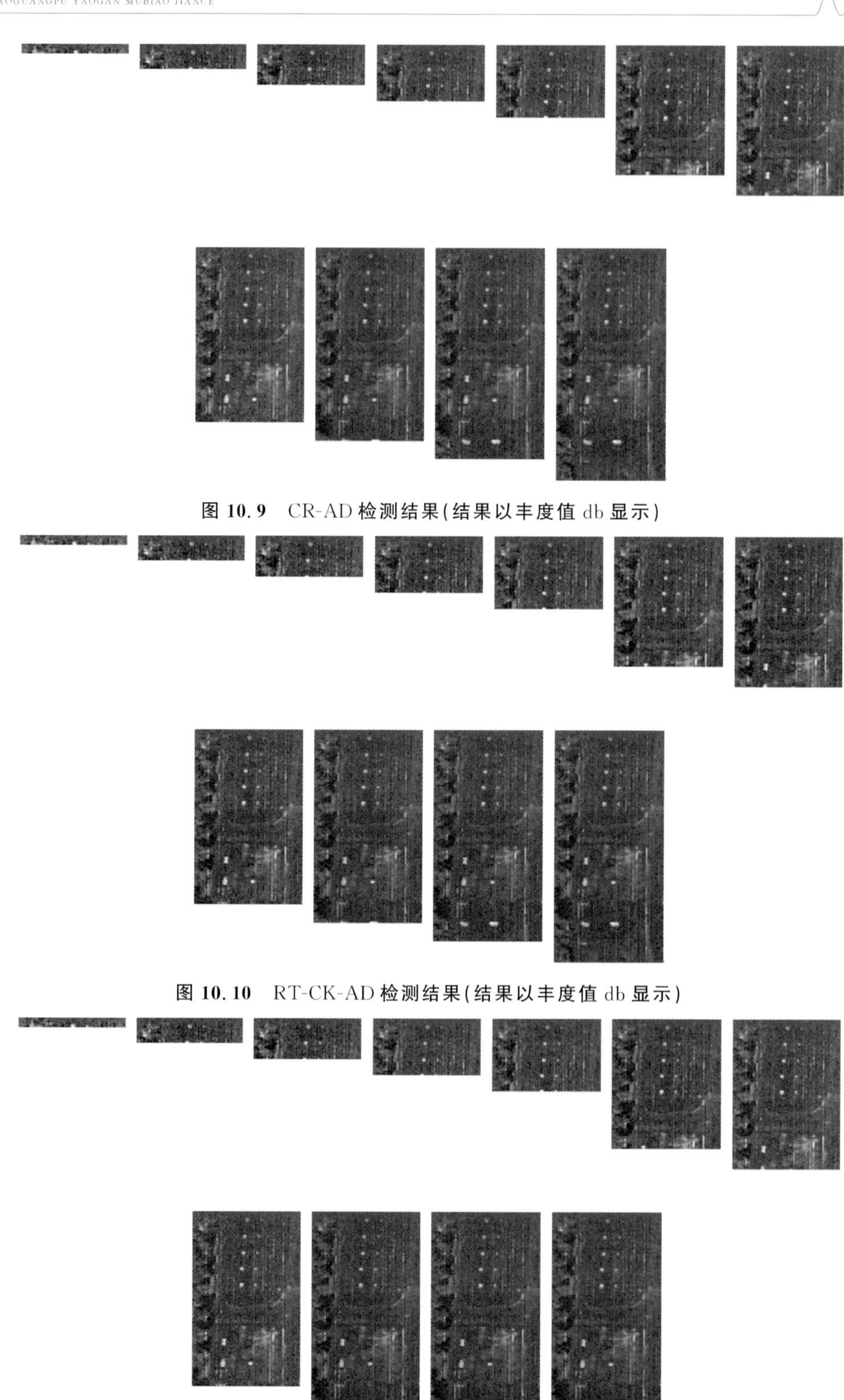

图 10.9　CR-AD 检测结果(结果以丰度值 db 显示)

图 10.10　RT-CK-AD 检测结果(结果以丰度值 db 显示)

图 10.11　RT-CR-AD 检测结果(结果以丰度值 db 显示)

10.6.3 检测性能与3D-ROC曲线分析

根据图10.7中所提供的真实地物分布，我们可利用3D-ROC曲线对检测器性能进行定量分析。图10.12是K-AD、R-AD、CK-AD、CR-AD、RT-CK-AD和RT-CR-AD六种异常检测器对图10.7(a)～(c)所示3种场景检测结果的3D-ROC曲线，以及对应的3个2D-ROC曲线图。

为进行定量分析，可通过计算图10.12(b)～(d)中每个2D-ROC曲线下的面积(AUC，记为A_z)来实现。结果如表10.1～表10.3所列，下划线标注的为最佳结果。表中还包含了K-AD和R-AD的相应结果以作比较。对P_D-P_F和P_D-τ的2D-ROC曲线而言，A_z越大，检测器性能越好；与此相反，(P_F-τ)的2D-ROC曲线下面积A_z越小，表明检测器性能越好。

根据表10.1～表10.3可看出，随着图像尺寸的变化，即使图10.7(a)～(c)中3个场景的目标大小一致，性能最佳的异常检测器也随之变化。例如，图10.7(a)～(b)中都存在15个测试板的场景，但是根据表10.1～表10.2中P_D-P_F和P_D-τ的2D-ROC曲线下面积A_z的数值，最佳检测器并不相同，全场景下是K-AD，15-panel场景下是R-AD。另一方面，对图10.7(a)和(c)中同样的5辆车辆和3个目标，根据表10.3中P_D-P_F和P_D-τ的2D-ROC曲线下面积A_z的数值，最佳异常检测器是实时因果K-AD。值得注意的是，对于所有三个场景，能够产生最小P_F-τ曲线下面积的最佳异常检测器都是实时/因果的K-AD/R-AD，这表明P_F-τ下面积A_z越小，背景抑制程度越小。而且，P_D-P_F下面积A_z越大，也并不一定意味着P_F-τ下面积A_z越大。

表10.1 K-AD、CK-AD、RT-CK-AD、R-AD、CR-AD、RT-CR-AD六种算法的AUC值(15面板目标场景)

Algorithm	K-AD	CK-AD	RT-CK-AD	R-AD	CR-AD	RT-CR-AD
A_z of(P_D-P_F)	0.9886	0.9818	0.9819	0.9840	0.9747	0.9747
A_z of(P_D-τ)	0.2368	0.1372	0.1372	0.2349	0.1356	0.1356
A_z of(P_F-τ)	0.0193	0.0144	0.0144	0.0199	0.0145	0.0145

表10.2 K-AD、CK-AD、RT-CK-AD、R-AD、CR-AD、RT-CR-AD六种算法的AUC值(车辆+目标场景)

Algorithm	K-AD	CK-AD	RT-CK-AD	R-AD	CR-AD	RT-CR-AD
A_z of(P_D-P_F)	0.9898	0.9680	0.9683	0.99	0.9691	0.9691
A_z of(P_D-τ)	0.3329	0.2590	0.2590	0.3342	0.2596	0.2596
A_z of(P_F-τ)	0.0428	0.0372	0.0372	0.0433	0.0377	0.0377

表10.3 K-AD、CK-AD、RT-CK-AD、R-AD、CR-AD、RT-CR-AD六种算法的AUC值(全场景)

Algorithm	K-AD	CK-AD	RT-CK-AD	R-AD	CR-AD	RT-CR-AD
A_z of(P_D-P_F)	0.9751	0.9776	0.9776	0.9669	0.9662	0.9662
A_z of(P_D-τ)	0.2172	0.1307	0.1307	0.2150	0.1294	0.1294
A_z of(P_F-τ)	0.0332	0.0221	0.0221	0.0333	0.0222	0.0222

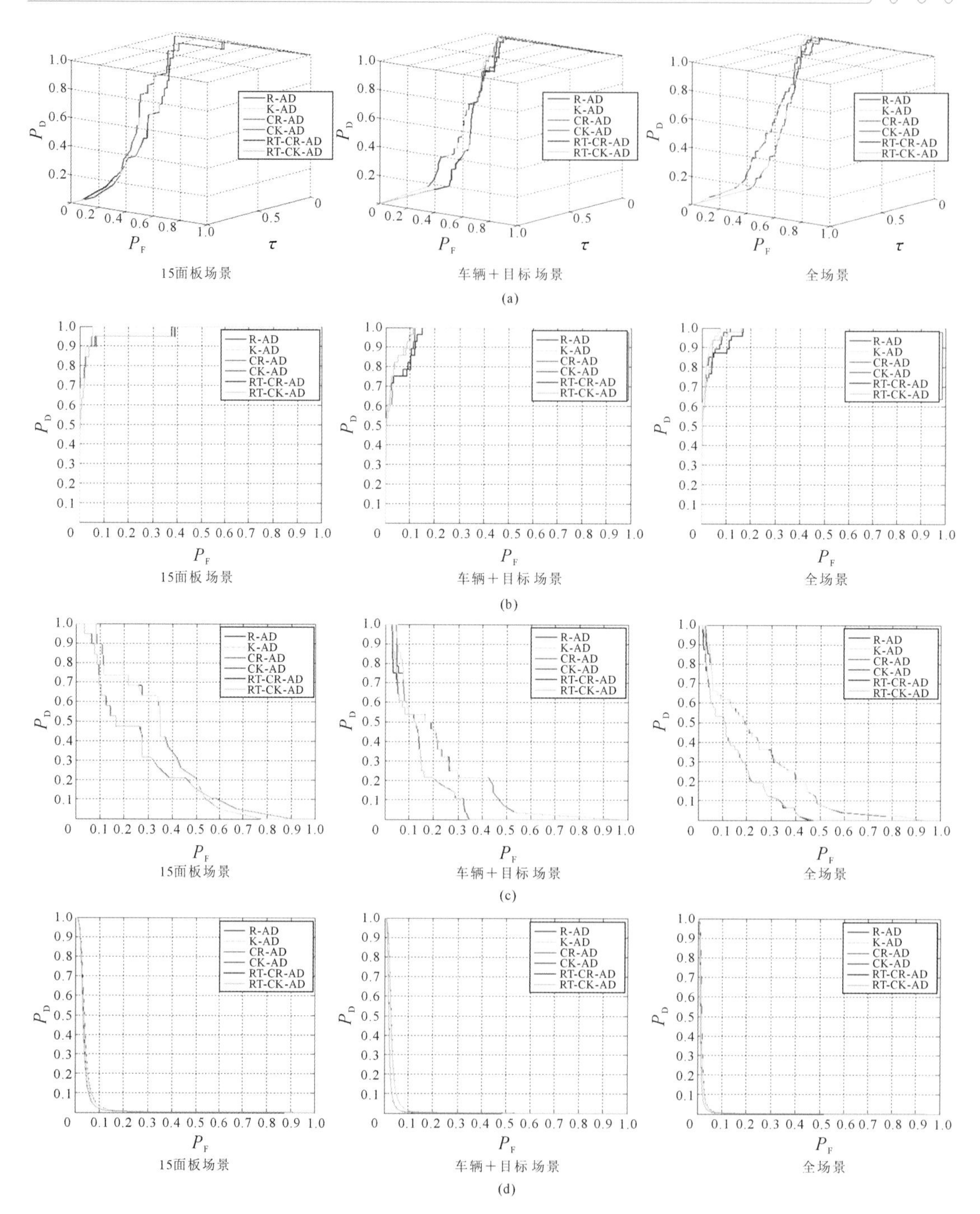

图 10.12　3D-ROC 曲线及相应 2D-ROC 曲线

(a)三个场景的 3D-ROC 曲线(P_D-P_F-τ)；(b)(P_D-P_F)的 2D-ROC 曲线；

(c)(P_D-τ)的 2D-ROC 曲线；(d)(P_F-τ)的 2D-ROC 曲线

在传统的 2D-ROC 分析中，仅依据的是 P_D-P_F 曲线下面积 A_z，不能体现出以上关于背景抑制的两条分析。这些实验证明了通过 3D-ROC 分析，异常检测器的性能可由 P_D、P_F 和相应的阈值 τ 之间的相互关系通过 3 个相应的 2D-ROC 曲线(P_D-P_F、P_D-τ 和 P_F-τ)进行分析。

10.6.4 背景抑制分析

若已知目标真实地物分布，异常检测器的性能可由检测率和如上的 ROC 分析来评价。但是，因实际情况下异常检测往往缺少先验知识和目标真实地物分布，也就无法得到 ROC 曲线进行分析，唯一可行的评价方式只有目测判断。在这种情况下，异常检测器对背景抑制的程度会影响目测判断。正如图 10.3～图 10.6 所证实的，对 LCVF 场景中 2 像素宽的异常目标的检测结果表明，背景抑制对异常检测十分关键。如果我们把背景认为是二元假设检验问题中的 H_0，把目标认为是 H_1，3D-ROC 分析实际通过检测概率 P_D、虚警概率 P_F 和阈值 τ 之间的相互关联描述了检测器的性能特征。即，表征检测率的 P_D-τ 曲线下的面积 A_z 越大，表征虚警概率的 P_F-τ 下面积 A_z 越小，则检测器的检测性能越好，但这就要求背景抑制的效果要好，也就是根据二元假设检验，对背景的检测要差。以往文献对于背景抑制的研究不多，本章提到的 HYDICE 数据由于其特性使我们得以深入研究该主题。实验证实，检测率高的异常检测器可能导致虚警概率也高，反过来需要更多的背景抑制。那么，好的背景抑制是否一定能够提高异常检测器的检测性能呢？为了证实这一点，图 10.13(c)～(f)展示了对 HYDICE 数据 3 个不同场景使用 4 种实时算法 CK-AD、CR-AD、RT-CK-AD 和 RT-CR-AD 检测到的丰度值图。同时，加入全局异常检测器 K-AD 和 R-AD 的检测结果[图 10.13(a)～(b)]作对比。

通过对比，6 种算法的检测结果从视觉上没有明显差别，但是，如果我们把检测到的丰度值以 db 形式显示($20\log_{10}x$，x 为检测到的原始丰度值)，如图 10.14 所示，它比图 10.13 更便于视觉观察和评价。

由图 10.14，6 种算法看似几乎一样的检测结果中，仔细对比测试板、车辆和物体附近的草地，全局异常检测器 K-AD 和 R-AD 比实时/因果算法具有更好的背景抑制效果。这一点很有说服力，因为全局异常检测器使用了图像中所有数据所形成的光谱自相关/协方差矩阵，从而利用到所有光谱的相关性，因此背景抑制效果比任何局部异常检测器要好。异常检测在大多数情况下缺少先验知识，这时背景能够提供目标周围的关键信息，从而帮助研究者更有效地进行数据分析。如果背景抑制程度过大，研究者可能无法得知异常目标的更多信息。例如，图 10.13 中，对于被抑制得非常干净的背景上的异常目标，除了其空间位置，我们无法判断它究竟是什么。但是如果我们再看图 10.14，图像左边的背景为树，测试板放置在草地上，而车辆停放在泥地上。同样，对于医学图像，背景为组织解剖结构，这能够帮助医生进行正确诊断。

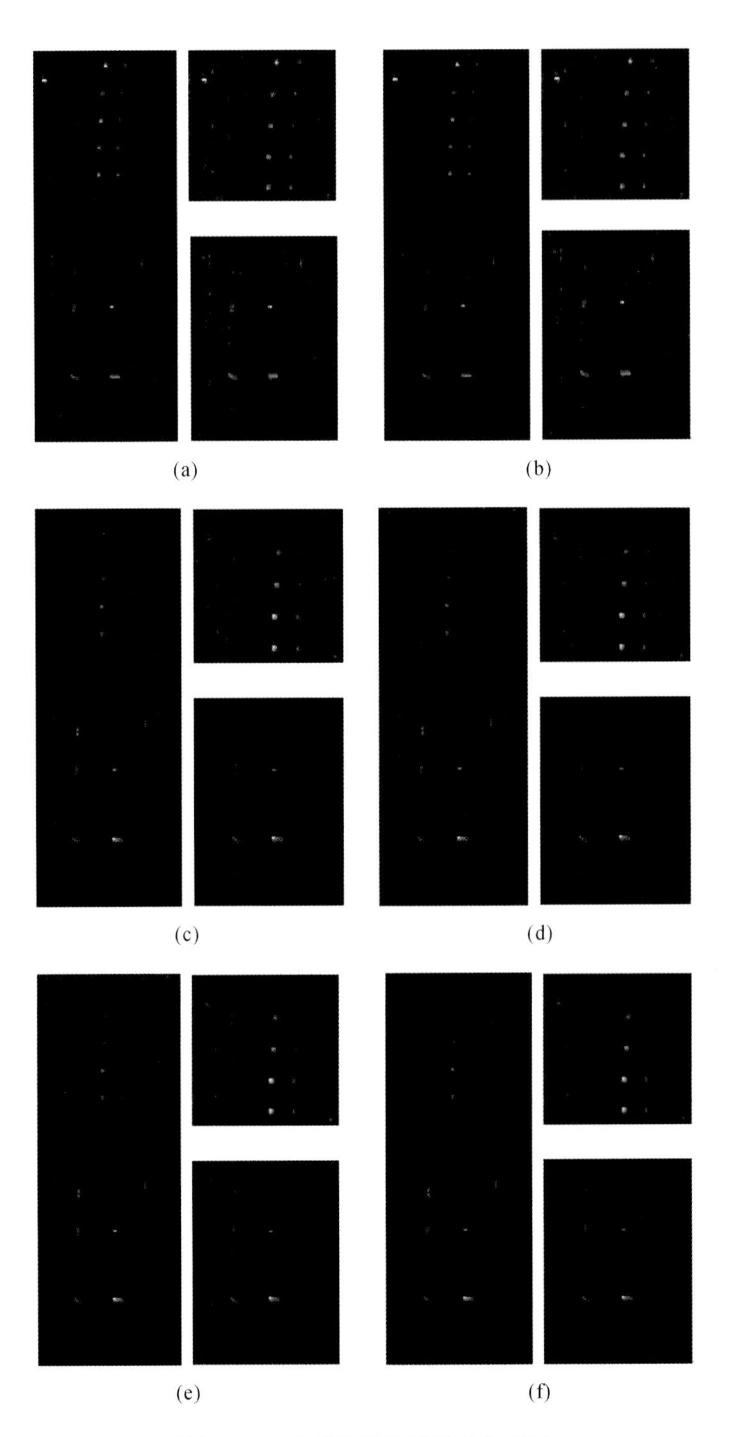

图 10.13　六种算法检测结果丰度图

(a)K-AD;(b)R-AD;(c)CK-AD;(d)CR-AD;(e)RT-CK-AD;(f)RT-CR-AD

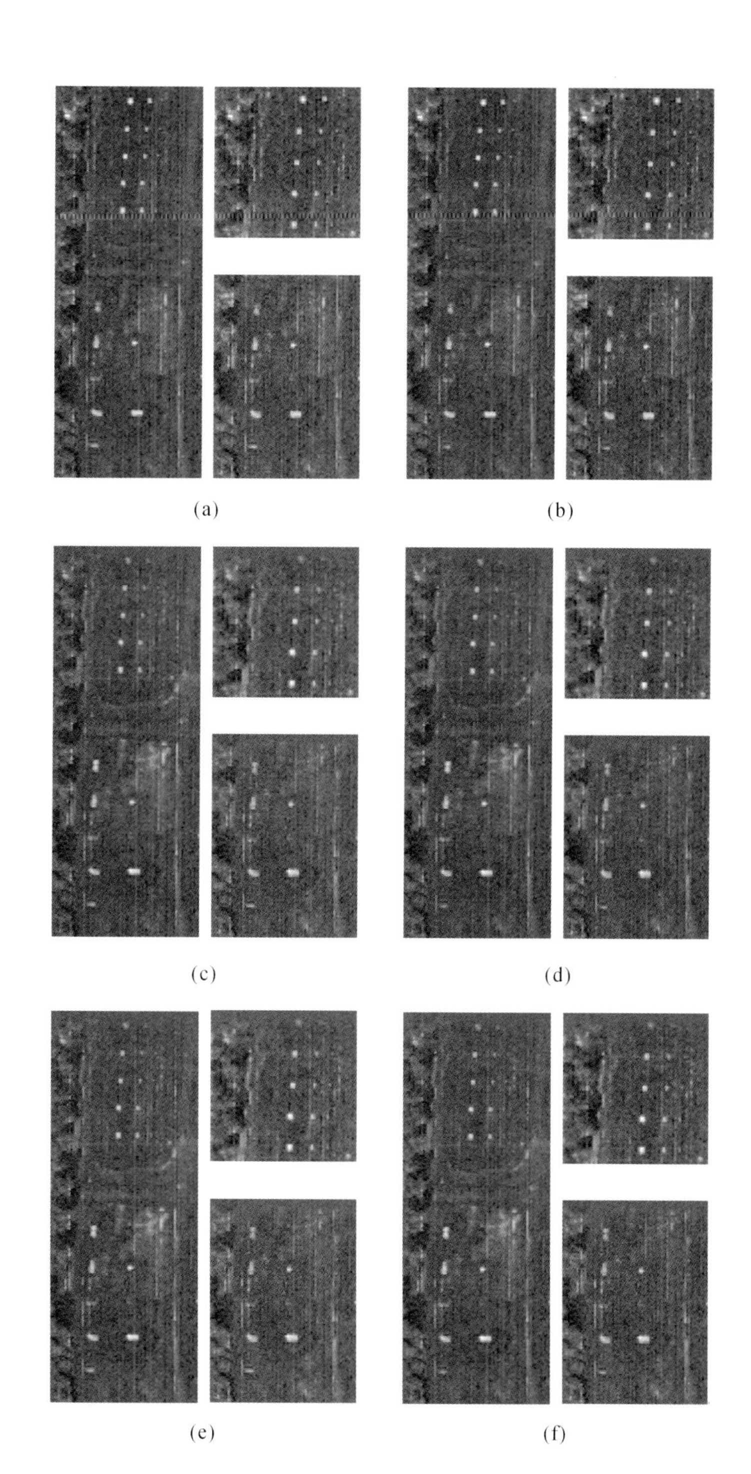

图 10.14 六种算法检测结果 db 值图

(a)K-AD;(b)R-AD;(c)CK-AD;(d)CR-AD;(e)RT-CK-AD;(f)RT-CR-AD

10.7 本章小结

异常检测已被广泛应用于民用和军用的众多领域。以往研究者的关注点只是对异常目标的检测,然而这只是异常检测问题的一方面,另一方面的背景抑制却被忽略。背景抑制实质上是去信号相关性,正如信号检测中的信号白化。本章提出因果异常检测算法,通过利用随光谱信号而变化的自相关矩阵,而得到不同程度的背景抑制效果,捕捉到异常目标的局部变化情况,讨论了背景抑制对异常检测算法性能的影响。借助有效的背景抑制,即使没有任何先验知识帮助识别目标,不同类型的异常目标也可以通过目测被探知。这对异常检测问题总是成立的。

参考文献

王玉磊,2015. 高光谱实时目标检测算法研究[D]. 哈尔滨:哈尔滨工程大学.

POORH,1994. An Introduction to Signal Detection and Estimation[M]. New York: Springer-Verlag.

CHANG C I,2003. Hyperspectral Imaging: Techniques for Spectral Detection and Classification[M]. New York: Kluwer Academic/Plenum Publishers.

CHANG C I,2013. Hyperspectral Data Processing: Algorithm Design and Analysis[M]. New Jersey: John Wiley & Sons.

REED I S,YU X,1990. Adaptive multiple-band CFAR detection of an optical pattern withunknown spectral distribution[J]. IEEE Trans. on Acoustic, Speech and Signal Process, 38(10): 1760-1770.

CHANG C I,2005. Orthogonal subspace projection revisited: A comprehensive study and analysis[J]. IEEE Trans. on Geoscience and Remote Sensing, 43(3): 502-518.

CHANG C I,Hsueh M,2006. Characterization of anomaly detection for hyperspectral imagery[J]. Sensor Review, 26(2):137-146.

CHANG C I,2010. Multiparameter receiver operating vharacteristic snalysis for signal detection and classification[J]. IEEE Sensors Journal, 10(3): 423-442.

CHEN S Y,WANG Y,WU C C,et al. ,2014. Real-time causal processing of anomaly detection for hyperspectral imagery[J]. IEEE Transactions on Aerospace and Electronic Systems, 50(2): 1511-1534.

CHEN S Y, OUYANG Y C, CHANG C I, 2014. Recursive unsupervised fully constrained leastsquares methods[C]. 2014 IEEE International Geoscience and Remote Sensing Symposium (IGARSS), Quebec Canada: 13-18.

CHEN S Y, PAYLOR D, CHANG C I, 2014. Anomaly discrimination in hyperspectral imagery[C]. Proceedings of SPIE - The International Society for Optical Engineering, Baltimore, MD: 91240C.

第 11 章　局部多窗口异常目标检测

随着成像技术的发展,高光谱图像处理技术可以检测并识别许多原来在多光谱遥感图像中无法被检测的物质。这类物质通常在视觉上没有办法看到,并且先验信息的获取也非常困难,但对数据挖掘却是非常重要的。这类物质通常被称为异常目标。异常目标检测是指无需任何先验信息,并且无法用视觉发现的异常目标的探测。随着光谱分辨率和空间分辨率的逐渐提高,高光谱异常目标检测得到了越来越多的关注。目前高光谱图像异常目标检测算法很多,并且多数算法都是基于 Reed 和 Xiaoli Yu 提出的 RX 算法。然而,基于 RX 理论的算法有效性的关键问题是,如何有效利用数据的光谱信息,例如经典 RX 算子中协方差矩阵的使用。为了解决这一问题,Kwon 和 Narsabadi 在 2003 年提出了基于局部双层窗的特征分离变换算法 DWEST。本章介绍了 DWEST 算法,并在此基础上提出了多窗口异常目标检测算法,利用多窗口模型的不同窗口大小,自适应地进行不同尺寸的异常目标的检测和识别。

11.1　引　　言

随着空间和光谱分辨率的不断提高,高光谱图像处理可以发现更多感兴趣的目标和信号,使得异常目标检测成为高光谱图像处理的重要分支。异常目标检测中很重要的一个问题就是:“什么是异常目标?”换句话说,什么类型的目标可以认为是异常的? Hsueh 和 Chang 等人首次讨论了这一问题,认为目标与图像的相对尺寸决定了该目标是否为异常目标。以下例子给出了与此结论相关的证明。图 11.1(a)～(b)给出了两幅模拟高光谱数据,分别是高斯噪声背景下的尺寸为 64×64 和 200×200 像元的图像数据。两个图像数据都分别嵌入了相同类型和尺寸的目标数据,分别包含了 4 个不同尺寸的 5 种目标,其中第一列的 5 种目标尺寸为 6×6 像元,第二列的 5 种目标尺寸为 3×3 像元,第三列的 5 种目标尺寸为 2×2像元,第四列的 5 种目标尺寸为 1×1 像元。为了分析异常检测算子对两幅图的检测效果,图 11.2(a)～(b)给出了经典 RX 算法对图 11.1 的检测结果。为了清晰显示检测结果,也为了更好地了解目标和图像相对尺寸对异常检测的影响，本章展示出的图 11.2 中的两幅图大小虽然一样，但是实际上图(a)和图(b)分别是 64×64 和 200×200 像元的图像数据。

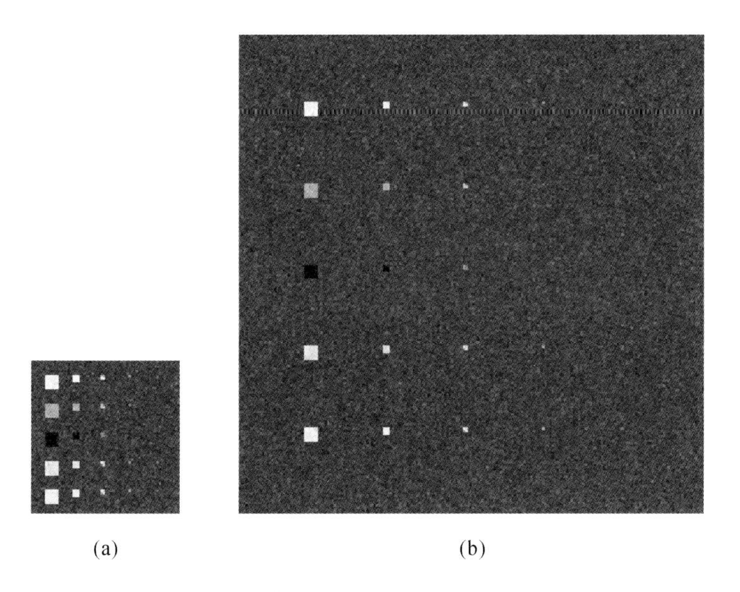

(a) (b)

图 11.1 嵌入 4 种目标尺寸的模拟数据

(a)模拟数据尺寸 64×64 像元；(b)模拟数据尺寸 200×200 像元

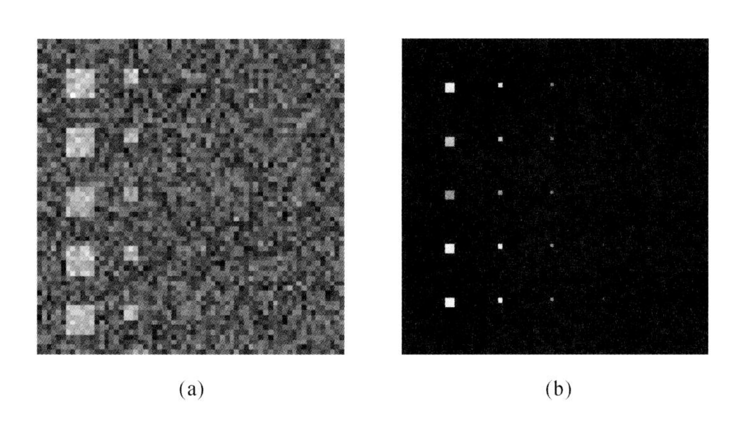

(a) (b)

图 11.2 经典 RX 算子对图 12.1 的检测结果

(a)模拟数据尺寸 64×64 像元；(b)模拟数据尺寸 200×200 像元

从图 11.2 的检测结果中可以看出，即使采用相同的异常检测算法，图 11.2(b)可以识别大小为 2×2 和 1×1 像元的目标，但图 11.2(a)却不能识别这两类尺寸的目标；并且，即使两幅图都能够有效检测到尺寸为 6×6 和 3×3 像元的异常目标，图 11.2(b)的异常目标很清晰，而图 11.2(a)的异常目标却包含了很多噪点。为什么相同的异常检测算法、相同的异常目标，在仅仅是图像尺寸不同的情况下，得到的检测结果却是不同的呢？这个简单的仿真结果同样提出了这样的问题：到底什么样的目标才是异常目标呢？不幸的是，到目前为止，并没有明确的研究回答这个问题。

本章从另一个角度诠释了异常目标，将异常目标定义为可以由局部窗口捕获到的未知的感兴趣目标。当局部窗口的大小等于整幅图像的大小时，局部窗口就变成了全局窗口，此时局部 RX 模型就是经典的 RX 算子。更特别的是，局部异常检测将关注主要放在利用不同窗口大小进行光谱信息挖掘上，用以解决上述讨论中尺寸对异常目标的影响。在此思想的基础上，本章进一步介绍了多窗口异常检测(multiple-window anomaly detection，MWAD)，通过不同尺寸的窗口模型识别不同尺寸的异常目标。这个想法源于图 11.2 的检测结果，即当图像大小不一样时，同一算法对相同目标的检测结果并不相同，而由于对于特定的图像处理，整幅图像的尺寸是固定不变的，因此利用不同局部窗口获得背景统计分析(光谱相关矩阵等)来解决这一问题。因此，提出的 MWAD 算法通过不同的窗口大小，获取背景相关矩阵，进而进行目标提取。更有趣的是，MWAD 算法可以看成多个滑动窗口在同时进行异常检测。

11.2 局部嵌套窗异常目标检测算法

高光谱图像中的每个像元都包含具有特定地物属性的光谱信息或光谱特征，不同的物质成分，其光谱信息不同。因此，一般情况下，包含同一类物质的区域，其光谱具有很强的相似性，而包含不同地物的区域，其光谱一般为局部统计独立的不同分布的组合。在局部异常检测中，假定局域光谱特性为多维高斯分布，因此可以采用光谱向量的不同统计特性来区分背景和目标，如均值和协方差矩阵等。以 3×3 为例，图 11.3 给出了现有的 4 种局部窗口空间分布形式，其中目标分布于黑点处，背景分布于白点处。

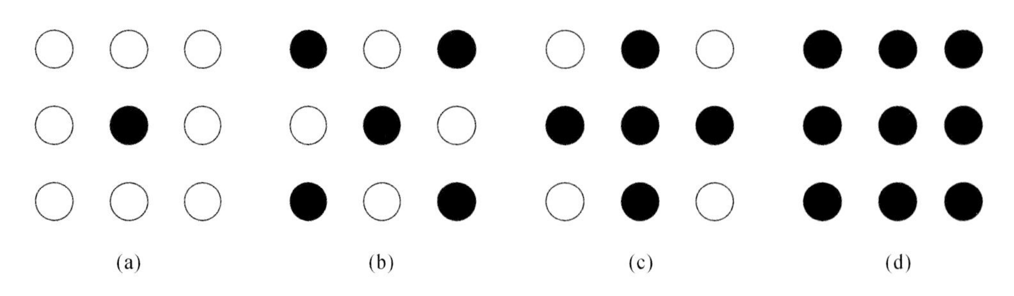

图 11.3 4 种局部窗口空间分布形式

(a)点分布；(b)对角分布；(c)垂直交叉分布；(d)全空间分布

本节介绍了两种高光谱图像异常检测算法，分别是基于双窗特征分解变换 DWEST (Kwon and Narsabadi，2003)和基于多空间窗嵌套 NSWTD(Liu and Chang，2004)的异常检测，这两种方法都是采用局部双窗口模型进行异常目标检测。

11.2.1 双窗特征分解变换 DWEST 算子

Kwon 和 Narsabadi 在 2003 年提出了一种基于双窗特征分解变换的 DWEST 检测算子，该算法将传统 RXD 算法中的整幅图像数据的统计量，即全局协方差矩阵 $\boldsymbol{K}$，用一个自适应的局部协方差矩阵替代。具体来说，该算法采用一种双层窗口模型，即外窗和内窗分别获取背景和目标的统计特性，然后通过特征分解最大化目标和背景的分离度。图 11.4 给出了 DWEST 的局部双窗模型，该模型中，内窗的作用是捕捉目标信息，而外窗则用于提取背景信息。

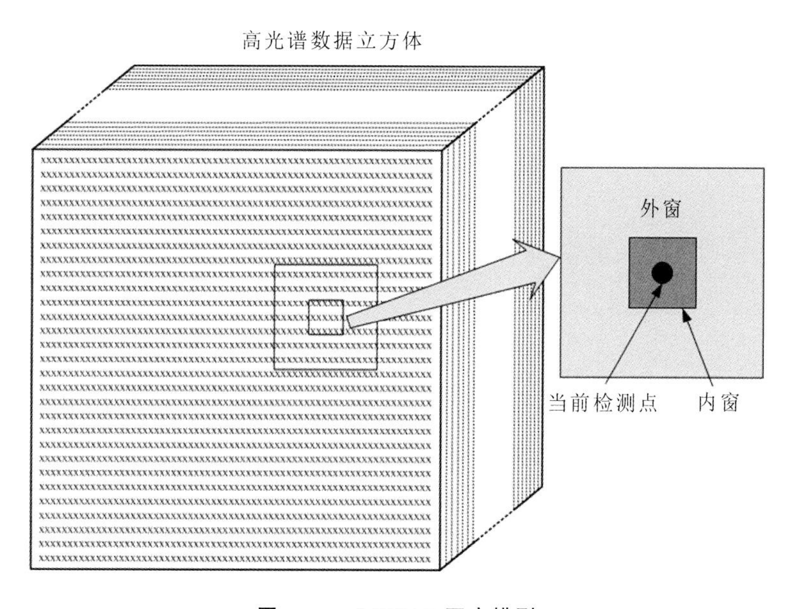

图 11.4　DWEST 双窗模型

假设 $\boldsymbol{r}$ 是待检测窗口中心位置的像元矢量，即图 11.4 所示局部窗口的待检测像元，令 $\boldsymbol{\mu}_{\text{outer}}(\boldsymbol{r})$ 和 $\boldsymbol{\mu}_{\text{inner}}(\boldsymbol{r})$ 分别是以 $\boldsymbol{r}$ 为中心的内窗和外窗的均值矢量，而 $\boldsymbol{K}_{\text{outer}}(\boldsymbol{r})$ 和 $\boldsymbol{K}_{\text{inner}}(\boldsymbol{r})$ 分别是各自的协方差矩阵。定义 $\boldsymbol{K}_{\text{diff}}(\boldsymbol{r})= \boldsymbol{K}_{\text{inner}}(\boldsymbol{r})-\boldsymbol{K}_{\text{outer}}(\boldsymbol{r})$ 为内窗和外窗的协方差矩阵之差。因此，$\boldsymbol{K}_{\text{diff}}(\boldsymbol{r})$ 矩阵的特征值可以分为两类：负值和正值。Kwon 等人认为，少量的比较大的正特征值所对应的特征向量可以成功地提取内窗口中光谱差异很大的目标。如果用 $\{\boldsymbol{v}_i\}$ 表示上述类型的特征向量，$\boldsymbol{\mu}_{\text{diff}}(\boldsymbol{r})=\boldsymbol{\mu}_{\text{outer}}(\boldsymbol{r})-\boldsymbol{\mu}_{\text{inner}}(\boldsymbol{r})$ 表示外窗与内窗的均值之差，则基于 DWEST 的异常检测算子 $\delta^{\text{DWEST}}(\boldsymbol{r})$ 可以表示为以下形式：

$$\delta^{\text{DWEST}}(\boldsymbol{r}) = \left| \sum\nolimits_i \boldsymbol{v}_i^{\text{T}} \boldsymbol{\mu}_{\text{diff}}(\boldsymbol{r}) \right| \tag{11.1}$$

实际上可以认为，DWEST 算子是一种自适应的 RXD 算子，其局部协方差矩阵用来实现自适应的背景抑制。窗口的大小是该检测算子的重要参数，要符合以下基本原则：①内窗和外窗是同心的，且窗口大小都为奇数；②内窗要尽量包含目标区域，因此其大小设置取决于目标大小;③外窗要包含足够的背景统计信息,因此其大小设置要远大于内窗,但是过大的外窗会造成算法复杂度压力,因此要在保证足够背景统计的同时尽量减小算法计算压力。

11.2.2 多空间窗嵌套 NSWTD 算子

为了更好地实现异常检测,Liu 和 Chang 等人在 2004 年提出了基于多空间窗嵌套 NSWTD 的局部异常检测方法,该算法可以看作 DWEST 算法的延伸。

假设$\boldsymbol{s}_i$ 和$\boldsymbol{s}_j$ 是两个信号矢量,则正交投影散度(orthogonal projection divergence,OPD)可以表示为以下等式:

$$\mathrm{OPD}(\boldsymbol{s}_i,\boldsymbol{s}_j)=(\boldsymbol{s}_i^{\mathrm{T}}P_{\boldsymbol{s}_j}^{\perp}\boldsymbol{s}_i+\boldsymbol{s}_j^{\mathrm{T}}P_{\boldsymbol{s}_i}^{\perp}s_j)^{1/2} \tag{11.2}$$

其中 $P_s^{\perp}$ 定义为 $P_s^{\perp}=\mathbf{I}-\boldsymbol{s}(\boldsymbol{s}^{\mathrm{T}}\boldsymbol{s})^{-1}\boldsymbol{s}^{\mathrm{T}}$,用于比较两个连续嵌套空间窗口内均值的光谱差异。利用 OPD 的概念,双空间窗的目标检测算法可以定义为式(11.3)的形式:

$$\delta_j^{\mathrm{DSWTD}}(\boldsymbol{r})=\mathrm{OPD}(\boldsymbol{\mu}_j(\boldsymbol{r}),\boldsymbol{\mu}_{j+1}(\boldsymbol{r})) \tag{11.3}$$

其中,$\boldsymbol{\mu}_j$ 和 $\boldsymbol{\mu}_{j+1}$ 是第 j 个和第$(j+1)$个窗口,其中$(j+1)^{th}$ 窗口去除 j^{th} 窗口中的像元。空间嵌套窗的目标检测可以表示为式(11.4)的形式:

$$\delta^{\mathrm{NSWTD}}(\boldsymbol{r})=\max_{i=1,2,\cdots,n}\{\delta_i^{\mathrm{DSWTD}}(\boldsymbol{r})\} \tag{11.4}$$

DWEST 算子内窗是为了获取目标光谱,而外窗是为了背景建模,这样可以通过将均值差投影到 $\boldsymbol{K}_{\mathrm{diff}}$最大特征值的特征向量上,可以实现目标提取。本节中,提出了一种新的算法,基于多空间窗嵌套(nested spatial window-based target detection,NSWTD)的异常目标检测算法,图 11.5 给出了多空间窗嵌套模型。该模型通过一组嵌套的空间窗口检测数据中存在的各种各样的目标信息。

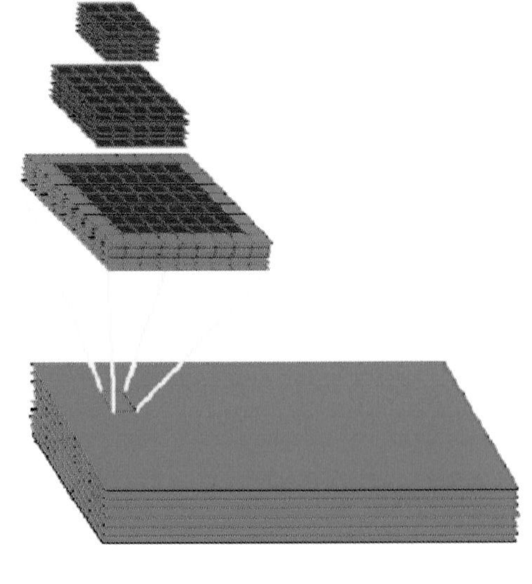

图 11.5 多空间窗嵌套模型

以三层空间窗嵌套的异常检测为例，其前两个窗，即内窗和中窗分别用来提取最小的目标和最大的目标，而外窗则用来进行背景抑制，如图 11.6 所示。

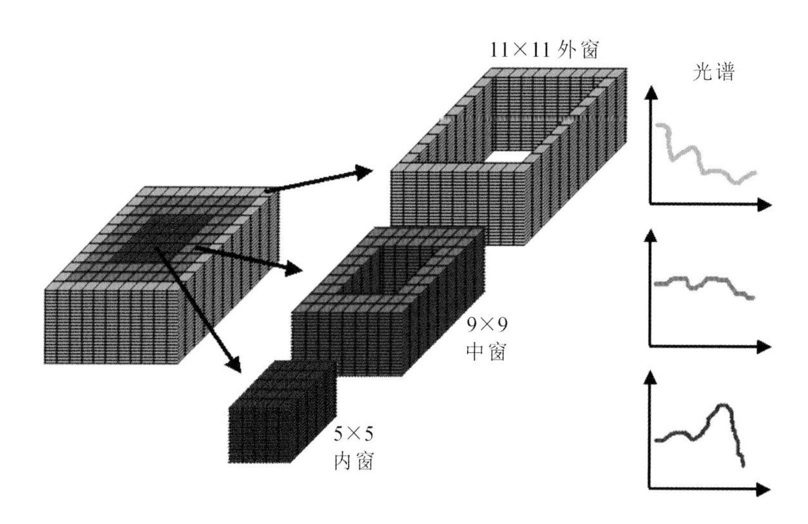

图 11.6 三层空间窗嵌套模型

为了更好地说明 DWEST 和 NSWTD 算法的异同点，图 11.7 给出了实际高光谱图像的检测模型，每一个图代表不同窗口设置的 DWEST 算法，并且其都是 NSWTD 采用双层嵌套窗的特殊情况。4 个子图的外窗大小都是 11×11 像素，而内窗大小则从 1×1 到 7×7 变化。NSWTD 和 DWEST 的相同点都是用两个嵌套窗口度量均值差异，而不同点则是其采用两种不同准则进行异常检测，DWEST 是利用式(11.1)的准则提取目标，而 NSWTD 则是利用式(11.4)的准则提取目标。

为了更好地理解式(11.3)DSWTD 和式(11.4)NSWTD 的实现过程。图 11.8 给出了两种算法的图表说明。

NSWTD、DWEST 和 RXD 算法还有一个非常重要的区别，DWEST 算子采用特征向量投影，RXD 算子采用协方差矩阵，而 NSWTD 则是利用正交投影散度 OPD 的准则。

由于 NSWTD 中采用了三层空间窗嵌套，内窗嵌在中窗中，中窗则嵌入外窗中，因此 OPD 准则必须应用两次。其中一个用于内窗和中窗，可表示为式(11.5)，其中 $\boldsymbol{\mu}_{\text{diff},1}$ 是外窗减去内窗后的像元均值。

$$\delta_1^{\text{2W-NSWTD}}(\boldsymbol{r}) = \text{OPD}(\boldsymbol{\mu}_{\text{inner}}(\boldsymbol{r}), \boldsymbol{\mu}_{\text{diff},1}(\boldsymbol{r})) \tag{11.5}$$

另一个 OPD 则用于中窗和外窗，可表示为式(11.6)，其中 $\boldsymbol{\mu}_{\text{diff},2}$ 是外窗减去中窗后的像元均值。

$$\delta_2^{\text{2W-NSWTD}}(\boldsymbol{r}) = \text{OPD}(\boldsymbol{\mu}_{\text{middle}}(\boldsymbol{r}), \boldsymbol{\mu}_{\text{diff},2}(\boldsymbol{r})) \tag{11.6}$$

因此，一个三层嵌套窗 NSWTD 算法，记作 $\delta^{\text{3W-NWSTD}}(\boldsymbol{r})$，可以表示为：

$$\delta^{\text{3W-NWSTD}}(\boldsymbol{r}) = \max_{i=1,2}\{\delta_i^{\text{2W-NSWTD}}(\boldsymbol{r})\} \tag{11.7}$$

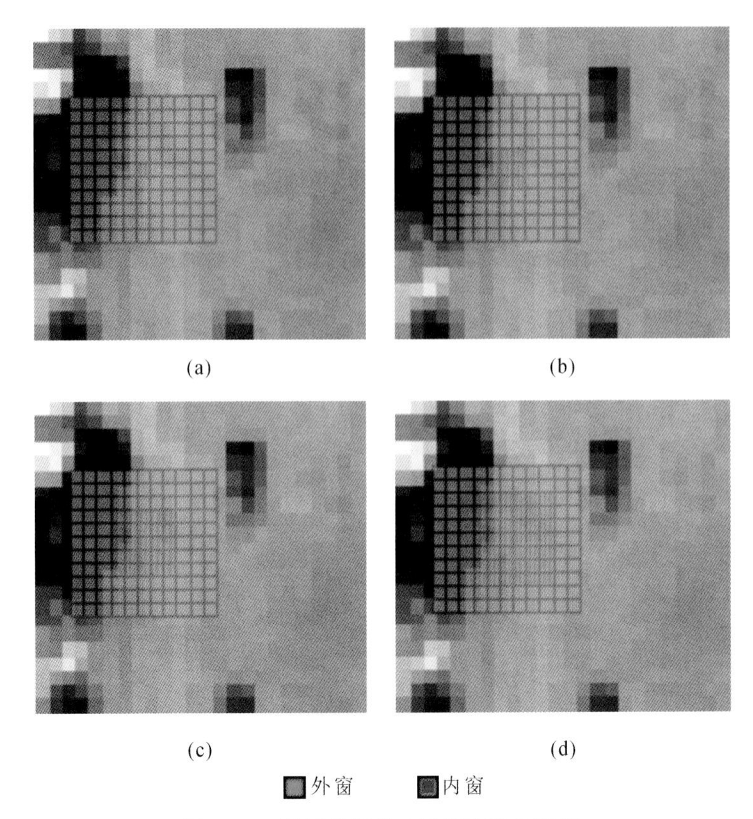

图 11.7　目标检测的 4 种嵌套窗口图解

(a)1×1 内窗；(b)3×3 内窗；(c)5×5 内窗；(d)7×7 内窗

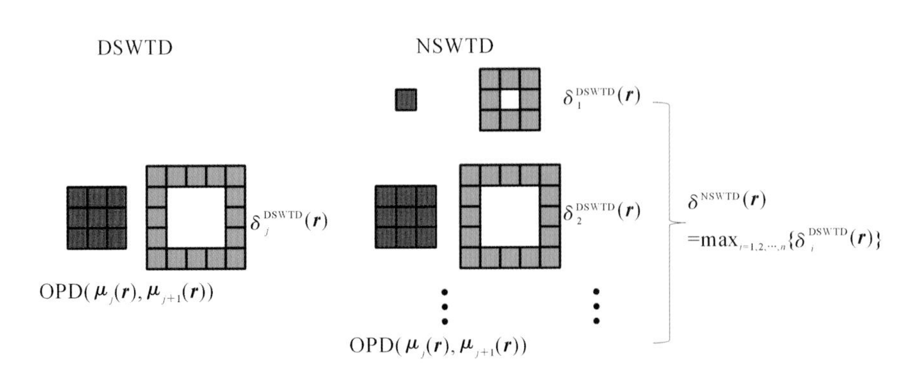

图 11.8　DSWTD **和** NSWTD **图解**

3W-NSWTD 算子的符号 a、b、c 分别代表内窗大小为 $a\times a$ 像元，中窗大小为 $b\times b$ 像元，外窗大小为 $c\times c$ 像元。当 NSWTD 算法只用内窗和外窗时，该算法与式(11.1)的 DWEST 算法类似，可以表达为以下形式：

$$\delta^{2W\text{-}NWSTD}(\boldsymbol{r}) = \mathrm{OPD}(\boldsymbol{\mu}_{inner}(\boldsymbol{r}),\boldsymbol{\mu}_{diiff}(\boldsymbol{r})) \tag{11.8}$$

其中，$\boldsymbol{\mu}_{diff}$ 与式(11.1)的定义相同。2W-NSWTD 算子的符号 a、c 用来表示内窗和外窗的大小分别是 $a\times a$ 和 $c\times c$ 像元。

11.3 多窗口异常目标检测算法

图 11.2 的仿真分析表明 RXD 算法的性能与两个因素有关：①感兴趣异常目标的大小；②待处理图像的大小。这两个因素密切相关。异常检测算法的有效性应该取决于感兴趣异常目标是否被有效识别，然而对于异常目标来说，并没有任何先验信息可以获取异常目标的分布。为了避免这种困境，一个可行的办法就是用一系列不同窗口大小的检测算子处理同一幅图像数据，以识别和提取不同尺寸的异常目标。本节介绍的多窗口异常目标检测（multiple-window anomaly detection，MWAD）算法就是利用一组具有不同尺寸窗口大小的检测算子同时进行异常检测。假设式（11.9）是一组多窗口异常检测算子，其各个窗口由式（11.10）定义。

$$\{\delta_{k_i}^{\mathrm{AD}}\}_{i=1}^{K} \tag{11.9}$$

$$\{w_{k_i}\}_{i=1}^{K} \tag{11.10}$$

其中，$\delta_{k_i}^{\mathrm{AD}}$是由 w_{k_i} 定义的第 i 个局部窗口，由 $k_i \times k_i$ 个像元组成，K 是 MWAD 算法包含的检测算子个数，当 i 逐渐增大时，其对应的检测算子 $\delta_{k_i}^{\mathrm{AD}}$ 的窗口大小 $k_i \times k_i$ 逐渐增大。对于每一个待检测像元，δ^{MWAD}将执行 K 次$\{\delta_{k_i}^{\mathrm{AD}}\}_{i=1}^{K}$算子，其第 k 个检测窗口 w_{k_i} 的大小为 $k_i \times k_i$。随着滑动窗口的移动，第 k 个检测窗口 w_{k_i} 所包含的像元发生变化，窗口内像元统计特性随之更新，$\delta_{k_i}^{\mathrm{AD}}$将完成对每一个像元的检测。需要指出的是，异常检测算法中滑动窗口的使用是为了获取窗口中的像元相关性，进而决定当前窗口中心待检测点是否为异常像元。这与传统图像处理的边缘检测算法完全不同，因此没有边界效应的问题。因此，传统 RXD 算法可以看作当 $K=1$，w_{k_1} 是一个窗口尺寸为整幅图像尺寸的 MWAD 算法的一个特殊例子。根据式（11.9），三种 MWAD 算法模型可以表述为以下内容。

11.3.1 基于 RXD 的多窗口异常检测 MW-RXD

最直接的 MDAD 算法是基于 RXD 算法原理的，其全局的协方差矩阵 $\boldsymbol{K}$ 用窗口 k_i 所包含像元的局部协方差矩阵 $\boldsymbol{K}_i$ 替代，如式（11.11）所示：

$$\boldsymbol{K}_i = \frac{1}{k_i \times k_i} \sum\nolimits_{x \in w_{k_i}} (\boldsymbol{x} - \boldsymbol{\mu}_i)(\boldsymbol{x} - \boldsymbol{\mu}_i)^{\mathrm{T}} \tag{11.11}$$

其中，$\boldsymbol{\mu}_i$是局部窗口 w_{k_i} 内的所有像元的均值。因此，采用式（11.10）的窗口定义，基于 RXD 原理的 MWAD 算法可以简写为 MW-RXD。通过改变每组窗口大小 k_i 计算协方差矩阵的逆矩阵$\boldsymbol{K}_i^{-1}$，得到不同程度的背景抑制，进而实现异常检测，对于同一个待检测目标，不同的窗口可能得到不同的检测丰度。利用 K 个窗口的检测丰度结果，可以区分出不同尺寸的目标。最后，通过式(11.12)的融合算法可以得到最终的检测结果图。

$$\delta^{\text{MW-RXD}}(\boldsymbol{r}) = \max_{1 \leqslant i \leqslant K} \delta_i^{\text{RXD}}(\boldsymbol{r}) \tag{11.12}$$

式(11.12)取 K 个序列窗口的检测结果的最大值作为最终的检测结果，MW-RXD 算法的检测结果共有$(K+1)$个丰度结果图，其中包含 K 个由$\{\delta_{k_i}^{\text{RXD}}\}_{i=1}^{K}$算子得到的检测结果丰度图和一个由式(11.12)得到的融合结果丰度图。

11.3.2 基于嵌套窗的多窗口异常检测 MW-NSWTD

另一种 MWAD 算法是基于嵌套窗口的检测原理，$\{\delta_{k_i}^{\text{AD}}\}$算子的每一个窗口是嵌入在其后续窗口中的，$\delta_{k_i}^{\text{AD}}$的定义利用式(11.4)$\delta^{\text{NSWTD}}$的原理，并且窗口大小满足 $k_i < k_{i+1}$，这种多窗口异常检测算法可简写为 MW-NSWTD。图 11.9 给出了 MW-NSWTD 算法流程图，该算法流程图可以提高原始 NSWTD 算法的检测性能(Liu and Chang，2004)。

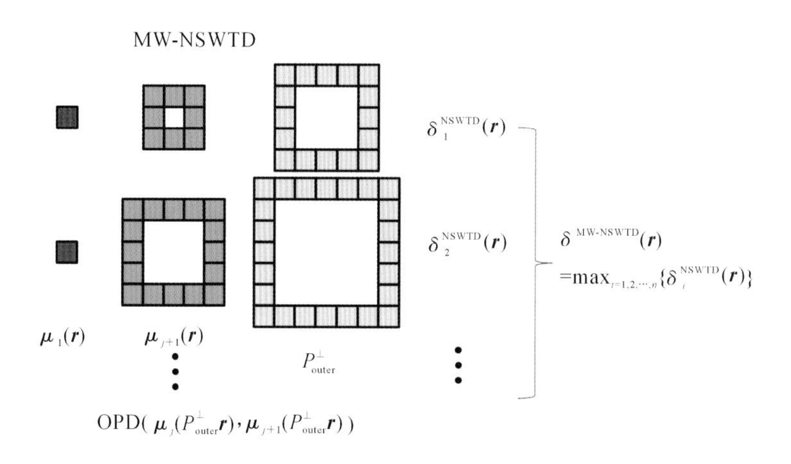

图 11.9 MW-NSWTD 算法流程图

首先，NSWTD 算法外窗在 MW-NSWTD 算法中为中窗，其最外面的窗口则利用正交子空间投影 OSP 算法实现背景抑制(Harsanyi and Chang，1994)。以三层嵌套窗为例，式(11.4)可以修改为：

$$\delta_i^{\text{MW-NSWTD}}(\boldsymbol{r}) = \text{OPD}(\boldsymbol{\mu}_{\text{inner}}(P_{\text{outer}}^{\perp}\boldsymbol{r}), \boldsymbol{\mu}_{\text{middle}}(P_{\text{outer}}^{\perp}\boldsymbol{r})) \tag{11.13}$$

其中，里面的、中间的和外部的窗口分别定义为内窗、中窗和外窗，并且 $P_{\text{outer}}^{\perp}$ 利用去除内窗和中窗像元后仅仅包含在外窗中的像元计算得到。这种方法可以有效地降低虚警概率，尤其是当窗口中包含非常杂乱的区域时。

图 11.10 以实际的高光谱图像数据为例，给出了如何从双窗延伸到三层嵌套窗的 MW-NSWTD。

给定一组多窗口$\{w_{k_i}\}_{i=1}^{K}$，MW-NSWTD 实现一组图 11.10 所示的三层嵌套窗

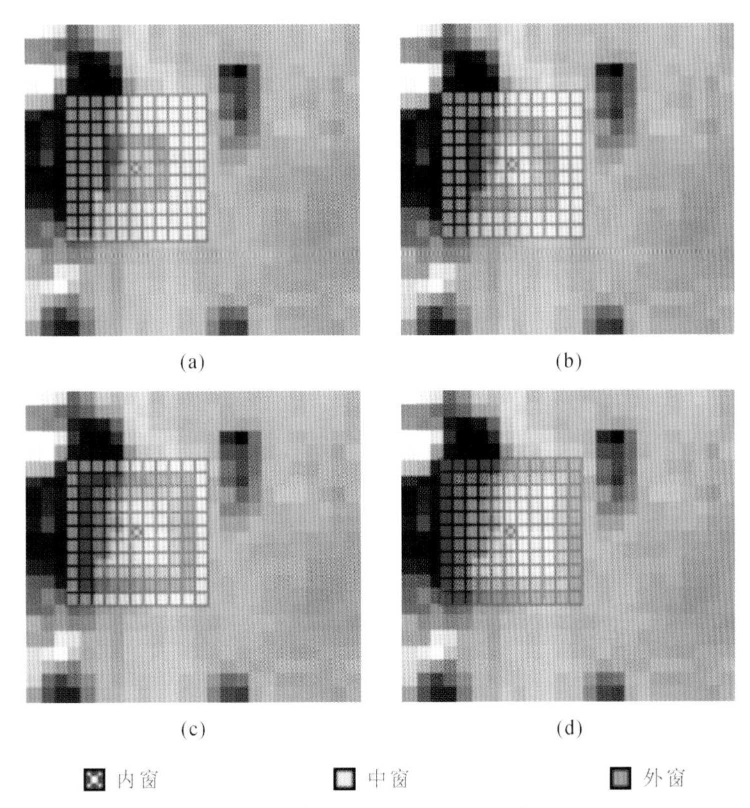

图 11.10 三层嵌套窗 MW-NSWTD 算法示例图

(a)1/3/5;(b)1/5/7;(c)1/7/9;(d)1/9/11

NSWTD 异常检测。

通常来说,最内层窗(inner,I)的尺寸是固定的,一般是 1×1 像元。中间层窗口(middle,M)和最外层窗口(Outer,O)可以自适应变化,得到不同程度的背景抑制。实验中,等式(11.12)的融合或者选择中/外层窗口满足 $M/O=k_i/(k_i+2)$时,都可以得到最好的检测结果。

11.3.3 基于特征分解变换的多窗口异常检测 MW-DWEST

第三种形式的 MWAD 与 MW-NSWTD 算法类似,可以看作广义 DWEST 算法,简写为 MW-DWEST。该算法也是利用一组异常算子$\{\delta_{k_i}^{\mathrm{MWAD}}\}$,该组中的每个算子都满足式(11.1)的原理,记为$\delta_{k_i}^{\mathrm{MWAD}}=\delta_{k_i}^{\mathrm{DWEST}}$。DWEST 的内层窗口和外层窗口在本节中可以延伸出多个窗口形式,如固定最内侧的窗口为 k_1,最外侧的窗口为 k_K,对于任意的 $i>1$ 满足 $k_1<k_i$,并且对于任意的 $i\geqslant 1$ 满足 $k_i<k_K$。也就是说,MW-DWEST 相当于执行一系列的 DWEST 算法,与 MW-NSWTD 的原理类似。一般来说,MW-DWEST 算法也是固定最内侧的窗口尺寸,利用最外侧的窗口执行 OSP 算子以完成背景抑制,$P_{\mathrm{outermost}}^{\perp}$与式(11.13)的 $P_{\mathrm{outer}}^{\perp}$类似,将其他窗内像元投影到最外侧窗口像元的正交子空间中。随后,均值之差为两个连续中间窗口的方差矩阵之差,并且进行特征分解,这两个连续中间窗就相当于传统 DWEST 的内窗和

外窗。需要注意的是，MW-DWEST 用 OSP 算子，即 $P_{\text{outermost}}^{\perp}$ 作为背景抑制是传统 DWEST 算法所未提出的新思路。

11.4 实验分析

本节给出了 RXD、DWEST、NSWTD 以及它们的多窗口模型 MW-RXD、MW-DWEST 和 MW-NSWTD 等算子的实验分析，通过对比分析验证其检测性能。实验中采用图 11.11(a)～(b)所示的大小为 200×74 的 HYDICE 数据。其中，图(a)为包含多种尺寸目标的高光谱数据，图(b)中红色的中心目标和黄色的边界给出了目标的分布情况。数据上半部分三列目标的空间尺寸分别是 3 m^2、2 m^2 和 1 m^2。但是由于 HYDICE 数据的空间分辨率是 1.56 m^2，因此第三列中的目标都是亚像元目标。数据下半部分包含多种尺寸的车辆目标，第一列中的前 4 辆为 4 m×8 m，最后一辆为 6 m×3 m，第二列中的车辆分别为 1×2 和 1×3 像元尺寸。其中红色的中心目标像元是纯像元，而黄色的链接像元认为是混有背景的混合像元。本章中仅考虑红色纯像元的检测。

11.4.1 不同算子检测性能分析

第一组实验用 RXD、DWEST 和 NSWTD 算法及其多窗口模型进行异常检测，并给出了实验分析。实验描述中内窗和外窗分别用 I 和 O 表示，窗口尺寸用 I/O 来表示。为了避免协方差矩阵求逆中出现的奇异值问题，外窗口的设计必须大于或等于 13×13，其13×13＝169 实际是总的波段数。根据实验结果，3/13 的窗口设计是 DWEST 的最优组合。为了进行比较分析，NSWTD 的窗口也选为 13×13，因此实验中 NSWTD 的窗口为 1/13、3/13、5/13、7/13、9/13 和 11/13。需要指出的是，本节实验中 RXD 算子指的是用全局协方差矩阵(整幅图像像元的协方差矩阵)计算得到的，而 DWEST 和 NSWTD 算子都是用自适应局部相关特性。图 11.11(c)～(e)给出了 RXD、DWEST 和 NSWTD 算子的检测结果丰度值，而图 11.11(f)～(h)则给出了用式(11.12)融合后的结果。

通过图 11.11 可以看出，从视觉上看，图(f)的 MW-RXD 对第三列的亚像元的检测效果是最好的。但是如果考虑误警率和背景抑制情况的话，图(h)的 MW-NSWTD 算子应该是所有算子中检测效果最好的。为了进一步定量分析各种算子的检测性能，各算子的检测结果都被归一化，这样的话检测结果实际上是一幅概率图，通过在(0,1)范围内的概率阈值切割即可得到最终的检测结果。对于每一个分割阈值 τ，都有一组检测概率和虚警概率，从而可以得到检测算子的 ROC 曲线。图 11.12 给出了 RXD、DWEST、NSWTD、MW-RXD、

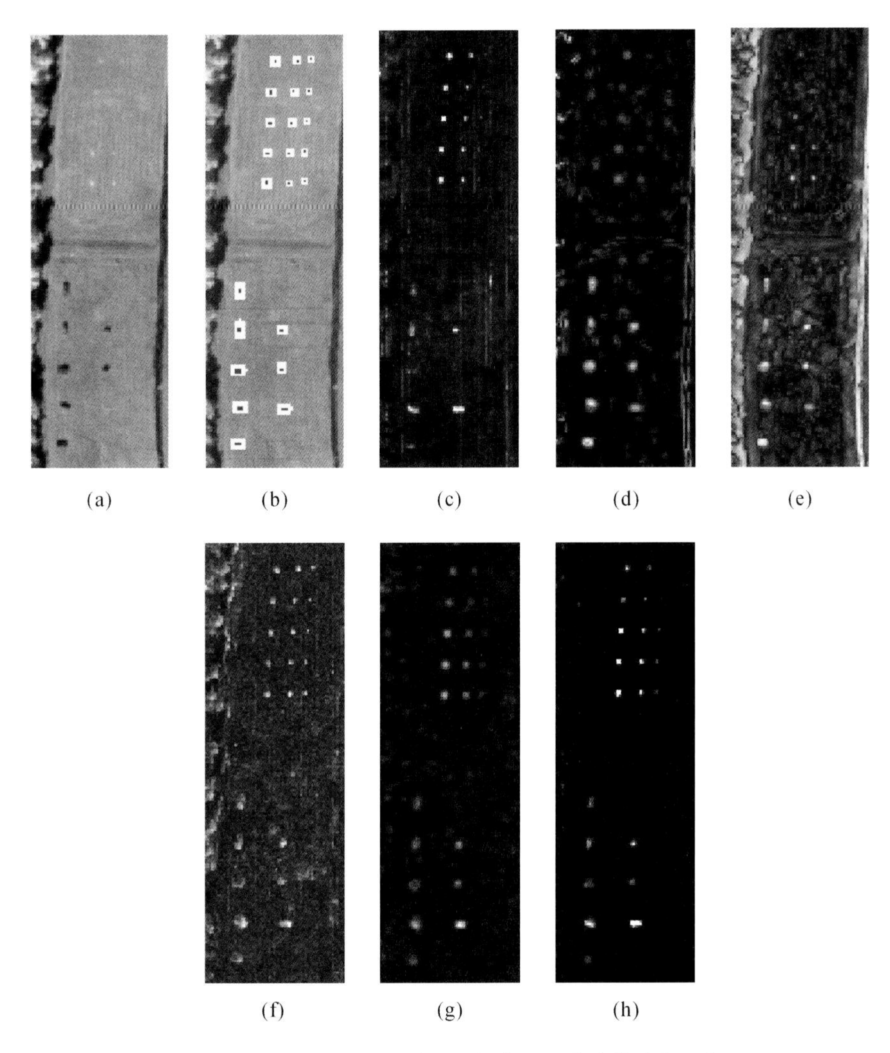

(a) (b) (c) (d) (e)

(f) (g) (h)

图 11.11 (a)HYDICE 数据,包含不同大小的车辆目标

(a)HYDICE 数据;(b)目标分布;(c)RXD;(d)DWEST;

(e)NSWTD;(f)MW-RXD 融合结果;(g)MW-DWEST 融合结果;(h)MW-NSWTD 融合结果

MW-DWEST、MW-NSWTD 算子的检测结果 P_D-P_FROC 曲线。

检测算子的检测性能可以用 ROC 的曲线下面积来度量,用 A_z表示(Chang et al,1998)。A_z是诊断成像学(Swets and Pickett,1982)的惯用度量方法。通过图 11.12 可以看出,MW-NSWTD 算子的检测结果最佳,紧接着是 RXD 的检测结果。通过图 11.11 和图 11.12 得知,在 RXD、DWEST 和 NSWTD 这 3 种算子中,RXD 算子的检测性能最佳,其 $A_z \approx 0.98$,并且误警率最低。这是合理的,因为 RXD 算子用全局统计量协方差矩阵进行背景抑制,因而对于 HYDICE 上半部分目标检测效果最佳。而用局部窗口模型的检测算子,其检测性能可能不如 RXD 算子的检测性能。但是对于 HYDICE 数据下半部分的大目标车辆的检测,局部窗口则能够检测到更多的车辆目标。

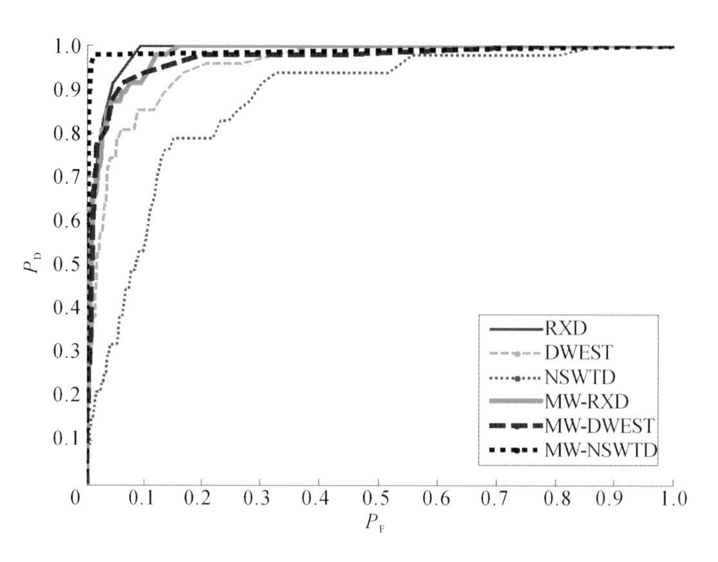

图 11.12 RXD、DWEST、NSWTD、MW-RXD、MW-DWEST、MW-NSWTD 算子的检测结果 ROC 曲线

11.4.2 窗口尺寸对检测性能的影响

为了验证窗口尺寸对不同算法性能的影响，本节重复 11.4.1 的实验，用不同尺寸的窗口，比较 MW-RXD、MW-NSWTD 和 MW-DWEST 这 3 种 MWAD 算法在不同窗口下的检测性能。图 11.11(f)～(h)给出了利用式(11.12)的融合结果。从图 11.11(c)～(h)的检测结果可以看出，RXD 的检测性能，尤其是 A_z 要优于大多数的局部窗算法，但实际上这是由窗口尺寸选的并不是最优的所造成的。因此，为了进一步说明随着窗口尺寸的变化，局部异常检测算子性能是如何变化的，本节给出了不同窗口下各种局部窗算子的检测结果。

11.4.2.1 不同窗口的 MW-RXD 算子实验分析

本节给出了不同窗口大小的 MW-RXD 算子的检测实验。为了避免矩阵求逆的奇异性，外窗的大小应大于 13×13，因此本次实验选取外窗为(a)14×14、(b)17×17、(c)20×20、(d)23×23 进行仿真。图 11.13 给出了检测结果，同时在检测结果丰度图下注明了对应的 A_z 值。

从图 11.13(a)～(d)可以看出，随着外窗尺寸的增加，虚警概率降低了，但是这并不意味着 A_z 的值一定会随之递增，图 11.13(b)和(c)的结果可以很好地证明这一点。为了定量分析四种窗口设置的检测性能，图 11.14 绘制了 P_D-P_F 的 ROC 曲线，可以看出，检测性能最好的是窗口设置为 23×23 的算子，而窗口为 17×17 的检测算子次之。

有趣的是，从图 11.14 可以看出，窗口设置为 20×20 的算子，其 ROC 曲线上有个视觉可见的缺口，然而，如果我们目测图 11.13 的检测结果，其检测性能似乎没有太大变化。

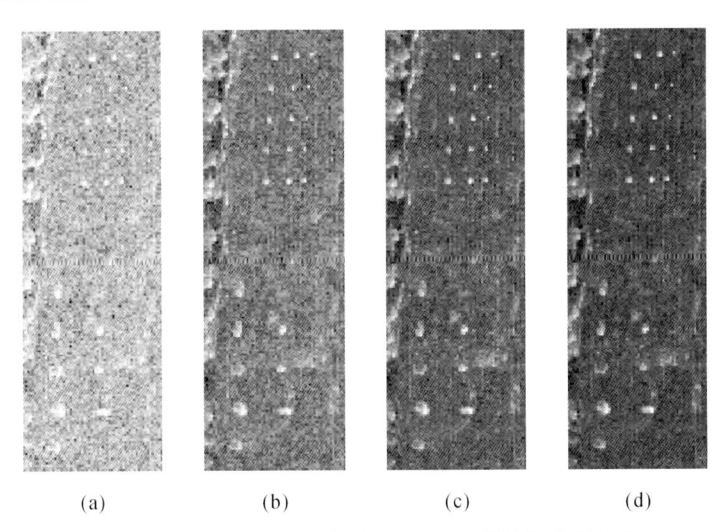

图 11.13 不同窗口尺寸下 MW-RXD 算子的检测结果

(a)A_z:0.9496;(b)A_z:0.9788;(c)A_z:0.9763;(d)A_z:0.9804

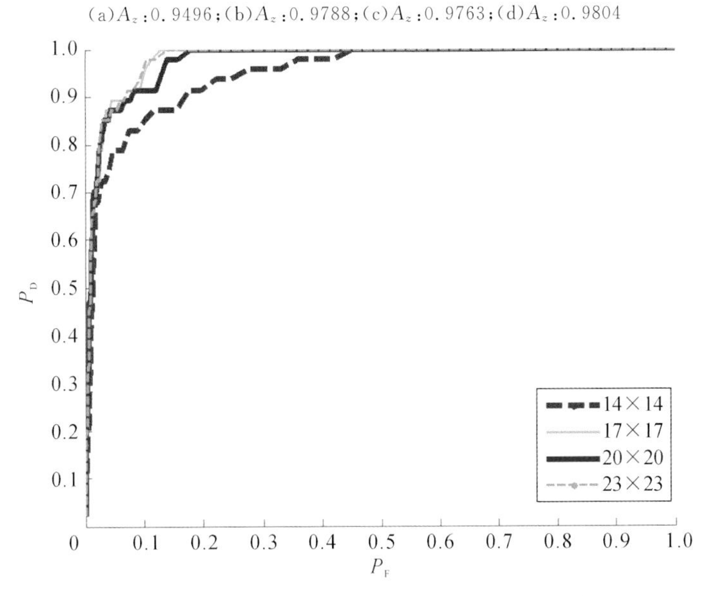

图 11.14 不同窗口尺寸下 MW-RXD 算子的 ROC 曲线

11.4.2.2 不同窗口的 MW-DWEST 算子实验分析

MW-DWEST 算子的外窗口用于实现背景抑制，然后利用 OSP 算子将其他窗内像元投影到最外侧窗口像元的正交子空间中，利用特征分解将两个连续中间窗口的方差矩阵之差进行分解，这两个连续中间窗就相当于传统 DWEST 的内窗和外窗。本节采用了 4 种不同窗口设计进行性能分析，分别是(a)3/5/7、(b)3/7/9、(c)3/9/11、(d)3/11/13。图 11.15 给出了在不同窗口设置下的仿真结果。需要注意的是，本节中内窗都是采用 3×3 而不是1×1 的大小，这是因为 3×3 的尺寸是可以考虑最近 8 像元邻域的最小窗口，而 1×1 的内窗并不能得到邻域的相关性。

图 11.15 给出了在不同窗口设置下异常目标的检测情况，从图 11.15(a)～(d)可以看

出，4 种窗口尺寸均可检测到上半部分的面板目标，其中(a)～(c)可以很好地识别第二列和第三列的小目标，但当中窗和外窗尺寸变大，如图(d)所示，其检测性能会有所降低。这可能归因于当外窗变大时，外窗中包含了第 1 列和第 3 列的目标像元，使得 OSP 进行背景抑制时，也同时抑制了目标信息。而对于图像中的下半部分目标，尤其是尺寸比较大的车辆目标，只有在(c)～(d)的中窗尺寸较大时才能够检测到。为了进一步定量分析四种不同窗口设置对算法性能的影响，图 11.16 给出了不同窗口设置下 MW-DWEST 算法的 P_D-P_FROC 曲线，从曲线可以看出，最优检测性能对应的窗口尺寸为 3/9/11。

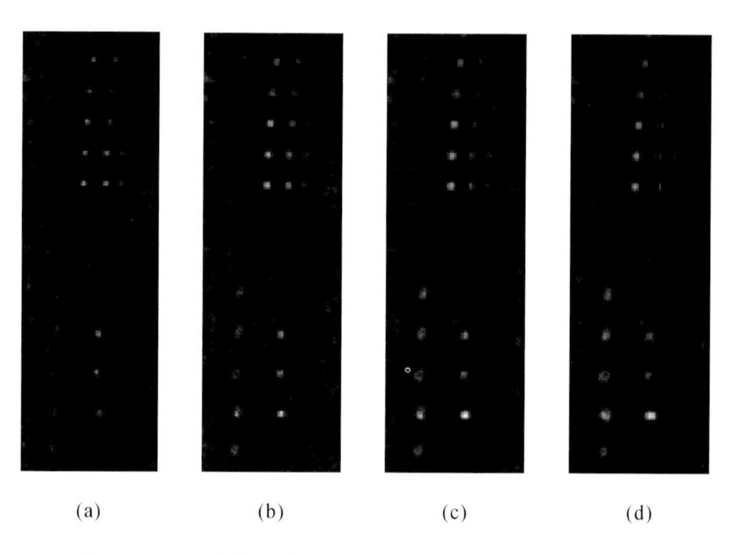

图 11.15　不同窗口尺寸下 MW-DWEST 算子的检测结果

(a)A_z：0.8714；(b)A_z：0.9649；(c)A_z：0.9736；(d)A_z：0.9448

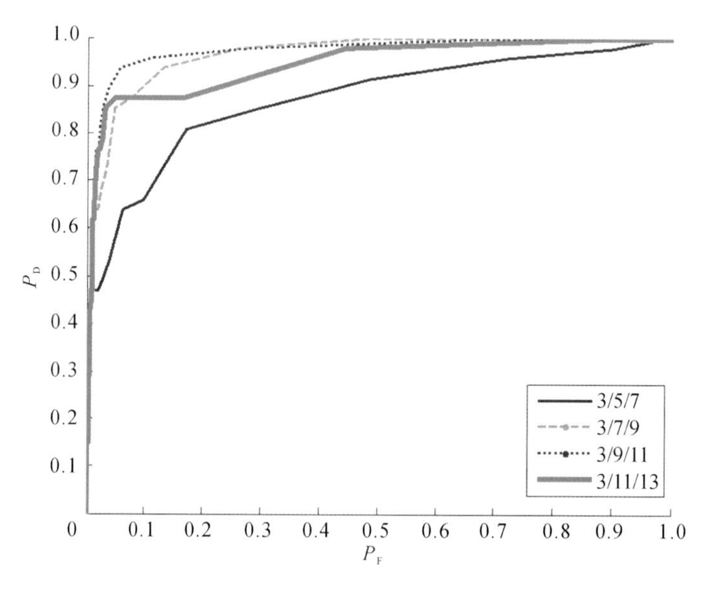

图 11.16　不同窗口尺寸下 MW-DWEST 算子检测结果的 ROC 曲线

最后，前文中图 11.11(g)给出了图 11.14(a)～(d)利用式(11.12)的融合结果，融合后的结果优于原始的 DWEST 得到的图 11.11(d)的结果。然而，融合后的 ROC 曲线下面积 A_z 值却比图 11.14(c)得到的略低，这种退化可能是由于通过融合后，其误警率上升了。

11.4.2.3 不同窗口的 MW-NSWTD 算子实验分析

本节给出了与前两节相同的实验过程，为了公平比较，MW-NSWTD 算子最外层窗口大小为 13×13，因此实验中 5 种不同窗口设置(内窗/中窗/外窗)如下：(a)1/3/5、(b)1/5/7、(c)1/7/9、(d)1/9/11、(e)1/11/13。其中内窗尺寸都为 1。图 11.18(i)给出了检测结果丰度图，但是由于结果丰度的范围太大，使得检测到的异常目标被大丰度的值抑制掉。为了得到更好的视觉效果，图 11.18(ii)给出了检测结果丰度值平方根结果，从结果中可以看出，各种目标的检测效果比较好。

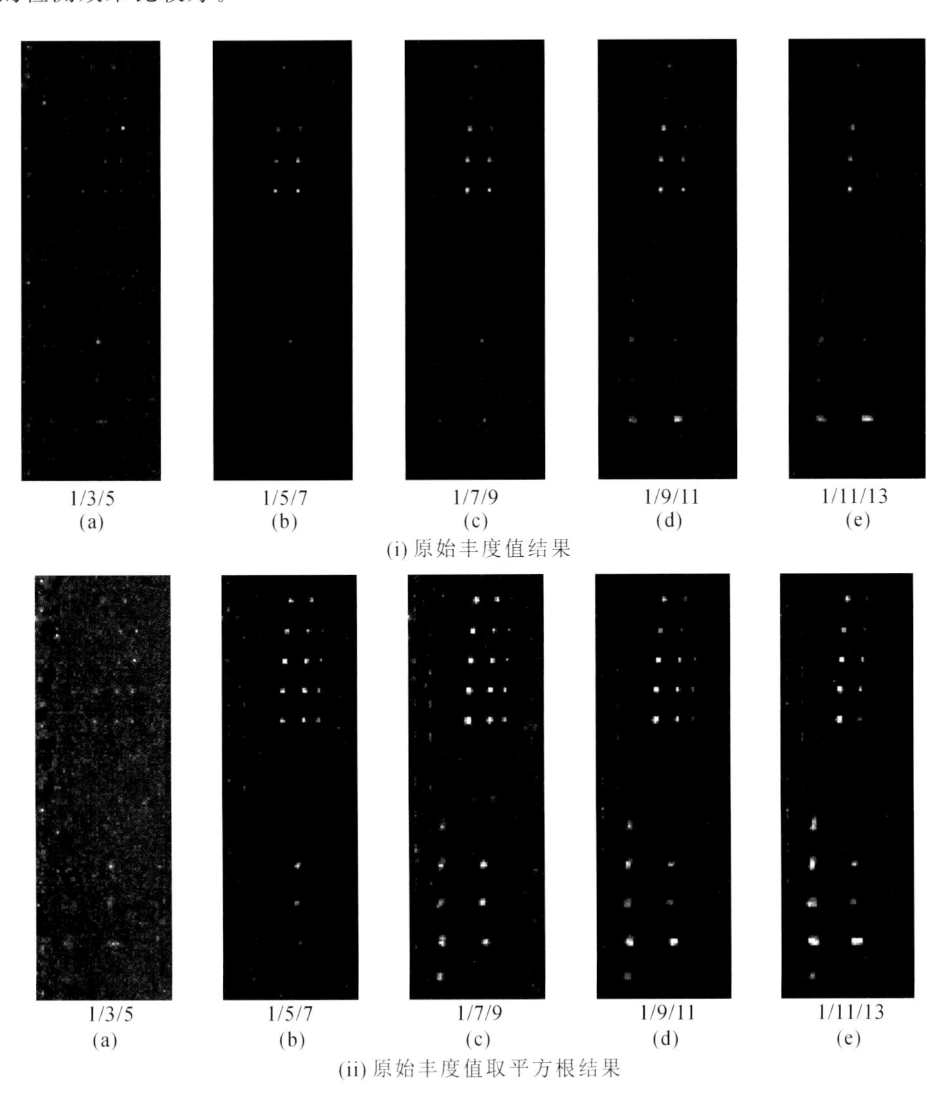

图 11.17 不同窗口尺寸下 MW-NSWTD 算子的检测结果

(a)A_z：0.8683；(b)A_z：0.7430；(c)A_z：0.9440；(d)A_z：0.9876；(e)A_z：0.9231

为了进一步对5种窗口尺寸下MW-NSWTD算子的检测性能进行定量分析，图11.18(i)～(ii)给出了P_D-P_F的ROC曲线，再结合图11.17中给出的A_z值，可以看出最优检测性能对应的窗口尺寸为1/9/11。

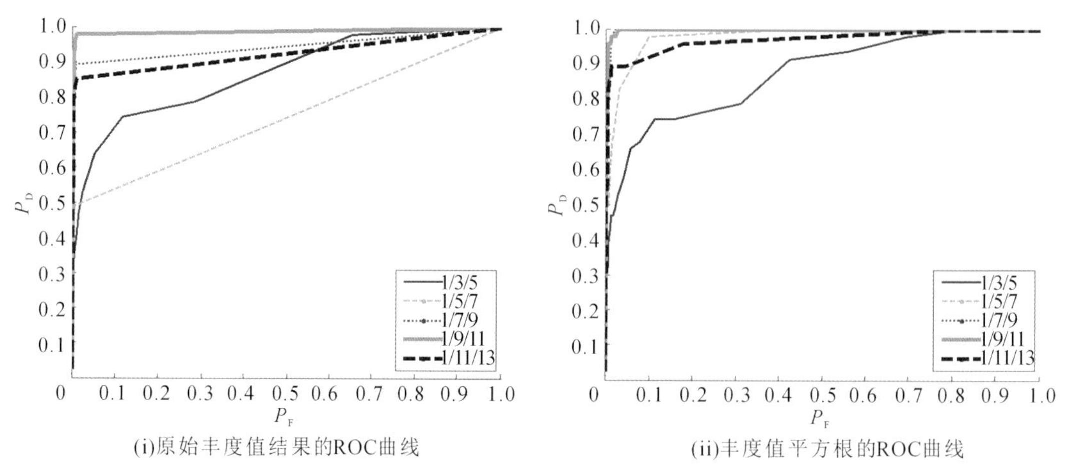

(i)原始丰度值结果的ROC曲线　(ii)丰度值平方根的ROC曲线

图11.18　不同窗口尺寸下MW-NSWTD算子的检测结果的ROC曲线

从图11.17和图11.18中得出如下几个结论：

(1)通过比较图11.17和图11.16(h)的融合结果，图11.16(d)可以得到比图11.16(h)更高的A_z值，这可能是由于融合之后会造成更高的误警率。

(2)从图11.17(ii－a)～(ii－e)可以看出A_z值随中窗和外窗尺寸变大而增高，直到增至11×11，当继续增至13×13时第二列和第三列的面板目标的检测性能恶化。这是由于此时最外层窗口的像元中包含了目标信息，从而使得背景抑制的同时抑制了目标信息。相反，对于底部的大目标车辆，当窗口更大时，其检测效果则会变得更好。

(3)图11.17(ii－d)和11.17(ii－e)对不同目标检测性能的冲突，证明了不同窗口尺寸对不同大小的目标会有不同检测性能，但是可惜的是并没有关于窗口尺寸和目标大小关系的统一准则。这是一个非常具有挑战性的问题，在后续的研究中应得到更进一步的探讨。

(4)图11.17(ii－a)～(ii－e)证明了基于单窗口RXD类的检测算子，很难有效检测检测场景中存在不同尺寸目标的情况，而本章的MWAD算法通过多窗口的设置则可以有效解决这一问题。

(5)通过比较图11.11(i)－(ii)的原始丰度值和丰度值的平方根的检测结果，可以看出后者A_z值也显著提高。另外，MW-NSWTD算子在图11.17(ii)的1/7/9的ROC性能也接近于最优性能，但是在11.17(i)却并非如此。

11.4.3　近实时算法的实现

MWAD算法是基于像元的处理算法，因此可以实现逐像元的近实时检测，唯一的时延来自于多窗口中计算协方差矩阵。表 11.1 给出了不同多窗口 MWAD 算法平均每像元检测所需要的时间,其检测环境为 Intel Core 2 Duo 2.4GHz,内存 2 GB,仿真环境为 MATLAB 7.0。可以看出 MW-NSWTD 算子的运算时间最短,其次为 MW-RXD 算子,再之后为 MW-DWEST 算子。这是因为相对于 MW-DWEST 算法用矩阵特征分解和 MW-RXD 算法矩阵求逆而言,OPD 的正交子空间投影所需要的运算时间最小。

表 11.1 不同 MWAD 算法对 HYDICE 数据平均每像元算法运行时间

(单位:s)

DWEST	NSWTD	MW-RXD	MW-DWEST	MW-NSWTD
0.053774	0.005	0.1890	0.239554	0.0537

图 11.19 给出了图 11.16 的 MW-NSWTD 算子的渐进式处理过程,其中,红色内窗尺寸为 5×5,而黄色外窗口尺寸为 13×13,图 11.20 给出了对应的检测结果丰度图。

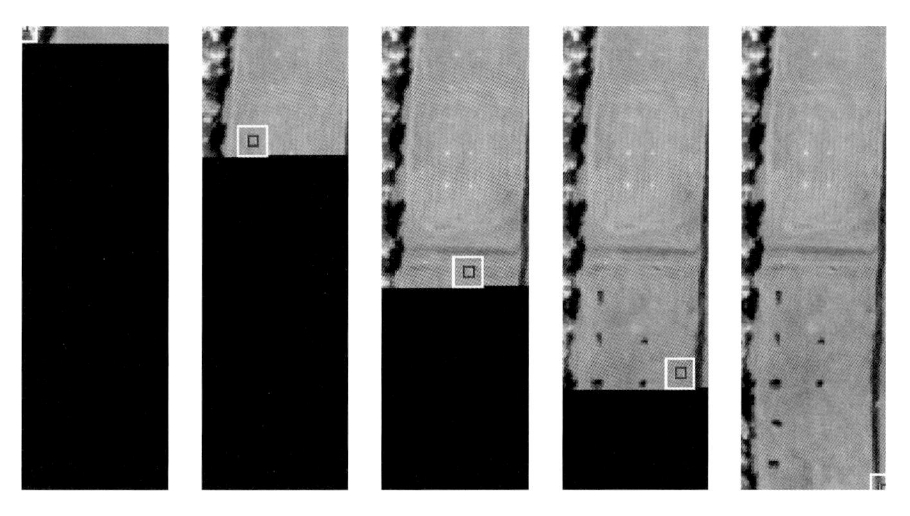

图 11.19 MW-NSWTD 算子的渐进式实时处理过程

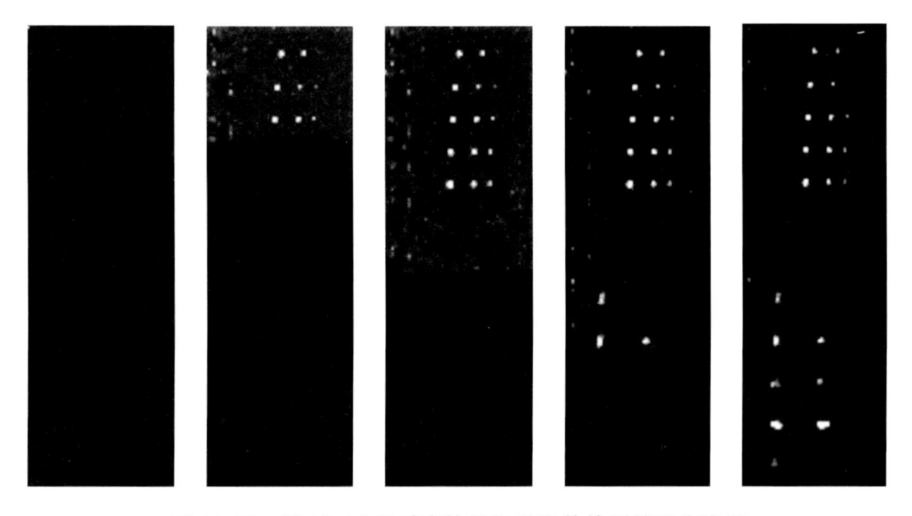

图 11.20 图 11.19 所对应的处理进程的检测结果丰度图

11.5 本章小结

本章介绍了基于多窗口的异常目标检测算法。这种算法是自适应的，并且与传统全局检测和单窗口的检测模型相比，可以检测场景中不同尺寸的异常目标。MWAD 算法的设计核心就是通过不同尺寸的窗口设计解决异常目标尺寸问题。通过 MWAD 的思想，经典的 RXD 算子(Reed and Yu，1990)、DWEST 算子(Kwon and Narsabadi，2003)和 NSWTD 算子(Liu and Chang，2004)都可以扩展为多窗口的形式，简记为 MW-RXD、MW-DWEST 和 MW-NSWTD。这种 MWAD 算法可以在算子一次执行过程中，通过多种窗口获取不同尺寸的目标，再通过融合得到最终的检测结果。

参考文献

王玉磊，2015. 高光谱实时目标检测算法研究[D]. 哈尔滨：哈尔滨工程大学.

CHANG C I，2016. Real-Time Progressive Hyperspectral Image Processing[M]. New York：Springer.

HSUEH M，2004. Adaptive Causal Anomaly Detection[D]. Baltimore，MD：University of Maryland Baltimore County.

REED I S，YU X，1990. Adaptive multiple-band CFAR detection of an optical pattern with-unknown spectral distribution[J]. IEEE Trans. on Acoustic，Speech and Signal Process，38(10)：1760-1770.

HARSANYI J C，CHANG C I，1994. Hyperspectral image classification and dimensionality reduction：an orthogonal subspace projection approach[J]. IEEE Trans. on Geoscience and Remote Sensing，32(4)：779-785.

KWON H，DER S Z，NASRABADI N，2003. Adaptive anomaly detection using subspace separation for hyperspectral imagery[J]. Optical Engineering，42(11)：3342-3351.

KWON H，NASRABADI N，2005. Kernel RX-algorithm：a nonlinear anomaly detector for hyperspectral imagery[J]. IEEE Trans. on Geoscience and Remote Sensing，43(2)：388-397.

Liu W，CHANG C I. 2013. Multiple window anomaly detection for hyperspectral imagery

[J]. IEEE Journal of Selected Topics in Applied Earth Observation and Remote Sensing, 6(2):664-658.

Liu W, CHANG C I,2004. A nested spatial window-based approach to target detection for hyperspectral imagery[C]//IEEE International Geoscience and Remote Sensing Symposium(IGARSS), Alaska: 20-24.

BOKER L, ROTMAN S R, BLUMBERG D G, 2008. Coping with mixtures of backgrounds in a sliding window anomaly detection algorithm [J]. Proceedings of SPIE - The International Society for Optical Engineering:711315-1- 711315-12.

第12章　高光谱实时目标检测

高光谱目标检测可以分为主动目标检测和被动目标检测两类。主动目标检测是一般意义下的目标检测，通常来说感兴趣目标的光谱信息是已知的，如侦察、救援等实际应用领域。在实际应用中，对此类目标的实时检测是非常重要的，从算法实现的角度来说，算子中所用到的所有信息必须是待检测像元之前的像元信息，而不能用到后续的像元信息，这种特性我们通常称为“因果”特性。然而，目前大多数实时算子仅考虑提高算法的处理速度，并没有将这种因果特性考虑到算子的结构中，这类算法实际上只能称得上快速算子而并不是真正的实时算子。本章在传统高光谱目标检测的经典算法——约束能量最小化算子(constrained energy minimization，CEM)的基础上，介绍了基于实时处理的CEM算子，并对其性能进行了分析。

12.1　引　　言

高光谱遥感图像含有大量的光谱波段，为我们了解地物情况提供了极其丰富的信息，有助于我们进行更加细致的遥感数据地物分类和目标识别。对于目标检测，一般分为两类：一类是非监督的目标检测技术，常见的算法主要有自动目标识别算法(automatic target generation process，ATGP)，然而这个算法并不是对所有的目标都有效；另一类则是通过一定的手段进行背景抑制，进而突出目标信息，但有时由于背景中含有目标光谱，也会在抑制背景的同时，将目标信息进行了一定程度的抑制，目前最常用的算法是CEM算法。CEM算法的思想是将像元分为两类：一类是感兴趣目标，另一类是背景信息。由于CEM算子不需要所有的背景类别的光谱，因此它是采用全部像元的相关矩阵 $\boldsymbol{R}$ 并将其作为背景信息进行抑制。一旦背景得到有效抑制，通过匹配滤波就可以有效突出目标。当场景中存在多类已知的感兴趣目标信息，将CEM算子扩展为TCIMF算子，以用于多类目标的检测。在实际应用中，实时检测是非常重要的，本章在第5章的基础上，根据实际应用中对实时算子的需求，针对摆扫式和推扫式两种成像方式，介绍基于逐点扫描和基于逐行扫描的实时 CEM 算子的实现过程及实验分析。

12.2 基于逐点扫描的实时 CEM 算子

本书第 5 章介绍了最小能量约束 CEM 算子，为了实现针对摆扫式成像光谱仪的实时算子，本节着重介绍基于逐点扫描（band-interleaved by pixel/sample，BIP/BIS）的实时 CEM 算子的实现方式。

12.2.1 因果 CEM 算子

假设 $\boldsymbol{r}_n$ 是当前待检测的像元矢量，$\{\boldsymbol{r}_i\}_{i=1}^{n-1}$ 是在当前待检测像元之前已获取的所有像元矢量，则因果相关矩阵（causal sample correlation matrix，CSCRM）的定义为下式：

$$\boldsymbol{R}(n) = (1/n)\sum_{i=1}^{n} \boldsymbol{r}_i \boldsymbol{r}_i^{\mathrm{T}} \tag{12.1}$$

因此，对于当前待检测的像元矢量 $\boldsymbol{r}_n$，其因果 CEM 算子（causal CEM，C-CEM）可表示为下式：

$$\delta^{\text{C-CEM}}(\boldsymbol{r}_n) = \frac{\boldsymbol{d}^{\mathrm{T}}\boldsymbol{R}^{-1}(n)\boldsymbol{r}_n}{\boldsymbol{d}^{\mathrm{T}}\boldsymbol{R}^{-1}(n)\boldsymbol{d}} \tag{12.2}$$

需要注意的是，为了避免相关矩阵 $\boldsymbol{R}(n)$ 出现病态矩阵，C-CEM 算子需要有初始化定义，若待处理高光谱数据的波段数目为 L，则初始的像元个数至少需要超过 L 后才能用于计算相关矩阵，即 $n_{initial} \geqslant L$。

12.2.2 实时 CEM 算子

通过式（12.2）满足了实时算子的因果性需求，然而，要想真正实现实时处理，算法的处理时间必须是非常短的，也就是说，在获取当前待检测像元信息之后要尽快得到处理结果。然而，从式（12.2）中可以看出，对于每一个待检测像元 $\boldsymbol{r}_n$，需要每次重新计算当前的相关矩阵 $\boldsymbol{R}(n)$ 及其逆矩阵，使得算法的计算复杂度很高，难以满足实时算子的时效性需求。为了解决这一问题，本节首先提出了一种递归的因果 CEM 算子（recursive C-CEM，RC-CEM），该算子通过递归更新方程解决相关矩阵及其逆矩阵的重复运算带来的计算复杂性问题。递归更新方程的求解中将利用式（12.3），该式也称为 Woodbury 矩阵求逆引理：

$$[\boldsymbol{A} + \boldsymbol{u}\boldsymbol{v}^{\mathrm{T}}]^{-1} = \boldsymbol{A}^{-1} - \frac{[\boldsymbol{A}^{-1}\boldsymbol{u}][\boldsymbol{v}^{\mathrm{T}}\boldsymbol{A}^{-1}]}{1 + \boldsymbol{v}^{\mathrm{T}}\boldsymbol{A}^{-1}\boldsymbol{u}} \tag{12.3}$$

对于相关矩阵 $\boldsymbol{R}(n)$，可表示为

$$\begin{aligned}\boldsymbol{R}(n) &= \frac{1}{n}\sum_{i=1}^{n}\boldsymbol{r}_i\boldsymbol{r}_i^{\mathrm{T}} = \frac{1}{n}\left(\sum_{i=1}^{n-1}\boldsymbol{r}_i\boldsymbol{r}_i^{\mathrm{T}} + \boldsymbol{r}_n\boldsymbol{r}_n^{\mathrm{T}}\right) \\ &= \frac{n-1}{n}\frac{1}{n-1}\sum_{i=1}^{n-1}\boldsymbol{r}_i\boldsymbol{r}_i^{\mathrm{T}} + \frac{1}{n}\boldsymbol{r}_n\boldsymbol{r}_n^{\mathrm{T}} \\ &= \frac{n-1}{n}\boldsymbol{R}(n-1) + \frac{1}{n}\boldsymbol{r}_n\boldsymbol{r}_n^{\mathrm{T}}\end{aligned} \tag{12.4}$$

因此其逆矩阵可表示为

$$\boldsymbol{R}^{-1}(n) = \left[\frac{n-1}{n}\boldsymbol{R}(n-1) + \frac{1}{n}\boldsymbol{r}_n\boldsymbol{r}_n^{\mathrm{T}}\right]^{-1} = \left[(1-)\boldsymbol{R}(n-1) + \left(\frac{1}{\sqrt{n}}\boldsymbol{r}_n\right)\left(\frac{1}{\sqrt{n}}\boldsymbol{r}_n\right)^{\mathrm{T}}\right]^{-1} \tag{12.5}$$

与式(12.3)对比，令 $\boldsymbol{A}=(1-1/n)\boldsymbol{R}(n-1)$，$\boldsymbol{u}=\boldsymbol{v}=(1/\sqrt{n})\boldsymbol{r}_n$，则式(12.5)可表示为

$$\begin{aligned}\boldsymbol{R}^{-1}(n) &= [(1-1/n)\boldsymbol{R}(n-1)]^{-1} \\ &- \frac{\{[(1-1/n)\boldsymbol{R}(n-1)]^{-1}(1/\sqrt{n})\boldsymbol{r}_n\}\{(1/\sqrt{n})\boldsymbol{r}_n^{\mathrm{T}}[(1-1/n)\boldsymbol{R}(n-1)]^{-1}\}}{1+(1/\sqrt{n})\boldsymbol{r}_n^{\mathrm{T}}[(1-1/n)\boldsymbol{R}(n-1)]^{-1}(1/\sqrt{n})\boldsymbol{r}_n}\end{aligned} \tag{12.6}$$

进一步，记 $\tilde{\boldsymbol{R}}(n-1)=(1-1/n)\boldsymbol{R}(n-1)$，$\tilde{\boldsymbol{r}}_n=(1/\sqrt{n})\boldsymbol{r}_n$，则 $\tilde{\boldsymbol{R}}^{-1}(n-1)=[(1-1/n)\boldsymbol{R}(n-1)]^{-1}$，下图给出了式(12.6)的实现框图。

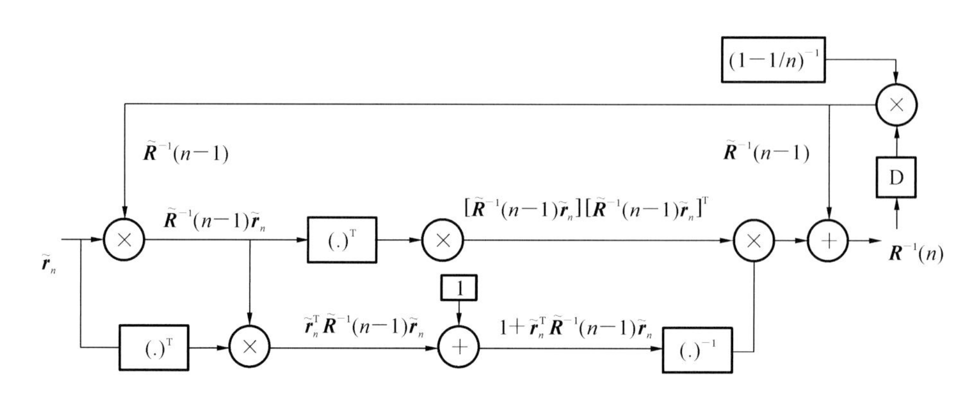

图 12.1　相关矩阵求逆的递归更新实现框图

将式(12.6)代入由式(12.2)给出的 C-CEM 算子中，即可得到实时的 CEM 算子(real time CEM，RT-CEM)，表示如下：

$$\begin{aligned}\delta_n^{\text{RT-CEM}}(\boldsymbol{r}_n) &= \kappa(n)\boldsymbol{d}^{\mathrm{T}}\boldsymbol{R}^{-1}(n)\boldsymbol{r}_n = \kappa(n)\boldsymbol{d}^{\mathrm{T}}[(1-1/n)\boldsymbol{R}(n-1)]^{-1}\boldsymbol{r}_n \\ &-\kappa(n)\boldsymbol{d}^{\mathrm{T}}\frac{\{[(1-1/n)\boldsymbol{R}(n-1)]^{-1}(1/\sqrt{n})\boldsymbol{r}_n\}\{(1/\sqrt{n})\boldsymbol{r}_n^{\mathrm{T}}[(1-1/n)\boldsymbol{R}(n-1)]^{-1}\}}{1+(1/\sqrt{n})\boldsymbol{r}_n^{\mathrm{T}}[(1-1/n)\boldsymbol{R}(n-1)]^{-1}(1/\sqrt{n})\boldsymbol{r}_n}\boldsymbol{r}_n \\ &= (1-1/n)^{-1}\kappa(n)\boldsymbol{d}^{\mathrm{T}}\boldsymbol{R}^{-1}(n-1)\boldsymbol{r}_n \\ &-\kappa(n)\frac{((1-1/n)\sqrt{n})^{-2}\boldsymbol{d}^{\mathrm{T}}[\boldsymbol{R}^{-1}(n-1)\boldsymbol{r}_n][\boldsymbol{r}_n^{\mathrm{T}}\boldsymbol{R}^{-1}(n-1)]\boldsymbol{r}_n}{1+((1-1/n)n)^{-1}\boldsymbol{r}_n^{\mathrm{T}}\boldsymbol{R}^{-1}(n-1)\boldsymbol{r}_n}\end{aligned}$$

$$= (1-1/n)^{-1}\kappa(n)\delta_{n-1}^{\text{RT-CEM}}(\boldsymbol{r}_n)$$

$$-\kappa(n)\frac{\left((1-1/n)\sqrt{n}\right)^{-2}\boldsymbol{d}^{\mathrm{T}}[\boldsymbol{R}^{-1}(n-1)\boldsymbol{r}_n][\boldsymbol{r}_n^{\mathrm{T}}\boldsymbol{R}^{-1}(n-1)]\boldsymbol{r}_n}{1+((1-1/n)n)^{-1}\boldsymbol{r}_n^{\mathrm{T}}\boldsymbol{R}^{-1}(n-1)\boldsymbol{r}_n} \tag{12.7}$$

其中，$\kappa(n)=(\boldsymbol{d}^{\mathrm{T}}\boldsymbol{R}^{-1}(n)\boldsymbol{d})^{-1}$是一个变化的标量。

12.3 基于逐行扫描的实时 *CEM* 算子

对于推扫式成像光谱仪，其数据获取的方式不再是每次获得一个像元矢量，而是一行像元矢量的数据，我们称之为逐行的方式，此时，12.2 节提出的逐点扫描的实时 CEM 算子将不再适用。针对逐行成像的特点，本节将介绍一种逐行扫描（band-interleaved by line，BIL）的实时 CEM 算子，以实现推扫式成像光谱仪的实时检测算法。

假设当前高光谱数据为 $M\times N$ 的矩阵，其中，M 是当前已获取高光谱数据矩阵的行数，N 为该矩阵中每行数据的像元个数。设 L_l 是第 l 行的数据且 $L(n)$ 代表前 n 行的所有数据，$L(n)=\bigcup_{l=1}^{n}L_l=\{\boldsymbol{r}_i^l\}_{i=1,l=1}^{N,n}$。则有以下相关矩阵表达式：

$$\boldsymbol{R}(L_l)=(1/N)\sum_{i=1}^{N}\boldsymbol{r}_i^l(\boldsymbol{r}_i^l)^{\mathrm{T}} \tag{12.8}$$

$$\boldsymbol{R}(L(n))=(1/n)\sum_{l=1}^{n}\boldsymbol{R}(L_l)=(nN)^{-1}\sum_{l=1,i=1}^{n,N}\boldsymbol{r}_i^l(\boldsymbol{r}_i^l)^{\mathrm{T}} \tag{12.9}$$

为了得到逐行扫描的实时 CEM 算子，将采用以下矩阵定理进行推导：

$$(\boldsymbol{A}+\boldsymbol{BCD})^{-1}=\boldsymbol{A}^{-1}-\boldsymbol{A}^{-1}\boldsymbol{B}(\boldsymbol{D}\boldsymbol{A}^{-1}\boldsymbol{B}+\boldsymbol{C}^{-1})^{-1}\boldsymbol{D}\boldsymbol{A}^{-1} \tag{12.10}$$

若 $\boldsymbol{C}=\boldsymbol{D}=\mathbf{I}$（单位矩阵），则式(12.10)可以简化为

$$(\boldsymbol{A}+\boldsymbol{B})^{-1}=\boldsymbol{A}^{-1}-\boldsymbol{A}^{-1}\boldsymbol{B}(\boldsymbol{A}^{-1}\boldsymbol{B}+\mathbf{I})^{-1}\boldsymbol{A}^{-1} \tag{12.11}$$

令 $\boldsymbol{A}=(1-1/n)\boldsymbol{R}(L(n-1))$，$\boldsymbol{B}=(1/n)\boldsymbol{R}(L(n))$，则有

$$\boldsymbol{A}^{-1}\boldsymbol{B}=\frac{\boldsymbol{R}^{-1}(L(n-1))}{n-1}\boldsymbol{R}(L_n)=\boldsymbol{R}_{n|n-1} \tag{12.12}$$

利用式(12.11)，可以得到

$$\begin{aligned}\boldsymbol{R}^{-1}(L(n))&=\left(\frac{(n-1)}{n}\boldsymbol{R}(L(n-1))+\frac{\boldsymbol{R}(L_n)}{n}\right)^{-1}\\&=(n/(n-1))[\boldsymbol{R}^{-1}(L(n-1))-\boldsymbol{R}_{n|n-1}(\boldsymbol{R}_{n|n-1}+\boldsymbol{I})^{-1}\boldsymbol{R}^{-1}(L(n-1))]\end{aligned} \tag{12.13}$$

图 12.2 给出了式(12.13)的实现框图，其中 D 为获取一行数据的时延。

令$\boldsymbol{X}_n=[\boldsymbol{r}_1^n,\boldsymbol{r}_2^n,\cdots,\boldsymbol{r}_N^n]$是第 n 行数据矢量，其中$\boldsymbol{r}_i^n$ 是第 i 个像元矢量，N 代表每行数据的像元个数，若 CEM 算子用已知的感兴趣目标光谱 $\boldsymbol{d}$ 和前$(n-1)$行的数据所构成的相关矩阵，作用于当前第 n 行的待检测数据，则可以得到以下的实时 CEM 算子：

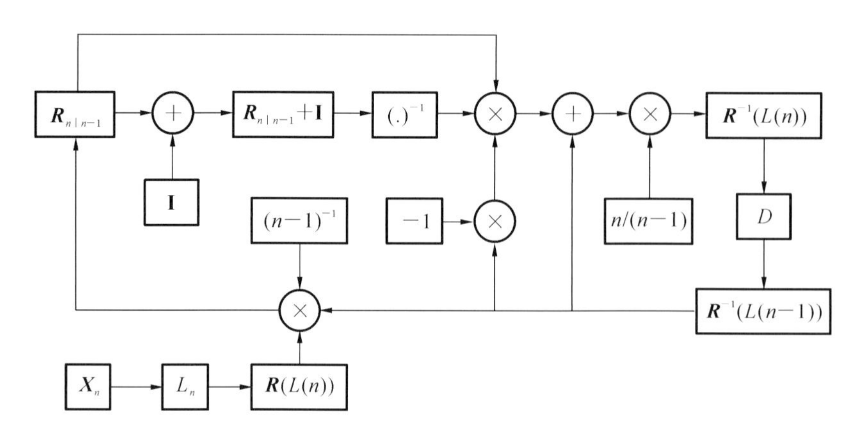

图 12.2　式(12.13)的实现框图

$$\delta_{n-1}^{\text{RT-CEM}}(\boldsymbol{X}_n)=\frac{\boldsymbol{d}^{\mathrm{T}}\boldsymbol{R}^{-1}(L(n-1))\boldsymbol{X}_n}{\boldsymbol{d}^{\mathrm{T}}\boldsymbol{R}^{-1}(L(n-1))\boldsymbol{d}} \tag{12.14}$$

结合式(12.13),式(12.14)的分子和分母分别用式(12.15)和式(12.16)表示：

$$\begin{aligned}&\boldsymbol{d}^{\mathrm{T}}\boldsymbol{R}^{-1}(L(n))\boldsymbol{X}_n\\&\quad=(n/(n-1))[\boldsymbol{d}^{\mathrm{T}}\boldsymbol{R}^{-1}(L(n-1))\boldsymbol{X}_n-\boldsymbol{d}^{\mathrm{T}}\boldsymbol{R}_{n|n-1}(\boldsymbol{R}_{n|n-1}+\mathbf{I})^{-1}\boldsymbol{R}^{-1}(L(n-1))\boldsymbol{X}_n]\end{aligned} \tag{12.15}$$

$$\begin{aligned}&\boldsymbol{d}^{\mathrm{T}}\boldsymbol{R}^{-1}(L(n))\boldsymbol{d}\\&\quad=(n/(n-1))[\boldsymbol{d}^{\mathrm{T}}\boldsymbol{R}^{-1}(L(n-1))\boldsymbol{d}-\boldsymbol{d}^{\mathrm{T}}\boldsymbol{R}_{n|n-1}(\boldsymbol{R}_{n|n-1}+\mathbf{I})^{-1}\boldsymbol{R}^{-1}(L(n-1))\boldsymbol{d}]\end{aligned} \tag{12.16}$$

对于 $n\geqslant 2$,由式(12.14)可知

$$\begin{aligned}&\delta_{n-1}^{\text{RT-CEM}}(\boldsymbol{X}_n)=(\boldsymbol{d}^{\mathrm{T}}\boldsymbol{R}^{-1}(L(n-1))\boldsymbol{d})^{-1}\boldsymbol{d}^{\mathrm{T}}\boldsymbol{R}^{-1}(L(n-1))\boldsymbol{X}_n\\&=((\boldsymbol{d}^{\mathrm{T}}\boldsymbol{R}^{-1}(L(n-1))\boldsymbol{d})^{-1}\boldsymbol{d}^{\mathrm{T}}\boldsymbol{R}^{-1}(L(n-1))\boldsymbol{r}_1^n,\cdots,(\boldsymbol{d}^{\mathrm{T}}\boldsymbol{R}^{-1}(L(n-1))\boldsymbol{d})^{-1}\boldsymbol{d}^{\mathrm{T}}\boldsymbol{R}^{-1}(L(n-1))\boldsymbol{r}_N^n)^{\mathrm{T}}\end{aligned} \tag{12.17}$$

由式(12.15)可知

$$\begin{aligned}\delta_{n}^{\text{RT-CEM}}(\boldsymbol{X}_n)&=(\boldsymbol{d}^{\mathrm{T}}\boldsymbol{R}^{-1}(L(n))\boldsymbol{d})^{-1}\boldsymbol{d}^{\mathrm{T}}\boldsymbol{R}^{-1}(L(n))\boldsymbol{X}_n\\&=(\boldsymbol{d}^{\mathrm{T}}\boldsymbol{R}^{-1}(L(n))\boldsymbol{d})^{-1}(n/(n-1))\\&\quad[\boldsymbol{d}^{\mathrm{T}}\boldsymbol{R}^{-1}(L(n-1))\boldsymbol{X}_n-\boldsymbol{d}^{\mathrm{T}}\boldsymbol{R}_{n|n-1}(\boldsymbol{R}_{n|n-1}+\mathbf{I})^{-1}\boldsymbol{R}^{-1}(L(n-1))\boldsymbol{X}_n]\\&=(n/(n-1))\left\{\left(\frac{\boldsymbol{d}^{\mathrm{T}}\boldsymbol{R}^{-1}(L(n-1))\boldsymbol{d}}{\boldsymbol{d}^{\mathrm{T}}\boldsymbol{R}^{-1}(L(n))\boldsymbol{d}}\right)\delta_{n-1}^{\text{RT-CEM}}(\boldsymbol{X}_n)\right.\\&\quad\left.-(\boldsymbol{d}^{\mathrm{T}}\boldsymbol{R}^{-1}(L(n))\boldsymbol{d})^{-1}[\boldsymbol{d}^{\mathrm{T}}\boldsymbol{R}_{n|n-1}(\boldsymbol{R}_{n|n-1}+\mathbf{I})^{-1}\boldsymbol{R}^{-1}(L(n-1))\boldsymbol{X}_n]\right\}\end{aligned} \tag{12.18}$$

12.4 计算复杂度分析

对于算法的硬件实现来说，算法复杂性是非常重要的，它将直接影响硬件设计的复杂度。本节给出了基于逐点扫描(BIP/BIS)和逐行扫描(BIL)的实时 CEM 算子的复杂性分析。

12.4.1 基于逐点扫描的 RT-CEM

根据式(12.7)，基于 BIP 的 RT-CEM 算子的计算复杂度主要由$\boldsymbol{R}^{-1}(n-1)\boldsymbol{r}_n$、$\boldsymbol{R}^{-1}(n-1)\boldsymbol{r}_n$与 $\boldsymbol{d}$ 的内积、$\boldsymbol{r}_n$与$\boldsymbol{R}^{-1}(n-1)\boldsymbol{r}_n$ 的内积以及$\boldsymbol{r}_n^{\mathrm{T}}\boldsymbol{R}^{-1}(n-1)\boldsymbol{r}_n$ 决定的。唯一需要计算矩阵的求逆是在初始化时对相关矩阵的求逆$\boldsymbol{R}^{-1}(n_0)$，为避免病态矩阵，n_0 的选择必须满足 $n_0\geqslant L$，L 为数据的波段数目。

12.4.2 基于逐行扫描的 RT-CEM

本节讨论基于 BIL 的 RT-CEM 算子的计算复杂度，其复杂度要比基于 BIP 的实时算子复杂。根据式(12.18)，$\delta_n^{\text{RT-CEM}}(\boldsymbol{X}_n)$可以由式(12.17)的 $\delta_{n-1}^{\text{RT-CEM}}(\boldsymbol{X}_n)$和式(12.13)的 $\boldsymbol{R}^{-1}(L(n))$递归更新得到，其主要信息来自以下计算：

(1)已有信息 $\delta_{n-1}^{\text{RT-CEM}}(\boldsymbol{X}_n)$，$\boldsymbol{R}^{-1}(L(n-1))$。

(2)最新获取的行像元信息$\boldsymbol{X}_n=[\boldsymbol{r}_1^n,\boldsymbol{r}_2^n,\cdots,\boldsymbol{r}_N^n]$。

(3)式(12.11)所定义的新信息量$\boldsymbol{R}_{n|n-1}$。

因此，$\delta_n^{\text{RT-CEM}}(\boldsymbol{X}_n)$的计算复杂度由 $\delta_{n-1}^{\text{RT-CEM}}(\boldsymbol{X}_n)$和$\boldsymbol{R}^{-1}(L(n-1))$的计算复杂度决定，分析可知：

$\delta_{n-1}^{\text{RT-CEM}}(\boldsymbol{X}_n)$由式(12.17)计算而得：包括 $2N$ 次的$\boldsymbol{d}^{\mathrm{T}}\boldsymbol{R}^{-1}(L(n-1))\boldsymbol{r}_i^n$ 内积，其中 $1\leqslant i\leqslant N$。

$\boldsymbol{R}^{-1}(L(n))$由等式(12.13)计算而得：需要矩阵相乘$\boldsymbol{R}^{-1}(L(n-1))\boldsymbol{R}(L_n)$得到$\boldsymbol{R}_{n|n-1}$，矩阵求逆$(\boldsymbol{R}_{n|n-1}+\boldsymbol{I})^{-1}$以及两个矩阵相乘$\boldsymbol{R}_{n|n-1}(\boldsymbol{R}_{n|n-1}+\boldsymbol{I})^{-1}$和$(\boldsymbol{R}_{n|n-1}+\boldsymbol{I})^{-1}\boldsymbol{R}^{-1}(L(n-1))$。

初始化条件：$\boldsymbol{R}^{-1}(L(n_0))$最小数据行数 n_0 满足 $n_0\geqslant L$。

12.5 实验分析

为了验证本章算法的有效性，本节给出了 HYDICE 和 AVIRIS 两组真实高光谱数据的实验分析,并给出了时间分析以验证提出算法的时效性。

12.5.1 HYDICE 高光谱数据实验

12.5.1.1 数据描述

下图为一幅真实高光谱数据图,该数据是由 HYDICE 高光谱传感器系统获取的图像数据,其大小为 64×64,成像范围为 0.4～2.5 μm,空间分辨率为 1.56 m,光谱分辨率为 10 nm。原始 HYDICE 图像数据有 210 个波段,在去除水吸收波段以及低信噪比波段后,169 个波段数据用于后续的实验中,如图 12.3 所示。

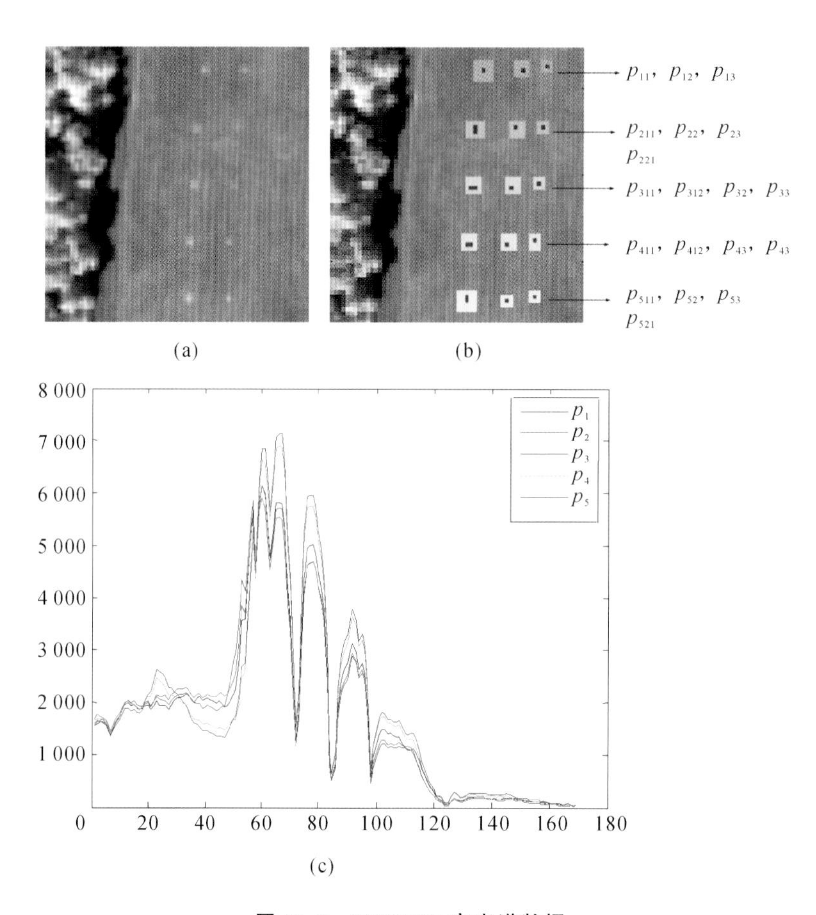

图 12.3 HYDICE **高光谱数据**

(a)HYDICE 波段图;(b)地物目标分布;(c)目标光谱曲线

12.5.1.2 经典 CEM 算子检测结果

图 12.4 和图 12.5 给出了 CEM 算子的检测结果灰度图和丰度 db 值图。图 12.4(a)～(e)分别选用 p_1～p_5 的目标光谱作为感兴趣光谱信息,将全部数据的相关矩阵作为背景信息,通过求逆进行背景抑制,进而进行匹配滤波得到各行目标的检测结果。其中,丰度 db 值

图采用彩色结果图作为展示，可以看出对纯像元和混合像元的检测效果。从图 12.4 和图 12.5的检测结果中可以看出，CEM 算法对不同行目标可以得到很好的检测结果，同时，对其他类别目标具有很好的抑制作用。

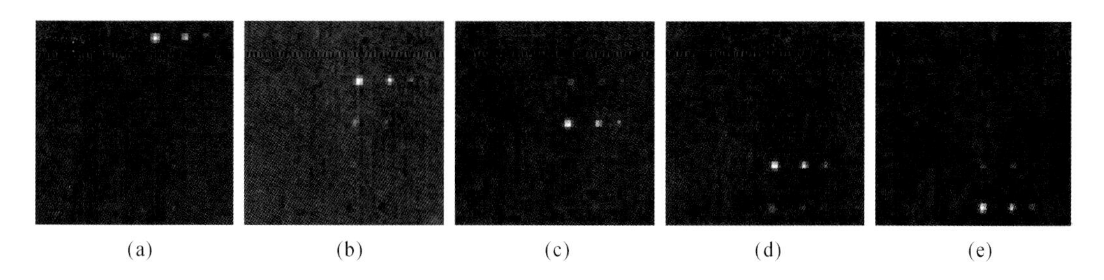

(a)　(b)　(c)　(d)　(e)

图 12.4 CEM 算子检测结果灰度图，其中分别用 p_1、p_2、p_3、p_4、p_5 作为感兴趣光谱 d

(a)第一行目标；(b)第二行目标；(c)第三行目标；(d)第四行目标；(e)第五行目标

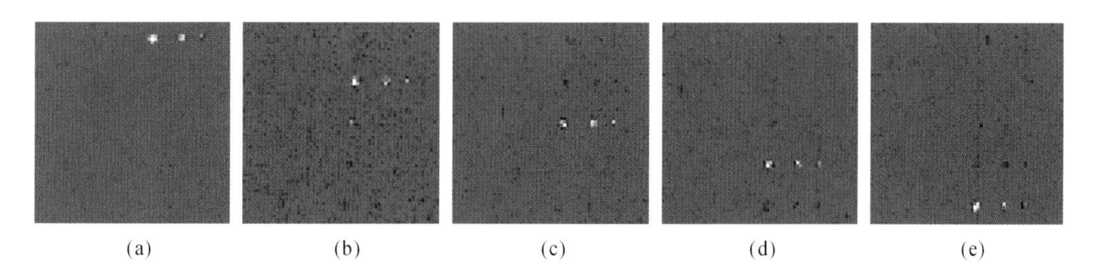

(a)　(b)　(c)　(d)　(e)

图 12.5 CEM 算子检测结果 db 图，分别用 p_1、p_2、p_3、p_4、p_5 作为感兴趣光谱 d

(a)第一行目标；(b)第二行目标；(c)第三行目标；(d)第四行目标；(e)第五行目标

12.5.1.3 基于 BIP 的 RT-CEM 实验分析

为了验证基于逐点扫描(BIP)方式的 RT-CEM 算子的检测结果，图 12.6 至图 12.10 给出了各行不同种类目标的检测结果，其实时算子更新方式为 BIP 方式，适用于摆扫式成像光谱仪的实时检测。

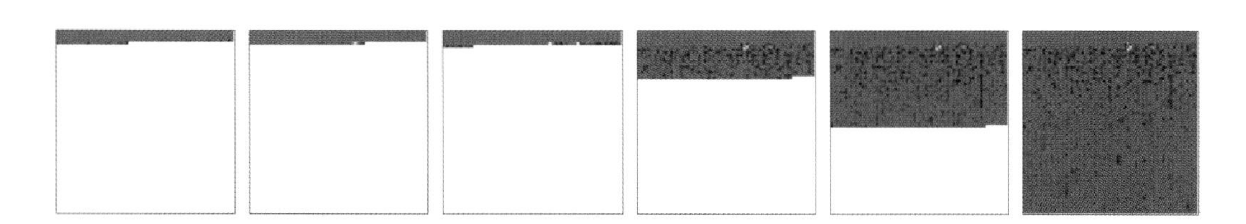

图 12.6 基于逐点扫描的 RT-CEM 算子检测结果 db 图，p_1 作为感兴趣光谱 d

从检测结果中可以看出，基于 BIP 方式的 RT-CEM 算子的检测效果与传统 CEM 算子的检测视觉效果基本一致，同时，提出的算子可以实现在获取新像元的同时进行实时检测的过程。

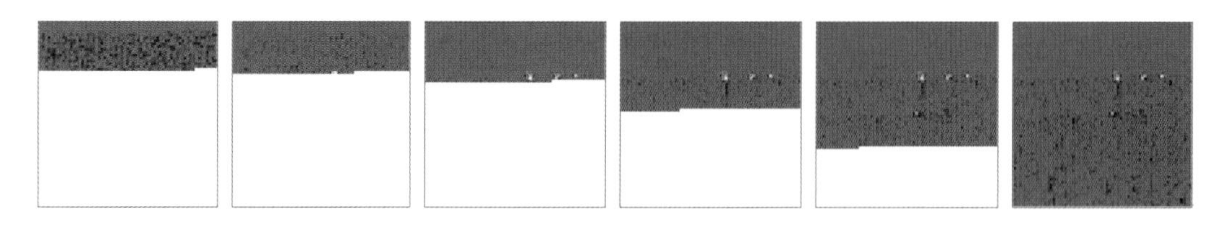

图 12.7　基于逐点扫描的 RT-CEM 算子检测结果 db 图，p_2 作为感兴趣光谱 d

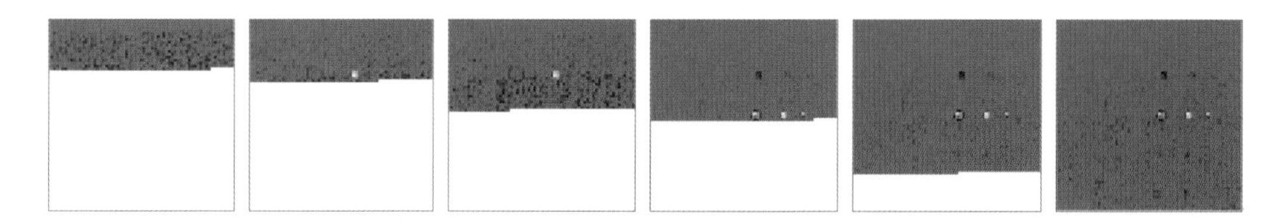

图 12.8　基于逐点扫描的 RT-CEM 算子检测结果 db 图，p_3 作为感兴趣光谱 d

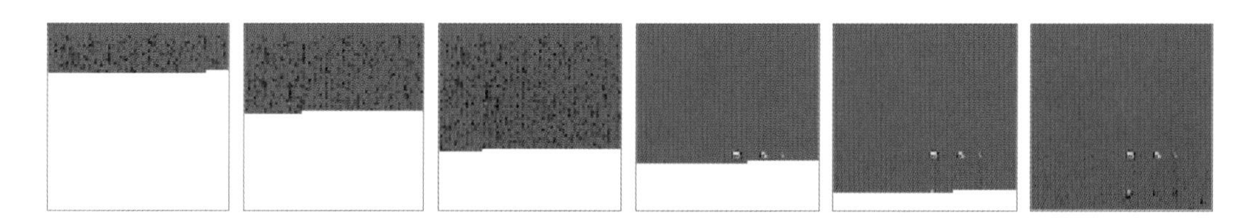

图 12.9　基于逐点扫描的 RT-CEM 算子检测结果 db 图，p_4 作为感兴趣光谱 d

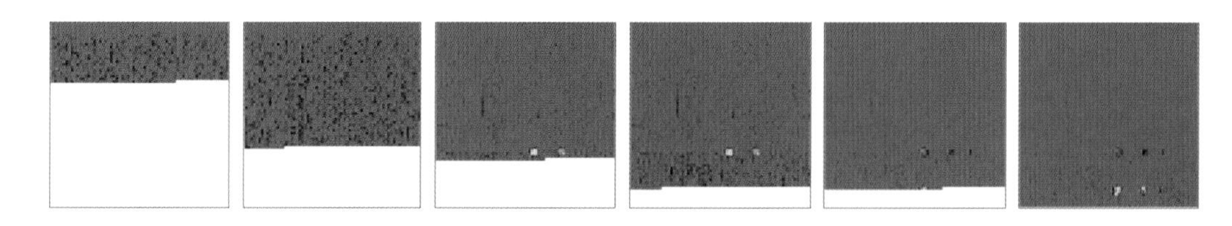

图 12.10　基于逐点扫描的 RT-CEM 算子检测结果 db 图，p_5 作为感兴趣光谱 d

12.5.1.4　基于 BIL 的 RT-CEM 实验分析

为了验证逐行扫描(BIL)方式的 RT-CEM 算子的检测结果，图 12.11 至图 12.15 给出了各行不同种类目标的检测结果，其实时算子更新方式为 BIL 方式，适用于推扫式成像光谱仪的实时检测。

从检测结果中可以看出，基于 BIL 方式的 RT-CEM 算子的检测效果与传统 CEM 算子的检测视觉效果基本一致，同时，提出的算子可以实现在获取新信息的同时进行实时检测的过程。

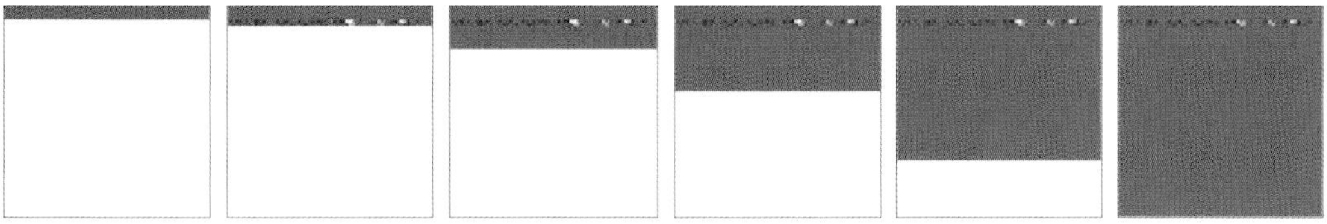

图 12.11　基于逐行扫描的 RT-CEM 算子检测结果 db 图，p_1 作为感兴趣光谱 d

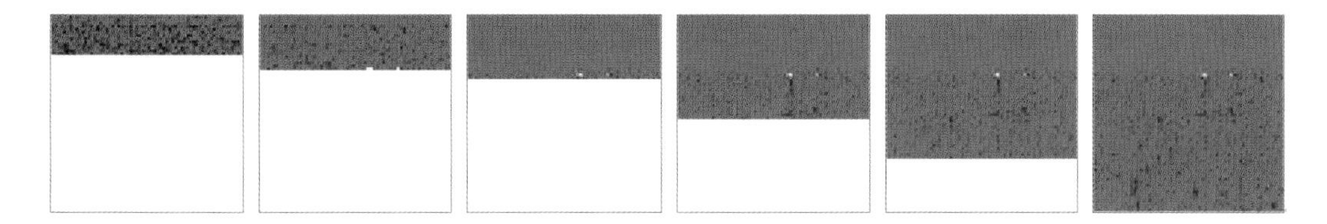

图 12.12　基于逐行扫描的 RT-CEM 算子检测结果 db 图，p_2 作为感兴趣光谱 d

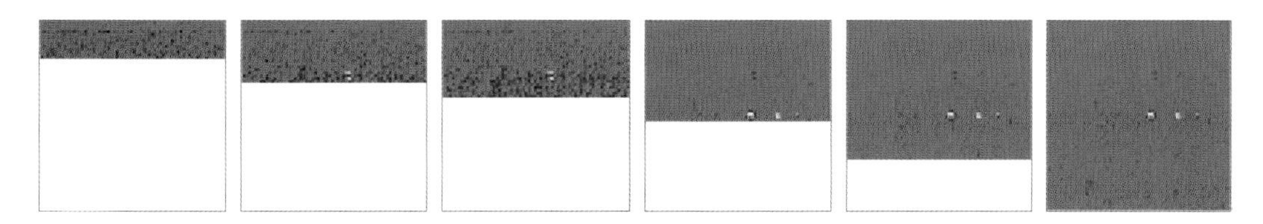

图 12.13　基于逐行扫描的 RT-CEM 算子检测结果 db 图，p_3 作为感兴趣光谱 d

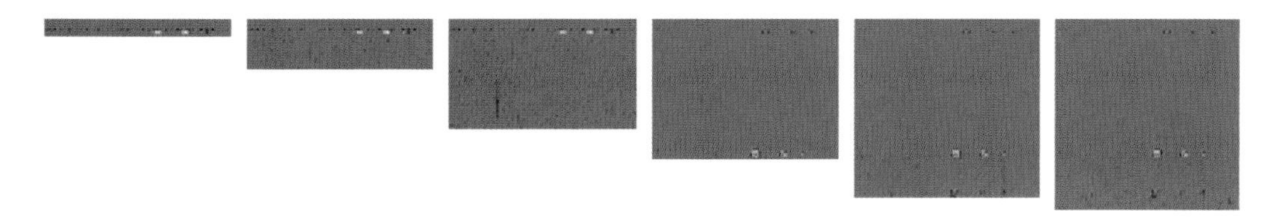

图 12.14　基于逐行扫描的 RT-CEM 算子检测结果 db 图，p_4 作为感兴趣光谱 d

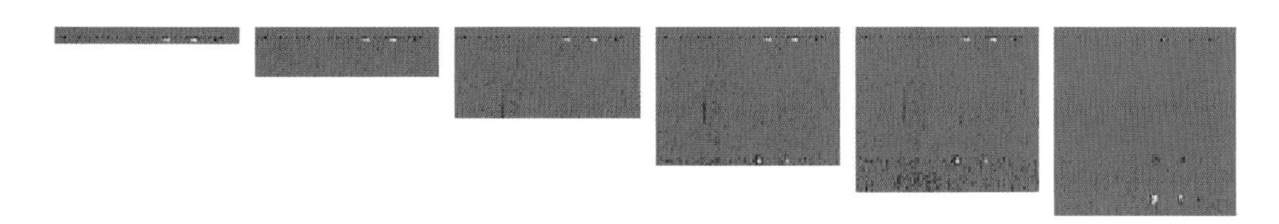

图 12.15　基于逐行扫描的 RT-CEM 算子检测结果 db 图，p_5 作为感兴趣光谱 d

12.5.1.5　算法性能比较分析

为了进一步定量分析本章提出算法的检测性能，本节利用图 12.3(b)的真实地物分布给出了算法检测结果的 3D-ROC 曲线特性分析。图 12.16(a)～(e)分别给出了不同感兴趣目标光谱 d 的情况下，ROC 曲线的曲线下面积（简写为 AUC）的值，其中，横轴代表当前处理到的数据行数，纵轴代表 AUC 的值。

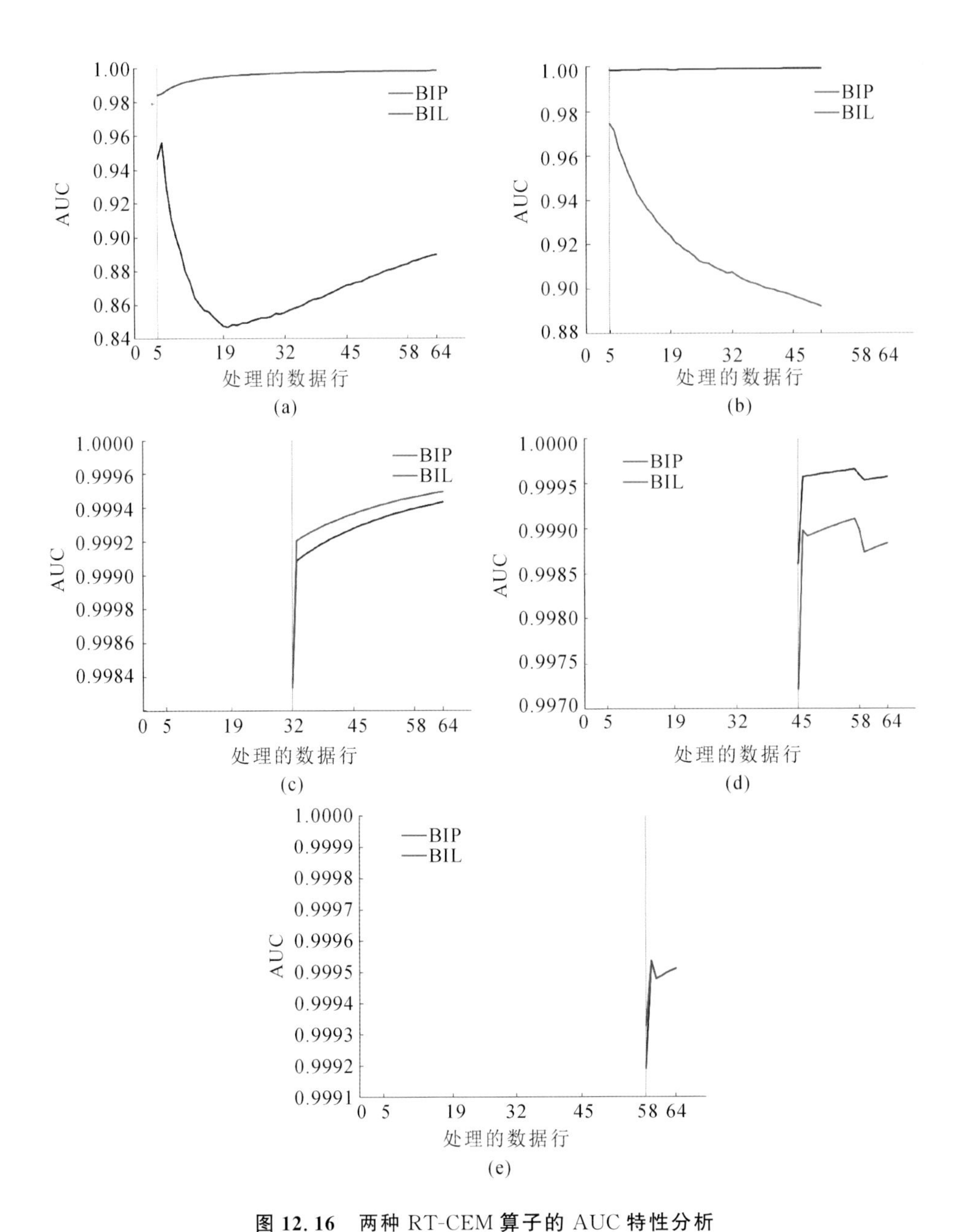

图 12.16 两种 RT-CEM 算子的 AUC 特性分析

(a) p_1 作为感兴趣光谱 d；(b) p_2 作为感兴趣光谱 d；(c) p_3 作为感兴趣光谱 d；(d) p_4 作为感兴趣光谱 d；(e) p_5 作为感兴趣光谱 d

12.5.2 AVIRIS 高光谱数据实验

12.5.2.1 数据描述

本节给出了另一幅真实高光谱遥感图像数据，该图是由机载可见光/红外成像光谱仪

AVIRIS(airborne visible infrared imaging spectrometer)获取的,拍摄的是位于美国内华达州北部的火山区环形山口(lunar crater volcanic field,LCVF),大小为 200×200 像素。AVIRIS 高光谱成像仪有 224 个波段,在去除水吸收波段以及低信噪比波段后,158 个波段数据用于后续的试验中。该数据地物分布如图 12.17 所示。图 12.18 给出了各感兴趣目标的位置和光谱曲线,用于后续的目标检测。

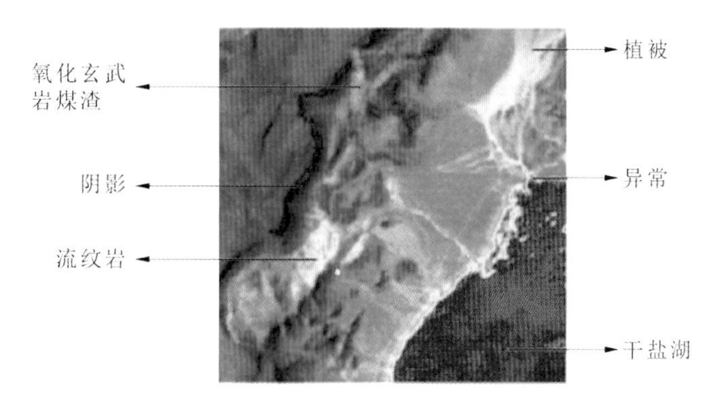

图 12.17　LCVF 图像数据及地物分布

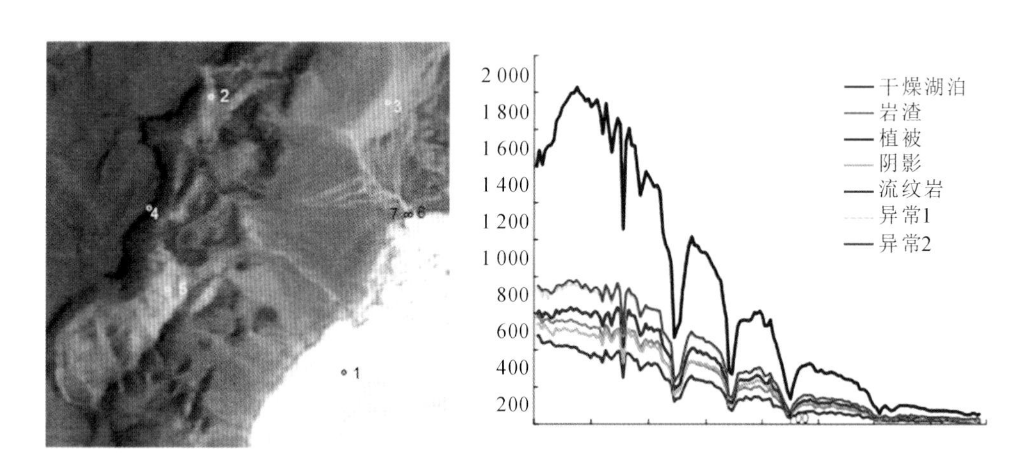

图 12.18　LCVF 图像数据中感兴趣目标位置及其光谱曲线

12.5.2.2　实验效果分析

为了更清楚地对比 BIP 和 BIL 模式下的检测效果,本节给出了不同算法对同一感兴趣目标的检测结果,用于视觉比较。

然而,由于缺少真实地物的具体分布信息,LCVF 数据实验无法像 HYDICE 数据实验一样利用 ROC 特性曲线分析进行算法验证,但可以从视觉分析上了解本章算法对于该图像的处理效果,此时,第 10 章提到的背景抑制就显得尤为重要。

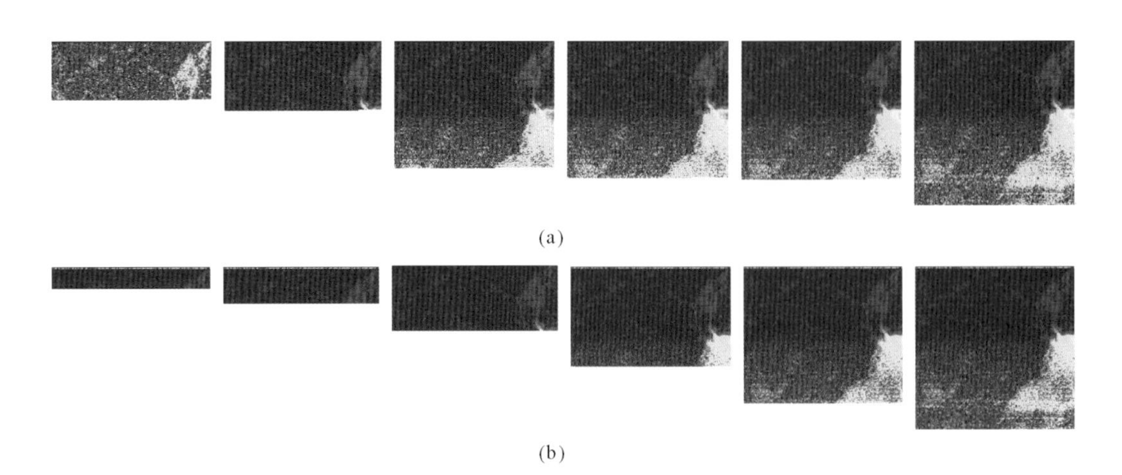

(a)

(b)

图 12.19　干盐湖作为感兴趣目标光谱的检测结果

(a)BIP/BIS;(b)BIL

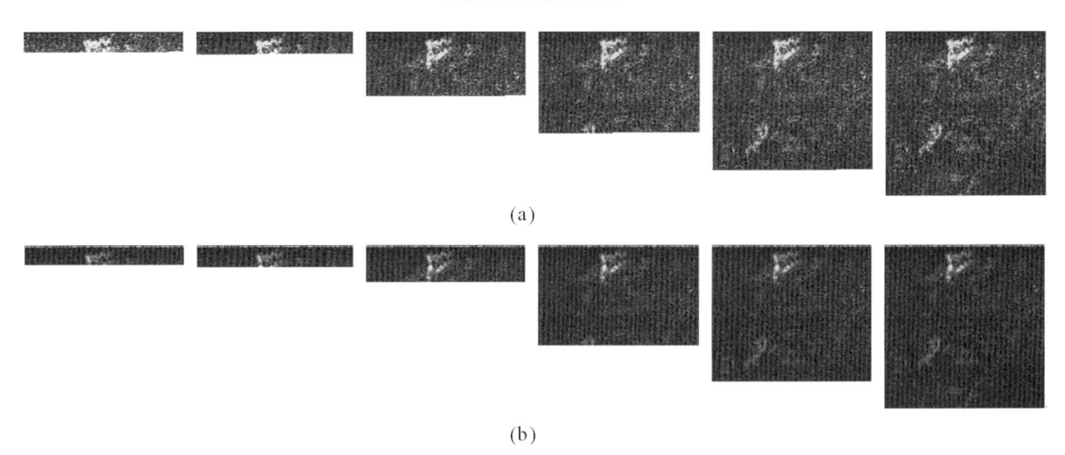

(a)

(b)

图 12.20　煤渣作为感兴趣目标光谱的检测结果

(a)BIP/BIS;(b)BIL

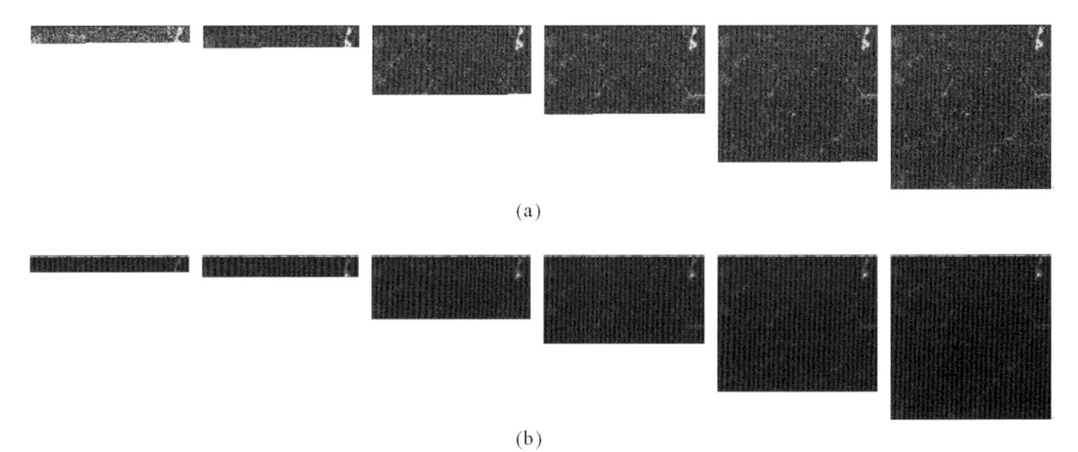

(a)

(b)

图 12.21　植被作为感兴趣目标光谱的检测结果

(a)BIP/BIS;(b)BIL

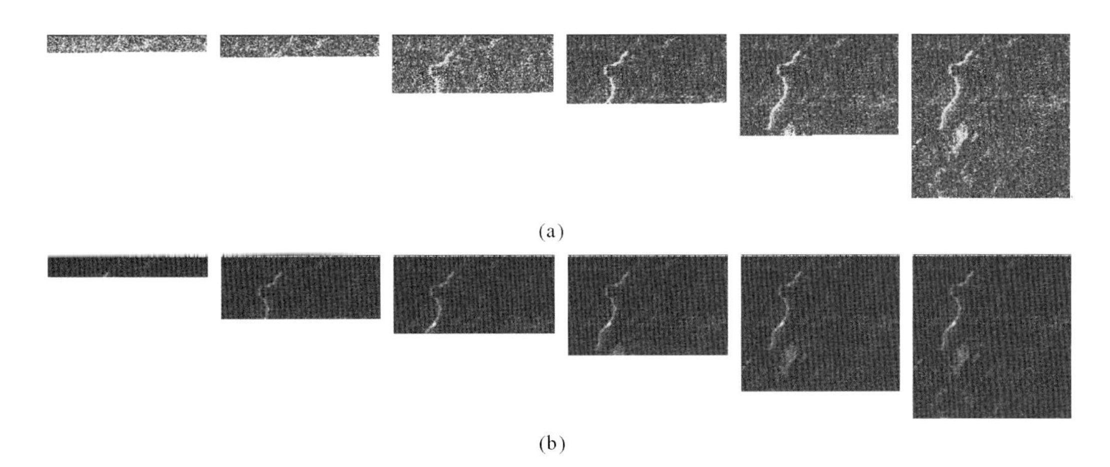

(a)

(b)

图 12.22 阴影作为感兴趣目标光谱的检测结果

(a)BIP/BIS;(b)BIL

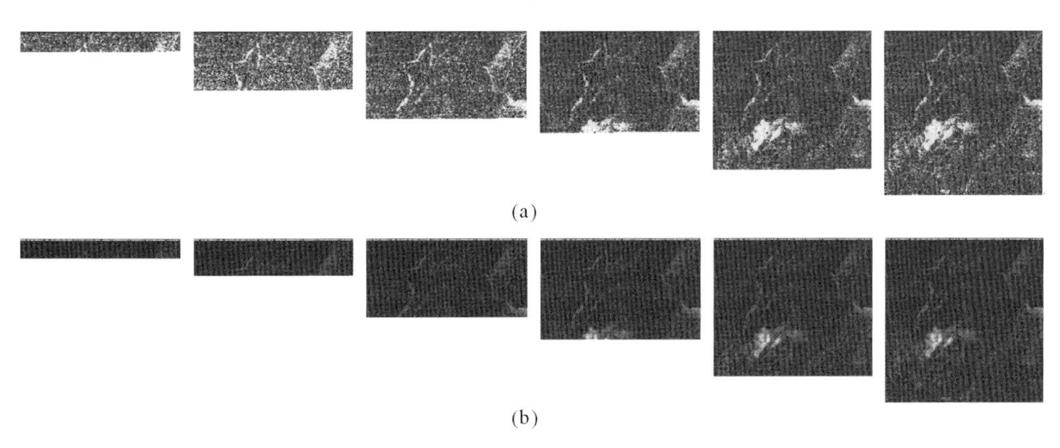

(a)

(b)

图 12.23 流纹岩作为感兴趣目标光谱的检测结果

(a)BIP/BIS;(b)BIL

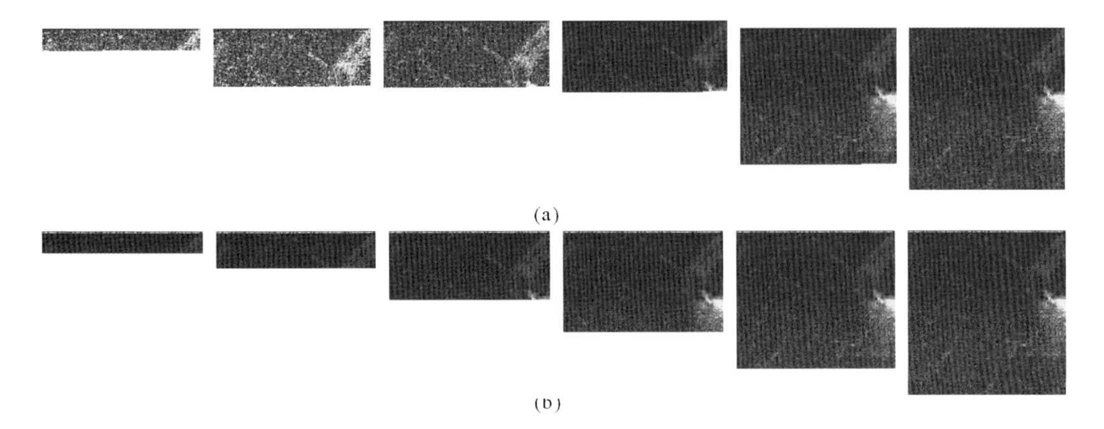

(a)

(b)

图 12.24 异常目标的检测结果

(a)BIP/BIS;(b)BIL

12.5.3 算法复杂性分析

高光谱图像目标检测算法的计算复杂度和算法运行所需要的时间是衡量目标检测算法性能优劣的重要指标。本节通过分析算法中各个计算的复杂度，对不同的算法进行复杂度分析及算法运行时间比较。

不同矩阵代数运算的计算复杂度将在下一章 13.4 中进行理论分析。本书中，为了直观验证本章提出算子的时效性，给出了算法运行时间的比较。实验中仿真环境为 64 位系统，CPU 为 IntelR Core™ i7-4770K，主频为 3.50 GHz，系统内存为 16G，仿真软件为 MATLAB R2014a。为了避免计算机误差带来的干扰，本次实验在相同环境下对每一图像进行五次检测然后取算法每次运行时间的平均值作为该图像算法在每行数据的运行时间，所得结果如图 12.25 和图 12.26 所示。

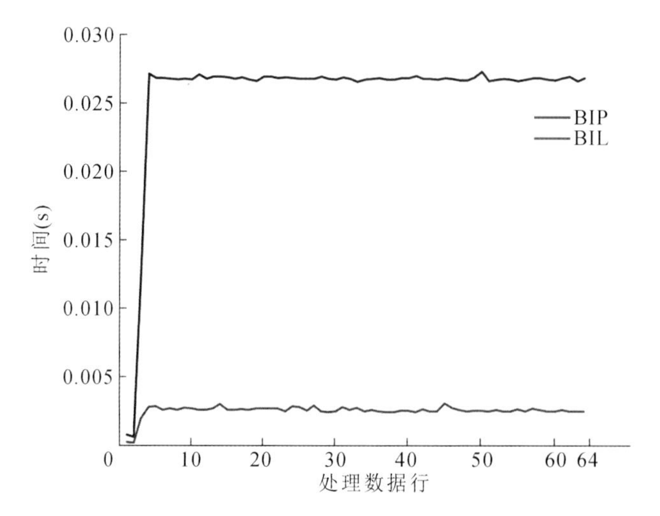

图 12.25 HYDICE 数据两种 RT-CEM 算子的(BIP/BIS 及 BIL)运行时间比较

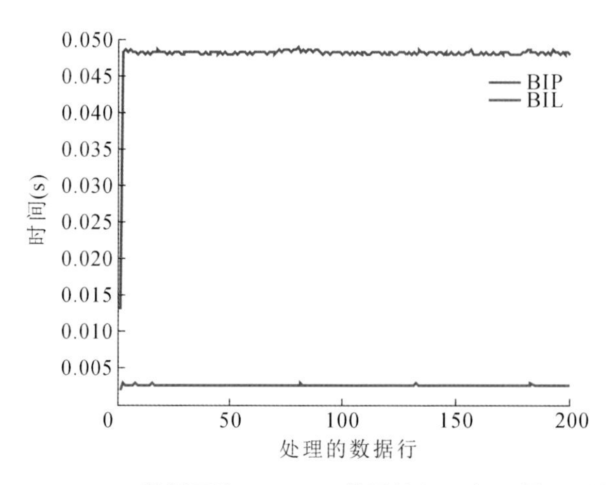

图 12.26 AVIRIS LCVF 数据两种 RT-CEM 算子的(BIP/BIS 及 BIL)运行时间比较

12.6 本章小结

本章介绍了两种基于实时处理的 RT-CEM 目标检测算法。第一，将“因果”概念引入 CEM 算子中，以满足实时算子的因果性需求；第二，针对 BIP/BIS 逐点扫描的方式，提出一种新的基于逐点扫描的 RT-CEM 实时算法；第三，针对 BIL 逐行扫描的方式，提出基于逐行扫描的 RT-CEM 实时算法；第四，针对不同的算法，进行了实验分析与对比、算法复杂度分析和算法运行时间比较等，以验证本章提出算法的有效性。

参考文献

林伟俊，赵辽英，厉小润，2018. 基于逐像素递归处理的高光谱实时亚像元目标检测[J]. 计算机科学，45(6)：259-264.

CHANG C I，2003. Hyperspectral Imaging：Techniques for Spectral Detection and Classification[M]. New York：Kluwer Academic/Plenum Publishers.

CHANG C I，2013. Hyperspectral Data Processing：Algorithm Design and Analysis[M]. New Jersey：John Wiley & Sons.

CHANG C I，2016. Real-Time Progressive Hyperspectral Image Processing[M]. New York：Springer.

CHANG C I，2017. Real-Time Recursive Hyperspectral Sample and Band Processing[M]. Switzerland：Springer.

LIU，JIH-MING，2000. Generalized constrained energy minimization approach to subpixel target detection for multispectral imagery[J]. Optical Engineering，39(5)：1275.

CHANG C I，2002. Target signature-constrained mixed pixel classification for hyperspectral imagery[J]. IEEE Trans. on Geoscience and Remote Sensing，40(5)：1065-1081.

CHANG C I，Li Y，Hobbs M C，et al.，2015. Progressive Band Processing of Anomaly Detection in Hyperspectral Imagery[J]. IEEE Journal of Selected Topics in Applied Earth Observations & Remote Sensing，8(7)：3558-3571.

LIU，CHUNHONG，HSIAO-CHI，et al.，2015. Real-Time Constrained Energy Minimization for Subpixel Detection[J]. IEEE journal of selected topics in applied earth observations and remote sensing，8(6)：2545-2559.

WANG Y，SCHULTZ R C，CHEN S Y，et al.，2013. Progressive constrained energy minimization for subpixel detection[C]// SPIE Defense，Security，and Sensing.

第13章　高光谱实时异常检测

13.1　引　　言

信号检测与估计理论的发展为高光谱遥感目标检测提供了坚实的理论依据和支撑，多种高光谱目标检测算法都是基于信号检测理论推导而得。从最根本上来说，高光谱遥感图像目标检测的共同理论根基是统计假设检验理论。其中，最具代表性的方法是 Kelly 在 1986 年提出的基于广义似然比检测(generalized likelihood ration test，GLRT)的方法，以及以它为基础发展起来的一系列统计检测方法。正是基于这一理论，异常检测(anomaly detection，AD)算子得以建立，并在高光谱遥感图像检测领域得到了广泛的应用。该算子通过比较当前观测点与背景统计信息差异大小来判决它是属于目标还是属于背景，由于不需要任何先验信息，AD 算子具有很强的实用性。然而，对于每一个待测像元，现有的 AD 算子大都需要重复计算样本均值及协方差矩阵来进行异常性分析，计算量较大；另一方面，随着现代遥感技术的飞速发展，高光谱遥感在获取更多光谱信息的同时，其大量的数据量也给数据存储和后续处理带来了巨大的压力。本章利用摆扫型成像光谱仪逐像元(pixel-by-pixel)成像的原理，针对现有 AD 算子的缺点，通过采用具有因果特性的 AD 算子，同时利用了卡尔曼滤波器的递归思想，介绍了一种基于像元递归更新的高光谱异常检测算法，在提高 RX 算子执行效率的同时，降低了对数据存储空间的需求。

前面第 8 章介绍了经典的 RX 算子及其改进模型，这些都是基于高光谱数据的协方差矩阵或者相关矩阵进行异常目标检测的。由于计算协方差矩阵或者相关矩阵需要完整的高光谱数据信息，因而现有的 AD 算法实际上不是实时算法。

实时探测必须满足两个条件。①因果性。实时检测必须是因果的，因此算法所用的信息必须来自当前已获取数据之前的信息。以摆扫型成像光谱仪逐像元成像为例，传统的目标检测(或异常检测)需要完整的高光谱数据信息构建检测算子，导致必须获取所有数据才能进行检测;实时算子仅利用待检测像元之前的像元信息构建具有因果特性的检测算子,可以在摆扫型成像仪获取数据的过程中进行目标检测,而不需要等待完整数据,为开发机载和星载系统奠定了基础。②在满足因果特性的同时,算法必须具有时效性,也就是说,数据处理的时间必须是非常短并且可忽略的。从实际应用的角度来说,算法的时间延迟根据不同的应用领域具有不同的定义。例如,对于运动目标探测来说,时效性的要求非常高,这使实时算法的相应时间必须非常短;再如,农业中对于农作物的监测,几分钟甚至几小时的延时都可认为是实时的或者近似实时的。

13.2 因果异常检测算子

为了满足实时算子的因果特性,本节给出了两种因果异常检测算子的构造。需要注意的是,算法中所用到的相关矩阵或协方差矩阵这类本为全局数据的统计特性,在因果算子中是利用当前待检测像元之前的像元信息进行统计分析。

13.2.1 因果 R-AD 算子

第 8 章对 AD 的介绍中给出了基于相关矩阵 $\boldsymbol{R}$ 的 AD(简称 R-AD)异常检测算子的表达形式。为实现因果特性的算子(causal R-AD,CR-AD),所进行统计分析的数据必须来自当前待检测像元之前的像元信息。根据第 12 章中给出的因果相关矩阵的定义,即 $\boldsymbol{R}(n)=(1/n)\sum_{i=1}^{n}\boldsymbol{r}_i\boldsymbol{r}_i^{\mathrm{T}}$,则因果 RX 算子(CR-AD)可以表示为

$$\delta^{\mathrm{CR\text{-}AD}}(\boldsymbol{r}_n)=\left|\boldsymbol{r}_n^{\mathrm{T}}\boldsymbol{R}^{-1}(n)\boldsymbol{r}_n\right|\underset{H_0}{\overset{H_1}{\gtrless}}\eta \tag{13.1}$$

式中,$\boldsymbol{r}_n$ 是当前待检测像元的光谱特性,$\boldsymbol{r}_i$ 是第 i 个像元的光谱向量,$\boldsymbol{R}(n)$是采样数据的因果相关矩阵。根据定义,该相关矩阵由当前像元之前的所有像元光谱求相关性而得,满足因果特性,因此称之为因果 AD 算子。由式(13.1)可以看出,对于每一个待检测像元$\boldsymbol{r}_n$,每次迭代需要重新计算当前相关矩阵 $\boldsymbol{R}(n)$及其逆矩阵,使得算法具有较高的计算复杂度。

13.2.2 因果 K-AD 算子

传统的 AD 算子是选用基于协方差矩阵的马氏距离进行目标检测(简记为 K-AD 算子),由于需要均值和协方差矩阵进行统计估计,而这些统计量都需要全部样本数据,因此传

统的 K-AD 算子并不是因果的。为了实现实时算子，首先必须构造具有因果特性的 K-AD 算子(causal K-AD,CK-AD)，其表达式为

$$\delta^{\text{CK-AD}}(\boldsymbol{r}_n)=(\boldsymbol{r}_n-\boldsymbol{\mu}(n))^{\mathrm{T}}\boldsymbol{K}^{-1}(n)(\boldsymbol{r}_n-\boldsymbol{\mu}(n)) \tag{13.2}$$

其中，$\boldsymbol{\mu}(n)=(1/n)\sum_{i=1}^{n}\boldsymbol{r}_i$ 是 $\{\boldsymbol{r}_i\}_{i=1}^{n}$ 的样本均值，n 是当前已有像元的个数，也是当前待检测像元位置，$\boldsymbol{K}(n)=(1/n)\sum_{i=1}^{n}(\boldsymbol{r}_i-\boldsymbol{\mu}(n))(\boldsymbol{r}_i-\boldsymbol{\mu}(n))^{\mathrm{T}}$ 是截止到当前像元的样本协方差矩阵。同样，对于每一个待检测像元 $\boldsymbol{r}_n$，每次迭代需要重新计算当前背景均值 $\boldsymbol{\mu}(n)$、协方差矩阵 $\boldsymbol{K}(n)$ 及其逆矩阵，使得算法具有较高的计算复杂度。

13.3 实时异常检测算子

上面提到的两种因果 AD 算子，其统计特性，诸如背景采样均值、协方差矩阵或者相关矩阵，虽然已经满足因果特性，但由于对每个待检测像元矢量，其统计特性都需要重新计算，尤其对于相关矩阵或协方差矩阵的求逆计算，其计算量是非常大的，使得算法的时效性很差，也很难进行硬件算法移植。为了解决这一问题，本节提出了两种实时异常检测算子，通过利用相关矩阵引理和推导得到的递归更新方程，避免大量的重复的矩阵计算及矩阵求逆运算，进而实现具有时效性的实时算子。

13.3.1 实时 R-AD 算子

利用第 12 章提到的 Woodbury 矩阵求逆引理，即式(12.3)，可以得到相关矩阵逆矩阵的递归更新方程：

$$\begin{aligned}\boldsymbol{R}^{-1}(n)&=n[(n-1)\boldsymbol{R}(n-1)+\boldsymbol{r}_n\boldsymbol{r}_n^{\mathrm{T}}]^{-1}\\&=n\left[\frac{1}{n-1}\boldsymbol{R}^{-1}(n-1)-\frac{\frac{1}{n-1}\boldsymbol{R}^{-1}(n-1)\boldsymbol{r}_n\boldsymbol{r}_n^{\mathrm{T}}\frac{1}{n-1}\boldsymbol{R}^{-1}(n-1)}{1+\boldsymbol{r}_n^{\mathrm{T}}\frac{1}{n-1}\boldsymbol{R}^{-1}(n-1)\boldsymbol{r}_n}\right]\\&=\frac{n}{n-1}\boldsymbol{R}^{-1}(n-1)-\frac{n\boldsymbol{R}^{-1}(n-1)\boldsymbol{r}_n\boldsymbol{r}_n^{\mathrm{T}}\boldsymbol{R}^{-1}(n-1)}{(n-1)^2+(n-1)\boldsymbol{r}_n^{\mathrm{T}}\boldsymbol{R}^{-1}(n-1)\boldsymbol{r}_n}\end{aligned} \tag{13.3}$$

将上式代入式(13.1)中，可以得到如下的实时算子：

$$\begin{aligned}\delta^{\text{RT-CR-AD}}(\boldsymbol{r}_n)&=\boldsymbol{r}_n^{\mathrm{T}}\boldsymbol{R}^{-1}(n)\boldsymbol{r}_n\\&=\boldsymbol{r}_n^{\mathrm{T}}\left[\frac{n}{n-1}\boldsymbol{R}^{-1}(n-1)-\frac{n\boldsymbol{R}^{-1}(n-1)\boldsymbol{r}_n\boldsymbol{r}_n^{\mathrm{T}}\boldsymbol{R}^{-1}(n-1)}{(n-1)^2+(n-1)\boldsymbol{r}_n^{\mathrm{T}}\boldsymbol{R}^{-1}(n-1)\boldsymbol{r}_n}\right]\boldsymbol{r}_n\\&=\frac{n}{n-1}\boldsymbol{r}_n^{\mathrm{T}}\boldsymbol{R}^{-1}(n-1)\boldsymbol{r}_n-\frac{n\boldsymbol{r}_n^{\mathrm{T}}\boldsymbol{R}^{-1}(n-1)\boldsymbol{r}_n\boldsymbol{r}_n^{\mathrm{T}}\boldsymbol{R}^{-1}(n-1)\boldsymbol{r}_n}{(n-1)^2+(n-1)\boldsymbol{r}_n^{\mathrm{T}}\boldsymbol{R}^{-1}(n-1)\boldsymbol{r}_n}\end{aligned} \tag{13.4}$$

令$\nabla(n)=\tilde{\delta}(n-1,n)=\boldsymbol{r}_n^{\mathrm{T}}\boldsymbol{R}^{-1}(n-1)\boldsymbol{r}_n$，则上式可以化简为

$$\begin{aligned}\delta^{\text{RT-CR-AD}}(\boldsymbol{r}_n) &= \boldsymbol{r}_n^{\mathrm{T}}\boldsymbol{R}^{-1}(n)\boldsymbol{r}_n \\ &= \frac{n}{n-1}\boldsymbol{r}_n^{\mathrm{T}}\boldsymbol{R}^{-1}(n-1)\boldsymbol{r}_n - \frac{n\boldsymbol{r}_n^{\mathrm{T}}\boldsymbol{R}^{-1}(n-1)\boldsymbol{r}_n\boldsymbol{r}_n^{\mathrm{T}}\boldsymbol{R}^{-1}(n-1)\boldsymbol{r}_n}{(n-1)^2+(n-1)\boldsymbol{r}_n^{\mathrm{T}}\boldsymbol{R}^{-1}(n-1)\boldsymbol{r}_n} \\ &= \frac{n}{n-1}\cdot\nabla(n) - \frac{n\cdot\nabla(n)^2}{(n-1)^2+(n-1)\cdot\nabla(n)}\end{aligned} \tag{13.5}$$

13.3.2 实时 K-AD 算子

与 R-AD 相比，基于协方差矩阵的 K-AD 算子的递归求解及实时算子的实现要更为复杂，不仅仅是因为协方差矩阵逆矩阵的递归求解更麻烦，还因为同时也需要对均值公式进行推导，得到其递归求解方程。样本均值 $\boldsymbol{\mu}$ 和协方差矩阵 $\boldsymbol{K}$ 可表示为

$$\begin{aligned}\boldsymbol{\mu}(n) &= \frac{1}{n}\sum\nolimits_{i=1}^{n}\boldsymbol{r}_i = \frac{1}{n}\sum\nolimits_{i=1}^{n-1}\boldsymbol{r}_i + \frac{1}{n}\boldsymbol{r}_n \\ &= \frac{n-1}{n}\left(\frac{1}{n-1}\sum\nolimits_{i=1}^{n-1}\boldsymbol{r}_i\right) + \frac{1}{n}\boldsymbol{r}_n = \frac{n-1}{n}\boldsymbol{\mu}(n-1) + \frac{1}{n}\boldsymbol{r}_n\end{aligned} \tag{13.6}$$

$$\begin{aligned}\boldsymbol{K}(n) &= \frac{1}{n}\sum\nolimits_{i=1}^{n}(\boldsymbol{r}_i-\boldsymbol{\mu}(n))(\boldsymbol{r}_i-\boldsymbol{\mu}(n))^{\mathrm{T}} \\ &= \frac{1}{n}\sum\nolimits_{i=1}^{n}\boldsymbol{r}_i\boldsymbol{r}_i^{\mathrm{T}} - \frac{1}{n}\sum\nolimits_{i=1}^{n}\boldsymbol{r}_i\boldsymbol{\mu}^{\mathrm{T}}(n) - \frac{1}{n}\sum\nolimits_{i=1}^{n}\boldsymbol{r}_i^{\mathrm{T}}\boldsymbol{\mu}(n) + \boldsymbol{\mu}(n)\boldsymbol{\mu}^{\mathrm{T}}(n) \\ &= \boldsymbol{R}(n) - \left(\frac{1}{n}\sum\nolimits_{i=1}^{n}\boldsymbol{r}_i\right)\boldsymbol{\mu}^{\mathrm{T}}(n) - \left(\frac{1}{n}\sum\nolimits_{i=1}^{n}\boldsymbol{r}_i^{\mathrm{T}}\right)\boldsymbol{\mu}(n) + \boldsymbol{\mu}(n)\boldsymbol{\mu}^{\mathrm{T}}(n) \\ &= \boldsymbol{R}(n) - \boldsymbol{\mu}(n)\boldsymbol{\mu}^{\mathrm{T}}(n)\end{aligned} \tag{13.7}$$

由式(13.6)可得：

$$\begin{aligned}\boldsymbol{\mu}(n)\boldsymbol{\mu}^{\mathrm{T}}(n) &= \left[\frac{n-1}{n}\boldsymbol{\mu}(n-1) + \frac{1}{n}\boldsymbol{r}_n\right]\left[\frac{n-1}{n}\boldsymbol{\mu}(n-1) + \frac{1}{n}\boldsymbol{r}_n\right]^{\mathrm{T}} \\ &= \left(\frac{n-1}{n}\right)^2\left[\boldsymbol{\mu}(n-1)\boldsymbol{\mu}^{\mathrm{T}}(n-1) + \frac{1}{n-1}\boldsymbol{\mu}(n-1)\boldsymbol{r}_n^{\mathrm{T}} + \frac{1}{n-1}\boldsymbol{r}_n\boldsymbol{\mu}^{\mathrm{T}}(n-1)\right] + \frac{1}{n^2}\boldsymbol{r}_n\boldsymbol{r}_n^{\mathrm{T}}\end{aligned} \tag{13.8}$$

从而，由式(13.7)、式(13.4)和式(13.8)，得式(13.9)：

$$\begin{aligned}\boldsymbol{K}(n) &= \boldsymbol{R}(n) - \boldsymbol{\mu}(n)\boldsymbol{\mu}^{\mathrm{T}}(n) = \frac{n-1}{n}\boldsymbol{R}(n-1) + \frac{1}{n}\boldsymbol{r}_n\boldsymbol{r}_n^{\mathrm{T}} - \boldsymbol{\mu}(n)\boldsymbol{\mu}^{\mathrm{T}}(n) \\ &= \frac{n-1}{n}\boldsymbol{R}(n-1) + \frac{1}{n}\boldsymbol{r}_n\boldsymbol{r}_n^{\mathrm{T}} - \frac{(n-1)^2}{n^2}[\boldsymbol{\mu}(n-1)\boldsymbol{\mu}^{\mathrm{T}}(n-1)] \\ &\quad - \frac{n-1}{n^2}[\boldsymbol{\mu}(n-1)\boldsymbol{r}_n^{\mathrm{T}} + \boldsymbol{r}_n\boldsymbol{\mu}^{\mathrm{T}}(n-1)] - \frac{1}{n^2}\boldsymbol{r}_n\boldsymbol{r}_n^{\mathrm{T}} \\ &= \frac{n-1}{n}\left\{\boldsymbol{R}(n-1) - \frac{n-1}{n}[\boldsymbol{\mu}(n-1)\boldsymbol{\mu}^{\mathrm{T}}(n-1)]\right\} - \frac{n-1}{n^2}[\boldsymbol{\mu}(n-1)\boldsymbol{r}_n^{\mathrm{T}} + \boldsymbol{r}_n\boldsymbol{\mu}^{\mathrm{T}}(n-1)]\end{aligned}$$

$$
\begin{aligned}
&+\frac{n-1}{n^2}\boldsymbol{r}_n\boldsymbol{r}_n^{\mathrm{T}}\\
&=\frac{n-1}{n}\left\{\boldsymbol{K}(n-1)+\frac{1}{n}[\boldsymbol{\mu}(n-1)\boldsymbol{\mu}^{\mathrm{T}}(n-1)]\right\}\\
&\quad-\frac{n-1}{n^2}[\boldsymbol{\mu}(n-1)\boldsymbol{r}_n^{\mathrm{T}}+\boldsymbol{r}_n\boldsymbol{\mu}^{\mathrm{T}}(n-1)]+\frac{n-1}{n^2}\boldsymbol{r}_n\boldsymbol{r}_n^{\mathrm{T}}\\
&=\frac{n-1}{n}\boldsymbol{K}(n-1)+\frac{n-1}{n^2}[\boldsymbol{\mu}(n-1)\boldsymbol{\mu}(n-1)^{\mathrm{T}}-\boldsymbol{\mu}(n-1)\boldsymbol{r}_n^{\mathrm{T}}-\boldsymbol{r}_n\boldsymbol{\mu}^{\mathrm{T}}(n-1)+\boldsymbol{r}_n\boldsymbol{r}_n^{\mathrm{T}}]\\
&=\frac{n-1}{n}\boldsymbol{K}(n-1)+\frac{n-1}{n^2}[(\boldsymbol{r}_n-\boldsymbol{\mu}(n-1))(\boldsymbol{r}_n-\boldsymbol{\mu}(n-1))^{\mathrm{T}}] \qquad (13.9)
\end{aligned}
$$

同样原理，令 $A=\frac{n-1}{n}\boldsymbol{K}(n-1)$，$\boldsymbol{u}=\boldsymbol{v}=\frac{\sqrt{n-1}}{n}[\boldsymbol{r}_n-\boldsymbol{\mu}(n-1)]$，根 Woodbury 引理可以得到相应的递归方程，从而实现 RT-CK-AD 异常检测。

13.4 算法复杂度分析

高光谱图像目标检测算法的计算复杂度和算法运行所需要的时间是衡量目标检测算法性能优劣的重要指标。本节通过分析算法中各个计算的复杂度，对不同的算法进行复杂度分析及算法运行时间比较。

表 13.1 给出了不同矩阵代数运算的计算复杂度。以式(13.1)为例，若不采用本章提出的 RT-CR-AD 递归实时算子，则算子$\boldsymbol{r}_n^{\mathrm{T}}\boldsymbol{R}^{-1}(n)\boldsymbol{r}_n$ 的计算复杂度可以拆分为四部分：$\boldsymbol{R}(n)$的求解、$\boldsymbol{R}(n)$的逆运算、$\boldsymbol{R}^{-1}(n)$和$\boldsymbol{r}_n$ 的乘法运算，以及$\boldsymbol{r}_n^{\mathrm{T}}$ 和$\boldsymbol{R}^{-1}(n)\boldsymbol{r}_n$ 间的乘法运算。由表 13.1 可以知道，其计算复杂度分别为 $n\cdot O(L)$、$O(L^3)$、$O(L^2)$以及 $O(L)$，其中矩阵求逆运算的复杂度最高，为 $O(L^3)$，而本章提出的 RT-CR-AD 实时检测方法，利用 Woodbury 引理给出了相关矩阵逆矩阵$\boldsymbol{R}^{-1}(n)$的递归更新公式，从而可以利用矩阵复杂度较低的矩阵加、减、乘、除等运算从上一时刻状态$\boldsymbol{R}^{-1}(n-1)$中递归更新求出当前$\boldsymbol{R}^{-1}(n)$，避免了大量的矩阵$\boldsymbol{R}(n)$及其逆矩阵$\boldsymbol{R}^{-1}(n)$的计算。

表 13.1 矩阵代数计算复杂度

操作	输入	输出	算法	复杂度
矩阵乘法	两个大小分别为 $n\times m$ 和 $m\times p$ 的矩阵	一个大小为 $n\times p$ 的矩阵	Schoolbook matrix multiplication	$O(nmp)$
矩阵求逆	大小为 $n\times n$ 的矩阵	大小为 $n\times n$ 的矩阵	Gauss-Jordan elimination	$O(n^3)$
			Strassen algorithm	$O(n^{2.807})$
			Coppersmith-Winograd algorithm	$O(n^{2.376})$
			Williams algorithm	$O(n^{2.373})$

13.5 实验分析

为了便于实验分析，这里用 K-AD 和 R-AD 分别表示传统基于协方差矩阵和相关矩阵的 AD 算子，CK-AD 和 CR-AD 表示两种因果 RX 算子，但是这两种因果 RX 算子对于每个待检测像元，其协方差矩阵和相关矩阵采用重复计算的方式，RT-CK-AD 和 RT-CR-AD 表示两种递归实时 AD 算子。为了验证所提出算法的有效性和高效性，采用模拟高光谱数据和真实高光谱图像对上述算法进行实验仿真。

13.5.1 模拟高光谱数据实验

为了分析本章算法的有效性，首先选用一组模拟的高光谱图像数据对所算法进行实验仿真。实验中所用的模拟高光谱图像数据是用真实数据的地物光谱信息合成的。图 13.1(a)是一幅由 AVIRIS 高光谱成像仪拍摄的真实高光谱图像数据，实验数据为美国内华达州的某一矿区图，拍摄于 1997 年，来源于 USGS 网站上的公开数据。该 AVIRIS 高光谱成像仪有 224 个波段，图像数据大小为 350×350 像素。在去除 1～3、105～115 以及 150～170 等水吸收波段以及低信噪比波段后，189 个波段数据用于后续的实验设计中。在图 13.1(b)中，给出了 5 种地物的真实地理位置，该五种地物分别是 A、B、C、K、M，分别表示明矾石(Alunite)、水铵长石(Buddingtonite)、方解石(Calcite)、高岭石(Kaolinite)和白云母(Muscovite)。图 13.1(c)分别画出了五种地物的光谱向量和所选用的背景光谱向量，利用这些光谱特性，我们设计了模拟高光谱图像数据，如图 13.2 所示。

图 13.2 的具体合成方式如下：采用图 13.1(c)中给出 A、B、C、K、M 物种地物的光谱曲线生成 25 个面板目标，并将其作为待检测异常信息。其中每一行的主要信息分别采用 A、B、C、K、M 其中一种光谱，生成大小和混杂不同的目标；而每一列的大小和组成方式基本相同，只是选用不同的主光谱信息。在 25 个异常目标中，每一行的第一列是大小为 4×4 像素的纯像元，第二列是大小为 2×2 像素的纯像元，第三列是大小为 2×2 像素的混合像元，第四列和第五列均是大小为 1×1 像素的亚像元，其中混合像元和亚像元的混合方式分别参照表 13.2 和表 13.3。该 25 个异常目标嵌入在大小为 200×200 像素、由背景光谱特性构成的合成图像中。背景加入信噪比为 20∶1 的加性高斯噪声。根据嵌入方式的不同，模拟数据又可分为两种：一种是目标移植数据(target implantation，TI)，是在相应位置抠除背景信息，用相应的目标光谱替代；另一种为目标嵌入(target embeddedness，TE)，是在相应位置将目标光谱和原有的背景光谱进行叠加作为新的光谱信息。

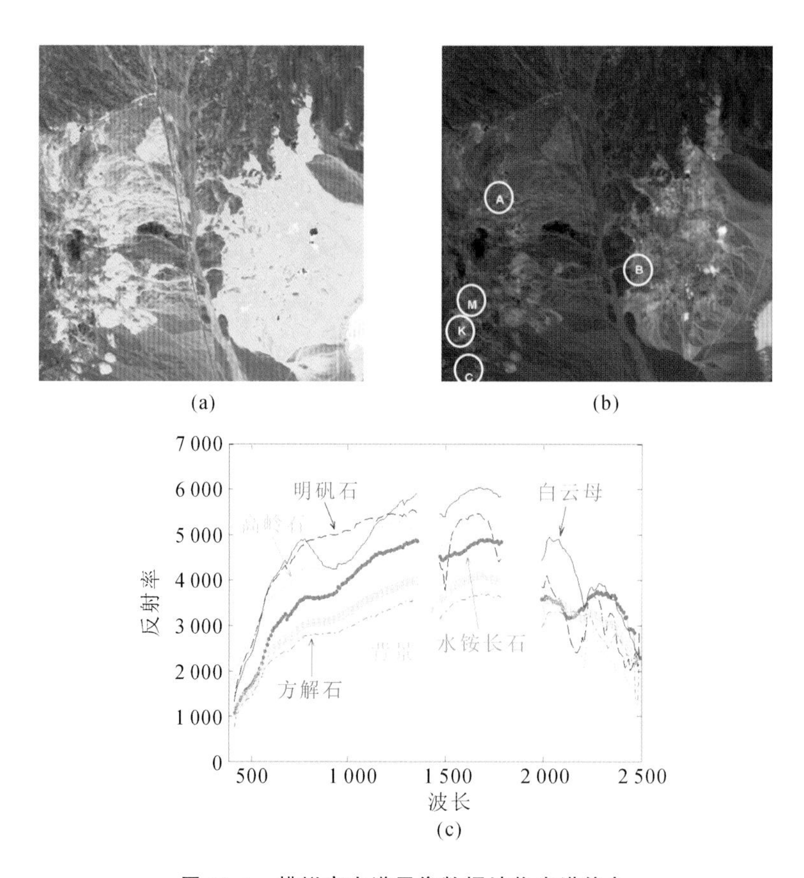

图 13.1 模拟高光谱用像数据地物光谱信息

(a)Cuprite 数据；(b)相应五种地物 A、B、C、K、M 的空间位置；(c)5 种地物及背景光谱曲线

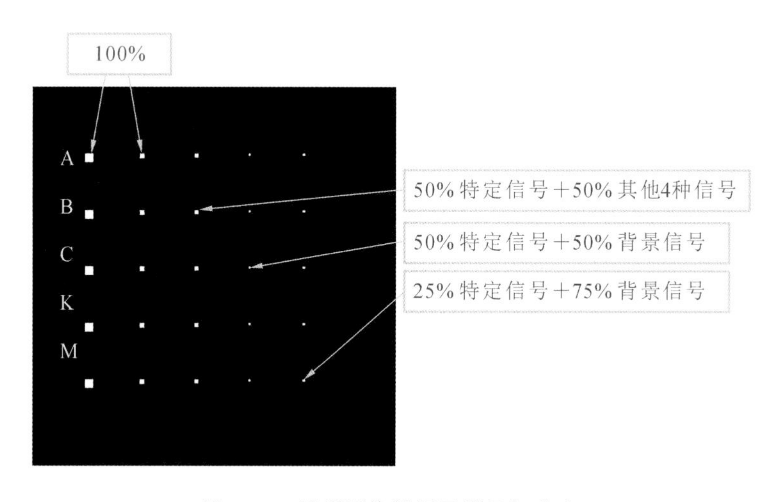

图 13.2 模拟图像数据异常目标分布

表 13.2 模拟图像第三列混合像元目标

	第三列异常目标生成过程	
第一行	$p_{3,11}^{1}=0.5A+0.5B$	$p_{3,12}^{1}=0.5A+0.5C$
	$p_{3,21}^{1}=0.5A+0.5K$	$p_{3,22}^{1}=0.5A+0.5M$
第二行	$p_{3,11}^{2}=0.5A+0.5B$	$p_{3,12}^{2}=0.5B+0.5C$
	$p_{3,21}^{2}=0.5B+0.5K$	$p_{3,22}^{2}=0.5B+0.5M$
第三行	$p_{3,11}^{3}=0.5A+0.5C$	$p_{3,12}^{3}=0.5B+0.5C$
	$p_{3,21}^{3}=0.5C+0.5K$	$p_{3,22}^{3}=0.5C+0.5M$
第四行	$p_{3,11}^{4}=0.5A+0.5K$	$p_{3,12}^{4}=0.5B+0.5K$
	$p_{3,21}^{4}=0.5C+0.5K$	$p_{3,22}^{4}=0.5K+0.5M$
第五行	$p_{3,11}^{5}=0.5A+0.5M$	$p_{3,12}^{5}=0.5B+0.5M$
	$p_{3,21}^{5}=0.5C+0.5M$	$p_{3,22}^{5}=0.5K+0.5M$

表 13.3 模拟图像第四列和第五列亚像元

	第四列——背景成分 50%的亚像元	第五列——背景成分 25%的亚像元
第一行	$p_{4,1}^{1}=0.5A+0.5b$	$p_{5,1}^{1}=0.25A+0.75b$
第二行	$p_{4,1}^{2}=0.5B+0.5b$	$p_{5,1}^{2}=0.25B+0.75b$
第三行	$p_{4,1}^{3}=0.5C+0.5b$	$p_{5,1}^{3}=0.25C+0.75b$
第四行	$p_{4,1}^{4}=0.5K+0.5b$	$p_{5,1}^{4}=0.25K+0.75b$
第五行	$p_{4,1}^{5}=0.5M+0.5b$	$p_{5,1}^{5}=0.25M+0.75b$

13.5.1.1 TI 高光谱数据实验

利用所合成的 TI 模拟数据实验来验证实时算法的有效性。图 13.3 给出了经典的 R-AD、K-AD 以及对应的因果算子和实时算子的检测结果 db 值图。图 13.4 至图 13.7 给出了因果算子和实时算子的检测过程。

13.5.1.2 TE 高光谱数据实验

利用 TE 合成数据，对上述实验进行重复，已验证算法在不同数据上的有效性，其检测结果如图 13.8～图 13.12 所示。

从检测结果可以看出，两种经典的 AD 异常算子和本章中提出的两种实时异常算子具有几乎相同的检测效果，然而本章提出的两种实时算子在不影响检测效果的前提下，能够实现算法的实时处理，这为高光谱数据下行传输的同时进行数据处理以及算子 FPGA(field-programmable gate array)硬件实现提供了算法支持，同时也为机载嵌入式高光谱目标检测系统奠定了基础。

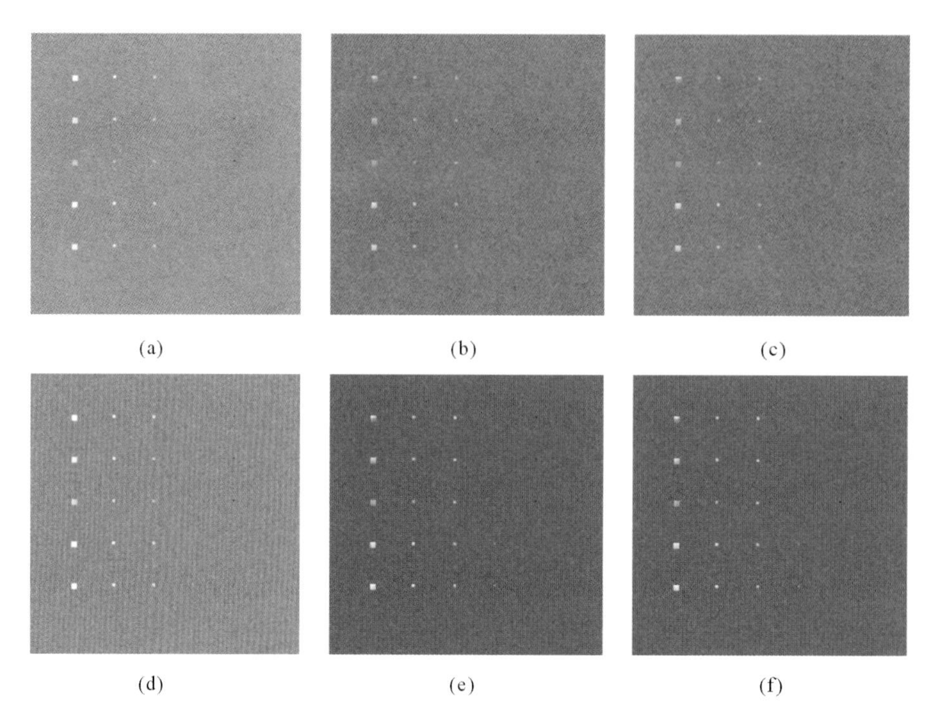

图 13.3　不同检测算子模拟数据检测结果

(a)R-AD;(b)CR-AD;(c)RT-CR-AD;(d)K-AD;(e)CK-AD;(f)RT-CK-AD

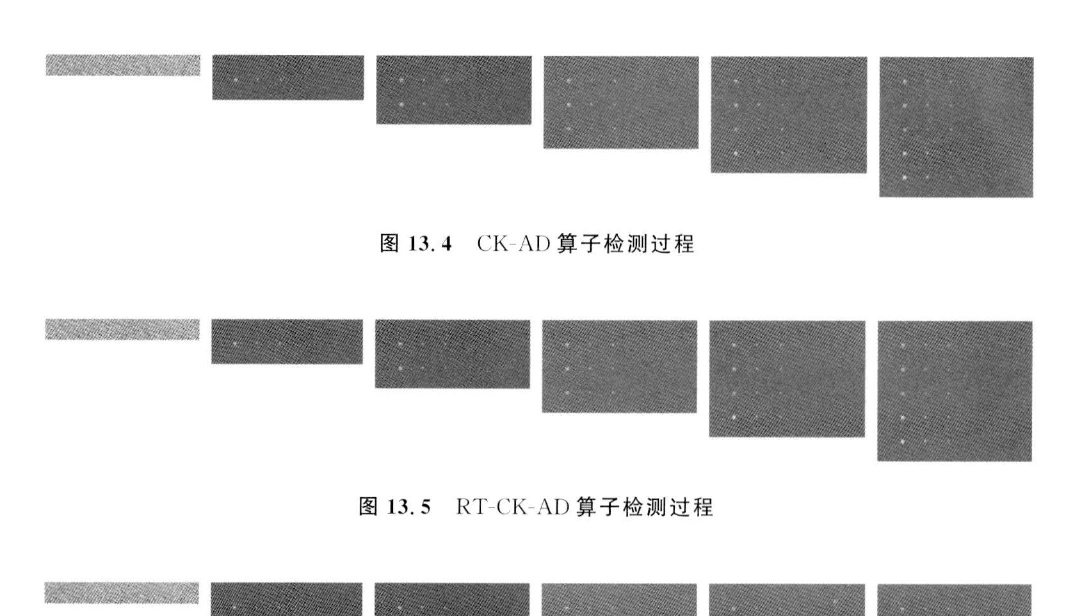

图 13.4　CK-AD 算子检测过程

图 13.5　RT-CK-AD 算子检测过程

图 13.6　CR-AD 算子检测过程

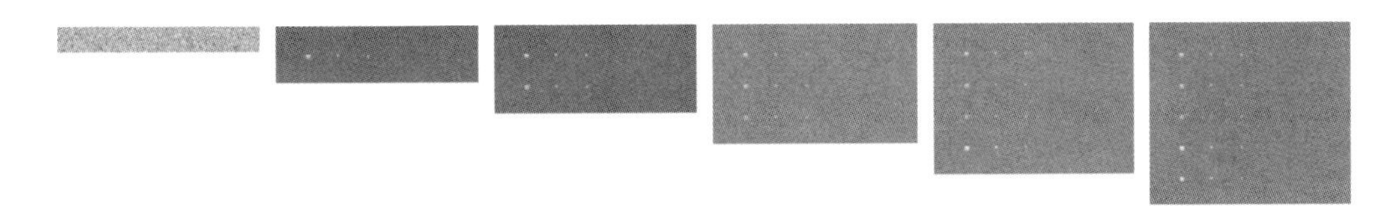

图 13.7 RT-CR-AD 检测过程

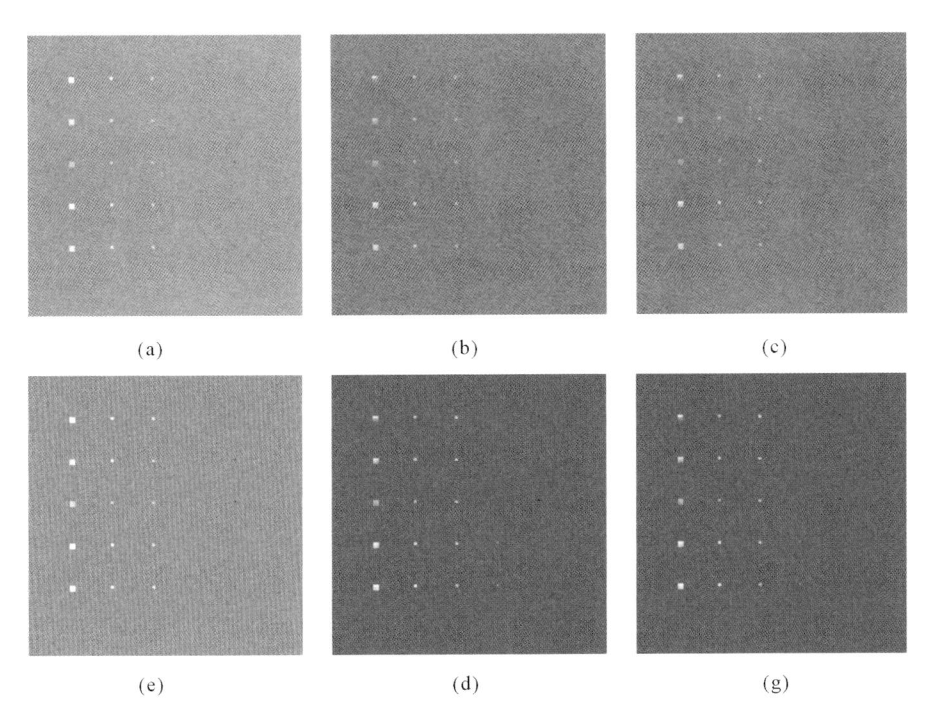

(a) (b) (c)

(e) (d) (g)

图 13.8 TE 图不同检测算子模拟数据检测结果

(a)R-AD;(b)CR-AD;(c)RT-CR-AD;(d)K-AD;(e)CK-AD;(f)RT-CK-AD

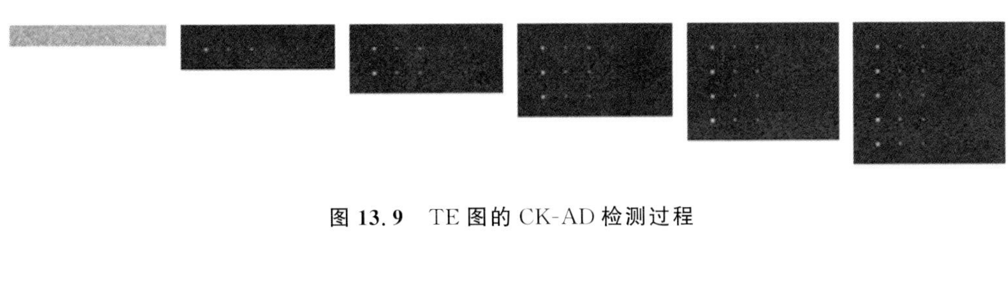

图 13.9 TE 图的 CK-AD 检测过程

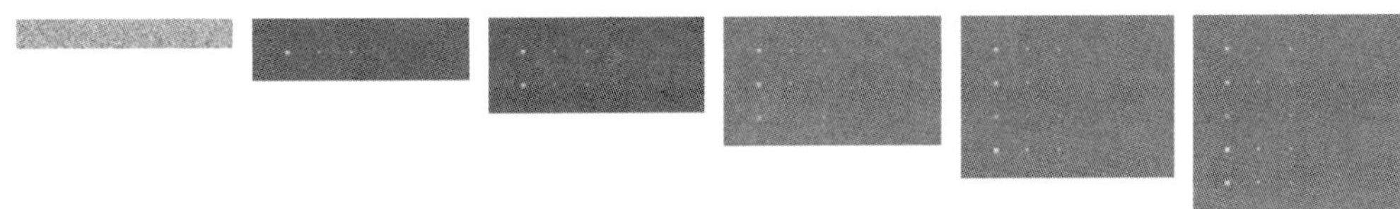

图 13.10 TE 图的 RT-CK-AD 检测过程

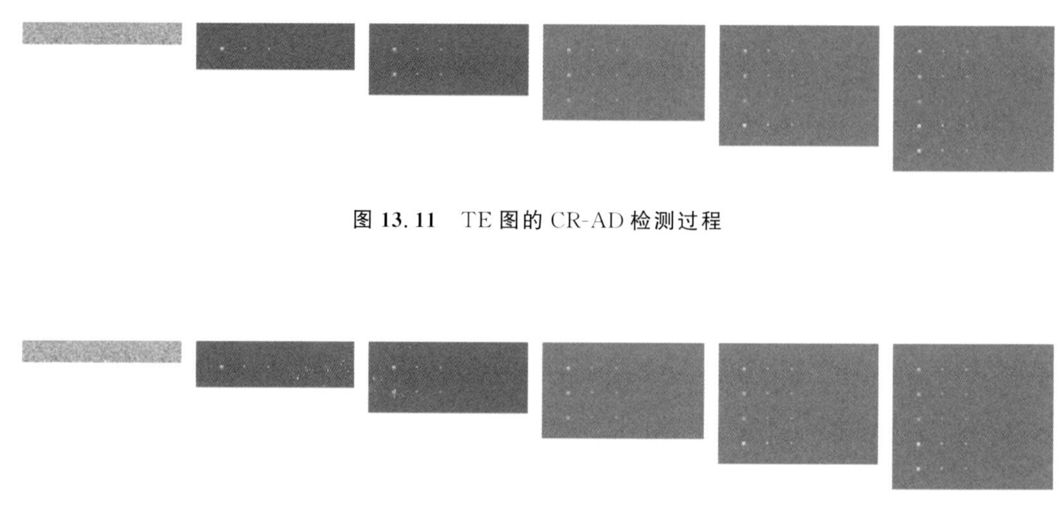

图 13.11 TE 图的 CR-AD 检测过程

图 13.12 TE 图的 RT-CR-AD 检测过程

13.5.1.3 检测性能分析

算法的性能可以用 ROC(receiver operating characteristic)曲线来分析。ROC 来源于雷达中的接收器的操作特性,是由很多检测概率和虚警概率(或者其对数)对应点构成的曲线。通过变化门限值 η,得到相应的虚警概率和检测概率,从而得到 ROC 曲线。门限值越高,探测概率和虚警概率越低。然而,需要注意的是,要想获得 ROC 曲线,必须已知真实的地物分布。而合成数据的真实地物分布是已知的,可以进行算法的性能评价,这是进行合成数据实验的另一优点。

ROC 曲线的下面积(area under curve receiver operating characheristic,AUCROC)是 ROC 曲线评价的一个统计量,其值为 0.5～1,其值的大小可以从量化上作为算法精确度的评价指标。在 AUC 大于 0.5 的情况下,其值越接近于 1,表明算法性能越好。为了更好地量化各种算法的有效性,在此给出了 4 种算法的 AUCROC,以进行算法精确度比较,其结果如图 13.13 所示。

从图 13.13(a)的 ROC 特性曲线可以看出,4 种算法的接收器特性曲线都是非常好的,这是因为我们采用的合成数据,其背景虽然加入信噪比为 20∶1 的加性高斯噪声,但真实数据的背景比之更加复杂和多变,因此相对单一背景的合成数据具有较好的检测特性。从图 13.13(a)和(b)的分析可以看出,4 种算法的精确度是比较近似的。在保证相对统一的算法精确度的前提下,本文提出的算法能够实现实时探测过程,从而完成高光谱实时异常检测。

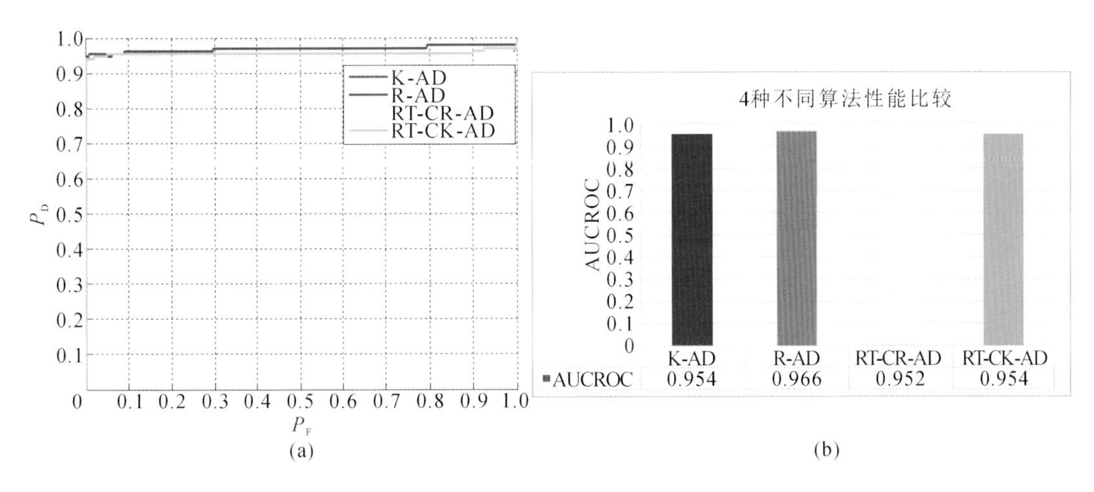

图 13.13　4 种算法的性能比较

(a)接收机特性曲线；(b)ROC 曲线的下面积

13.5.1.4　时间复杂性分析

为了分析实时算法的运算时间，下面给出了算法运行时间分析。在实时算子迭代更新过程中，主要的时间都用于矩阵相乘的运算，其中 $\boldsymbol{R}^{-1}(n)$、$\boldsymbol{r}_n\boldsymbol{r}_n^{\mathrm{T}}$、$\boldsymbol{r}_n^{\mathrm{T}}\boldsymbol{R}^{-1}(n-1)\boldsymbol{r}_n$ 和 $[\boldsymbol{R}^{-1}(n-1)\boldsymbol{r}_n][\boldsymbol{r}_n^{\mathrm{T}}\boldsymbol{R}^{-1}(n-1)]$ 所需的时间如图 13.14 和图 13.15 所示。

表 13.4　各种算法时间比较

CPT	CR-AD/CK-AD		RT-CR-AD/RT-CK-AD	
初始化	CPT(R(L))= LCPT(OP(L))		CPT($\boldsymbol{R}$(L)=LCPT(OP(L)) +CPT(MI(L))($R^{-1}(L)/K^{-1}(L)$)	
	TI	TE	TI	TE
	0.01375 s	0.02111 s	0.0150 s	0.02882 s
CPT/像元 $n>L$	CPT($\boldsymbol{r}_n(\boldsymbol{r}_n)^{\mathrm{T}}$)		CPT($\{[\boldsymbol{R}(n-1)]^{-1}\boldsymbol{r}_n\}\{\boldsymbol{r}_n^{\mathrm{T}}[\boldsymbol{R}(n-1)]^{-1}\}$) +3CPT($\boldsymbol{x}^{\mathrm{T}}\boldsymbol{A}\boldsymbol{y}$)	
	TI	TE		
	0.000107 s	0.00009723 s	TI	TE
	CPT($\boldsymbol{R}^{-1}(n)/\boldsymbol{K}^{-1}(n)$))			
	TI	TE	0.0004898 s	0.0004650 s
	0.001222 s	0.001215 s		
总 CPT	$\sum_{n=L}^{N}$CPT(OP(n))+CPT(MI(n))		$(N-L)\{[3(L+1)$CPT(IP(L))$\}$+CPT(OP(L))$]\}$	
	TI	TE	TI	TE
	54.0114 s	53.3096 s	20.8528 s	19.8661 s

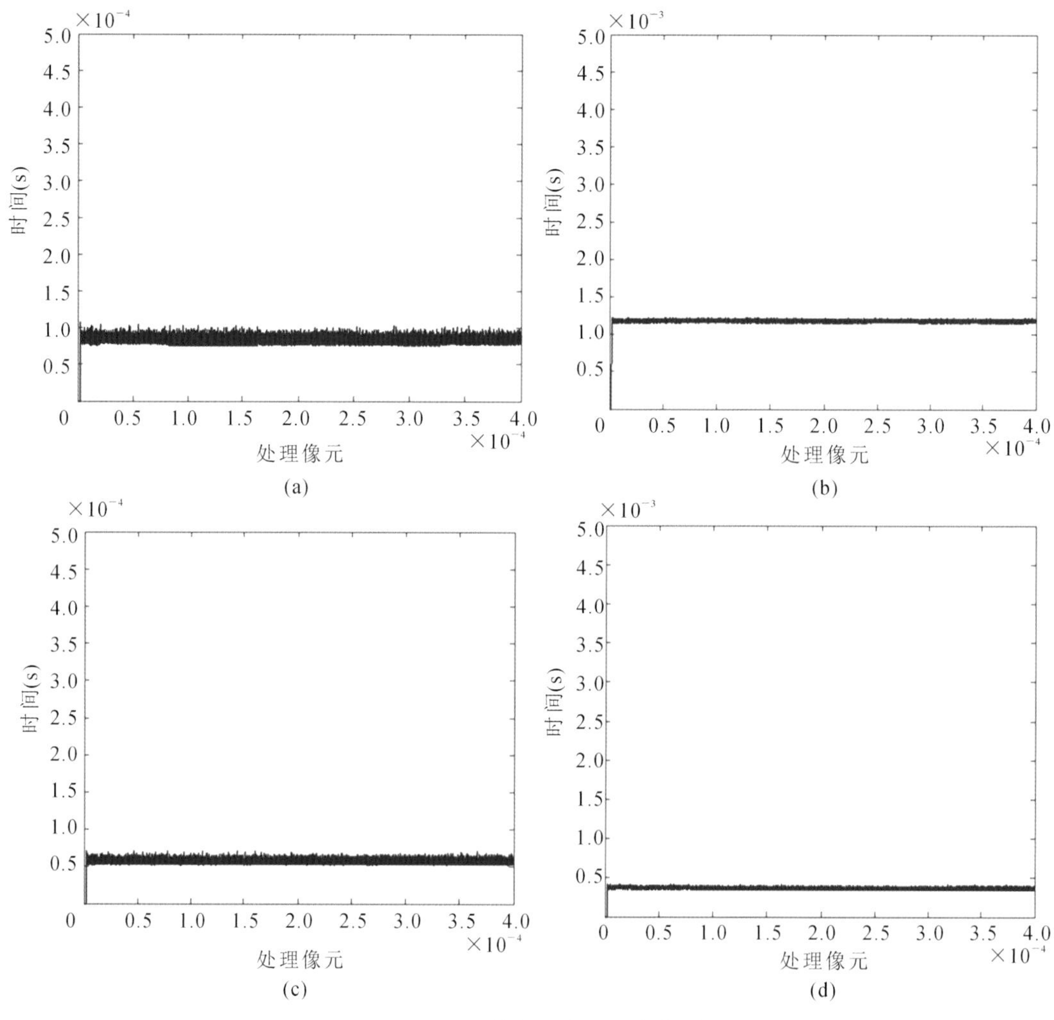

图 13.14 TI数据时间复杂度分析

(a)$\boldsymbol{r}_n \boldsymbol{r}_n^{\mathrm{T}}$;(b)$\boldsymbol{R}^{-1}(n)$;(c)$\boldsymbol{r}_n^{\mathrm{T}} \boldsymbol{R}^{-1}(n-1)\boldsymbol{r}_n$;(d)$[\boldsymbol{R}^{-1}(n-1)\boldsymbol{r}_n][\boldsymbol{r}_n^{\mathrm{T}} \boldsymbol{R}^{-1}(n-1)]$

13.5.2 真实高光谱数据实验

为了验证提出算法在实际高光谱图像数据中的有效性，本节采用两幅真实的高光谱图像数据进行实验。

13.5.2.1 数据描述

1. AVIRIS火山区环形山口数据

图13.16是一幅真实高光谱遥感图像数据，该图是由机载可见光/红外成像光谱仪AVIRIS(airborne visible infrared imaging spectrometer)获取的，拍摄于美国内华达州北部的火山区环形山口(lunar crater volcanic field，LCVF)，大小为200×200像素。AVIRIS高光谱成像仪有224个波段，在去除水吸收波段以及低信噪比波段后，158个波段数据用于后续的试验中。该数据地物分布如图13.16所示。

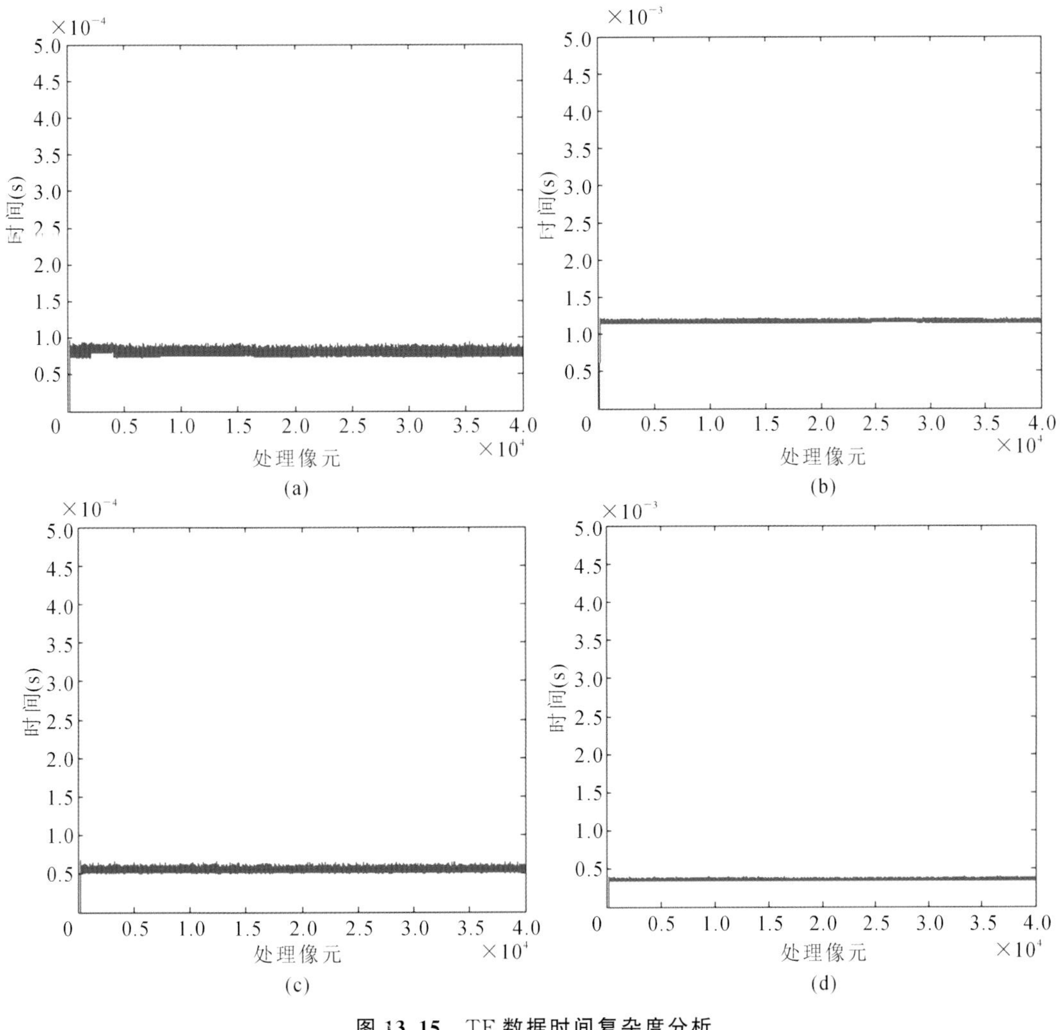

图 13.15 TE 数据时间复杂度分析

(a)$\boldsymbol{r}_n\boldsymbol{r}_n^{\mathrm{T}}$;(b)$\boldsymbol{R}^{-1}(n)$;(c)$\boldsymbol{r}_n^{\mathrm{T}}\boldsymbol{R}^{-1}(n-1)\boldsymbol{r}_n$;(d)$[\boldsymbol{R}^{-1}(n-1)\boldsymbol{r}_n][\boldsymbol{r}_n^{\mathrm{T}}\boldsymbol{R}^{-1}(n-1)]$

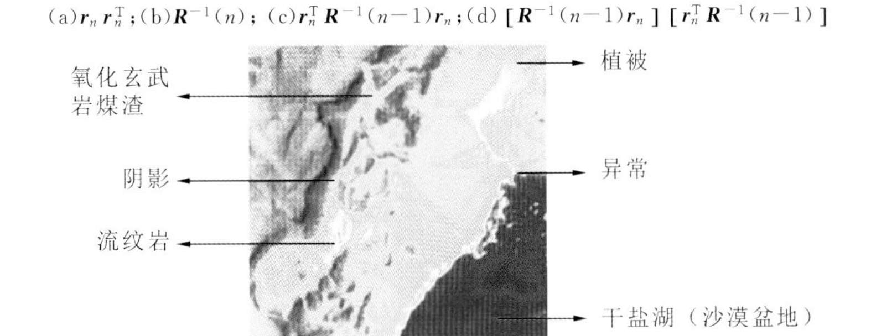

图 13.16 LCVF 图像数据及地物分布

2. HYDICE 高光谱图像数据。

图 13.17 是高光谱数字图像采集实验成像光谱仪 HYDICE(hyperspectral digital imagery collection experiment,HYDICE)获取的图像数据,其大小为 200×74 像素。HYDICE 是由美国宇航局(NASA)的喷气推进实验室(JPL)研制成功并于 1995 年投入使用,它的成

像范围为 0.4～2.5 μm，原始 HYDICE 成像仪可获取 210 个波段，在去除水吸收波段以及低信噪比波段后，169 个波段数据用于后续的实验中。

实验中所用的 HYDICE 地物分布如图 13.17 所示。将图 13.17(a)图的 HYDICE 图像记为 HYDICE-1，图(b)记为 HYDICE-2，图(c)记为 HYDICE-3。三者为不同大小和地物分布的 HYDICE 高光谱图像数据，该数据的具体描述可参照 1.5.1 节。

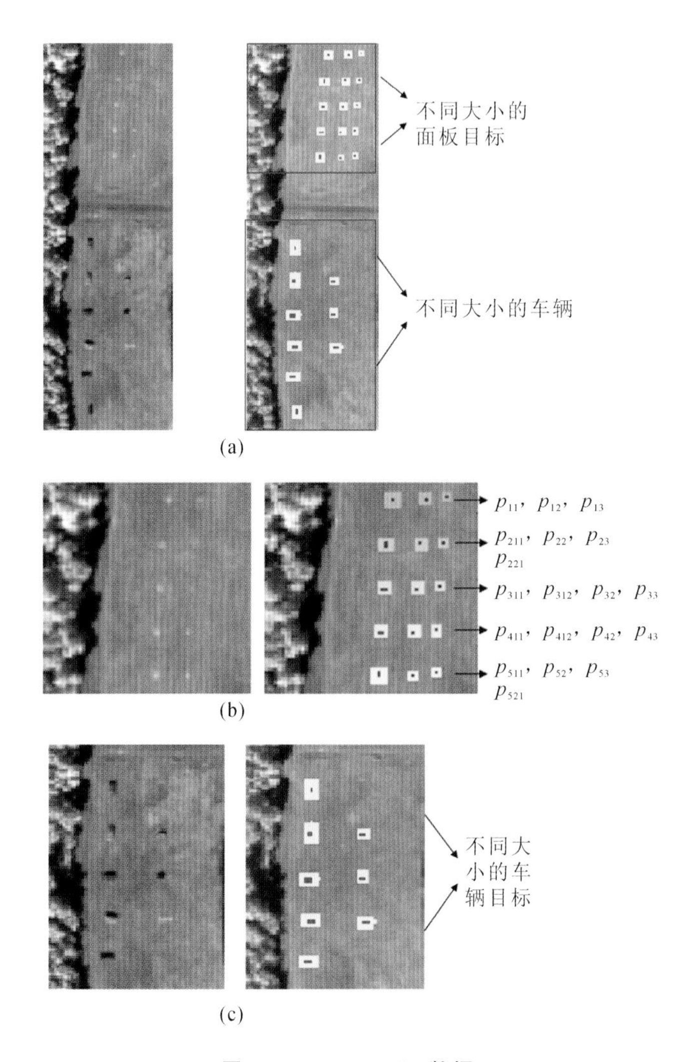

图 13.17 HYDICE **数据**

(a)HYDICE-1 及空间分布；(b)上部分 15 个面板目标；(c)下部分不同车辆目标

13.5.2.2 实验结果与分析

1. AVIRIS LCVF 数据实验

图 13.18 至图 13.20 给出了 AVIRIS LCVF 高光谱图像数据的检测结果，其中，图 13.18 为经典 K-AD 和 R-AD 异常算子的检测结果灰度图，图 13.19 和图 13.20 分别为 RT-CR-AD 和 RT-CK-AD 实时算子的实时探测结果。其中图(a)是尚未检测到异常目标，图

(b)检测到弱异常目标(植被区域),当图(c)检测到异常目标时,在整个背景被抑制的同时,之前检测出来的弱异常目标(植被区域)也被抑制,在灰度图中不再显示出异常,图(d)给出了整幅图像的检测结果灰度图。从 LCVF 高光谱图像检测结果中可以看出,本章提出的两种实时算子在保持相同检测结果的同时,实现了实时检测。另外,值得注意的是,图 13.19 和图 13.20 中,当实时算子运行至图(b)时,作为植被区域的弱异常被检测出来,而当检测到强异常目标时,图(b)中的弱异常将不复存在,被淹没于背景中。这一特性无法在经典 K-AD 和 R-AD 算子中体现出来。

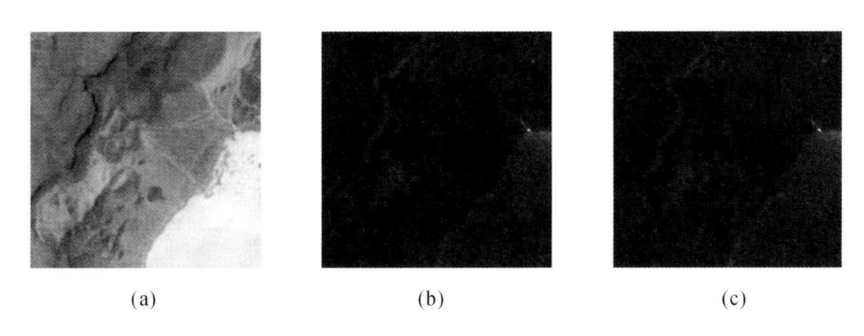

(a)　　　(b)　　　(c)

图 13.18　经典 K-AD 与 R-AD 异常算子检测结果

(a)LCVF 的第 100 个波段;(b)K-AD;(c)RAD

图 13.19　RT-CR-AD 实时算子检测过程灰度图

图 13.20　RT-CK-AD 实时算子检测过程灰度图

2. HYDICE 数据实验

为了进一步验证,本章提出算法在不同类型高光谱数据的有效性,选用 HYDICE 高光谱图像数据对 6 种高光谱异常目标检测算法进行实验分析,检测结果分析如图 13.21 所示。

图 13.21 给出了 HYDICE 高光谱图像数据的检测结果灰度图。从检测结果灰度图中可以看出,6 种算法具有相似的检测精度。然而,受背景抑制情况不同的影响,灰度图中无法看到某些感兴趣的目标。为了解决这一问题,图 13.22 给出了图 13.21 中 6 种检测结果

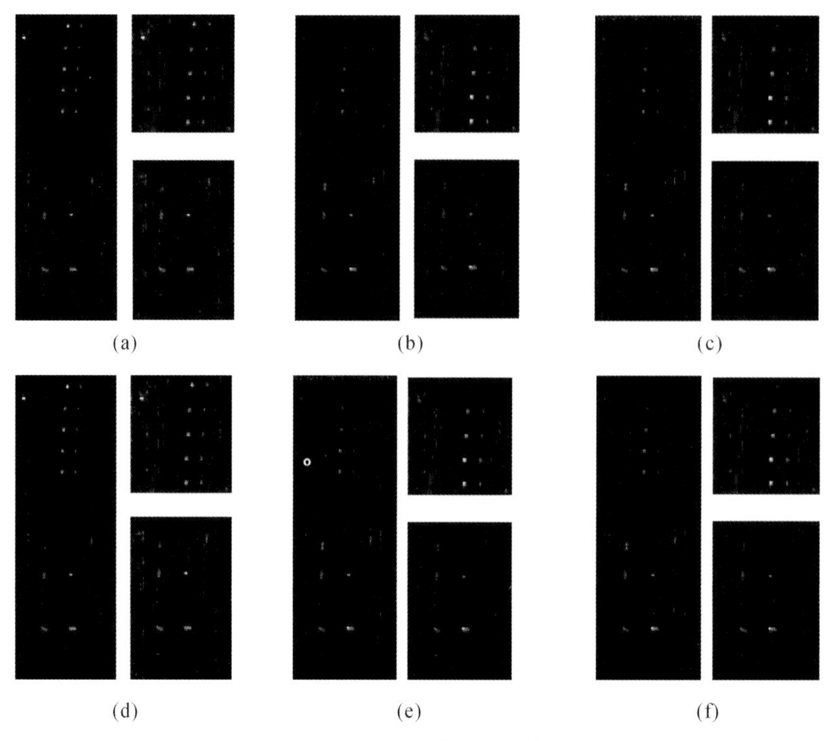

(a) (b) (c)

(d) (e) (f)

图 13.21 HYDICE 检测结果灰度图

(a)K-AD;(b)CK-AD;(c)RT-CK-AD;(d)R-AD;(e)CR-AD;(f)RT-CR-AD

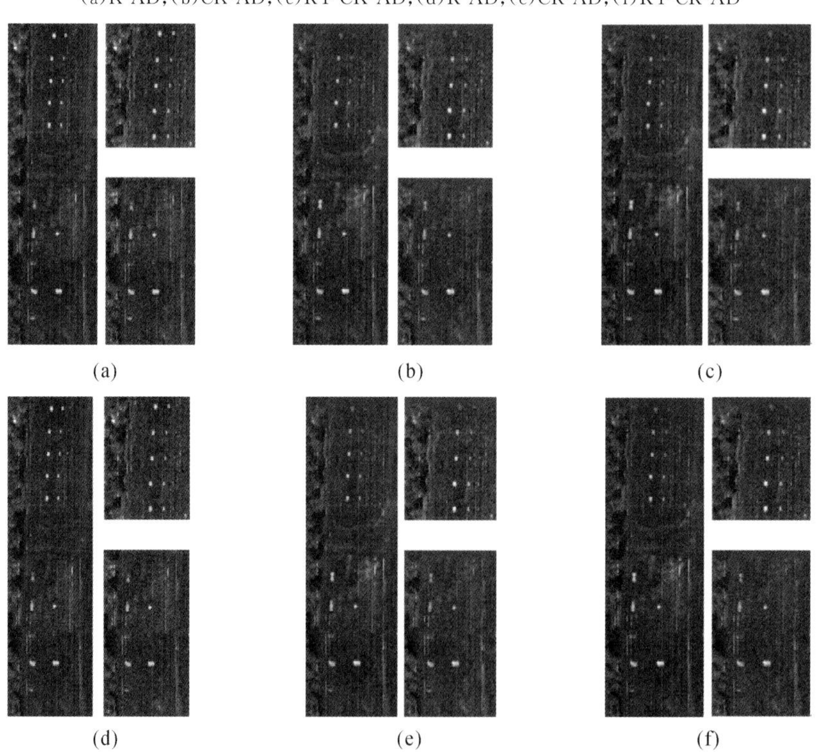

(a) (b) (c)

(d) (e) (f)

图 13.22 HYDICE 数据检测结果 db 图

(a)K-AD;(b)CK-AD;(c)RT-CK-AD;(d)R-AD;(e)CR-AD;(f)RT-CR-AD

灰度图对应的 db 图像。经过 db 处理后，异常目标更为突出。值得注意的是，对于图中上半部分第一排的三个目标，传统的 K-AD 和 R-AD 检测效果要远远好于另外 4 种因果算子，这是因为对于最早的数据，由于因果算子采用已获取的数据作为背景信息，而非全局数据，此时背景抑制程度不够，而全局的 K-AD 和 R-AD 由于采用全部采样数据计算协方差矩阵和相关矩阵，能够更好地抑制背景信息。

为了进一步观察实时检测过程检测结果的变化，图 13.23 和图 13.24 给出了 RT-CK-AD 和 RT-CR-AD 两种实时算子的检测过程，检测结果均为 db 图。

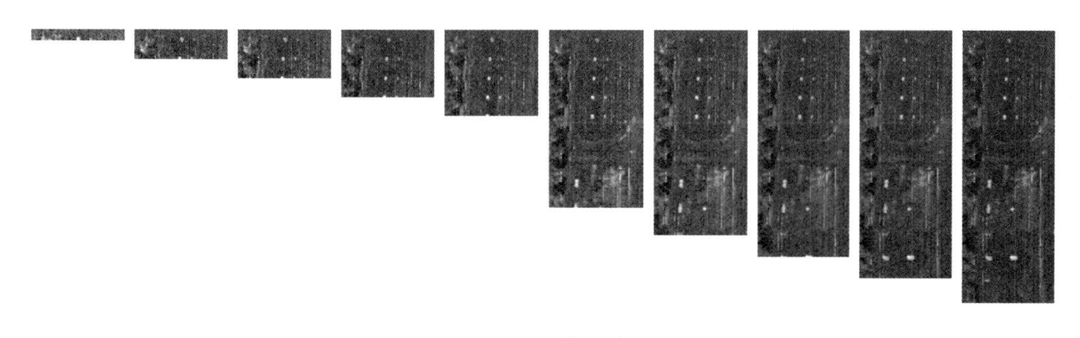

图 13.23　RT-CK-AD 算子检测过程 db 图

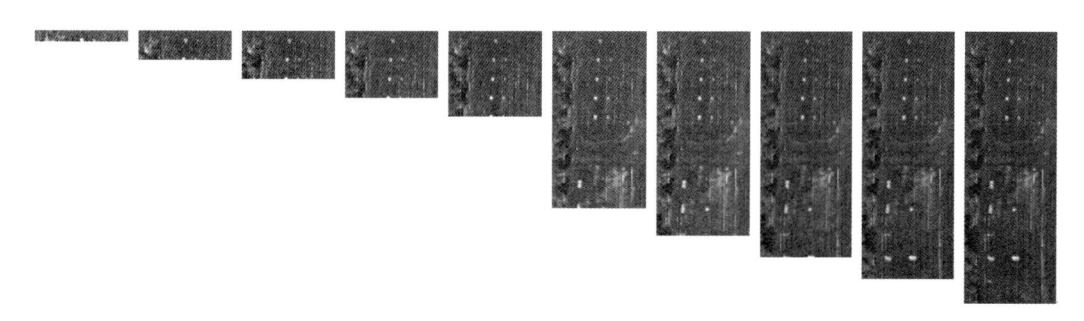

图 13.24　RT-CR-AD 算子检测过程 db 图

13.5.2.3　检测性能分析

算法的性能可以用 ROC 曲线来分析。本节选用第 3 章中介绍的 3D-ROC 曲线对不同算子进行性能分析。通过变化门限值 η，得到相应的虚警概率和检测概率，从而得到关于这 3 个参量的 3D-ROC 曲线。门限值越高，检测概率和虚警概率越低。由于 ROC 曲线的绘制必须已知真实的地物分布，因此本节以 HYDICE 高光谱图像为实验数据，研究经典的 K-AD 和 R-AD、具有因果特性的 CK-AD 和 CR-AD，以及实时的 RT-CK-AD 和 RT-CR-AD 等 6 种算子的检测性能。图 13.25 给出了不同算子作用于 HYDICE 数据的 3D-ROC 曲线及对应的 2D-ROC 曲线。

为了进一步进行定量分析，将 AUC(area under curve)作为性能评价的另一指标。AUC 是由图 13.25(b)～(d)中的所有 2D-ROC 曲线求得。表 13.5 至表 13.7 给出了 6 种算法作用于 3 种高光谱图像数据时对应的 AUCROC 值，6 种算法分别为经典的 K-AD 和 R-AD、具有因果特性的 CK-AD 和 CR-AD，以及实时的 RT-CK-AD 和 RT-CR-AD，3 种高光谱图像分别为图 13.17 中(a)～(c)的 HYDICE-1、HYDICE-2 和 HYDICE-3 这 3 个图像数据。

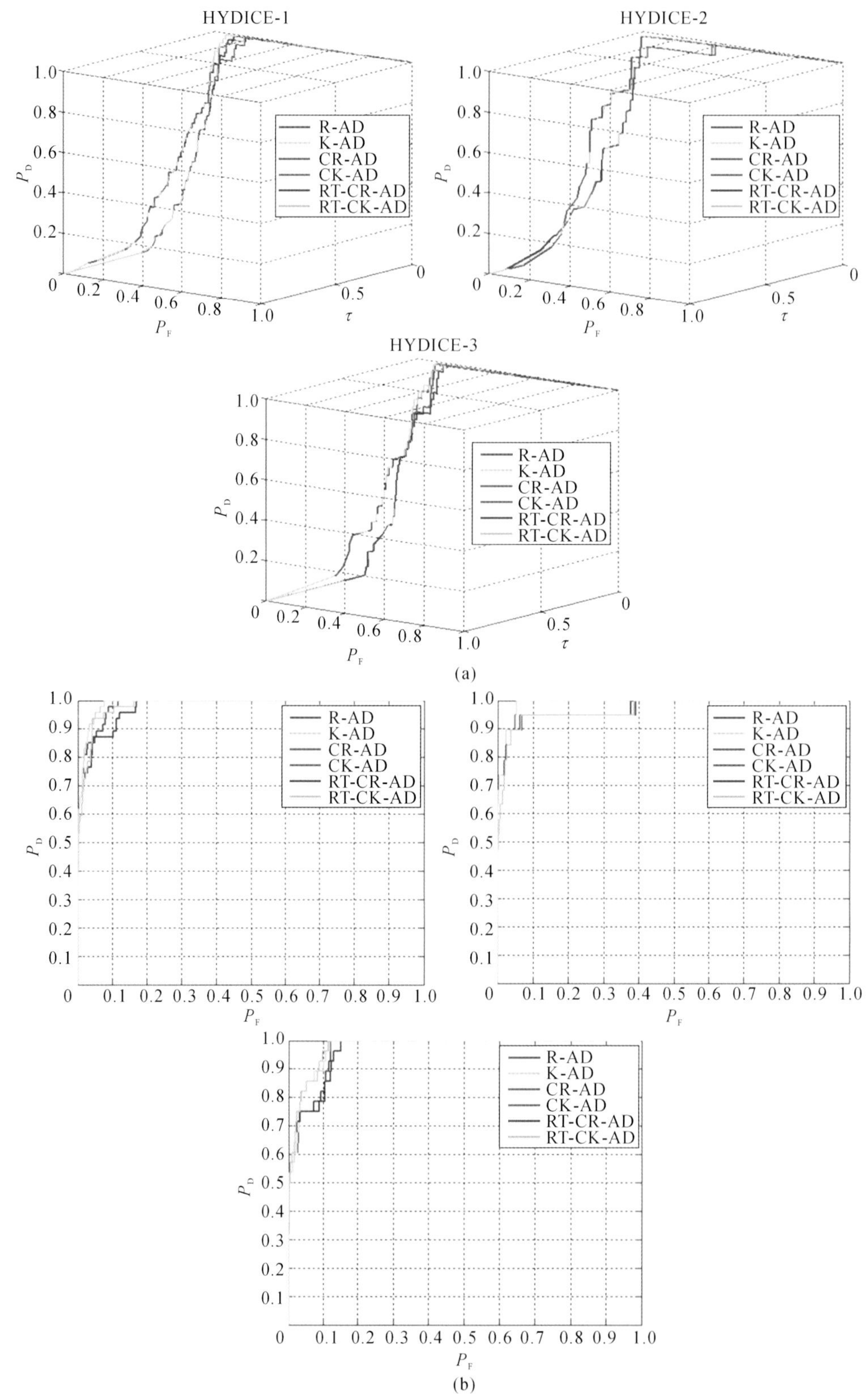

图 13.25　3D-ROC 曲线及其对应的三个 2D-ROC 曲线

(a)3D-ROC 曲线(P_D-P_F-τ);(b)2D-ROC 曲线(P_D-P_F);(c)2D-ROC 曲线(P_D-τ);(d)2D-ROC 曲线(P_F-τ)

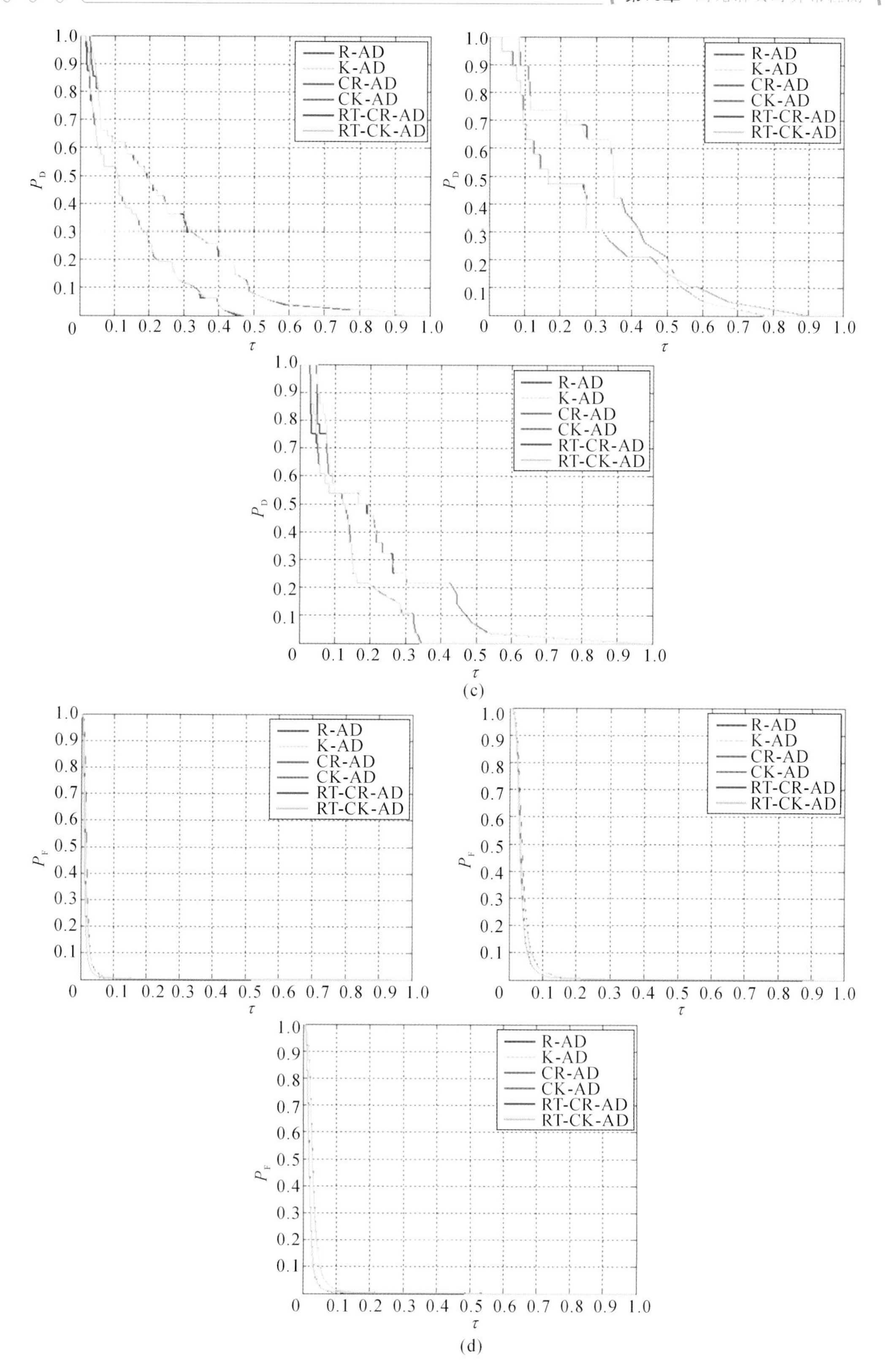

(c)

(d)

续图 13.25

表 13.5 6 种算子对 HYDICE-1 数据的 AUCROC

HYDICE-1	K-AD	CK-AD	RT-CK-AD	R-AD	CR-AD	RT-CR-AD
AUC(P_D-P_F)	0.9886	0.9818	0.9819	0.9840	0.9747	0.9747
AUC(P_D-τ)	0.2368	0.1372	0.1372	0.2349	0.1356	0.1356
AUC(P_F-τ)	0.0193	0.0144	0.0144	0.0199	0.0145	0.0145

表 13.6 6 种算子对 HYDICE-2 数据的 AUCROC

HYDICE-2	K-AD	CK-AD	RT-CK-AD	R-AD	CR-AD	RT-CR-AD
AUC(P_D-P_F)	0.9898	0.9680	0.9683	0.99	0.9691	0.9691
AUC(P_D-τ)	0.3329	0.2590	0.2590	0.3342	0.2596	0.2596
AUC(P_F-τ)	0.0428	0.0372	0.0372	0.0433	0.0377	0.0377

表 13.7 6 种算子对 HYDICE-3 数据的 AUCROC

HYDICE-3	K-AD	CK-AD	RT-CK-AD	R-AD	CR-AD	RT-CR-AD
AUC(P_D-P_F)	0.9751	0.9776	0.9776	0.9669	0.9662	0.9662
AUC(P_D-τ)	0.2172	0.1307	0.1307	0.2150	0.1294	0.1294
AUC(P_F-τ)	0.0332	0.0221	0.0221	0.0333	0.0222	0.0222

13.6 本章小结

实时检测在高光谱数据处理领域是非常重要的，尤其是对于运动目标或者瞬时目标的检测。在实际中，真正的实时算子是不存在的，因为它要求在输入的同时给出输出，然而任何一个算法的实现都是需要一定的时间延时的。从实际应用的角度来说，只要算子满足一定的时效性，我们可以认为该算子是近似实时或者直接称之为实时算子。现有的很多算法都侧重于快速计算算法，然而，仅仅考虑快速计算的算法忽略了实时处理所需要满足的一个很重要的因素——因果特性。本章是针对摆扫型成像光谱仪而言，因果特性是指算子仅仅利用了当前待检测像元之前的所有像元的信息，而并没有利用后续像元信息，这一点是非常重要的，尤其是对于数据边获取边处理或者边传输边处理的实时过程来说，由于需要在获取或者传输的同时进行实时处理，算子只能利用已接收的信息实现异常探测。基于这一思想，本章提出基于像元递归的高光谱实时异常检测算法。在满足因果特性的同时，利用卡尔曼滤波器的递归思想和 Woodbury 引理推导出递归更新公式，使得当前状态可以通过递归公式由前一时刻状态和当前新信息更新获得，而无需重新计算统计信息，大大提高了算法的运行速度。通过合成数据和真实数据的算法性能分析和时间复杂度分析可以看出，提出的实时算子在保持算法精确度的同时,可以实现实时处理的过程。另外,由于算法采用 Woodbury 引理推导递归更新公式,从而使得在算法运行过程中只需要存储上一时刻的相关矩阵的逆矩阵(或协方差矩阵的逆矩阵)和当前待检测像元信息,而无需存储整个高维的光谱数据,大大降低了数据存储空间。

参考文献

王玉磊,2015. 高光谱实时目标检测算法研究[D]. 哈尔滨:哈尔滨工程大学.

彭波,张立福,张鹏,等. 2017. Cholesky 分解的逐像元实时高光谱异常探测[J]. 遥感学报,21(5):739-748.

李萍,关桂霞,吴太夏,等. 2019. 基于 Cholesky 分解的高光谱实时异常探测的 GPU 优化[J]. 传感器与微系统,38(3):7-10.

CHANG C I,2003. Hyperspectral Imaging: Techniques for Spectral Detection and Classification[M]. New York: Kluwer Academic/Plenum Publishers.

CHANG C I,2013. Hyperspectral Data Processing: Algorithm Design and Analysis[M]. New Jersey: John Wiley & Sons.

CHANG C I,2016. Real-Time Progressive Hyperspectral Image Processing[M]. New York: Springer.

CHANG C I,2017. Real-Time Recursive Hyperspectral Sample and Band Processing[M]. Switzerland: Springer.

REED I S, YU X,1990. Adaptive multiple-band CFAR detection of an optical pattern withunknown spectral distribution[J]. IEEE Trans. on Acoustic, Speech and Signal Process, 38(10): 1760-1770.

KWON H, DER S Z, NASRABADI N,2003. Adaptive anomaly detection using subspace separation for hyperspectral imagery[J]. Optical Engineering, 42(11): 3342-3351.

CHEN S Y , WANG Y , WU C C , et al. ,2014. Real time causal processing of anomaly detection in hyperspectral imagery[J]. IEEE Trans. on Aerospace and Electronics Systems, 50(2):1511-1534.

ZHAO C , WANG Y , QI B , et al. ,2015. Global and local real-time anomaly detectors for hyperspectral remote sensing imagery[J]. Remote Sensing, 7(4): 3966-3985.

ZHANG L , BO P , ZHANG F , et al. ,2017. Fast real-time causal linewise progressive hyperspectral anomaly detection via cholesky decomposition[J]. IEEE Journal of Selected Topics in Applied Earth Observations and Remote Sensing, 10(10): 4614-4629.

第14章　滑动实时窗异常目标检测

高光谱异常检测从算法统计特性所利用的数据范围，可以分为全局异常检测和局部异常检测。局部异常检测是指利用局部背景统计信息构造检测算子，可以很好地解决异常目标比较微弱或者仅仅在局部范围异常而淹没于全局背景情况下的异常检测。然而，现有的文献并未提出针对局部异常探测的高光谱实时探测算子。为了实时、准确地进行高光谱遥感图像的异常探测，同时解决当异常目标比较微弱或者仅仅在局部范围异常而淹没于全局背景时，高光谱全局异常探测模型将失效这一问题，本章在现有局部异常检测的窗口模型基础上，设计一种局部因果阵列窗，通过局部算子的递归更新，实现一种滑动实时窗的高光谱图像局部实时检测方法。

14.1　引　　言

随着成像光谱技术的发展，高光谱成像仪的光谱分辨率越来越高，可以解决在传统遥感中无法解决的问题。高光谱异常目标检测无需任何先验信息，可以更好地适应实际应用的需求，因而得到了广泛的关注。对于运动异常目标，其检测或识别的难度要更大，这是由于对于此类目标来说，检测算法的实时性是非常重要的。本书的第11章介绍了几种局部窗模型的异常检测算法，对于此类算法来说，如何将其实时化是一个待解决的问题，但并没有得到广泛的关注。这主要是由于对于局部窗口的检测来说，窗口内的采样像元与全部像元数据相比并不是很多，其窗口内的处理速度并不会很慢。然而，此类算法由于采用方窗模型，待检测像元一般处于窗口的中心位置，因此其局部统计特性实际上是采用了当前待检测像元之后的像元信息，并不满足实时算子所应具有的因果特性。本章针对这一问题，介绍了两种因果窗模型，分别为因果矩阵窗和因果阵列窗，以实现局部算子的实时性。

14.2 因果局部窗模型

实时检测算子必须满足因果特性，而传统的双窗口及多层嵌套窗口的局部异常检测方法都不满足这一特性。本节设计了两种基于传统 K-AD 和 R-AD 的局部因果算子 CK-AD 和 CR-AD，通过动态更新局部协方差矩阵或相关矩阵获取逐像元变化的背景信息，其背景信息的提取采用两种因果局部窗口模型。

14.2.1 因果矩阵窗模型

第 11 章介绍了传统的局部异常检测算法的双窗口设计。为了满足算子的因果特性，设计因果矩阵窗的定义如图 14.1 所示。假设将整个矩形窗口分成两部分：上半部分由整个局部窗口中当前待检测像元之前的所有像元矢量构成，因果矩阵窗口大小为 $a=(w^2-1)/2$，称为因果窗矩阵窗；下半部分仅包含当前待检测像元之后的像元矢量，称为非因果矩阵窗。

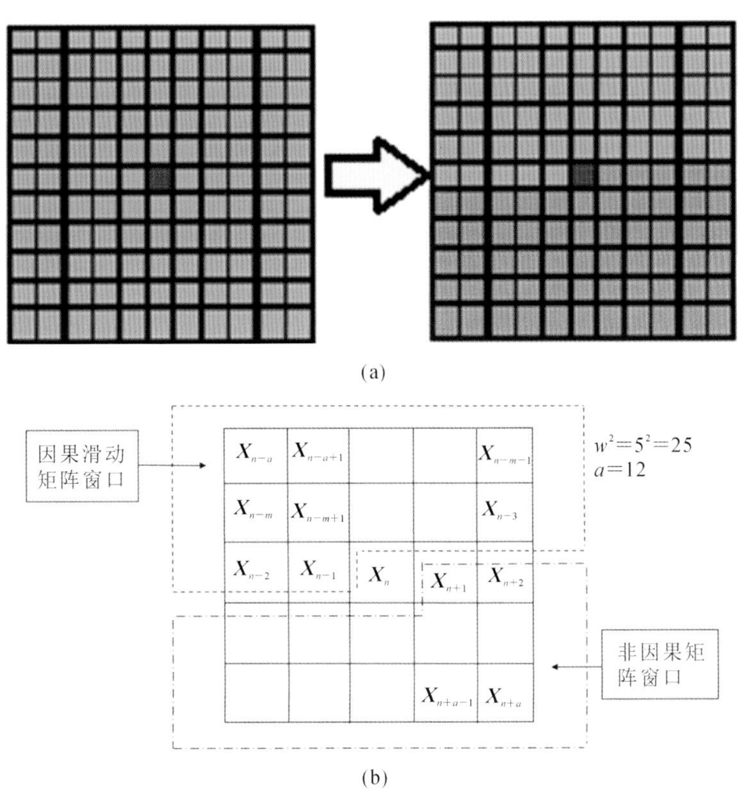

图 14.1 因果滑动矩阵窗口

(a)传统矩形窗到因果矩阵窗；(b)因果和非因果窗口的构成

图 14.2 给出了局部窗口移动时，窗口内的像元信息的变化。

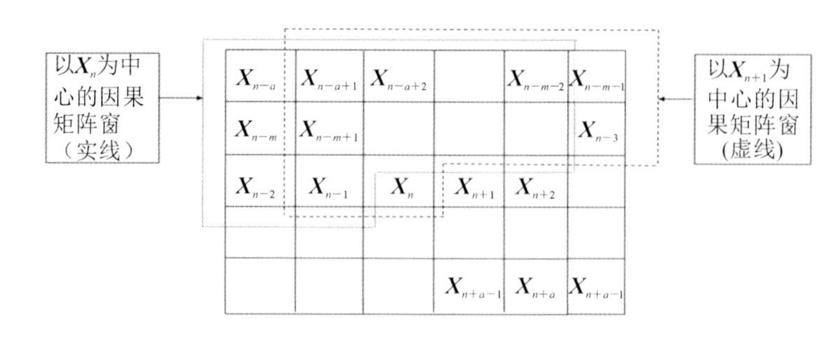

图 14.2　以 X_n 和 X_{n+1} 为中心的滑动矩阵窗

从窗口的构造可以看出，当窗口移动时，左侧的所有像元矢量将移出窗口内而右侧的所有像元矢量将作为新信息移入当前的局部窗口内，但是这些像元都不是按顺序排列的，并且随着窗口尺寸的增大，需要移除和加入的像元矢量也逐渐增多。显然，在窗口滑动过程中，需要一定的内存来追踪当前窗口的变化，也就是记录需要移除和加入的像元矢量，使得算法所需存储单元和算法复杂度都增大。

14.2.2　因果阵列窗模型

为了解决因果矩阵窗在滑动过程中有多个像元发生变化，需要记录多个移除和加入的像元矢量这一问题，将因果矩阵窗像元展开，设计一种线性阵列窗口，如图 14.3 所示。

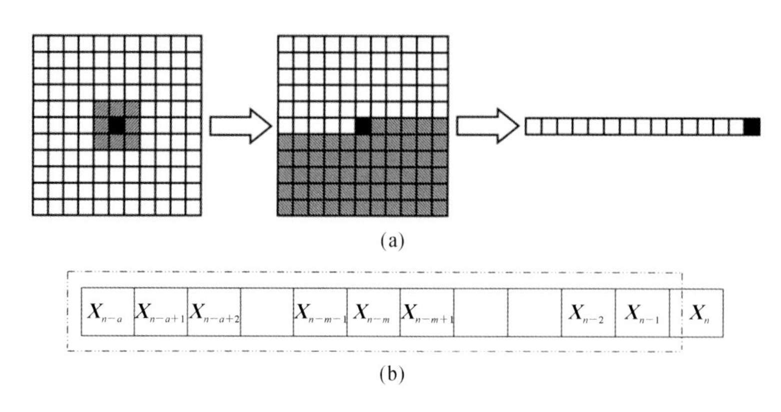

图 14.3　因果滑动阵列窗

(a)传统窗口到滑动因果阵列窗；(b)因果滑动阵列窗，窗口宽度为 a

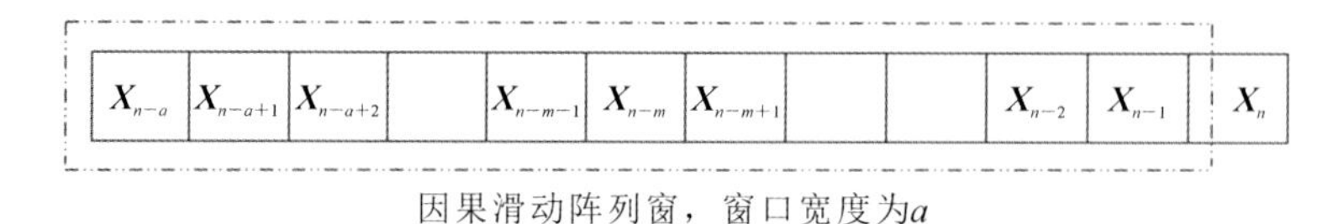

图 14.4　以 X_n 和 X_{n+1} 为中心的滑动阵列窗

如图 14.4 所示，因果阵列窗口由当前待检测像元为$\boldsymbol{r}_n$ 之前的 a 个线性排列的像元组合而成。当窗口移动时，阵列窗内像元变化成队列形式，即一进一出(first in and first out)。通过比较两种因果窗在滑动过程中的数据变化，可以看出，因果阵列窗口更有利于实时算子的设计与实现，因此，在后续的算法构造中，将采用因果阵列窗口模型作为局部实时算子的滑动窗口模型。

14.3 基于因果阵列窗的高光谱局部实时检测

14.3.1 局部因果算子 LC-AD

局部因果 R-AD 算子(local causal R-AD，LCR-AD)，由第 8 章介绍的 R-AD 衍生可以表示如式(14.1)所示。$\boldsymbol{r}_n$ 是当前待检测像元，$\widetilde{\boldsymbol{R}}(n)$称为局部因果相关矩阵，由因果窗中计算获得，其计算公式如式(14.2)所示。

$$\delta^{\text{LCR-AD}}(\boldsymbol{x}_n) = \boldsymbol{x}_n^{\mathrm{T}}\widetilde{\boldsymbol{R}}(n)^{-1}\boldsymbol{x}_n \tag{14.1}$$

$$\widetilde{\boldsymbol{R}}(n) = \frac{1}{a}\sum_{i\in n^{th}\,\text{CW}} \boldsymbol{x}_i\,\boldsymbol{x}_i^{\mathrm{T}} \tag{14.2}$$

其中，n 是当前待检测像元位置，a 是窗口的大小，CW 是当前因果窗。

同样，根据第 8 章介绍的 K-AD 算子，可以衍生得到局部因果 K-AD 算子(local causal K-AD，LCK-AD)，如式(14.3)所示：

$$\delta^{\text{LCK-AD}}(\boldsymbol{x}_n) = (\boldsymbol{x}_n - \widetilde{\boldsymbol{\mu}}(n))^{\mathrm{T}}\widetilde{\boldsymbol{K}}(n)^{-1}(\boldsymbol{x}_n - \widetilde{\boldsymbol{\mu}}(n)) \tag{14.3}$$

其中，$\widetilde{\boldsymbol{\mu}}(n)$称为局部因果均值，$\widetilde{\boldsymbol{K}}(n)$称为因果局部协方差矩阵，由上一节所提出因果窗内像元样本求均值或协方差矩阵而得，其计算公式如下所示。同样地，n 是当前待检测像元位置，a 是窗口的大小，CW 指当前因果窗。

$$\widetilde{\boldsymbol{\mu}}(n) = (1/a)\sum_{i\in \text{CW}} \boldsymbol{x}_i \tag{14.4}$$

$$\widetilde{\boldsymbol{K}}(n) = (1/a)\sum_{i\in \text{CW}} (\boldsymbol{x}_i - \widetilde{\boldsymbol{\mu}}(n))(\boldsymbol{x}_i - \widetilde{\boldsymbol{\mu}}(n))^{\mathrm{T}} \tag{14.5}$$

14.3.2 局部实时算子 RT-LC-AD

从理论上来说，式(14.1)可以实现实时检测，但是该等式中的采样相关矩阵 $\widetilde{\boldsymbol{R}}(n)$由于窗口的滑动每次都是变化的，因此对于每一个窗口来说，其统计特性 $\widetilde{\boldsymbol{R}}(n)$是需要重新计算的，而窗口内相关矩阵 $\widetilde{\boldsymbol{R}}(n)$ 及其逆矩阵求解的时间是比较长的，不满足实时算子所应具有的时效性。为了解决这一问题，本节介绍了一种递归更新等式进行求解的方法，提高局部窗内的处理速度，以实现实时检测。

14.3.2.1 理论推导

假设滑动因果阵列窗的宽度为 w，当前待检测像元矢量为 $\boldsymbol{r}_n$。为了在等式中表示出 w 和 $\boldsymbol{r}_n$，式(14.1)的 $\widetilde{\boldsymbol{R}}(n)$ 可以表示为 $\widetilde{\boldsymbol{R}}_\omega(n)$，则 $\widetilde{\boldsymbol{R}}_\omega(n+1)$ 可以用式(14.6)表示：

$$\widetilde{\boldsymbol{R}}_\omega(n+1) = [(\widetilde{\boldsymbol{R}}_\omega(n) - \boldsymbol{r}_{n-\omega}\boldsymbol{r}_{n-\omega}^{\mathrm{T}}) + \boldsymbol{r}_n\boldsymbol{r}_n^{\mathrm{T}}] \tag{14.6}$$

为了计算 $\widetilde{\boldsymbol{R}}_\omega(n+1)$ 矩阵的逆矩阵 $\widetilde{\boldsymbol{R}}_\omega^{-1}(n+1)$，在此同样利用第 12 章和第 13 章的 Woodbury 矩阵引理，并且通过两次使用式(14.7)进行推导：

$$[\boldsymbol{A}+\boldsymbol{u}\boldsymbol{v}^{\mathrm{T}}]^{-1} = \boldsymbol{A}^{-1} - \frac{[\boldsymbol{A}^{-1}\boldsymbol{u}][\boldsymbol{v}^{\mathrm{T}}\boldsymbol{A}^{-1}]}{1+\boldsymbol{v}^{\mathrm{T}}\boldsymbol{A}^{-1}\boldsymbol{u}} \tag{14.7}$$

首先，令 $\boldsymbol{A}=(\widetilde{\boldsymbol{R}}_\omega(n)-\boldsymbol{r}_{n-\omega}\boldsymbol{r}_{n-\omega}^{\mathrm{T}})$ 且 $\boldsymbol{u}=\boldsymbol{v}=\boldsymbol{r}_n$，利用式(14.7)将式(14.6)的 $\boldsymbol{r}_n\boldsymbol{r}_n^{\mathrm{T}}$ 解出，然后再令 $\boldsymbol{A}=\widetilde{\boldsymbol{R}}_\omega(n)$ 且 $\boldsymbol{\mu}=-\boldsymbol{v}=\boldsymbol{r}_{n-\omega}$，最后利用式(14.7)将式(14.6)的 $-\boldsymbol{r}_{n-\omega}\boldsymbol{r}_{n-\omega}^{\mathrm{T}}$ 解出，则有如下表达式：

$$\begin{aligned}\widetilde{\boldsymbol{R}}_\omega^{-1}(n+1) &= [(\widetilde{\boldsymbol{R}}_\omega(n)-\boldsymbol{r}_{n-\omega}\boldsymbol{r}_{n-\omega}^{\mathrm{T}})+\boldsymbol{r}_n\boldsymbol{r}_n^{\mathrm{T}}]^{-1} \\ &= (\widetilde{\boldsymbol{R}}_\omega(n)-\boldsymbol{r}_{n-\omega}\boldsymbol{r}_{n-\omega}^{\mathrm{T}})^{-1} - \frac{[(\widetilde{\boldsymbol{R}}_\omega(n)-\boldsymbol{r}_{n-\omega}\boldsymbol{r}_{n-\omega}^{\mathrm{T}})^{-1}\boldsymbol{r}_n][\boldsymbol{r}_n^{\mathrm{T}}(\widetilde{\boldsymbol{R}}_\omega(n)-\boldsymbol{r}_{n-\omega}\boldsymbol{r}_{n-\omega}^{\mathrm{T}})^{-1}]}{1+\boldsymbol{r}_n^{\mathrm{T}}(\widetilde{\boldsymbol{R}}_\omega(n)-\boldsymbol{r}_{n-\omega}\boldsymbol{r}_{n-\omega}^{\mathrm{T}})^{-1}\boldsymbol{r}_n}\end{aligned} \tag{14.8}$$

其中 $(\widetilde{\boldsymbol{R}}_\omega(n)-\boldsymbol{r}_{n-\omega}\boldsymbol{r}_{n-\omega}^{\mathrm{T}})^{-1}$ 可以进一步由以下表达式递归更新求出：

$$\begin{aligned}(\widetilde{\boldsymbol{R}}_\omega(n)-\boldsymbol{r}_{n-\omega}\boldsymbol{r}_{n-\omega}^{\mathrm{T}})^{-1} &= \widetilde{\boldsymbol{R}}_\omega^{-1}(n) - \frac{[\widetilde{\boldsymbol{R}}_\omega^{-1}\boldsymbol{r}_{n-\omega}][-\boldsymbol{r}_{n-\omega}^{\mathrm{T}}\widetilde{\boldsymbol{R}}_\omega^{-1}(n)]}{1-\boldsymbol{r}_{n-\omega}^{\mathrm{T}}\widetilde{R}_\omega^{-1}(n)\boldsymbol{r}_{n-\omega}} \\ &= \widetilde{\boldsymbol{R}}_\omega^{-1}(n) + \frac{\widetilde{\boldsymbol{R}}_\omega^{-1}(n)\boldsymbol{r}_{n-\omega}[\boldsymbol{r}_{n-\omega}^{\mathrm{T}}\widetilde{\boldsymbol{R}}_\omega^{-1}(n)]}{1-\boldsymbol{r}_{n-\omega}^{\mathrm{T}}\widetilde{\boldsymbol{R}}_\omega^{-1}(n)\boldsymbol{r}_{n-\omega}}\end{aligned} \tag{14.9}$$

通过式(14.8)和式(14.9)，$\widetilde{\boldsymbol{R}}_\omega(n+1)$ 的求逆可以由 $\widetilde{\boldsymbol{R}}_\omega(n)$ 减去信息 $\boldsymbol{r}_{n-w}$ 并增加新信息 $\boldsymbol{r}_n$ 递归求解得到。

14.3.2.2 计算复杂性分析

对于因果矩阵窗口来说，虽然也可以利用式(14.7)的矩阵求逆引理进行递归求解，但是由于因果矩阵窗口在滑动过程中是多个像元出当前窗口同时多个新的像元进入当前窗口，因此需要经过多次利用 Woodbury 引理迭代才能解决，并且迭代次数与窗口大小有关，多次的迭代会使得原本期望的实时特性没办法实现，因而并不值得采用。而如上一节分析可知，因果阵列窗由于只有一进一出的像元信息变化，因此只需要式(14.8)和式(14.9)的两次迭代即可解决矩阵求逆问题，从而可以实现实时检测。

根据式(14.8)，基于因果阵列窗模型的更新仅仅需要计算三类计算量：

(1)$L\times1$ 的向量计算 $\boldsymbol{\varphi}=(\widetilde{\boldsymbol{R}}_\omega(n)-\boldsymbol{r}_{n-\omega}\boldsymbol{r}_{n-\omega}^{\mathrm{T}})^{-1}\boldsymbol{r}_n$。

(2)$L\times L$ 的矩阵 $\boldsymbol{\varphi}$ 的外积 $\boldsymbol{\varphi}\boldsymbol{\varphi}^{\mathrm{T}}$。

(3)点积的标量计算$\boldsymbol{r}_n^{\mathrm{T}}\boldsymbol{\varphi}$。

其中$(\widetilde{\boldsymbol{R}}_\omega(n)-\boldsymbol{r}_{n-\omega}\boldsymbol{r}_{n-\omega}^{\mathrm{T}})^{-1}$可以由式(14.9)递归获取，其计算量也包含3个类似的计算量：

(1)$L\times 1$的向量计算$\boldsymbol{\psi}=\widetilde{\boldsymbol{R}}_\omega^{-1}(n)\boldsymbol{r}_{n-\omega}$。

(2)$L\times L$的矩阵$\boldsymbol{\psi}$的外积$\boldsymbol{\psi}\,\boldsymbol{\psi}^{\mathrm{T}}$。

(3)点积的标量计算$\boldsymbol{r}_n^{\mathrm{T}}\boldsymbol{\psi}$。

因此，对于当前待检测像元，基于因果滑动窗的局部实时算子，若窗口尺寸为w，除了以上计算量，仅仅需要计算一次矩阵求逆，即初始化时候的相关矩阵$\widetilde{\boldsymbol{R}}_\omega(n_0)$的逆矩阵，为了避免奇异矩阵，$n_0$的选取要满足$\widetilde{\boldsymbol{R}}_\omega(n_0)$为满秩的，换句话说，窗口尺寸$w$应该大于或等于波段数目。之后$\widetilde{\boldsymbol{R}}_\omega^{-1}(n)$就由式(14.8)递归更新进行求解。

需要注意的是：

(1)因果滑动窗口背景信息不应该包含当前待检测像元$\boldsymbol{r}_{(n,m)}$或$\boldsymbol{r}_n$，否则会使得$\boldsymbol{r}_{(n,m)}$或$\boldsymbol{r}_n$被抑制而影响检测效果。

(2)同相关矩阵$\widetilde{\boldsymbol{R}}_\omega(n)$一样，式(14.3)的协方差矩阵$\widetilde{\boldsymbol{K}}(n)$也可以由与式(14.8)和式(14.9)类似的方式递归求解得到，在此不再赘述。

14.4 仿真实验结果与分析

14.4.1 真实高光谱HYDICE数据实验

为了验证本章提出算法的有效性，本节给出了200×74像素大小的HYDICE数据进行实验分析，在去除低信噪比和水吸收波段后，169个波段用于后续实验分析。图14.5给出了HYDICE数据及其真实分布，经典的K-AD和R-AD的检测结果灰度图和db图。

为了验证本章算法的性能，采用RT-LC-AD算子进行了实验。实验中，为了观察不同窗口尺寸对局部算子检测性能的影响，设计滑动阵列窗口尺寸从200像元长度开始，并以100的步长增长，直至900像元长度。图14.6和图14.7分别给出了在不同窗口设置下HYDICE数据的检测结果灰度图和db图。根据信号定义，db值在此为$20\log_{10}x$。

从实验结果图中可以看出，当滑动阵列窗口宽度为200像素时，检测性能是非常差的，并且随着窗口宽度的增大，检测性能逐渐提高。当窗口宽度增大至600像素，随后再增大窗口宽度，检测性能几乎不变。

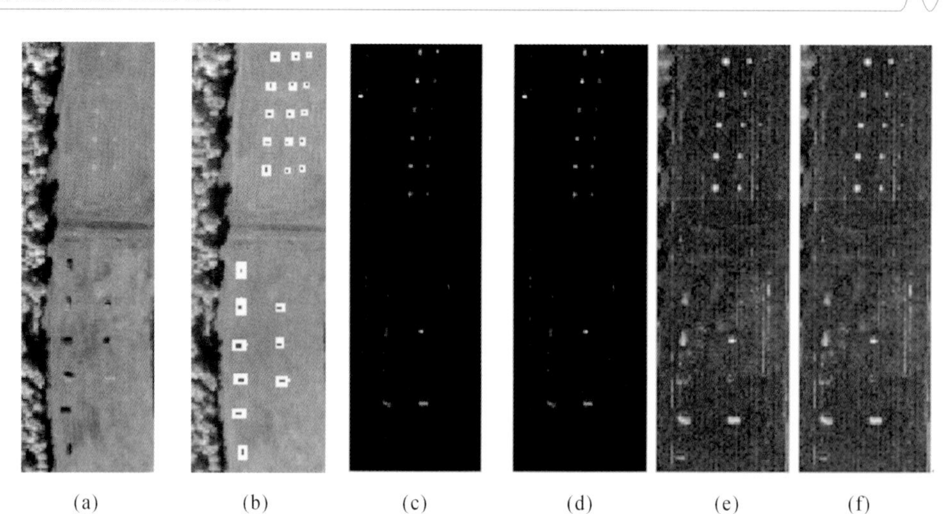

(a) (b) (c) (d) (e) (f)

图 14.5 HYDICE 数据及其实分布

(a)HYDICE 场景;(b)HYDICE 场景目标分布;(c)K-AD 检测结果灰度图;(d)R-AD 检测结果灰度图;(e)K-AD 检测结果 db 图;(f)R-AD 检测结果 db 图

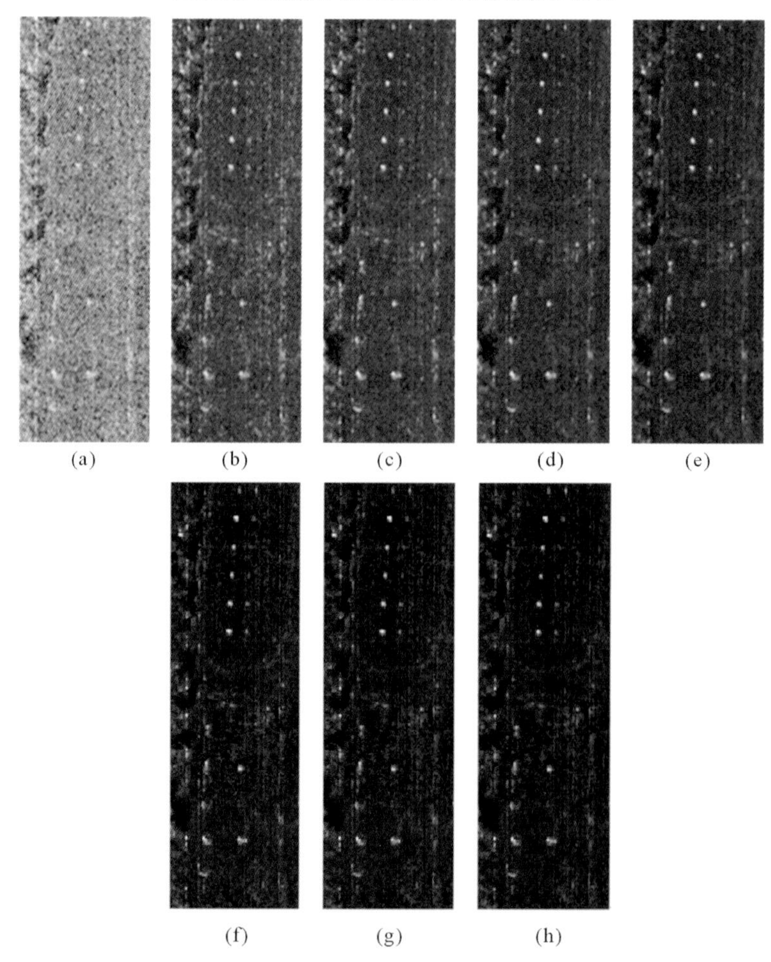

(a) (b) (c) (d) (e)

(f) (g) (h)

图 14.6 不同窗口设置下 RT-LC-AD 算子的检测结果灰度图

窗口宽度分别为(a)200;(b)300;(c)400;(d)500;(e)600;(f)700;(g)800;(h)900

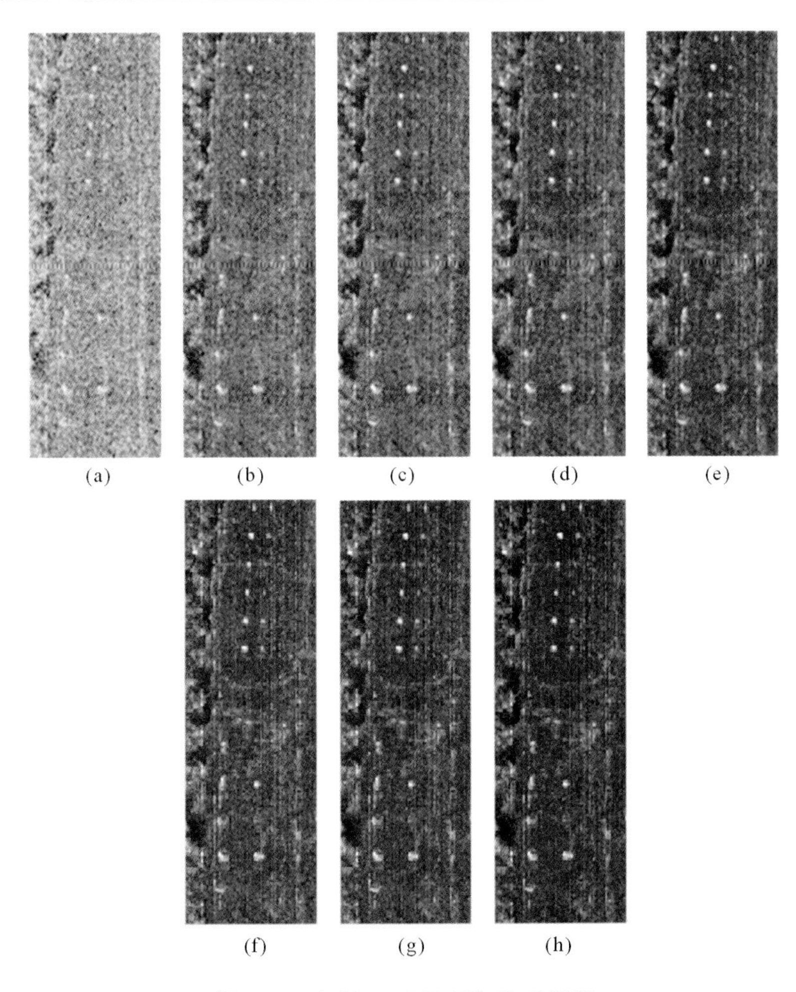

图 14.7 与图 14.6 对应的 db 结果图

14.4.2 3D-ROC 性能分析

为了进一步定量分析算法性能，本节绘制了各窗口设置下检测的 3D-ROC 曲线，3D-ROC 曲线的理论分析详见本书第 3 章。

假设 $\delta^{AD}(\boldsymbol{r})$是对于像元矢量 $\boldsymbol{r}$ 的检测结果丰度值，则归一化的检测丰度 $\hat{\delta}^{AD}_{normalized}(\boldsymbol{r})$可以用以下式表示：

$$\hat{\delta}^{AD}_{normalized}(\boldsymbol{r}) = \frac{\hat{\delta}^{AD}(\boldsymbol{r}) - \min_r \hat{\delta}^{AD}(\boldsymbol{r})}{\max_r \hat{\delta}^{AD}(\boldsymbol{r}) - \min_r \hat{\delta}^{AD}(\boldsymbol{r})} \tag{14.10}$$

其中，式(14.10)的 $\hat{\delta}^{AD}_{normalized}(\boldsymbol{r})$可以看作根据检测算子 $\delta^{AD}(r)$得到的当前待测像元 $\boldsymbol{r}$ 被判定为异常目标的概率。这样的话，通过式(14.11)，我们可以进一步提出门限 $a\%$丰度概率异常转换器(abundance percentage anomaly converter，ACV)，记为 $a\%$ ACV，因此 $\chi_{a\%ACM}(\boldsymbol{r})$的定义如下：

$$\chi_{a\%\mathrm{ACM}}(\boldsymbol{r})=\begin{cases}1, \hat{\delta}_{\mathrm{normalized}}^{\mathrm{AD}}(\boldsymbol{r}) \geqslant \tau=\dfrac{a}{100} \\ 0, \text{其他}\end{cases} \tag{14.11}$$

如果式(14.11)超出$\tau=a\%/100$，则待检测像元$\boldsymbol{r}$判定为异常目标。因此，式(14.11)结果为“1”意味着当前检测像元为异常目标，否则为背景像元。

图14.8给出了全局K-AD和R-AD，不同窗口宽度的局部实时算子的检测结果3D-ROC曲线以及所对应的3个2D-ROC曲线。为了更进一步进行定量比较，表14.1给出了图14.8(b)～(d)所对应的各个2D-ROC曲线的曲线下面积AUC，用A_z表示。从图14.8和表14.1可以看出，随着窗口尺寸的增大，①P_D-P_F曲线的A_z逐渐增加，检测性能逐渐提高；②P_F-τ曲线的A_z逐渐减小，说明背景抑制的能力逐渐提高。另一方面，通过对比全局异常检测算子的性能，可以看出，当窗口最大后局部实时算子的检测性能与全局异常检测性能基本一致。为了便于比较，图14.9给出了表14.1对应的柱状图。

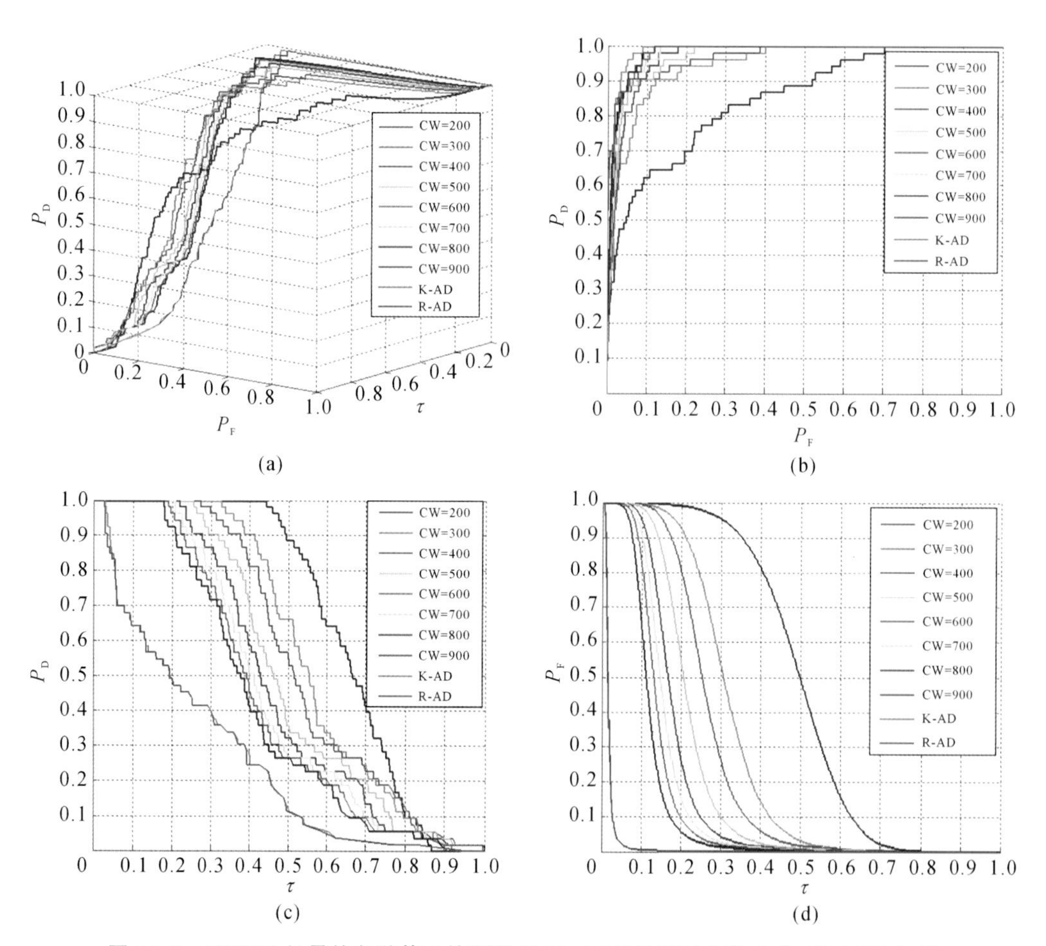

图14.8 HYDIC场景的各种算子检测结果3D-ROC及其对应的3个2D-ROC曲线

(a)P_D-P_F-τ 3D-ROC曲线；(b)对应的P_D-P_F 2D-ROC曲线；

(c)对应的P_D-τ 2D-ROC曲线；(d)对应的P_F-τ 2D-ROC曲线

表 14.1 不同检测算子的 2D-ROC 曲线下面积

算法	全局异常检测		不同窗口设置下的 RT-LC-AD,窗口尺寸单位为像元							
	K-AD	R-AD	200	300	400	500	600	700	800	900
$Az(P_D-P_F)$	0.990	0.985	0.850	0.948	0.959	0.969	0.975	0.978	0.981	0.983
$Az(P_D-\tau)$	0.255	0.252	0.662	0.574	0.553	0.508	0.475	0.451	0.433	0.414
$Az(P_F-\tau)$	0.019	0.019	0.493	0.315	0.265	0.218	0.179	0.159	0.142	0.123

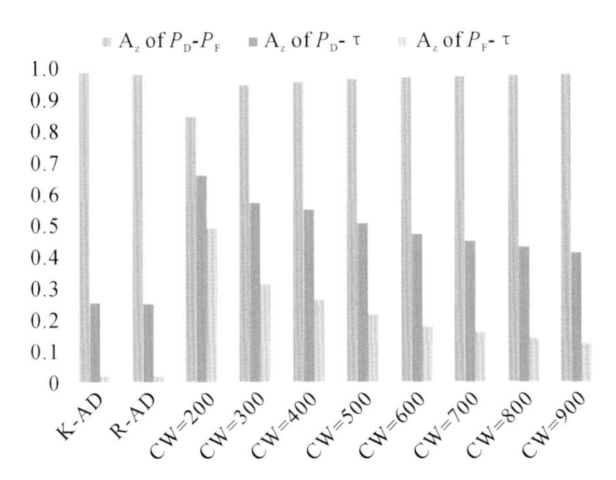

图 14.9 表 14.1 对应的 2D-ROC 曲线下面积 A_z 柱状图

14.5 本章小结

异常检测得到了国内外学者的广泛关注,但“因果”异常检测确是近年来新提出的概念。对于实时异常检测来说,因果特性是实现实时检测的必备条件,而现有的局部异常检测窗口设计都是非因果的。基于此,本章提出了两种因果局部窗模型:因果矩阵窗和因果阵列窗。为了实现窗口滑动过程中局部异常检测算子的递归更新,本章采用了因果阵列窗作为滑动窗模型,提出了局部实时算子 RT-LC-AD 算法,并通过仿真实验分析了窗口尺寸对检测性能的影响。

参考文献

王玉磊,2015. 高光谱实时目标检测算法研究[D]. 哈尔滨:哈尔滨工程大学.

CHANG C I,2003. Hyperspectral Imaging: Techniques for Spectral Detection and Classification[M]. New York: Kluwer Academic/Plenum Publishers.

CHANG C I,2013. Hyperspectral Data Processing: Algorithm Design and Analysis[M]. New Jersey: John Wiley & Sons.

CHANG C I, 2016. Real-Time Progressive Hyperspectral Image Processing[M]. New York: Springer.

CHANG C I,2017. Real-Time Recursive Hyperspectral Sample and Band Processing[M]. Switzerland: Springer.

KWON H, DER S Z, NASRABADI N,2003. Adaptive anomaly detection using subspace separation for hyperspectral imagery[J]. Optical Engineering, 42(11): 3342-3351.

CHANG C I, HSUEH M,2006. Characterization of anomaly detection for hyperspectral imagery [J]. Sensor Review, 26(2): 137-146.

LIU W, CHANG C I,2013. Multiple window anomaly detection for hyperspectral imagery [J]. IEEE Journal of Selected Topics in Applied Earth Observation and Remote Sensing, 6(2):664-658.

CHEN S Y , WANG Y , WU C C , et al. ,2014. Real time causal processing of anomaly detection in hyperspectral imagery[J]. IEEE Trans. on Aerospace and Electronics Systems, 50(2):1511-1534.

CHANG C I, WANG Y, CHEN S Y. 2015. Anomaly detection using causal sliding windows[J]. IEEE Journal of Selected Topics in Applied Earth Observations and Remote Sensing, 8(7): 3260-3270.

第15章 总　　结

与多光谱成像技术相比，高光谱成像技术能够提供更为精细的光谱，并识别在传统多光谱成像技术中无法识别的目标，因此目标检测是高光谱成像技术的主要应用领域之一。本书立足于高光谱遥感目标检测中的一系列需求，其独特之处主要在于针对高光谱目标检测算法的设计和开发，如亚像元目标检测和混元目标检测，以及实时目标检测等技术。因此，本书中呈现的所有算法都是基于像元而言的，且不利用空间信息来实现目标检测。从理论上来说，因为这些算法多数采用逐像素模式来处理数据，因此可以实现实时处理。实际上，计算机处理可能导致时间延迟使算法无法满足实时处理，然而通过在算法设计中引入递归框架以及算法过程中的渐进式模式，可以显著减少处理时间，使算法接近实时化。根据防御应用的方式，目标检测又可以分为用于侦察的主动目标检测和用于监视的被动目标检测，因此本书的前两个主题主要针对这两种类型的目标检测，第三个主题则集中在两种目标检测算法的实时处理上。

15.1 介　　绍

利用高光谱成像传感器的一个重要优点是其具有可以检测到隐藏及弱小目标的能力，如端元、异常、人造目标等。由于这种类型的目标通常是未知的，并且由于其空间范围有限，甚至有时没有空间信息，属于亚像素级别，因此很难通过人类视觉及传统图像处理技术进行定位。为了解决这个问题，需要区别由目标空间属性，如大小、形状和纹理来确定的“空间”目标，与由目标物理属性来确定的“光谱”目标。由于没有光谱信息，在传统的图像处理方法中，人们通常根据空间属性对感兴趣的目标进行定义和识别。相应地，这种类型的目标被视为“空间”目标，识别这种空间目标的技术被称为基于空间域的图像处理技术。另一方面，由于在一个波长幅度范围内使用光谱信息，多光谱或高光谱数据样本实际上是一个由光谱向量表示的样本，其中，向量中的每个分量值是特定波长产生的光谱曲线中的一个值。因此，由波长范围指定的高光谱样本向量已经包含丰富的光谱信息，可用于目标检测。包含在一个数据样本向量的光谱信息称为跨波段的光谱信息(inter-band spectral information，IBSI)，利用IBSI可以在没有空间信息的情况下，利用光谱相似性度量方法如光谱角信息(SAM)和光谱信息散度(SID)对两个样本向量继续进行识别及分类。基于IBSI光谱性质分析的目标被称为"光谱目标"，这与由像素之间的空间相关性提供的空间信息来分析的"空间目标"有很大区别。因此，一般来说高光谱成像中考虑的光谱目标完全不同于在传统的基于空域的图像处理中的空间目标。这种光谱目标包括农业和生态中特殊物种、环境监测中的有毒废物、地质检测中罕见的矿物、药物/走私贩卖的毒品、战场上的战斗车辆、战区的地雷、生物化学/生物制剂以及隐蔽的武器和大墓地。

感兴趣目标主要包括3类：纯像元目标、亚像元目标和混合像元目标。纯像元目标的检测相对比较简单。亚像元目标以两种不同的形式出现：一种是目标的大小小于像素空间分辨率，在这种情况下目标被嵌入像素中，例如具有8 m×4 m大小的车辆可以完全嵌入空间分辨率为20 m×20 m的单个像元中；另一种是占有一定丰度值的像元目标，也就是说，亚像元目标可能比像元分辨率的目标小，但会占到一个像元大小的一部分。由多个目标按照适当比例混合占用整个像元的目标被称为混合像元目标。一个亚像元目标和混合像元的目标之间的区别是，后者必须知道所有目标物的像元含量，而前者只需要知道感兴趣像元目标，并不关心其他目标信息，通常这些其他信息被看作除了目标之外的背景信息。

亚像元和混合像元目标的概念可以用下面的简单例子加以说明。假设有5种不同的水果，分别为苹果、香蕉、柠檬、橙子和草莓。这5种水果中的每一种都被切成小片并混合在搅拌器中，将这5种水果的小块混合后，混合果汁可以作为一个整体，5种水果中的每一种都被认为是混合果汁中的一个目标。现在，有人被要求品尝一杯这种混合果汁，并回答以下问题。

1.混合像元目标分类

5个问题"混合果汁中有苹果吗?""混合果汁里有桔子吗?""混合果汁里有柠檬吗?""混合果汁里有草莓吗?""混合果汁里有香蕉吗?"的答案是通过已知先验水果来检测这5种水果，属于"混合像元目标分类"。

2.混合像元目标识别

对于问题"哪种水果在混合果汁中?"，利用5种水果作为先验假设的问题检测所有5个问题的答案都是"混合像元目标识别"。在这种情况下，我们知道混合果汁中有5种水果，但我们不知道哪种水果。一般来说，识别是在没有先验知识的情况下识别未知的目标物质。它不需要数据基来完成它的任务，当通过数据基进行身份验证时，它实际上是从已知的数据基或光谱库进行未知目标物质的验证。不幸的是，在信号处理中使用的"识别"这个术语与"验证"有些混淆，在高光谱成像领域实际上是指"验证"。

3.混合像元目标量化

5个问题"混合果汁中苹果的浓度是多少?""混合果汁中橙子的浓度是多少?""混合汁

中柠檬的浓度是多少?”“混合果汁中草莓的浓度是多少?”“混合果汁中香蕉的浓度是多少?”的答案是这五种水果作为先验知识,列举所有 5 种水果是“混合像元量化”。这一过程既可以看作混合像元目标分类之后的后续过程,也可以看作一个独立的过程,如混合像元目标分类。

另一方面,考虑一杯普通的水与 5 种果汁中的一种混合,比如苹果汁。在这种情况下,苹果汁和水分别被视为亚像元目标和背景。同样地,我们也可以用上述混合果汁为例,亚像元分析只假设 5 种水果如苹果、香蕉、柠檬、橙子、草莓中的一种已知,而其他 4 种水果被认为是未知的信息。现在,如果一个人喝了一杯水与未知果汁混合的果汁或者是一杯并不知类别的混合果汁,那么下面的问题就是亚像元分析。

(1)在不知道这是一杯混合苹果汁的情况下,问题:“水里有苹果吗?”

这是“亚像元目标检测”。其中杯子可以被视为一个完整的像元,而苹果是嵌入背景水中的亚像元目标。

(2)在没有假设任何先验知识的情况下,问题:“水里是什么果汁?”

这是“亚像元识别”。与亚像元目标检测对一个特定的目标感兴趣不同,亚像元识别不知道在水中有什么物质,特别地,果汁可能不是 5 种水果(苹果、香蕉、柠檬、橙色和草莓)之一。

(3)在基于已有样本数据集情况下,问题:“水里是什么果汁?”

这是“亚像元验证”。亚像元识别和亚像元验证的关键区别在于前者必须在没有任何先验知识的情况下识别目标物质,而后者需要一个数据基/库,通过所提供的数据基/库来识别目标物质,在这种情况下,所使用的数据基/库是所需的先验知识。例如,如果数据基/库是由五种水果(苹果、香蕉、柠檬、橙子和草莓)组成,那么要验证的目标物质必须是这 5 种水果中的一种。因此,一般来说,亚像元识别比亚像元验证更具挑战性。值得注意的是,目前很多所谓的识别问题实际上都是验证问题。

(4)“苹果汁在水中的浓度是多少?”

这是“亚像元量化”。在这种情况下,苹果汁是唯一已知的目标先验知识。最受关注的问题是苹果汁在普通水中的含量,即苹果汁的浓度。如果不知道目标物质,这个任务可被视为亚像元检测后的后续过程,但如果已经知道感兴趣目标的光谱,这个任务则可以认为是独立进行的。

为了进行量化和分类,必须已知目标物质完整的先验知识,而鉴别和识别则可以不需要任何先验知识,检测仅需要知道感兴趣目标的信息。此外,值得注意的是,亚像元目标分类在很多文献中也被视为混合像元的目标分类,在这种情况下,亚像元目标物质占据一个像元的一部分,并按一定比例和其他目标的物质混合存在于在同一个像元中。

本书主要从不同的角度研究高光谱目标的检测,重点考虑到目标检测的信号处理模式——主动模式和被动模式,并从这两种方式展开对高光谱目标检测方法的介绍。

15.2 主动目标检测

主动目标检测通常是指利用获得到的先验或后验等目标信息进行目标检测，包括三种类型。

15.2.1 先验目标检测

当期望目标信息可以完全由先验知识提供时，由 Harsanyi 和 Chang 提出的正交投影子空间 OSP 算子是一种最常用且效果较好的目标检测技术。具体而言，假设有 p 个待检测的感兴趣目标，记为 $\{\boldsymbol{t}_j\}_{j=1}^{p}$。假设信号采用线性混合的方式，并含有噪声，记为 $\boldsymbol{n}$。设 $\boldsymbol{r}$ 为一个数据样本向量，则 $\boldsymbol{r}$ 可以看作由 p 个信号的混合，进行建模如下：

$$\boldsymbol{r} = \boldsymbol{T\alpha} + \boldsymbol{n} \tag{15.1}$$

其中，$\boldsymbol{T}=[\boldsymbol{t}_1,\boldsymbol{t}_2,\cdots,\boldsymbol{t}_p]$ 为感兴趣目标矩阵，$\boldsymbol{\alpha}=(\alpha_1,\alpha_2,\cdots,\alpha_p)^{\mathrm{T}}$ 为丰度向量，$\boldsymbol{T}$ 则为解混信号。当 $p=1$ 时，为特殊情况，这时 $\boldsymbol{\alpha}_1\boldsymbol{t}_1=\boldsymbol{t}$，为单一待检测感兴趣信号，此时 $\boldsymbol{\alpha}_1=1$。式(15.1)可以精简为：

$$\boldsymbol{r} = \boldsymbol{t} + \boldsymbol{n} \tag{15.2}$$

将式(15.1)变成了一个标准的信号检测问题。当用信噪比作为信号检测的评价标准时，式(15.2)为匹配滤波器，由以下公式定义：

$$\delta(\boldsymbol{r}) = \kappa\boldsymbol{t}^{\mathrm{T}}\boldsymbol{r} \tag{15.3}$$

式(15.3)利用感兴趣目标 $\boldsymbol{t}$ 作为匹配信号，用于检测 $\boldsymbol{r}$ 信号是否含有感兴趣目标 $\boldsymbol{t}$ (Poor，1994)。相应地，利用 $\boldsymbol{t}=\boldsymbol{Ta}$，式(15.2)可以作为式(15.1)的扩展。然而，还需要考虑两个问题：其一，式(15.1)和式(15.2)的待检测的信号不同。式(15.2)中的 $\boldsymbol{t}$ 是唯一待检测信号，其丰度值为1，式(15.1)中的 $\boldsymbol{T}$ 是一种混合信号，其信号丰度含量为 $\alpha_1,\alpha_2,\cdots,\alpha_p$ 和感兴趣目标相关，其中感兴趣目标 $\boldsymbol{t}_1,\boldsymbol{t}_2.\cdots,\boldsymbol{t}_p$ 为已知量；其二，如果式(15.1)中的混元 $\boldsymbol{T\alpha}$ 是由式(15.3)检测为 $\boldsymbol{t}$，由于信号 $\boldsymbol{t}$ 是由 $\boldsymbol{t}_1,\boldsymbol{t}_2,\cdots,\boldsymbol{t}_p$ 混合组成，从而不能确定是哪个信号。因此，通常采用的一种解决方式是将式(15.1)作为一种估值问题去估计丰度向量 $\boldsymbol{\alpha}$，而不是作为一种检测问题去检测每种感兴趣目标的丰度含量，这种估值问题可以利用最小二乘法实现。

$$\hat{\boldsymbol{\alpha}}^{\mathrm{LS}}(\boldsymbol{r}) = (\boldsymbol{T}^{\mathrm{T}}\boldsymbol{T})^{\mathrm{T}}\boldsymbol{T}^{\mathrm{T}}\boldsymbol{r} \tag{15.4}$$

Harsanyi 和 Chang 首先提出了一种 OSP 方法用于解决式(15.1)的目标检测问题。假设 $\boldsymbol{t}_p$ 为待检测期望目标，可以将第 p 个目标 $\boldsymbol{t}_p$ 从其他 $(p-1)$ 个感兴趣目标 $(\boldsymbol{t}_1,\boldsymbol{t}_2,\cdots,\boldsymbol{t}_{p-1})$ 中分离出来，将式(15.1)重新表示为

$$\boldsymbol{r}=\boldsymbol{\alpha}_p\boldsymbol{t}_p+\boldsymbol{\gamma}_{p-1}\boldsymbol{U}_{p-1}+\boldsymbol{n} \tag{15.5}$$

其中,$\boldsymbol{U}_{p-1}=[\boldsymbol{t}_1,\boldsymbol{t}_2,\cdots,\boldsymbol{t}_{p-1}]$表示非期望目标矩阵,$\boldsymbol{\gamma}_{p-1}=(\alpha_1,\alpha_2,\cdots,\alpha_{p-1})^{\mathrm{T}}$ 为非期望目标对应的丰度向量。OSP 方法的思想是通过矩阵投影来消除非期望目标,利用以下投影式在检测 $\boldsymbol{t}_p$时消除 $\boldsymbol{U}_{p-1}$对 $\boldsymbol{r}$ 的影响。

$$\boldsymbol{P}_{U\ p-1}^{\perp}=\mathbf{I}-\boldsymbol{U}_{p-1}(\boldsymbol{U}_{p-1}^{\mathrm{T}}\boldsymbol{U}_{p-1})^{-1}\boldsymbol{U}_{p-1}^{\mathrm{T}} \tag{15.6}$$

利用 $\boldsymbol{P}_{U_{p-1}}^{\perp}$ 代入式(15.5)和式(15.6),则有:

$$\boldsymbol{P}_{U_{p-1}}^{\perp}\boldsymbol{r}=\boldsymbol{P}_{U_{p-1}}^{\perp}\boldsymbol{\alpha}_p\boldsymbol{t}_p+\boldsymbol{P}_{U_{p-1}}^{\perp}\boldsymbol{n} \tag{15.7}$$

通过 $\boldsymbol{P}_{U_{p-1}}^{\perp}$,消除了$\boldsymbol{\gamma}_{p-1}\boldsymbol{U}_{p-1}$项。令 $\tilde{\boldsymbol{r}}=\boldsymbol{P}_{U_{p-1}}^{\perp}\boldsymbol{r}$,$\tilde{\boldsymbol{t}}_p=\boldsymbol{P}_{U_{p-1}}^{\perp}\boldsymbol{\alpha}_p\boldsymbol{t}_p$,$\tilde{\boldsymbol{n}}=\boldsymbol{P}_{U_{p-1}}^{\perp}n$,式(15.7)变为

$$\tilde{\boldsymbol{r}}=\tilde{\boldsymbol{t}}_p+\tilde{\boldsymbol{n}} \tag{15.8}$$

和式(15.2)相似,式(15.8)变为一个感兴趣信号为$\boldsymbol{t}_p=\boldsymbol{P}_{U_{p-1}}^{\perp}\boldsymbol{\alpha}_p m_p$ 的标准信号检测问题。该方法可以利用式(15.3)进行求解,其匹配滤波器利用$\tilde{\boldsymbol{t}}_p$ 作为匹配信号,具体表示如下:

$$\delta_p^{\mathrm{OSP}}(\boldsymbol{r})=\kappa\,\tilde{\boldsymbol{t}}_p^{\mathrm{T}}P_{U_{p-1}}^{\perp}\boldsymbol{r}=\kappa\alpha_p\,\boldsymbol{t}_p^{\mathrm{T}}P_{U_{p-1}}^{\perp}\boldsymbol{r} \tag{15.9}$$

其中$(P_{U_{p-1}}^{\perp})^{\mathrm{T}}=P_{U_{p-1}}^{\perp}$和$(P_{U_{p-1}}^{\perp})^2=P_{U_{p-1}}^{\perp}$为幂等矩阵。

等式(15.9)为检测器,κ 和 p 为不确定的常量,设置 $\kappa\boldsymbol{\alpha}_p=1$,则 OSP 算子的定义如下:

$$\hat{\alpha}_p^{\mathrm{OSP}}(\boldsymbol{r})=\boldsymbol{t}_p^{\mathrm{T}}P_{U_{p-1}}^{\perp}\boldsymbol{r} \tag{15.10}$$

式(15.4)中的第 p 个成分可以由以下式进行表示(Chang,1998):

$$\hat{\alpha}_p^{\mathrm{LS}}(\boldsymbol{r})=\hat{\boldsymbol{\alpha}}_p^{\mathrm{LSOSP}}(\boldsymbol{r})=(\boldsymbol{t}_p^{\mathrm{T}}P_U^{\perp}\boldsymbol{t}_p)^{-1}\hat{\alpha}_p^{\mathrm{OSP}}(\boldsymbol{r}) \tag{15.11}$$

$\hat{\alpha}_p^{\mathrm{LS}}(\boldsymbol{r})$和$\hat{\alpha}_p^{\mathrm{OSP}}(\boldsymbol{r})$虽仅差一个常量$(\boldsymbol{t}_p^{\mathrm{T}}P_U^{\perp}\boldsymbol{t}_p)^{-1}$,但因为$\hat{\alpha}^{\mathrm{LS}}(\boldsymbol{r})$为估值计算而$\hat{\alpha}_p^{\mathrm{LS}}(\boldsymbol{r})$为检测器,所以二者含义完全不同。除此之外,$\hat{\alpha}^{\mathrm{LS}}(\boldsymbol{r})$计算的是 p 个目标的所有丰度含量,$\boldsymbol{t}_1$,$\boldsymbol{t}_2$,…,$\boldsymbol{t}_p$,而$\hat{\alpha}_p^{\mathrm{LS}}(\boldsymbol{r})$则是通过第 p 个目标的丰度含量 α_p检测 $\boldsymbol{t}_p$是否存在。对于 p 个目标来说,利用式(15.11)需要计算 p 次来计算出每种目标的$\boldsymbol{t}_1$,$\boldsymbol{t}_2$,…,$\boldsymbol{t}_p$ 的值。

如果假设式(15.10)中的$\delta_p^{\mathrm{OSP}}(\boldsymbol{r})$可以用作估计量,可以完美地估计丰度$\boldsymbol{r}=\boldsymbol{t}_p$为$\delta_p^{\mathrm{OSP}}(\boldsymbol{t}_p)=1$,那么可以确定式(15.10)中 $\kappa\alpha_p$ 为:

$$\delta_p^{\mathrm{OSP}}(\boldsymbol{t}_p)=(P_{U_{p-1}}^{\perp}\alpha_p\boldsymbol{t}_p)^{\mathrm{T}}P_{U_{p-1}}^{\perp}\boldsymbol{r}=\kappa\alpha_p\,\boldsymbol{t}_p^{\mathrm{T}}P_{U_{p-1}}^{\perp}\boldsymbol{t}_p=1\Rightarrow\kappa\alpha_p=\frac{1}{\boldsymbol{t}_p^{\mathrm{T}}P_{U_{p-1}}^{\perp}\boldsymbol{t}_p} \tag{15.12}$$

将式(15.12)代入式(15.9),则与式(15.11)完全相同,这意味着只要固定式(15.12)中的常数,OSP 算法如同 LS 方法,也可以用于估值的计算。

15.2.2 部分先验目标检测

15.2.1 中描述的 OSP 方法非常有效,利用式(15.1)可以精确描述目标集合$\boldsymbol{t}_1$,$\boldsymbol{t}_2$,…,$\boldsymbol{t}_p$。然而在实际应用中,找到一个合适的目标集来表示复杂的背景信息是非常困难的事情,

因此想要获得一个完整的先验目标信息集($\boldsymbol{t}_1,\boldsymbol{t}_2,\cdots,\boldsymbol{t}_p$)几乎是不可能的。为了解决这个问题，Harsanyi(1993)提出了一种称为约束能量最小化(CEM 算子)的目标检测方法，它只需要感兴趣目标信息而无需背景信息。该方法是从 Frost(1972)开发的用于传感器阵列处理中的线性约束最小方差(linearly constrained minimum variance，LCMV)方法中得出的。

假设高光谱图像由像元集合表示，记为$\{\boldsymbol{r}_1,\boldsymbol{r}_2,\cdots,\boldsymbol{r}_N\}$，其中$\boldsymbol{r}_i=(\boldsymbol{r}_{i1},\boldsymbol{r}_{i2},\cdots,\boldsymbol{r}_{iL})^{\mathrm{T}}$，$1\leqslant i\leqslant N$表示 L 维度的像元向量，N 为图像中的像元数目，L 为光谱波段的数目，进一步令 $\boldsymbol{d}=(d_1,d_2,\cdots,d_L)^{\mathrm{T}}$ 为待检测感兴趣目标的光谱特征，通过具有 L 个滤波器系数($\{w_1,w_2,\cdots,w_L\}$)的有限脉冲响应 FIR 线性滤波器，在数据样本中找到期望的目标信号 $\boldsymbol{d}$ 的目标检测器，结果由 L 维向量 $\boldsymbol{w}=(w_1,w_2,\cdots,w_L)^{\mathrm{T}}$ 表示，该算法使滤波器在约束条件$\boldsymbol{d}^{\mathrm{T}}\boldsymbol{w}=\boldsymbol{w}^{\mathrm{T}}\boldsymbol{d}=1$ 下的输出能量最小化。具体而言，令 $\boldsymbol{r}_i$表示 FIR 滤波器的输入，y_i表示滤波器的输出，则 y_i可以用如下等式表示：

$$y_i = \sum\nolimits_{l=1}^{L} w_l r_{il} = (\boldsymbol{w})^{\mathrm{T}} \boldsymbol{r}_i = \boldsymbol{r}_i^{\mathrm{T}}\boldsymbol{w} \tag{15.13}$$

进而滤波器输出的平均能量为

$$(1/N)\sum\nolimits_{i=1}^{N} y_i^2 = \boldsymbol{w}^{\mathrm{T}}\boldsymbol{R}\boldsymbol{w}，其中\ \boldsymbol{R}=(1/N)\left[\sum\nolimits_{i=1}^{N}\boldsymbol{r}_i\boldsymbol{r}_i^{\mathrm{T}}\right] \tag{15.14}$$

其中 $\boldsymbol{R}$ 为样本的自相关矩阵。CEM 算子用来解决如下的线性约束优化问题：

$$\min_{\boldsymbol{w}}\{\boldsymbol{w}^{\mathrm{T}}\boldsymbol{R}\boldsymbol{w}\}满足约束\boldsymbol{d}^{\mathrm{T}}\boldsymbol{w}=\boldsymbol{w}^{\mathrm{T}}\boldsymbol{d}=1 \tag{15.15}$$

因此，式(15.15)可优化为

$$\boldsymbol{w}^{\mathrm{CEM}} = \boldsymbol{d}^{\mathrm{T}}\boldsymbol{R}^{-1} \tag{15.16}$$

利用式(15.16)，Harsanyi 也给出了约束能量最小化(CEM 算子)的最优解如下，记为 $\delta^{\mathrm{CEM}}(\boldsymbol{r})$：

$$\delta^{\mathrm{CEM}}(\boldsymbol{r}) = (\boldsymbol{w}^{\mathrm{CEM}})^{\mathrm{T}}\boldsymbol{r} = \frac{\boldsymbol{d}^{\mathrm{T}}\boldsymbol{R}^{-1}\boldsymbol{r}}{\boldsymbol{d}^{\mathrm{T}}\boldsymbol{R}^{-1}\boldsymbol{d}} \tag{15.17}$$

将式(15.17)代入式(15.15)中可得到：

$$(\boldsymbol{w}^{\mathrm{CEM}})^{\mathrm{T}}\boldsymbol{R}\boldsymbol{w}^{\mathrm{CEM}} = (\boldsymbol{d}^{\mathrm{T}}\boldsymbol{R}^{-1}\boldsymbol{d})^{-1} \tag{15.18}$$

表示在整个图像立体块中上执行 $\boldsymbol{w}^{\mathrm{CEM}}$引起的最小二乘估计。

虽然 CEM 旨在检测单个感兴趣目标 $\boldsymbol{d}$，但是它也可以扩展到检测多个感兴趣目标。假设 $\boldsymbol{t}_1,\boldsymbol{t}_2,\cdots,\boldsymbol{t}_k$ 是 k 个感兴趣目标的光谱，建立目标光谱矩阵为 $\boldsymbol{T}=[\boldsymbol{t}_1,\boldsymbol{t}_2,\cdots,\boldsymbol{t}_k]$，设计具有 L 个滤波器系数($\{w_1,w_2,\cdots,w_L\}$)的有限脉冲响应线性滤波器，记为 $\boldsymbol{w}=(w_1,w_2,\cdots,w_L)^{\mathrm{T}}$，使滤波器在如下的约束条件下时的输出能量最小化：

$$\boldsymbol{T}^{\mathrm{T}}\boldsymbol{w}=\boldsymbol{c}，其中\ \boldsymbol{t}_j^{\mathrm{T}}\boldsymbol{w} = \sum\nolimits_{i=1}^{L} w_i t_{jl}\ (1\leqslant j\leqslant k) \tag{15.19}$$

其中 $\boldsymbol{c}=(c_1,c_2,\cdots,c_k)^{\mathrm{T}}$ 为约束向量。

利用式(15.13)和式(15.14)，则上述变为如下的线性约束优化问题：

$$\min_{\boldsymbol{w}}\{\boldsymbol{w}^{\mathrm{T}}\boldsymbol{R}\boldsymbol{w}\}满足约束\boldsymbol{T}^{\mathrm{T}}\boldsymbol{w}=\boldsymbol{c} \tag{15.20}$$

其中 $\boldsymbol{R}=(1/N)\sum_{i=1}^{N}\boldsymbol{r}_i\boldsymbol{r}_i^{\mathrm{T}}$，为样本自相关矩阵。

式(15.20)的求解方法称为基于 LCMV 的目标检测器,可以通过以下算子进行检测:

$$\delta^{\mathrm{LCMV}}(\boldsymbol{r}) = (\boldsymbol{w}^{\mathrm{LCMV}})^{\mathrm{T}}\boldsymbol{r} \tag{15.21}$$

其中

$$\boldsymbol{w}^{\mathrm{LCMV}} = \boldsymbol{R}^{-1}\boldsymbol{T}(\boldsymbol{T}^{\mathrm{T}}\boldsymbol{R}^{-1}\boldsymbol{T})^{-1}\boldsymbol{c} \tag{15.22}$$

将式(15.22)代入式(15.20)中,得到:

$$\begin{aligned}(\boldsymbol{w}^{\mathrm{LCMV}})^{\mathrm{T}}\boldsymbol{R}\boldsymbol{w}^{\mathrm{LCMV}} &= [\boldsymbol{R}^{-1}\boldsymbol{T}(\boldsymbol{T}^{\mathrm{T}}\boldsymbol{R}^{-1}\boldsymbol{T})^{-1}\boldsymbol{c}]^{\mathrm{T}}\boldsymbol{R}[\boldsymbol{R}^{-1}\boldsymbol{T}(\boldsymbol{T}^{\mathrm{T}}\boldsymbol{R}^{-1}\boldsymbol{T})^{-1}\boldsymbol{c}]\\ &= \boldsymbol{c}^{\mathrm{T}}(\boldsymbol{T}^{\mathrm{T}}\boldsymbol{R}^{-1}\boldsymbol{T})^{-1}\boldsymbol{T}^{\mathrm{T}}\boldsymbol{R}^{-1}\boldsymbol{T}(\boldsymbol{T}^{\mathrm{T}}\boldsymbol{R}^{-1}\boldsymbol{T})^{-1}\boldsymbol{c}\\ &= \boldsymbol{c}^{\mathrm{T}}(\boldsymbol{T}^{\mathrm{T}}\boldsymbol{R}^{-1}\boldsymbol{T})^{-1}\boldsymbol{c}\end{aligned} \tag{15.23}$$

上式表示在整个图像立方体上执行 LCMV 算子引起的最小 LSE。值得注意的是当满足 $\boldsymbol{T}=\boldsymbol{d}$ 及 $\boldsymbol{c}=1$ 时,式(15.23)变为式(15.18)。

尽管 CEM/LCMV 方法也被用于目标检测,但它们与上一节的 OSP 算子不同,主要体现在以下四个方面:① CEM/LCMV 不需要像 OSP 那样的信号检测模型式(15.1);②OSP 方法源自式(15.1)的 SNR 最大化,而 CEM/LCMV 分别源自式(15.15)/式(15.20)的 LSE 最小化;③ CEM/LCMV 仅需要所期望的先验目标知识,而 OSP 需要全部的先验目标知识;④ 最重要的是,CEM/LCMV 利用 $\boldsymbol{R}^{-1}$ 来抑制期望的目标光谱 $\boldsymbol{d}$ 之外的所有信息,对非期望目标不做任何其他操作;而 OSP 方法则是利用式(15.6)消除非期望的目标。

显然,CEM/LCMV 和 OSP 在利用目标的先验知识方面都有一定的优势,那么,是否可以设计一个将 CEM/LCMV 和 OSP 的优点结合在一起的检测器来进行目标检测呢?实际上,和 LCMV 一样,目标约束干扰最小化滤波器(TCIMF)可以检测多个目标,并可以像 OSP 一样同时消除一组非期望的目标。该算法是将 LCMV 所使用的单位向量 **1** 扩展为由单位向量 **1** 和零向量 **0** 构成的向量,如 $\begin{pmatrix}\boldsymbol{1}\\ \boldsymbol{0}\end{pmatrix}=(1,1,\cdots,1,0,0,\cdots,0)^{\mathrm{T}}$,即利用“1”用于约束特定的期望目标,而用“0”消除非期望目标。利用约束向量 $(\boldsymbol{1},\boldsymbol{0})^{\mathrm{T}}$,TCIMF 可以通过同时消除由不期望的目标引起的影响以及最小化由未知信号源(例如背景)产生的干扰,从而来增强期望目标的可检测性。从 CEM 到 LCMV 再到 TCIMF 的演变意味着目标检测将有所改善。换句话说,约束项从 CEM 的标量常数 1 开始,然后是 LCMV 中用于约束多个目标光谱特征的约束矢量 1,到最后 TCIMF 的双分量约束向量,其中向量“**1**”用于约束多个目标,而“**0**”向量用于约束非期望的目标。

TCIMF 算法是假设高光谱图像具有 3 个独立的信号源:$\boldsymbol{D}$(期望目标)、$\boldsymbol{U}$(非期望目标)和 $\boldsymbol{I}$(干扰)。在这之前,Chang 等人(Chang,1998a;Chang and Du,1999)探讨了将干扰信号作为独立来源从信号模型中进行分离的思想。CEM 在最小化输出能量的时候通过式(15.15)约束期望目标 $\boldsymbol{d}$ 的方式来消除干扰,从而区别于其他目标。当已知 $\boldsymbol{U}$ 信息时,CEM 的一个缺陷是不能有效的对其进行利用。TCIMF 通过设计一个约束向量来解决上述问题,该向量可以用来同时约束 $\boldsymbol{D}$ 和 $\boldsymbol{U}$,使得它可以在消除由 $\boldsymbol{U}$ 表示的非期望目标的同时检测由

$\boldsymbol{D}$ 所表示的期望目标。当约束向量仅用于检测多个目标，而不能消除 $\boldsymbol{U}$ 中非期望目标时，LCMV 检测器可以被看作是特殊的 TCIMF。TCIMF 滤波器的算法描述如下：

令 $\boldsymbol{D}=[\boldsymbol{d}_1,\boldsymbol{d}_2,\cdots,\boldsymbol{d}_p]$，$\boldsymbol{U}=[\boldsymbol{u}_1,\boldsymbol{u}_2,\cdots,\boldsymbol{u}_q]$ 分别表示期望目标矩阵与非期望目标矩阵，约束向量由式(15.20)导出，利用期望－非期望目标矩阵[$\boldsymbol{DU}$]替换目标矩阵 $\boldsymbol{T}$，利用期望－非期望目标向量 $\boldsymbol{c}=(\boldsymbol{1}_{p\times1}^{\mathrm{T}},\boldsymbol{0}_{q\times1}^{\mathrm{T}})$ 替换约束向量 $\boldsymbol{c}$。

$$[\boldsymbol{DU}]^{\mathrm{T}}\boldsymbol{w}=\begin{bmatrix}\boldsymbol{1}_{p\times1}\\ \boldsymbol{0}_{q\times1}\end{bmatrix} \tag{15.24}$$

其中，$\boldsymbol{1}_{p\times1}$ 为值全部为 1、维度为 $p\times1$ 的列向量，$\boldsymbol{0}_{q\times1}$ 为全部值为 0、维度为 $q\times1$ 的列向量，如式(15.24)所述，$\boldsymbol{1}_{p\times1}$ 用于约束目标 $\boldsymbol{D}$，这一点与 CEM 滤波器相同，而 $\boldsymbol{0}_{q\times1}$ 用于消除非期望目标信号 $\boldsymbol{u}_1,\boldsymbol{u}_2,\cdots,\boldsymbol{u}_q$，这一点与 OSP 相同。通过式(15.24)，式(15.20)被扩展为如下的线性优化问题：

$$\min_{w}\{\boldsymbol{w}^{\mathrm{T}}\boldsymbol{R}_{L\times L}\boldsymbol{w}\}\ \text{满足约束}\ [\boldsymbol{DU}]^{\mathrm{T}}\boldsymbol{w}=\begin{bmatrix}\boldsymbol{1}_{p\times1}\\ \boldsymbol{0}_{q\times1}\end{bmatrix} \tag{15.25}$$

最优解 $\boldsymbol{w}^{\mathrm{TCIMF}}$ 的值为

$$\boldsymbol{w}^{\mathrm{TCIMF}}=\boldsymbol{R}_{L\times L}^{-1}(\boldsymbol{DU})[(\boldsymbol{DU})^{\mathrm{T}}\boldsymbol{R}_{L\times L}^{-1}(\boldsymbol{DU})]^{-1}\begin{bmatrix}\boldsymbol{1}_{p\times1}\\ \boldsymbol{0}_{q\times1}\end{bmatrix} \tag{15.26}$$

利用上式计算滤波系数 w^{TCIMF} 的滤波器被称为 TCIMF 算法，可以作为检测器使用，其检测算子 $\delta_{\mathrm{TCIMF}}(\boldsymbol{r})$ 由以下式表示：

$$\delta^{\mathrm{TCIMF}}(\boldsymbol{r})=\boldsymbol{r}^{\mathrm{T}}\boldsymbol{R}_{L\times L}^{-1}(\boldsymbol{DU})[(\boldsymbol{DU})^{\mathrm{T}}\boldsymbol{R}_{L\times L}^{-1}(\boldsymbol{DU})]^{-1}\begin{bmatrix}\boldsymbol{1}_{p\times1}\\ \boldsymbol{0}_{q\times1}\end{bmatrix} \tag{15.27}$$

当 $\boldsymbol{D}=\boldsymbol{d}$，$\boldsymbol{U}=\varnothing$ 时，CEM 可以看作是 TCIMF 的特殊形式，而当数据样本相关矩阵是单位矩阵 $\boldsymbol{R}=\mathbf{I}$ 时，OSP 也可以看作是 TCIMF 的特殊形式，在这种情况下，式(15.26)中的 $\boldsymbol{w}^{\mathrm{TCIMF}}$ 变为

$$\begin{aligned}
\boldsymbol{w}_{\boldsymbol{R}=\boldsymbol{I}}^{\mathrm{TCIMF}}&=\mathbf{I}^{-1}[\boldsymbol{dU}]([\boldsymbol{dU}]^{\mathrm{T}}\mathbf{I}^{-1}[\boldsymbol{dU}])^{-1}\begin{bmatrix}1\\ \boldsymbol{0}_{(p-1)\times1}\end{bmatrix}\\
&=[\boldsymbol{dU}]\left(\begin{bmatrix}\boldsymbol{d}^{\mathrm{T}}\boldsymbol{d} & \boldsymbol{d}^{\mathrm{T}}\boldsymbol{U}\\ \boldsymbol{U}^{\mathrm{T}}\boldsymbol{d} & \boldsymbol{U}^{\mathrm{T}}\boldsymbol{U}\end{bmatrix}\right)^{-1}\begin{bmatrix}1\\ \boldsymbol{0}_{(p-1)\times1}\end{bmatrix}\\
&=[\boldsymbol{dU}]\begin{bmatrix}\kappa & \kappa\boldsymbol{d}^{\mathrm{T}}(\boldsymbol{U}^{\#})^{\mathrm{T}}\\ -\kappa\boldsymbol{U}^{\#}\boldsymbol{d} & (\boldsymbol{U}^{\mathrm{T}}\boldsymbol{U})^{-1}+\kappa\boldsymbol{U}^{\#}\boldsymbol{d}^{\mathrm{T}}\boldsymbol{d}(\boldsymbol{U}^{\#})^{\mathrm{T}}\end{bmatrix}\begin{bmatrix}1\\ \boldsymbol{0}_{(p-1)\times1}\end{bmatrix}\\
&=[\boldsymbol{dU}]\begin{bmatrix}\kappa\\ -\kappa\boldsymbol{U}^{\#}\boldsymbol{d}\end{bmatrix}=\kappa\boldsymbol{d}-\kappa\boldsymbol{U}^{\#}\boldsymbol{U}\boldsymbol{d}\\
&=\kappa(\mathbf{I}-\boldsymbol{U}^{\#}\boldsymbol{U})\boldsymbol{d}=\kappa\boldsymbol{P}_{U}^{\perp}\boldsymbol{d}
\end{aligned} \tag{15.28}$$

其中，$\kappa=(\boldsymbol{d}^{\mathrm{T}}\boldsymbol{P}_{U}^{\perp}\boldsymbol{d})^{-1}$。

可以看出，利用式(15.28)之后，TCIMF 转变为 LSOSP，$\delta^{\mathrm{LSOSP}}(\boldsymbol{r})$ 由式(15.11)给出。

15.2.3 后验目标检测

第三种主动目标检测是指没有先验信息的目标检测，目标信息只能从图像数据中直接生成。这种非监督式产生的目标信息被称为后验目标信息，最早的方法是由 Wang 等人(2002)提出的无监督 OSP 算法(unsupervised OSP，UOSP)，该方法主要用于磁共振成像，通过重复地执行一系列嵌套正交子空间投影，以这种无监督的方式扩展了 OSP 算法。Ren 等人(Ren and Chang，2003)进一步探讨这种思想，并提出用于非监督式目标检测的自主性目标检测和分类算法(automated target detection and classification algorithm，ATDCA)，后来称为自动目标产生过程(ATGP)算法，结果是由 ATGP 找到在光谱上彼此正交的目标。

ATGP 使用的正交投影(orthogonal projection，OP)的概念是由 Nascimento 和 Dias 提出的，他们也提出了顶点分量分析(VCA)方法用于端元查找，其中端元被认为是光谱特征为纯的未知目标(Nascimento and Dias，2005)。Chang 等证明，从技术角度上来说，ATGP 和 VCA 可以被认为是相同的算法(Chang，2013)，它们之间的关系表示如下。

ATGP 利用 $(P_{U^{(k-1)}}^{\perp}\boldsymbol{r})^{\mathrm{T}}(P_{U^{(k-1)}}^{\perp}\boldsymbol{r})$ 产生最大投影，而 VCA 利用式(15.29)产生最大投影：

$$(\boldsymbol{f}^{(k)})^{\mathrm{T}}\hat{\boldsymbol{x}} = (P_{A^{(k-1)}}^{\perp}\boldsymbol{w}^{(k)})/(\|P_{A^{(k-1)}}^{\perp}\boldsymbol{w}^{(k)}\|)\boldsymbol{x} \tag{15.29}$$

ATGP 中的 $P_{U^{(k-1)}}^{\perp}$ 对应的是 VCA 中的 $P_{A^{(k-1)}}^{\perp}$。这两者之间的唯一不同是，对应于 ATGP 的 $(P_{U^{(k-1)}}^{\perp}\boldsymbol{r})^{\mathrm{T}}(P_{U^{(k-1)}}^{\perp}\boldsymbol{r})$ 中相同的数据向量 $\boldsymbol{r}$，VCA 是利用随机产生的高斯向量 $\boldsymbol{w}^{(k)}$ 作用于数据样本向量 $\boldsymbol{x}$。所以，如果利用式(15.29)中的 $\hat{\boldsymbol{x}}$ 代替 $\boldsymbol{w}^{(k)}$，即

$$(\boldsymbol{f}^{(n)})^{\mathrm{T}}\hat{\boldsymbol{x}} = (P_{A^{(n-1)}}^{\perp}\hat{\boldsymbol{x}})/(\|P_{A^{(n-1)}}^{\perp}\hat{\boldsymbol{x}}\|)\hat{\boldsymbol{x}} \tag{15.30}$$

可以得到，VCA 为 ATGP 的变体。

ATGP 生成感兴趣目标序列如下：

$$\{\boldsymbol{t}^{(0)}\}\subset\{\boldsymbol{t}^{(0)},\boldsymbol{t}^{(1)}\}\subset\cdots\subset\{\boldsymbol{t}^{(0)},\boldsymbol{t}^{(1)},\cdots,\boldsymbol{t}^{(k)}\} \tag{15.31}$$

由此对应与式(15.31)中目标的正交的投影子空间序列如下：

$$<\boldsymbol{t}^{(0)}>^{\perp}\supset<\boldsymbol{t}^{(0)},\boldsymbol{t}^{(1)}>^{\perp}\supset\cdots\supset<\boldsymbol{t}^{(0)},\boldsymbol{t}^{(1)},\cdots,\boldsymbol{t}^{(k)}>^{\perp} \tag{15.32}$$

和 ATGP 相比较，VCA 算法生成的端元序列如下：

$$\{\boldsymbol{e}^{(0)}\}\subset\{\boldsymbol{e}^{(0)},\boldsymbol{e}^{(1)}\}\subset\cdots\subset\{\boldsymbol{e}^{(0)},\boldsymbol{e}^{(1)},\cdots,\boldsymbol{e}^{(k)}\} \tag{15.33}$$

与 ATGP 采用的方式相同，式(15.33)中的端元对应的正交的投影子空间的序列如下：

$$<\boldsymbol{A}^{(0)}>^{\perp}\supset<\boldsymbol{A}^{(1)}>^{\perp}\supset\cdots\supset<\boldsymbol{A}^{(k)}>^{\perp} \tag{15.34}$$

VCA 使用随机方式产生初始端元会引起不确定性的问题。为了解决这个问题，VCA 需要大量的初始端元才能够构成可靠的统计，因此 VCA 所需的顶点数必须足够大，这样可能会产生比 VCA 需求更多的顶点问题。ATGP 引入了确定性方法来纠正这个随机问题，并通过 VD 估计值来生成所需的目标样本向量集。在 PPI 中的这种实现方式，被称为快速迭

代 PPI(fast iterative PPI,FIPPI)(Chang and Plaza,2006)。类似的方法也可以应用于VCA,称为 ATGP-VCA,以缓解由 VCA 使用高斯随机变量所带来的问题。

图 15.1 总结了 ATGP、VCA 以及 ATGP-VCA 之间的关系,其中 ATGP-VCA 利用了 ATGP 作为初始化过程以生成一组初始化的端元。

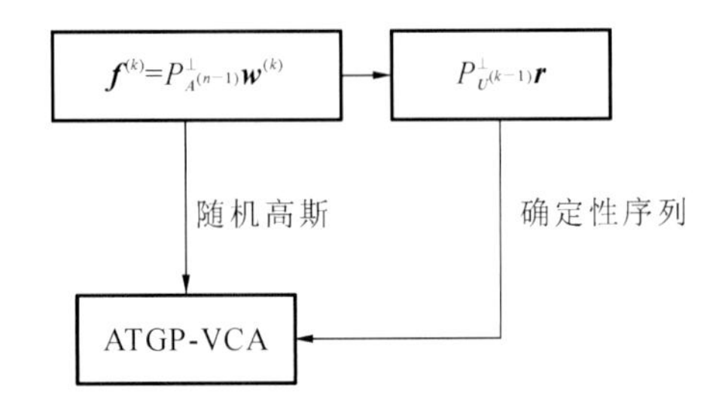

图 15.1 PPI、VCA 以及 ATGP 算法的关系图

正如上图所示,VCA 是和 ATGP 相同的算法,其端元也可以通过 ATGP 找到光谱正交的目标。

15.3 被动目标检测

被动目标检测通常是指不使用任何先验或后验信息的目标检测方式,换句话说,目标检测的过程中不需要任何目标信息。被动目标检测中的目标通常指比较特别(或特殊)的感兴趣目标。两种常见的目标类型是指异常和端元。

15.3.1 异常检测

异常检测是被动目标检测的一种重要应用,是指在完全未知的环境中执行的检测,它被认为是“盲目”的目标检测。由 Reed 和 Yu(1990)提出的异常检测器是一种广泛应用的异常检测器,通常被称为 RX 检测器(RXD),实际上是基于全局样本协方差矩阵的马氏距离来进行异常检测的,检测器由以下等式表示:

$$\delta^{\mathrm{RXD}}(\boldsymbol{r}) = (\boldsymbol{r}-\boldsymbol{\mu})^{\mathrm{T}}\boldsymbol{K}^{-1}(\boldsymbol{r}-\boldsymbol{\mu}) \tag{15.35}$$

其中,$\{\boldsymbol{r}_i\}_{i=1}^N$ 表示整个数据样本向量,$\boldsymbol{\mu}=(1/N)\sum_{i=1}^N \boldsymbol{r}_i$ 表示样本均值,$\boldsymbol{K}$ 为由式 $\boldsymbol{K}=(1/N)\sum_{i=1}^N(\boldsymbol{r}_i-\boldsymbol{\mu})(\boldsymbol{r}_i-\boldsymbol{\mu})^{\mathrm{T}}$ 定义的样本数据的协方差矩阵。Chang 等人将全局样本相关矩阵 $\boldsymbol{R}$ 和 $\boldsymbol{r}$ 替换式(15.35)中的协方差矩阵 $\boldsymbol{K}$ 和 $(\boldsymbol{r}-\boldsymbol{\mu})$,称为 R-RXD 算法(Chang and

Chiang,2002)。

$$\delta^{\text{R-RXD}}(\boldsymbol{r}) = \boldsymbol{r}^{\mathrm{T}}\boldsymbol{R}\boldsymbol{r} \tag{15.36}$$

其中,$\boldsymbol{R}$ 表示由 $\boldsymbol{R} = (1/N)\sum_{i=1}^{N}\boldsymbol{r}_i\boldsymbol{r}_i^{\mathrm{T}}$ 定义的样本数据的相关矩阵。为了区分异常检测器中使用 $\boldsymbol{K}$ 和 $\boldsymbol{R}$ 的差异,本书中式(15.35)中的 RXD 和式(15.36)中的 R-RXD 分别称为 K-AD 算法和 R-AD 算法。值得一提的是,尽管式(15.35)和式(15.36)中的形式看起来相似,但实际上却是截然不同的算法。如果重写式(15.35)和式(15.36)如下:

$$\delta^{\text{K-AD}}(\boldsymbol{r}) = [\boldsymbol{K}^{-1/2}(\boldsymbol{r}-\boldsymbol{\mu})]^{\mathrm{T}}[\boldsymbol{K}^{-1/2}(\boldsymbol{r}-\boldsymbol{\mu})] = \|\boldsymbol{K}^{-1/2}\boldsymbol{r}-\boldsymbol{K}^{-1/2}\boldsymbol{\mu}\|^2 = \|\tilde{\boldsymbol{r}}-\hat{\boldsymbol{\mu}}\|^2 \tag{15.37}$$

$$\delta^{\text{R-AD}}(\boldsymbol{r}) = (\boldsymbol{R}^{-1/2}\boldsymbol{r})^{\mathrm{T}}(\boldsymbol{R}^{-1/2}\boldsymbol{r}) = \|\boldsymbol{R}^{-1/2}\boldsymbol{r}\|^2 = \|\hat{\boldsymbol{r}}\|^2 \tag{15.38}$$

K-AD 算法仅是简单地测量两个样本向量之间的欧几里德距离 $\tilde{\boldsymbol{r}}=\boldsymbol{K}^{-1/2}\boldsymbol{r}$,并通过矩阵 $\boldsymbol{K}^{-1/2}$ 进行变换 $\hat{\boldsymbol{\mu}}=\boldsymbol{K}^{-1/2}\boldsymbol{\mu}$,而 R-AD 算法通过 $\boldsymbol{R}^{-1/2}$ 变换并计算数据样本向量的能量 $\hat{\boldsymbol{r}}=\boldsymbol{R}^{-1/2}\boldsymbol{r}$。最重要的是,因为 K-AD 算法需要计算全局采样均值 $\boldsymbol{\mu}$,所以在实现实时处理方面 R-AD 具有比 K-AD 更简单的结构。

由于异常检测(AD)是在没有预先信息的情况下进行的,因此其性能通常难以通过视觉观察来评估。在这种情况下,背景抑制成为 AD 是否有效执行的关键因素。然而背景抑制对 AD 的影响在过去没有受到很多关注,本书第 10 章中对这个问题进行了分析讨论。

在 K-AD 和 R-AD 算法之后,出现了许多 AD 算法(Chang,2015),其中大多数可以被认为是两者的变体。为了使 AD 变得有效,K-AD 和 R-AD 算法可以通过使用局部窗口实现,例如基于双窗口的特征分离变换算法(DWEST)(Kwon and Narsabadi,2003)利用双窗口来捕获不同的目标类型,嵌套空间窗口目标检测(NSWTD)(Liu and Chang,2004)通过嵌套空间窗口扩展 DWEST 来检测各种目标,多窗口异常检测(MWAD)(Liu and Chang,2013)通过使用不同的窗口设计了一组异常检测器,可以同时进行异常检测。

在高光谱数据挖掘中,实时处理变得越来越重要,对于没有感兴趣目标的全部信息的检测来说,这一点尤其如此。为了实时实现 AD,基于局部窗口的 AD 扩展为因果滑动窗口的 AD、实时 AD 以及渐进式 AD,Chang 针对各种高光谱成像应用提出了实时处理技术(Chang,2015;Chang,2017)。

15.3.2 端元寻找

另外一种被动目标检测的目标是端元,端元的光谱特征被认为是纯净的像元(Schwengerdt,1997)。虽然也可以被当作第 15.2.3 节中的后验目标信息,但前提是必须保证端元的存在。在这种情况下,从数据中找到现有的端元被称为端元提取。然而在许多实际应用中,假设存在这样的端元并不现实。相反地,端元可能会以各种变化形式的光谱出现,其中并不含有任何的已知信息。因此,找到具有光谱变异性的端元目标在后验目标检测中是特别感兴趣的。

PPI 算法(Boardman,1994)和 N-FINDR 算法(Winter,1999)是两种最受欢迎和广泛使用的端元寻找算法,许多端元寻找算法(endmember finding algorithms,EFAs)都是由此发展和演化来的。由于 N-FINDR 算法需要同时找到所有端元,因此需要进行大量的搜索才能找到一组最优的结果。为了避免这个问题,Wu 等(2008)进一步研究了一种称为 SeQuential N-FINDR(SQ N-FINDR)的算法,Xiong 等(2010)提出了一种称为 Successive N-FINDR (SC N-FNDR)的数值算法。另外,作为 N-FINDR 的替代方案,Chang 等(2006)提出了一种基于单形体增长方法,通过逐渐增加一个顶点的方式逐步找到所有端元,被称为单形体增长算法(simplex growing algorithm,SGA)。Chang 等(2018)分析表明当初始条件设置相同时 ATGP、VCA 和 SGA 可以被认为是相同的算法,因此可以将 VCA 和 SGA 视为 ATGP 的变体。

15.4 本章小结

本章重点介绍高光谱目标检测及其两种实现方式:主动目标检测和被动目标检测。同时提供了高光谱目标检测技术的几种重要技术的基础知识,这些基础知识贯穿于本书的所有章节。特别地,在第 15.2 小节描述了三种重要的主动目标检测技术:OSP 利用了非期望目标光谱矩阵 $\boldsymbol{U}$;CEM 利用了部分目标信息即期望目标光谱特征 $\boldsymbol{d}$;ATGP 没有任何目标特征,仅使用了处理到的数据样本向量 $\boldsymbol{r}$。在 15.3 节中描述的 R-AD 算法已经在高光谱成像领域进行了大量的应用。图 15.2 描述了几种算法在如何提高目标与背景差异度之间的关系图,可以看出 OSP 和 ATGP 中利用 $P_U^\perp$ 消除非期望目标 $\boldsymbol{U}$ 的光谱特征,而 CEM 利用 $\boldsymbol{R}^{-1}$ 压抑未知的背景信息;当有目标光谱特征可用时,OSP 和 CEM 利用已知光谱特征 $\boldsymbol{d}$ 提高目标信号强度,而在没有可用的目标特征 $\boldsymbol{d}$ 时,ATGP 利用处理到的数据样本向量 $\boldsymbol{r}$ 来提高目标信号强度。

应该注意到,图 15.2 中 ATGP 以 $P_U^\perp$ 超平面中的最大向量长度找到目标信源 $\boldsymbol{t}^{\text{ATGP}}$,如 $\boldsymbol{t}^{\text{ATGP}}=\arg\{\max_{\boldsymbol{r}}\|P_U^\perp\boldsymbol{r}\|^2\}$,其中 $\|\boldsymbol{t}^{\text{ATGP}}\|=\max_{\boldsymbol{r}}\|P_U^\perp\boldsymbol{r}\|$。既然 $\boldsymbol{r}^{\text{T}}P_U^\perp\boldsymbol{r}=\|P_U^\perp\boldsymbol{r}\|^2$,这就意味着 $\|\boldsymbol{t}^{\text{ATGP}}\|^2=(\boldsymbol{t}^{\text{ATGP}})^{\text{T}}P_U^\perp\boldsymbol{t}^{\text{ATGP}}$,实际上 $\boldsymbol{t}^{\text{ATGP}}$ 的长度为 $(\boldsymbol{t}^{\text{ATGP}})^{\text{T}}P_U^\perp\boldsymbol{t}^{\text{ATGP}}$ 的平方根,记为 $\|\boldsymbol{t}^{\text{ATGP}}\|=\sqrt{(\boldsymbol{t}^{\text{ATGP}})^{\text{T}}P_U^\perp\boldsymbol{t}^{\text{ATGP}}}$。

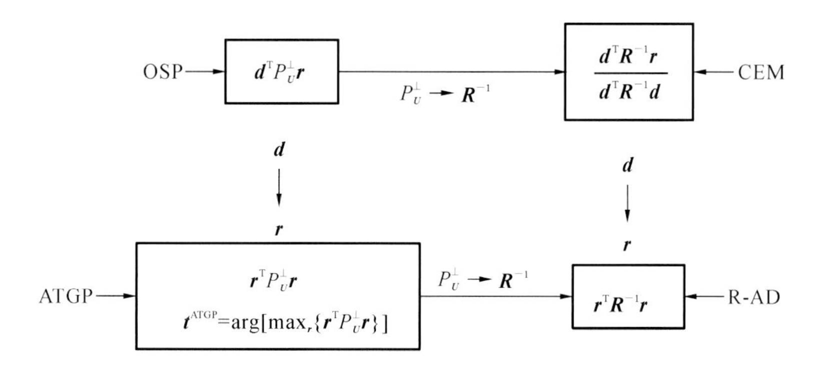

图 15.2 OSP、ATGP、CEM 和 R-AD 的关系(背景抑制 $P_U^\perp$ 和 R^{-1}、匹配光谱 d 及样本像元 r)

参 考 文 献

童庆禧,张兵,郑兰芬,2006. 高光谱遥感[M]. 北京:高等教育出版社.

CHANG C I,2003. Hyperspectral Imaging: Techniques for Spectral Detection and Classification[M]. New York: Kluwer Academic/Plenum Publishers.

CHANG C I,2013. Hyperspectral Data Processing: Algorithm Design and Analysis[M]. New Jersey: John Wiley & Sons.

CHANG C I, 2016. Real-Time Progressive Hyperspectral Image Processing[M]. New York: Springer.

CHANG C I,2017. Real-Time Recursive Hyperspectral Sample and Band Processing[M]. Switzerland: Springer.